pavimentos industriais em concreto

Jary de Xerez Neto

Copyright © 2023 Oficina de Textos

Grafia atualizada conforme o Acordo Ortográfico da Língua Portuguesa de 1990, em vigor no Brasil desde 2009.

Conselho editorial Aluízio Borém; Arthur Pinto Chaves; Cylon Gonçalves da Silva; Doris C. C. Kowaltowski; José Galizia Tundisi; Luis Enrique Sánchez; Paulo Helene; Rozely Ferreira dos Santos; Teresa Gallotti Florenzano.

Capa e projeto gráfico Malu Vallim
Diagramação Luciana Di Iorio
Preparação de figuras Sabrina Kaori
Preparação de textos Hélio Hideki Iraha
Revisão de textos Anna Beatriz Fernandes
Impressão e acabamento Mundial gráfica

Dados Internacionais de Catalogação na Publicação (CIP)
(Câmara Brasileira do Livro, SP, Brasil)

Xerez Neto, Jary de
 Pavimentos industriais em concreto / Jary de Xerez Neto. -- 1. ed. -- São Paulo : Oficina de Textos, 2022.

 Bibliografia.
 ISBN 978-65-86235-80-7

 1. Concreto 2. Construção civil 3. Pavimentação 4. Pavimentação - Técnicas I. Título.

22-132159   CDD-625.8

Índices para catálogo sistemático:

1. Pavimentação : Técnicas : Engenharia 625.8
   Aline Graziele Benitez - Bibliotecária - CRB-1/3129

Todos os direitos reservados à Editora **Oficina de Textos**
Rua Cubatão, 798
CEP 04013-003   São Paulo   SP
tel. (11) 3085 7933
www.ofitexto.com.br
atend@ofitexto.com.br

Dedico este livro a Deus e ao nosso Senhor Jesus Cristo.
Aos meus queridos avós, *in memoriam*, formadores do meu caráter e de uma base forte para a vida: Maria Helena de Xerez, Jary de Xerez, Maria da Graça Silva e Sebastião Ferreira da Silva.
À minha querida mãe, Maria Auxiliadora Ferreira de Xerez, *in memoriam*, e ao meu querido pai, Jorge Luís Machado de Xerez, grandes responsáveis pela minha formação como ser humano e profissional.
À minha querida irmã, Janine de Xerez.
À minha querida esposa, Simony Rezende da Silva de Xerez.
À nossa funcionária do lar, Dona Adalgisa Vitória dos Santos, *in memoriam*, que tanto contribuiu na edificação de meu caráter durante a minha infância e adolescência.
Aos meus sogros, Jaime Ribeiro da Silva e Vanice Ferris.
Aos meus queridos cunhados, Synara Rezende e Raphael Rezende.
Às minhas queridas tias, Maria Ferreira da Silva e Maria José Ferreira de Pinho, e ao meu querido tio, Francisco de Assis Silva, por todo o apoio, zelo e incomensurável carinho dedicados a mim desde o meu nascimento.

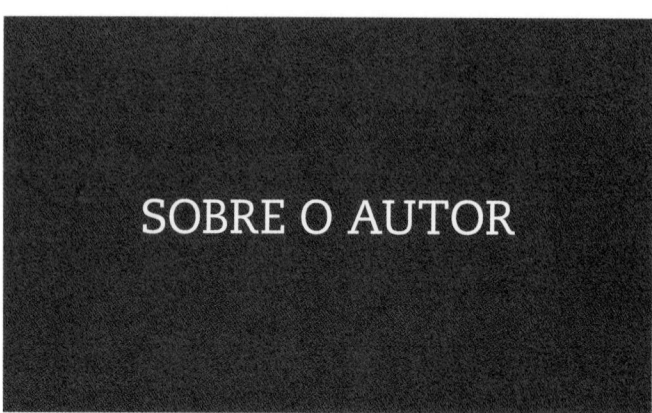

SOBRE O AUTOR

Jary de Xerez Neto é formado em Engenharia Civil pela Universidade do Estado do Rio de Janeiro (UERJ) e especializou-se na área de cálculo estrutural. Na área estrutural, é especialista em: fundações e estruturas de contenção; pavimentos flexíveis asfálticos e de blocos intertravados; pavimentos rígidos; estruturas de concreto armado, de madeira, metálicas e de *fiberglass*; e laudos técnicos aplicados às áreas residencial, institucional, comercial, industrial e *offshore*.

Estagiou na empresa Guimar, onde deu início aos seus primeiros projetos de estruturas. Em 2003 ingressou como Engenheiro Calculista de Estruturas Metálicas na empresa Roll-on – Stahldach, calculando e projetando supermercados e galpões industriais para todo o Brasil e aprofundando-se no estudo da teoria das placas. Desde 2005 exerce a função de Engenheiro Civil Calculista na empresa Petrobras.

Foi na Petrobras onde teve a oportunidade e o desafio de calcular e projetar estruturas aplicadas a portos, a pavimentos rígidos para recebimento de guindastes e a pavimentos flexíveis para estradas, viadutos, helipontos, prédios, galpões, coberturas, *bunkers* e pontes rolantes, além de diversas estruturas aplicadas a situações emergenciais críticas, tais como gaiolas para resgate de helicópteros em águas profundas.

Como profissional autônomo, tem concebido projetos para vários escritórios de arquitetura e realizado diversos trabalhos para empresas *offshore*, incluindo estruturas para plataformas e para águas profundas.

Ao todo, acumula mais de 600 projetos e laudos estruturais já executados.

É coautor, juntamente com o Eng. Alex Sander da Cunha, do livro *Estruturas metálicas: manual prático para projetos, dimensionamento e laudos técnicos*, publicado pela Oficina de Textos; autor dos livros *Pavimentos de concreto para tráfego de máquinas ultrapesadas* e *Pavimentos usuais de concreto para cargas simples*, publicados pela editora Pini; autor da matéria "Base forte", na Revista Téchne (edição 181, abr. 2012); e revisor oficial do livro *Concreto armado: novo milênio*, publicado pela editora Interciência.

Em 2018 foi finalista no concurso Prêmio Talento Engenharia Estrutural, promovido pela Associação Brasileira de Engenharia e Consultoria Estrutural (Abece) e pela Gerdau em São Paulo (SP), com o projeto de pavimento rígido de concreto armado concebido para o porto de Imbetiba (Macaé, RJ), da Petrobras.

Em 2020 graduou-se como Tecnologista de Engenharia Civil pelo Fanshawe College, localizado na cidade de London (Ontário, Canadá).

Após trabalhar como verificador de projetos de arquitetura e de estrutura na prefeitura da cidade de London, também atuou na concepção de projetos do órgão Ministry of Transportation (MTO).

Atualmente, trabalha como Tecnologista Estrutural na empresa Objective Engineering, localizada na cidade de Ingersoll (Ontário, Canadá).

AGRADECIMENTOS

À Editora Oficina de Textos, pela oportunidade concedida para a realização desta obra, e a todos os seus funcionários, que se dedicaram incansavelmente para que o melhor produto fosse oferecido ao leitor.

À Universidade Potiguar (UnP) e à Universidade do Estado do Rio de Janeiro (UERJ), bem como a todos os seus funcionários, mestres, coordenadores e reitores, pela competência, responsabilidade, tempo precioso e carinho dedicados aos seus alunos e pela valiosa contribuição prestada ao Brasil.

À empresa Guimar, pela oportunidade do meu primeiro estágio, tão bem conduzido, com responsabilidade, carinho e dedicação, pelo seu excelente quadro de diretores, gerentes, engenheiros e funcionários, fundamental para o meu ingresso na Engenharia.

À empresa Roll-on, pela oportunidade de prestar serviços de projetos estruturais em grande escala para todo o território nacional e pelo valioso aprendizado na área de estruturas proporcionado por sua brilhante equipe, à qual demonstro a minha eterna gratidão: Presidente Carlos Alberto Borges, Enga. Carla Borges, Técnico Jayme Félix, Eng. Calculista Fernando Pamplona e Comprador Melquisedeck Queiroz Souto.

Ao Petróleo Brasileiro S/A, a todos os desafios lá enfrentados e ao seu valioso quadro de funcionários. Não fosse pelo empenho e apoio de todos os operadores de áreas e pelas permissões de acesso concedidas pelos gerentes aos seus respectivos setores, não teria sido possível a realização desta obra.

À empresa Ezhur Equipamentos e Serviços Ltda., pela oportunidade de prestar serviços de projetos estruturais aplicados à área *offshore* direcionada a plataformas e outros elementos estruturais para grandes profundidades e submetidos a elevadas pressões, desde 2013.

À empresa ICZ – Instituto de Metais Não Ferrosos, ao seu Gerente Executivo Ricardo Suplicy Góes e a todo o seu quadro técnico, que contribuiu grandiosamente e de forma fascinante para a disseminação da cultura de galvanização.

À empresa Tuper S/A, uma das maiores processadoras de aço do Brasil, que tanto se disponibilizou em me auxiliar nos campos técnico e comercial, a fim de promover melhorias em meus projetos estruturais.

Às empresas Technart e Hilti, pelo material técnico fabuloso tão fortemente disseminado no universo dos chumbadores mecânicos e químicos.

Ao Centro Brasileiro de Construção em Aço (CBCA), ao Instituto Brasileiro de Telas Soldadas (IBTS) e à Gerdau, por suas valiosas e incomensuráveis contribuições técnicas no campo das estruturas de aço para o Brasil.

À empresa Petra MG Indústria e Comércio de Agregados Ltda., pela cortesia em fornecer fotos relacionadas aos tipos de agregados, através da generosidade e da gentileza do funcionário e estudante de Engenharia Civil Gabriel Pereira Melo.

À empresa Liebherr do Brasil, através do empenho do Gestor de Pós-Vendas Heron Gayean e do Gerente Divisional Rene Porto.

À empresa Liftcom Equipamentos, e à gentileza concedida pelo Diretor Sérgio Camargo em disponibilizar informações técnicas a respeito das empilhadeiras Heli.

Ao Fanshawe College, de London (Ontário, Canadá), e a todo o seu inestimável quadro de funcionários, professores e profissionais, pelas suas magníficas contribuições e suportes dados aos seus alunos.

À Divisão de Construção da Prefeitura de London (City of London Building Division), e a todo o seu valioso quadro técnico de funcionários, que tão metodicamente e obstinadamente se dedica à verificação de projetos e obras de engenharia e arquitetura, com foco na segurança de seus cidadãos. Nesse local tive a oportunidade de desenvolver planilhas baseadas nas normas canadenses de estruturas metálicas e de madeira, para a verificação de meus primeiros projetos no Canadá.

Ao Ministério de Transportes (Ministry of Transportation, MTO), em London, e a todo o seu quadro de técnicos e engenheiros, que não medem esforços para planejar, dimensionar, executar e restaurar estradas, antes mesmo de chegarem ao final de sua vida útil.

Aos meus amigos e profissionais de arquitetura e engenharia Emmanuelle Freitas, Mônica Moreira da Cunha, Teresa Cristine, Juliana Canedo, Paula Marchiori, Márcia Carramenha e Arthur Martins, João Batista Rangel, Ronaldo Ribeiro Fernandes, Iberê Gilson, Jacqueline Alencar, Gláucia Magalhães, Elma Cordeiro Grisotolo, Nara dos Anjos, Marcelo Santiago, Narayana Pereira Brito, Patrícia Fassheber Ferreira Cunha, Luís Benante, Maria Luíza e Francisco Xavier Adão.

Aos profissionais e coordenadores de projetos Alexandre Tanaka, Wendell Dias, Luigy Tiellet e Rodrigo Morhy Peres, que me ajudaram sobremaneira a evoluir no desenvolvimento de relatórios e laudos técnicos.

Agradecimento especial

Ao meu amigo e Engenheiro Civil Calculista Ubiracy Pereira Jardim, que contribuiu com seu inestimável esforço e tempo como verificador desta obra.

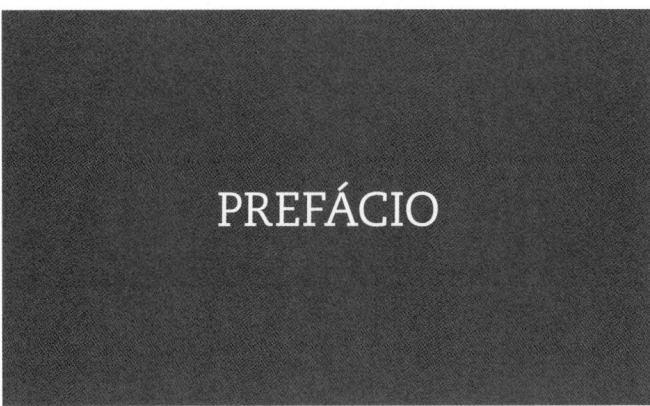

PREFÁCIO

Um pavimento rígido de concreto armado, quando dimensionado para uma determinada finalidade, deve resistir aos carregamentos solicitantes, durar por muitas décadas e atender aos critérios de rolamento (conforto e segurança). Ou seja, por ser um elemento estrutural deve satisfazer ao tripé da engenharia:

Resistência × Durabilidade × Funcionalidade

Se um dos pilares desse tripé falhar, o projeto como um todo e, consequentemente, a obra falharão.

Este livro foi concebido com base nesse tripé, de modo a trazer: todo o conhecimento de tecnologia do concreto que o engenheiro precisa saber para garantir um concreto durável e resistente a intempéries; todas as equações e métodos que garantiram o sucesso dos projetos de pavimento do autor diante de todos os tipos de cargas (móveis, estáticas e montantes – de estanterias) e suas mais variadas magnitudes, desde uma empilhadeira até um guindaste pneumático ou de esteira; e todo o conhecimento necessário para evitar que patologias provenientes de vícios construtivos e negligências venham a ocorrer e interferir na funcionalidade do pavimento.

Os métodos de dimensionamento que serão mostrados passo a passo provaram para o autor que nenhum deles é completo e que o engenheiro deve, sim, discernir os resultados mais conservadores obtidos por esses métodos em função de suas aplicações.

Os melhores, maiores e mais importantes projetos reais de pavimentos rígidos concebidos pelo autor e aplicados a áreas industriais e portuárias serão trazidos nesta obra, a fim de ensinar ao leitor como elaborar projetos completos de pavimentos, como lidar com vários dos detalhes especiais e peculiares a cada um deles, como apresentar a lista de materiais e, o mais importante, como projetar de modo a manter o projeto seguro e consistente.

Diversas patologias comuns e atípicas especialmente selecionadas serão abordadas para explicar suas causas e possíveis consequências, com o intuito de que o profissional aprenda a combatê-las e a evitá-las ainda na fase de projeto.

E, por fim, serão trazidos os documentos técnicos relacionados a memorial descritivo e especificação técnica mais bem preparados pelo autor e exaustivamente verificados por diversos líderes ao longo dos anos, apresentados de modo completo para que o engenheiro consiga utilizá-los por inteiro em seus projetos e licitações ou, no mínimo, usá-los como base para a sua vida profissional. Isso porque, se um determinado item técnico for esquecido ou negligenciado em qualquer um desses documentos que devem ser elaborados e servir de material complementar e essencial ao projeto, poderá resultar em ônus para o cliente ou falha para a obra.

SUMÁRIO

1 MATERIAIS CONSTITUINTES DO CONCRETO 13
1.1 Água 13
1.2 Ar 14
1.3 Cimento 15
1.4 Agregados 22
1.5 Aditivos 38

2 TECNOLOGIA DO CONCRETO 40
2.1 Classificação do concreto 40
2.2 Propriedades do concreto fresco 41
2.3 Propriedades do concreto endurecido 41
2.4 Corrosão em estrutura de concreto armado 51
2.5 Tipos de concreto 62
2.6 Cuidados importantes com o concreto na obra 64
2.7 Concreto de alto desempenho (CAD) 69
2.8 Boletins de controle tecnológico do concreto 73

3 ESTRUTURAS DAS CAMADAS DE PAVIMENTO 76
3.1 Classificação dos tipos e das camadas de pavimento 76
3.2 Parâmetros relacionados às camadas de pavimento 80
3.3 Materiais empregados em camadas de pavimento (Bernucci et al., 2008) 92
3.4 Tipos de pavimento rígido de concreto 98
3.5 Considerações adicionais 100

4 TRENS-TIPOS, PATOLAS E ESTEIRAS 106
4.1 Classificação dos eixos 106
4.2 Carga por eixo aplicada a caminhões e ônibus 107
4.3 Carga por eixo aplicada a empilhadeiras 114
4.4 Carga por eixo aplicada a guindastes hidráulicos pneumáticos 116
4.5 Área de contato de um pneu 122

4.6　Área de contato de uma esteira 124
4.7　Ábacos 125
4.8　*Matting* *126*
4.9　Outros tipos de veículo 129

5 TENSÕES TRANSMITIDAS PARA O SUBSOLO 131

5.1　Ábaco de Fadum para tensões transmitidas através de placas quadradas ou retangulares .131
5.2　Teoria de Boussinesq para cargas transmitidas através de rodas (cargas pontuais) 140
5.3　Ábaco de Newmark para variações de tensões 144
5.4　Relatórios de sondagem 145

6 DIMENSIONAMENTO DE PAVIMENTOS 149

6.1　Parâmetros relacionados 149
6.2　Métodos de dimensionamento 151
6.3　Dimensionamento de elementos de aço 159
6.4　Dimensionamento da espessura de juntas 162
6.5　Dimensionamento de estanterias (cargas montantes) 164
6.6　Dimensionamento de cargas aplicadas por eixos de rodagem dupla, tandem duplo e tandem triplo 172
6.7　Dimensionamento de fueiros 178
6.8　Dimensionamento de grades de piso 179

7 PAVIMENTOS RÍGIDOS PARA TRÁFEGO E OPERAÇÕES DE EMPILHADEIRAS E PARA ESTANTERIAS: PROJETO DETALHADO DE GALPÕES 182

7.1　Apresentação das plantas 183
7.2　Memória de cálculo 190
7.3　Fotos do pós-obra 200

8 PAVIMENTOS RÍGIDOS PARA TRÁFEGO E OPERAÇÕES DE GUINDASTES PNEUMÁTICOS DOTADOS DE PATOLAS: PROJETO DETALHADO DE RETROÁREA 202

8.1　Apresentação das plantas 203
8.2　Memória de cálculo 214
8.3　Fotos da obra 225

9 PROJETO E CUIDADOS CONSTRUTIVOS 227

9.1　Trabalho de investigação e *checklist* *227*
9.2　Geometrias das placas 229
9.3　Armações das placas 229
9.4　Tipos de juntas 231
9.5　Cuidados no projeto geométrico 235
9.6　Tipos de acabamento superficial 237
9.7　Revestimento antiabrasivo 237
9.8　Caixas ao longo da via constituída de pavimento rígido 239
9.9　Canaletas de concreto e grelhas Selmec 241
9.10　Tampas e grelhas de ferro fundido 242
9.11　Evidências de sinistros em placas de concreto 242
9.12　Estudos de casos 247

10 DOCUMENTOS DE CONTRATAÇÃO: ESTUDO PRELIMINAR E ESPECIFICAÇÃO DE SERVIÇO 254

APÊNDICE – TELAS SOLDADAS NERVURADAS DA GERDAU 269

REFERÊNCIAS BIBLIOGRÁFICAS 271

MATERIAL COMPLEMENTAR – disponível na página do livro
<http://www.ofitexto.com.br/livro/pavimentos-industriais>

Para **ler seu e-book**, acesse https://ebooks.ofitexto.com.br.
Cole o código abaixo na opção **Resgatar**, no canto superior direito, e confirme em seguida no botão vermelho.
É necessário criar uma conta, caso ainda não tenha cadastro em nossa plataforma de e-books.
Qualquer dúvida, entrar em contato pelo e-mail ebooks@ofitexto.com.br.

RMH4867NQ8TL

MATERIAIS CONSTITUINTES DO CONCRETO

1

Sabe-se que o concreto é um material constituído de uma mistura íntima e homogênea de um determinado aglomerante (cimento com ou sem adições) com agregado miúdo (areia), agregado graúdo (pedra britada), água, ar e, em certos casos, também aditivos. Com o passar do tempo, essa mistura adquire resistência quase igual à das rochas, com alta resistência à compressão e baixa resistência à tração.

Neste capítulo será descrito o papel de cada um desses elementos, de forma isolada e no concreto, antes de efetivamente adentrar no estudo do pavimento de concreto.

1.1 Água

Essencial à vida, a água é um líquido incolor, insípido e inodoro. Ao nível do mar, congela a 0 °C e entra em ebulição a 100 °C. No campo técnico dos materiais, é possível classificá-la como:

- *água essencial*: é a que faz parte da estrutura cristalina ou molecular de um componente;
- *água não essencial*: é aquela cuja presença não é necessária.

A água não essencial classifica-se em:

- *água absorvida*: é aquela retida sobre a superfície dos sólidos em contato com o ambiente úmido;
- *água sorvida*: é aquela retida como fase condensada nos interstícios ou capilares dos sólidos coloidais;
- *água oclusa*: é a água líquida aprisionada em cavidades microscópicas e regularmente distribuída nos cristais. Pode ocorrer despedaçamento do sólido cristalino quando essa água é aquecida para ser liberada.

A água é crucial no preparo do concreto, sendo responsável pela formação de propriedades ligantes do cimento, e, quando adicionada na mistura, resulta no chamado fenômeno de hidratação do cimento. No estado fresco, além da hidratação, ela determina ainda a trabalhabilidade do concreto.

A quantidade de água varia de 14% a 21% do volume total de concreto normal (cabe mencionar que o termo *concreto normal* será citado no início deste capítulo apenas para diferenciá-lo do concreto de alto desempenho, ou CAD, que será estudado mais adiante). Um simples erro de sua dosagem pode vir a comprometer a concretagem de um determinado elemento estrutural.

Outro cuidado fundamental que deve ser tomado é o de evitar sua contaminação por agentes incompatíveis com o cimento, como açúcares, ácidos úmidos e sulfatos. Ou seja, a água para essa finalidade deve estar isenta de substâncias deletérias.

Quanto à dificuldade de remover a água do corpo do concreto, ela ainda pode se classificar, na ordem de dificuldade crescente de remoção, do seguinte modo: água capilar (ou livre), água adsorvida, água interlamelar e água quimicamente combinada.

1.1.1 Hidratação

É o processo químico que ocorre no cimento quando este entra em contato com a água, promovendo propriedades de resistência e de durabilidade ao concreto endurecido.

Em grande quantidade na mistura do concreto, a água causa:

- aumento do fator água/cimento ($f_{a/c}$);
- redução da durabilidade do concreto e de seu volume quando endurecido;
- aumento da porosidade e, havendo interconectividade entre os poros, da permeabilidade;
- redução da resistência à abrasão, deixando a superfície mais escorregadia;
- redução da resistência de impacto;
- redução da resistência ao congelamento e ao degelo (em países frios com ocorrência de neve).

Em pequena quantidade, resulta em:
- aumento da rigidez;
- maior dificuldade de o concreto ser alocado e compactado;
- ocorrência de poucos vazios.

Vale citar que os vazios são a maior fonte de degradação do concreto.

1.2 Ar

O ar está presente de modo natural em todas as misturas de argamassa e de concreto. Mas, artificialmente, também se pode injetá-lo nas misturas de argamassa e de concreto de forma a melhorar suas propriedades no estado fresco, aprimorando a fluidez e a trabalhabilidade. Essa adição de ar se dá por meio de aditivos denominados incorporadores de ar.

Outro exemplo que depende sobremaneira do incorporador de ar é o concreto celular, que, por não possuir agregado graúdo em sua constituição, e sim ar, torna-se extraordinariamente mais leve, não sendo, portanto, utilizado para fins estruturais, mas como paredes de vedação, enchimentos etc.

Assim, até certos limites, o ar traz benefícios tanto no estado fresco como no estado endurecido do concreto. No caso do estado endurecido, o ar promove maior trabalhabilidade e a mistura fica mais homogênea, e o concreto endurece com um arranjo melhor de suas partículas de cimento e de agregados finos e graúdos. Consequentemente, sua resistência é melhorada.

Porém, após trabalhar o concreto, esse ar precisa ser retirado, do contrário vazios permanecerão presentes no corpo do concreto, o que abrirá caminhos para a entrada de elementos deletérios que poderão iniciar o processo de corrosão nas armaduras – para haver corrosão, é necessária a existência de um eletrólito: a água, por exemplo. Além dos vazios no interior do concreto endurecido, outros vazios poderão ser criados em sua superfície, à medida que o ar que não pôde ser retirado durante o processo de vibração e de revibração sai naturalmente através dela, criando pequenos orifícios e até buracos, afetando a estética da superfície acabada e também contribuindo para a entrada de elementos deletérios do meio externo provenientes, por exemplo, de intempéries.

A vibração e a revibração são ferramentas poderosas de que o engenheiro dispõe para extrair esse ar em excesso.

O ar presente na pasta de cimento hidratada é classificado, de acordo com seu tamanho, em:

- *espaço interlamelar*: apresenta os menores vazios;
- *vazios capilares*: localizam-se entre os constituintes sólidos da pasta;
- *ar incorporado*: é a somatória do ar que não foi eliminado durante o adensamento do concreto (ar aprisionado) e daquele que é introduzido por meio de aditivos (ABNT, 2008), e seus vazios só são menores do que os do ar aprisionado;
- *ar aprisionado*: ocupa os maiores vazios e, como o próprio nome diz, é aquele que ainda continua preso, e, portanto, precisa ser liberado, o que pode ser feito com o adensamento do concreto (ABNT, 2008).

Uma definição complementar adotada no Canadá é a de que, às vezes, pequenas bolhas de ar são intencionalmente incorporadas à mistura usando aditivos e, outras vezes, bolhas maiores ficam presas durante a mistura. Quando as bolhas são menores que 0,04", o ar é chamado de incorporado (*entrained*) e, quando são maiores, o ar é chamado de aprisionado (*entrapped*).

No projeto final deste autor pela Universidade do Estado do Rio de Janeiro (UERJ), foram ensaiados oito tipos de mistura diferentes de argamassas para aplicações exclusivamente externas. Entre as duas melhores misturas, que apresentaram melhor trabalhabilidade e resistência, uma era constituída de cal e a outra, de ar incorporado.

Na Fig. 1.1, tem-se a situação de um concreto sendo preparado para uma viga a ser ensaiada no laboratório. Note-se que os orifícios presentes na superfície são fruto do ar aprisionado sendo expelido via processo de vibração. Assim, durante o uso do vibrador na obra, é importante ficar atento à diminuição desses orifícios do momento em que eles começam a surgir até o final do processo de vibração. Mediante um processo de vibração bem executado, é possível expulsar a maior parte do ar aprisionado no interior do concreto.

Caso algum ar fique retido e só venha a ser expelido a partir do momento em que o concreto começar a endurecer, pequenos orifícios ficarão presentes na superfície do concreto de modo permanente. No entanto, pode-se aplicar uma argamassa na superfície a fim de tamponá-los.

A Fig. 1.2 mostra o concreto no estado endurecido com pequenos orifícios surgidos a partir da expulsão de bolhas de ar após a vibração e durante seu processo de endurecimento. Ou seja, como após o fim da pega não se pode mais trabalhar o concreto, tudo que ocorre durante esse período de endurecimento deve ser tratado num momento posterior.

1.3 Cimento

Em 1824, na Inglaterra, Joseph Aspdin acrescentou seus conhecimentos aos de seus antecessores, John Smeaton e James Watt (o mesmo da máquina a vapor), e, com a incumbência de construir um farol, estudou vários tipos de argamassa com propriedades hidráulicas. Em consequência desse estudo, descobriu que o uso de cais com maiores teores de argila resultava em maior hidraulicidade. Aspdin requereu patente para a fabricação de seu cimento, ao qual chamou de Portland devido à sua semelhança com as pedras das ilhas de Portland (Inglaterra), que eram usadas nas construções da época.

Sendo assim, o nome técnico do cimento é cimento Portland, pois assim foi batizado por seu inventor há cerca de 200 anos. Ou seja, *cimento* e *cimento Portland* têm o mesmo significado. Ele é chamado de *hidráulico* quando os produtos de sua hidratação são estáveis em meio aquoso.

A quantidade de cimento varia de 7% a 15% do volume total de concreto normal. Já a pasta de cimento, que constitui uma mistura homogênea de cimento, água e ar aprisionado ou incorporado, corresponde a um percentual de 25% a 40% do volume total de concreto normal.

O cimento é um material finamente pulverizado que sozinho não é aglomerante, mas desenvolve propriedades ligantes ou cimentantes com a hidratação, sendo o principal ingrediente ligante e o responsável pelo desenvolvimento da resistência e da durabilidade do concreto.

As matérias-primas do cimento são as seguintes:
- pedra calcária (CaO (cal) + CO_2);
- argila (SiO_2 (sílica) + Al_2O_3 (alumina) + Fe_2O_3 (óxido de ferro) – impurezas (magnésio, álcalis e outros óxidos));
- gipsita (gesso, $CaSO_4.2H_2O$) ou sulfato de cálcio, que têm por finalidade o controle do tempo de pega;
- minério de ferro ou escória (não frequente).

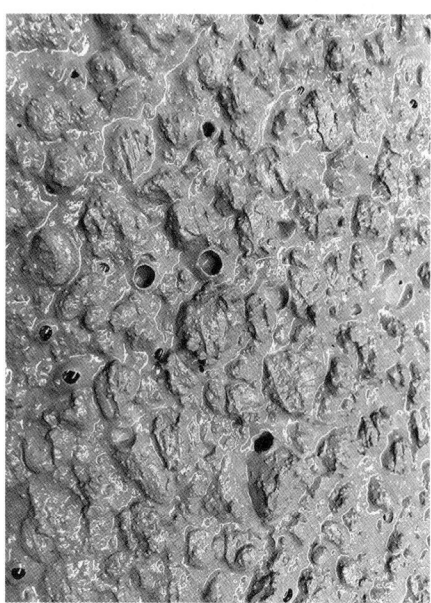

Fig. 1.1 Orifícios presentes na superfície do concreto no estado fresco

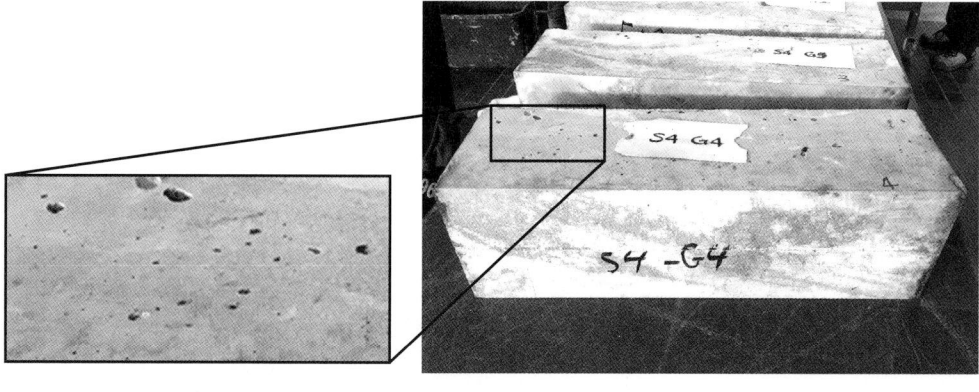

Fig. 1.2 Pequenos orifícios presentes na superfície do concreto endurecido

As fontes dessas matérias-primas, por sua vez, correspondem a:

- *cal*: calcário, xisto, arenito, barro, pedra de giz e calcita;
- *ferro*: minério de ferro, pirita e xisto;
- *sílica*: areia, calcário, xisto, arenito, barro e quartzo;
- *sulfato*: pedra de giz, cálcio e sulfato;
- *alumina*: bauxita, barro, calcário e xisto.

Quanto ao manuseio de estocagem, menciona-se que o cimento deve ser armazenado em lugar abrigado da chuva e da umidade, em pilhas não superiores a dez sacos e colocadas sobre estrados de madeira. Quando armazenado em silos, o cimento pode ser estocado por um período de até três meses.

1.3.1 Fabricação e componentes

O clínquer é o principal componente do cimento Portland, sendo fonte de silicato tricálcico e silicato dicálcico, que lhe conferem característica de ligante hidráulico e que estão diretamente relacionados à resistência mecânica do material após a hidratação. A quantidade de clínquer e de outras adições é determinante para conferir diferentes propriedades mecânicas aos tipos de cimento.

Para a formação do clínquer, o calcário e a argila são triturados e misturados em proporções adequadas, aquecidos até o ponto de fusão incipiente (1.450 °C) e resfriados para uma temperatura de 60 °C. Em algumas argilas com baixo teor de óxido de ferro e alumina, faz-se necessária a adição de minério de ferro ou bauxita, pois estes ajudam na formação dos silicatos com temperaturas mais baixas. Após esse resfriamento, o clínquer é novamente moído e misturado com gesso ou sulfato de cálcio (5%), para o controle do tempo de pega, e mais uma vez moído para ser ensacado e comercializado. A saturação é fundamental.

Por sua vez, a escória é utilizada para proporcionar características de ligante hidráulico e para aumentar a durabilidade do cimento em ambientes agressivos com presença de sulfatos.

Já a pozolana é um tipo de argila contendo cinza vulcânica, que reage espontaneamente com cal na fase aquosa e confere elevado teor de sílica ativa, o que lhe permite funcionar como ligante hidráulico complementar ao clínquer, tornando o concreto mais impermeável.

O calcário, por fim, é constituído basicamente de carbonato de cálcio ($CaCO_3$), sendo empregado na constituição do cimento como material de preenchimento, capaz de penetrar nos interstícios das outras partículas envolvidas no processo de fabricação, agindo como um lubrificante e tornando o produto mais plástico.

A Tab. 1.1 apresenta a porcentagem desses materiais em cada tipo de cimento.

Composição química do clínquer

O clínquer é constituído de silicato tricálcico, silicato dicálcico, aluminato tricálcico e aluminoferrato tetracálcico.

O silicato tricálcico ($3CaO.SiO_2 - C_3S$) é o principal componente do cimento, sendo responsável pela resistência mecânica sobretudo nas primeiras idades. Tem hidratação rápida, em poucos minutos, e desenvolve alto calor de hidratação. Representa de 42% a 60% do volume total nos cimentos nacionais.

Já o silicato dicálcico ($2CaO.SiO_2 - C_2S$) é responsável pelas resistências acima de 28 dias. Tem hidratação lenta, demorando semanas, e desenvolve pouco calor de hidratação. Sua resistência se equipara à do C_3S aos dois anos. Representa de 10% a 35% do volume total nos cimentos nacionais.

O aluminato tricálcico ($3CaO.Al_2O_3 - C_3Al$) é o responsável pelas primeiras reações, mas sem resistência em

Tab. 1.1 Percentuais dos materiais presentes em cada tipo de cimento

Nome	Sigla	Clínquer + gesso (%)	Escória siderúrgica (%)	Material pozolânico (%)	Calcário (%)
Portland comum	CP I	100	-	-	-
	CP I-S	95-99	1,50	1-5	1-5
Portland composto com escória	CP II-E	56-94	6-34	-	0-10
Portland composto com pozolana	CP II-Z	76-94	-	6-14	0-10
Portland composto com *filler*	CP II-F	90-94	-	-	6-10
Portland de alto-forno	CP III	25-65	35-70	-	0-5
Portland pozolânico	CP IV	45-85	-	15-50	0-5
Portland ARI (para pré-moldado)	CP V-ARI	95-100	-	-	0-5

idades maiores, sendo utilizado somente para obter C_2S e C_3S em fornos comerciais. Apresenta hidratação rápida, em poucos minutos, e desenvolve grande calor de hidratação. Possui pouca resistência a águas agressivas e seu teor é de 6% a 13% nos cimentos nacionais.

Finalmente, o aluminoferrato tetracálcico ($4CaO.Al_2O_3.Fe_2O_3 - C_4AF$) também é o responsável pelas primeiras reações, mas sem resistência em idades maiores. Exibe hidratação rápida, um pouco menor que a do C_3Al, e desenvolve médio calor de hidratação. Resiste um pouco melhor a águas agressivas do que o C_3Al e seu teor é de 5% a 12% nos cimentos nacionais.

Um resumo das propriedades desses compostos é apresentado no Quadro 1.1.

1.3.2 Propriedades físicas

Finura

Esse conceito se relaciona com o tamanho dos grãos do cimento e é de muita importância, porque governa a velocidade da reação de hidratação, já que, quanto mais finos são os grãos, maior é a área superficial. Com o aumento da finura, aumentam-se as resistências mecânicas nas primeiras idades e o calor de hidratação e, por outro lado, diminuem-se a permeabilidade, a exsudação e outros tipos de segregação.

A finura é limitada pelo custo de moagem e pelo calor de hidratação. Para sua determinação, recomenda-se usar peneiras de marca Tyler, cuja abertura de malha quadrada é de 0,076 mm.

Dois ensaios relacionados a essa propriedade física são o peneiramento e o ensaio Blaine. O peneiramento, também chamado de peneiração, é empregado principalmente para a determinação das frações mais grossas da amostra, como o pedregulho e as areias. Para tal, utiliza-se a peneira de malha quadrada nº 200, segundo a NBR 5732 (substituída pela NBR 16697 – ABNT, 2018).

O ensaio Blaine, por sua vez, mede a superfície específica dos grãos de cimento, por meio da qual se obtém sua finura. Quanto maior é o valor de ensaio em m²/kg, mais fino é o cimento. A superfície específica dos cimentos comuns varia de 280 m²/kg a 350 m²/kg.

Tempo de pega

A pega é o fenômeno que compreende a evolução das propriedades mecânicas. Quando se mistura água ao cimento, ocorre a formação de uma pasta que se conserva plástica por um curto espaço de tempo. Ao principiar a reação química com água, a mistura começa a endurecer. O cimento de poços petrolíferos (CPP) – classe G apresenta início de pega em torno de 90 min a 120 min, com 15 a 30/30 U_C (unidades de consistência), enquanto os demais cimentos exibem início de pega em tempo igual ou superior a 1 h. A pega do cimento acontece tanto dentro como fora d'água.

Os fatores que a afetam são o tamanho e a distribuição das partículas de cimento, a temperatura (se elevada, acelera a pega e, se baixa, a retarda) e a presença de gesso, que é o material que dá o tempo de pega.

Sua caracterização é feita pelo estabelecimento de dois tempos distintos: o início e o fim da pega. O início de pega é a fase que determina o término da trabalhabilidade com o cimento, não se admitindo mais remistura. Tal período define o tempo de trabalhabilidade do concreto ou da argamassa, após o qual os materiais devem permanecer em repouso e na posição definitiva. O fim de pega é a fase que determina a aquisição permanente de qualidades mecânicas características do produto acabado, ou seja, em que ele se solidifica completamente. Cimentos nacionais apresentam início de pega em aproximadamente 2 h e fim em torno de 10 h.

Um ensaio utilizado para a determinação dessa propriedade é aquele com aparelho de Vicat, por meio da penetração de uma agulha.

Exsudação

É um fenômeno de segregação que acontece na pasta de cimento, sendo que os grãos mais pesados que a água são forçados pela gravidade a uma sedimentação. Esse fenômeno ocorre antes do início da pega e geralmente é ocasionado pelo excesso de vibração. A água que se acumula na

Quadro 1.1 Propriedades dos compostos do clínquer

Propriedades	Silicato tricálcico (C_3S)	Silicato dicálcico (C_2S)	Aluminato tricálcico (C_3Al)	Aluminoferrato tetracálcico (C_4AF)
Resistência à compressão nas primeiras idades	Boa	Fraca	Boa	Boa
Resistência à compressão em idades posteriores	Boa	Boa	Fraca	Fraca
Velocidade da reação com água (hidratação)	Rápida	Lenta	Rápida	Rápida
Quantidade de calor gerado na hidratação	Grande	Pequena	Grande	Média
Resistência a águas agressivas	Média	Boa	Fraca	Fraca

superfície é chamada de exsudação. Essa forma de segregação prejudica a uniformidade e a resistência do concreto ou da argamassa. Para evitá-la, utilizam-se cimentos mais finos ou adiciona-se microssílica.

Na Fig. 1.3, nota-se uma porção contínua da placa de um pavimento provavelmente afetada pelo processo de exsudação. No detalhe ampliado, é possível observar que, além do tipo de acabamento vassourado aplicado na superfície do concreto, houve perda extra e levemente pronunciada da superfície.

Uma superfície de concreto que sofreu perda de pequenas porções bem definidas é apresentada na Fig. 1.4. Nesse caso, é muito provável ter ocorrido o fenômeno da exsudação, em que um descuido pontual no processo de vibração pode ter ocasionado a afloração da pasta de cimento seguida da decantação do agregado graúdo (brita) mais pesado, deixando essas pequenas porções fragilizadas.

Resistência mecânica, expansibilidade e resistência à compressão

A resistência mecânica é determinada pelo ensaio de compressão axial de corpos de prova. A expansibilidade é de 10 mm tanto a frio quanto a quente. Por fim, a resistência à compressão é igual a 10 MPa aos 3 dias, 20 MPa aos 7 dias e 32 MPa aos 28 dias.

1.3.3 Propriedades químicas

Estabilidade volumétrica

É uma característica ligada à ocorrência de indesejáveis expansões volumétricas posteriores ao endurecimento do concreto e que resulta da hidratação de cal livre (CaO) e de magnésio livre.

Quando o cimento apresenta grande teor de cal livre, esse óxido, ao se libertar depois do endurecimento, aumenta de volume, criando tensões internas que conduzem à microfissuração e determinam a desagregação do concreto.

Um ensaio relacionado a essa propriedade é aquele com agulha de Le Chatelier, empregado na medida da expansibilidade da pasta de cimento.

Calor de hidratação

Ocorre quando a hidratação do cimento à reação é do tipo exotérmica, ou seja, liberando calor. Essa energia liberada é de grande importância para a Engenharia, principalmente em obras com concreto massa, devido à pequena

Fig. 1.3 (A) Superfície de um pavimento rígido com ocorrência de exsudação na porção de uma placa e (B) detalhe da superfície afetada

Fig. 1.4 Perda de partes da superfície do concreto devida provavelmente ao fenômeno de exsudação

área de dissipação em relação ao volume concretado. Essa elevação de calor conduz ao aparecimento de fissuras de contração ao fim do resfriamento da massa.

Identifica-se um composto hidratado através da determinação da água de hidratação. Os hidratos são substâncias constituídas de um composto mais moléculas de água. As moléculas de água são ligadas por cátion intermediário às moléculas de oxigênio.

Reação álcali-agregado

É a reação que pode acontecer entre os óxidos de potássio (K_2O) e de sódio (Na_2O) existentes no cimento e certas formas de sílicas reativas existentes em alguns agregados, como o basalto.

Os fatores essenciais para a ocorrência de tal fenômeno são os álcalis, a sílica reativa e a umidade.

A reação ocorre formando um gel higroscópico expansivo na periferia do agregado, podendo causar tensões internas no concreto.

O ensaio petrográfico (ABNT, 2009b; ASTM International, 2019a), o método químico (ABNT, 1987b, cancelada; ASTM International, 2007, cancelada) e o ensaio de barras de argamassa (ABNT, 1987a, cancelada; ASTM International, 1953, cancelada) são utilizados para identificar a presença da reação álcali-agregado no concreto.

1.3.4 Tipos de cimento

Cimento aluminoso

É um aglomerante obtido da mistura de calcário e bauxita (minério de alumínio), que é aquecido até sua fusão completa, sendo por isso também chamado de cimento *fondu*, rico em alumina.

Suas principais características são a pega lenta, a resistência rápida, a característica refratária, resistindo a altas temperaturas de até 1.200 °C, a resistência elevada a sulfatos e águas agressivas e o excessivo calor de hidratação.

Não é aconselhado para o concreto estrutural devido ao fenômeno de conversão, que chega a diminuir sua resistência à compressão em até 70% com o tempo, dependendo do $f_{a/c}$ utilizado e da temperatura.

Exemplos de seu uso malsucedido são o do edifício localizado no distrito de Stepney, em Londres, que ruiu oito anos após sua entrega, e o do edifício no distrito de Camden, na mesma cidade, que ruiu 18 anos após sua entrega.

Cimento de escória ou cimento Portland de alto-forno

Trata-se de um subproduto da fabricação do ferro-gusa, através da cal usada como fundente. Sua composição é análoga à do cimento, porém sem propriedades hidráulicas. A hidraulicidade é despertada por meio de sua mistura com cimento Portland.

Suas principais características são o baixo calor de hidratação, a maior resistência a agentes agressivos, em especial a água do mar (em virtude do baixo teor de cal livre), a pega semelhante à do Portland e o emprego de subproduto até então não utilizado nas indústrias.

Cimento pozolânico

A pozolana é um material silicoso ou sílico-aluminoso que por si só não possui propriedades cimentantes, mas que forma compostos com essas propriedades quando finamente moído e na presença de água, ao reagir com hidróxido de cálcio.

Pode ser classificada em cinza vulcânica, rocha silicosa sedimentar (argila) e argila calcinada.

Os efeitos de seu emprego nos cimentos são a melhoria na trabalhabilidade do concreto, a diminuição da reação álcali-agregado, a melhoria na resistência do concreto à ação da água do mar ou de outras águas agressivas, a diminuição do calor de hidratação e dos custos de produção e a duração por mais tempo.

Cimento graute

É autoadensável e possui resistência superior.

No caso de cimentos Portland pozolânico e Portland de alto-forno, a redução de hidróxido de cálcio na pasta endurecida de cimento, que se deve tanto ao efeito de diluição quanto à reação pozolânica, é uma das razões pelas quais o concreto feito a partir de tais cimentos tende a apresentar resistência superior à de ambientes sulfatados e ácidos. Inicialmente, com a cura, o teor de hidróxido de cálcio aumenta devido à hidratação do cimento Portland presente. Entretanto, posteriormente, ele começa a diminuir com o progresso da reação pozolânica.

Dependendo das condições de cura, cimentos Portland de alto-forno com 60% ou mais de escória podem ter teores tão baixos quanto 2% a 3% de hidróxido de cálcio. Produtos de cimento Portland pozolânico contêm maiores quantidades de hidróxido de cálcio.

1.3.5 Especificações brasileiras para cimentos Portland

O Quadro 1.2 apresenta as normas relativas a cada tipo de cimento, enquanto as Tabs. 1.2 a 1.4 listam suas resistências características à compressão e sua finura.

Convém mencionar que o CP II atinge idade adulta aos 7 dias, já o CP IV só aos 28 dias. O cimento com escória é mais resistente do que aquele sem escória, e o cimento Portland com acréscimos de pozolana fica mais resistente.

Quadro 1.2 Normas dos tipos de cimento

Tipo	Norma (especificação)
Portland comum (CP I e CP I-S)	NBR 16697 (ABNT, 2018) (antiga EB-1)
Portland composto com escória (CP II-E), com pozolana (CP II-Z) e com *filler* (CP II-F)	NBR 16697 (ABNT, 2018) (antiga EB-2138)
Portland de alto-forno (CP III)	NBR 16697 (ABNT, 2018) (antiga EB-208)
Portland pozolânico (CP IV)	NBR 16697 (ABNT, 2018) (antiga EB-758)
Portland ARI (para pré-moldado) (CP V-ARI)	NBR 16697 (ABNT, 2018) (antiga EB-2)
Cimento de poços petrolíferos (CPP) – classe G	NBR 9831 (ABNT, 2020) (antiga EB-1765)

Tab. 1.2 Resistências características do cimento à compressão aos 28 dias

Tipo	Classe	Resistência inferior aos 28 dias (MPa)	Resistência superior aos 28 dias (MPa)
CP I	25	25	42
	32	32	49
	40	40	-
CP II	25	25	42
	32	32	49
	40	40	-
CP III	25	25	42
	32	32	49
	40	40	-
CP IV	25	25	42
	32	32	49
CP V-ARI	-	-	-

Tab. 1.3 Resistências características do cimento à compressão a 1, 3, 7 e 28 dias

Tipo	Classe	Resistência a 1 dia (MPa)	Resistência aos 3 dias (MPa)	Resistência aos 7 dias (MPa)	Resistência aos 28 dias (MPa)
CP I	25	-	≥ 8	≥ 15	≥ 25
	32	-	≥ 10	≥ 20	≥ 32
	40	-	≥ 15	≥ 25	≥ 40
CP II	25	-	≥ 8	≥ 15	≥ 25
	32	-	≥ 10	≥ 20	≥ 32
	40	-	≥ 15	≥ 25	≥ 40
CP III	25	-	≥ 8	≥ 15	≥ 25
	32	-	≥ 10	≥ 20	≥ 32
	40	-	≥ 12	≥ 23	≥ 40
CP IV	25	-	≥ 8	≥ 15	≥ 25
	32	-	≥ 10	≥ 20	≥ 32
CP V-ARI		≥ 14	≥ 24	≥ 34	-

Tab. 1.4 Finura dos tipos de cimento

Tipo	Classe	Finura #200 (%)	Finura Blaine (m²/kg)
CP I	25	≤ 12	≥ 240
CP I	32	≤ 12	≥ 260
CP I	40	≤ 10	≥ 280
CP II	25	≤ 12	≥ 240
CP II	32	≤ 12	≥ 260
CP II	40	≤ 10	≥ 280
CP III	25	≤ 8	-
CP III	32	≤ 8	-
CP III	40	≤ 8	-
CP IV	25	≤ 8	-
CP IV	32	≤ 8	-
CP V-ARI		≤ 6	≥ 300

1.3.6 Alguns empregos do cimento

O Quadro 1.3 apresenta alguns empregos e características exigidas de cada tipo de cimento.

Para o caso de pavimentos, este autor sempre procurou adotar o cimento do tipo CP II-Z. Para galerias de águas pluviais e caixas oleosas, que compõem o projeto de pavimentação, recomenda-se empregar os cimentos CP III ou CP IV-RS, que são próprios para resistir a ações de fluidos constituídos de elementos deletérios, como óleos e sais, entre outros.

Os pavimentos também podem ser executados com cimento CP V-ARI, cuja resistência inicial aos 3 dias atinge 24 MPa e, aos 7 dias, 34 MPa, sendo excelente para a liberação do tráfego em menos dias do que com o uso de cimentos tradicionais. Porém, deve-se tomar muito cuidado com a trabalhabilidade do CP V-ARI, por ser de secagem rápida. Em seu emprego, recomenda-se que seja executada uma placa de teste, seguida de processo de cura, a fim de treinar e acostumar a equipe quanto à sua execução e trabalhabilidade.

Por exemplo, em um pavimento destinado a áreas muito extensas de uma região industrial ou portuária, cujas placas possuam dimensões de 4 m × 6 m ou até de 6 m × 10 m, a execução de uma placa como forma de testar a equipe pode ser crucial para evitar falhas técnicas nas demais placas, pelo fato de ainda ser um tanto atípico (não errado) o trabalho com esse tipo de cimento no dia a dia da construção civil, se comparado a outros cimentos.

Na Fig. 1.5, mostra-se um caso de pavimento rígido em que foi especificado um tipo de cimento inadequado. O cimento sofreu uma reação e causou a desagregação de

Quadro 1.3 Emprego e características exigidas dos tipos de cimento

Emprego	Características exigidas	Cimento
Concreto armado	Resistências médias ou altas	CP I, CP II-E, CP II-Z, CP II-F, CP III, CP IV
Concreto protendido	Em geral, altas resistências	CP I, CP II-E, CP II-Z, CP II-F, CP V-ARI
Colocação rápida em carga	Alta resistência inicial	CP V-ARI
Pavimentação	Alta resistência ao desgaste	CP I, CP II-E, CP II-Z, CP II-F, CP V-ARI
Concreto massa (barragens)	Baixo calor de hidratação	CP III, CP IV
Concreto refratário	Resistência a altas temperaturas	Cimento aluminoso
Concreto para *off-shore*	Resistência à água do mar	CP III, CP IV-RS (melhor), cimento aluminoso
Pré-moldados	Desmoldagem rápida	CP I, CP II-E, CP II-Z, CP II-F, CP V-ARI

em que RS = resistente a sulfato.

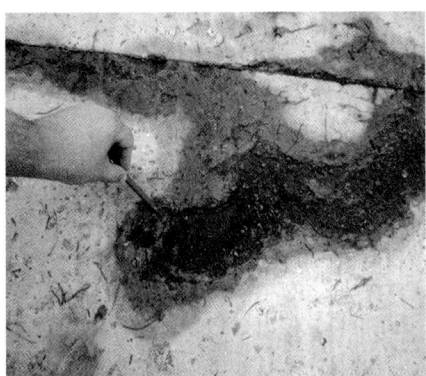

Fig. 1.5 Anomalia causada no concreto em razão do uso inadequado de um tipo de cimento

porções do concreto. Note-se como as partículas se desagregaram fortemente, devido única e exclusivamente à reação ocorrida ainda na fase de hidratação do cimento.

1.3.7 Classificação e características dos tipos de cimento pela norma canadense

A Associação de Normas Canadenses (Canadian Standards Association, CSA) especifica os tipos de cimento da seguinte forma:

- tipo 10 – cimento Portland normal;
- tipo 20 – cimento Portland moderado;
- tipo 30 – cimento Portland de alta resistência inicial;
- tipo 40 – cimento Portland de calor de hidratação baixo;
- tipo 50 – cimento Portland resistente a sulfato.

Assim, note-se que há semelhança com as especificações brasileiras. O cimento tipo 10 equivale ao CP I, e o tipo 20 fica próximo do CP II. O cimento tipo 30 associa-se àquele de alta resistência inicial, que equivale ao CP V-ARI. O tipo 40 é próprio para obras de massa, ou seja, que envolvem grandes volumes de concreto, sendo, por isso, mais relacionado com o CP III, como visto no Quadro 1.3. Já o tipo 50 equivale ao CP IV-RS, com resistência a sulfato.

O cimento tipo 10 é adequado para uso geral e comumente empregado em construções de concreto armado, calçadas, bueiros etc. Sua resistência final é adquirida aos 28 dias. O tipo 20 possui moderada resistência ao sulfato para obras em contato com o solo ou a água. O tipo 30, por sua vez, é adotado em situações em que a resistência do concreto é requisitada de forma rápida (uma semana ou menos).

Utiliza-se o cimento tipo 40 quando se requisita que a geração de calor seja mínima durante o processo de cura. É próprio para obras de massa, como represas, e para ambientes com presença de água e sistemas de esgoto. Não gera calor excessivo, endurece lentamente e resulta em falhas mínimas no concreto.

Finalmente, o cimento tipo 50 é o mais apropriado para situações em que o concreto é exposto a condições severas de sulfato, como tubulações de esgoto.

1.4 Agregados

O agregado é o material granuloso constituído de areia e de pedras, relativamente inerte, que compreende o material de enchimento do concreto, dando-lhe volume, o que proporciona economia, além de promover resistência e durabilidade. Como será visto mais adiante, o agregado bem definido e com boas características é o grande responsável pela resistência à abrasão da superfície do concreto,
muito necessária tanto em pavimentos flexíveis quanto em pavimentos rígidos.

A quantidade de agregados finos e graúdos varia de 60% a 75% do volume total de concreto normal.

São propriedades físicas e mecânicas básicas do agregado a resistência, a porosidade e a densidade. As propriedades químicas têm pequeno efeito em seu desempenho, exceto quando afetam a adesividade do ligante.

Para aumentar a compacidade, pode-se adotar 70% de brita 1 e 30% de brita 2, ao passo que, para aumentar a resistência, pode-se empregar 70% de brita 2 e 30% de brita 1.

No pavimento de concreto, o desempenho do agregado também depende das propriedades geológicas de sua rocha de origem. Nesse sentido, são de grande importância informações sobre o tipo de rocha, sua composição mineralógica, sua composição química, sua granulação, seu grau de alteração, e suas tendências à degradação, à abrasão ou à fratura sob tráfego.

1.4.1 Classificação

Os agregados aplicados na pavimentação podem ser classificados conforme mostrado no Quadro 1.4.

Quadro 1.4 Classificação dos agregados para pavimentação

Quanto à natureza	Agregado natural
	Agregado artificial
Quanto à obtenção	Areia
	Brita
	Seixo rolado
	Seixo britado
Quanto à dimensão dos grãos	Agregado graúdo
	Agregado miúdo
	Agregado de enchimento
Quanto à graduação dos grãos	Agregado de graduação densa
	Agregado de graduação aberta
	Agregado tipo macadame
Quanto à massa específica	Agregado leve
	Agregado normal
	Agregado pesado
Quanto à composição mineralógica	Agregado proveniente de rochas ígneas
	Agregado proveniente de rochas sedimentares
	Agregado proveniente de rochas metamórficas

Quanto à natureza

Quanto à natureza das partículas, têm-se os agregados naturais e os artificiais. Os *agregados naturais* são constituídos de grãos derivados de alteração de rochas por processo de intemperismo, como pedregulhos, seixos e areias. Os *artificiais* são produtos ou subprodutos de processo industrial por transformação físico-química do material a fim de atingir as propriedades desejadas, como granulometria, sendo exemplos brita, escória de alto-forno, argila calcinada, argila expandida, pó de pedra (areia artificial), vermiculita, pérolas de isopor e cinzas volantes. As britas a considerar são as advindas de material natural (pedra), não se recomendando aquelas constituídas de material artificial.

Quanto à obtenção

Em relação à obtenção, os agregados classificam-se em areia, brita, seixo rolado e seixo britado. A *areia* é adquirida de jazidas de bancos e dragagens de leitos de rios. A *brita* é obtida de explosões de jazidas de bancos, posteriormente britadas em britadores (de mandíbulas, bolas ou barras), passando na sequência por peneiramento e seleção pelos respectivos diâmetros. O *seixo rolado* é adquirido de extração manual ou mecânica, seguida de seleção por peneiramento, enquanto o *seixo britado* é conseguido por meio de extração manual ou mecânica, seguida de britagem para seleção em função dos diâmetros.

Quanto à dimensão dos grãos

Quando se leva em conta a dimensão dos grãos, os agregados são divididos em graúdos, miúdos e de enchimento. O agregado é denominado *graúdo* quando 95% de sua massa fica retida na peneira de malha de 4,8 mm e passa na peneira de 152 mm, segundo a NBR 7211 (ABNT, 2009a). A Tab. 1.5 mostra a classificação dos agregados graúdos quanto à dimensão dos grãos conforme a mesma norma.

Tab. 1.5 Equivalente de areia em função do número N

Pedra britada numerada	Tamanho nominal			
	Malha da peneira (mm)			
	NBR 7211 (ABNT, 2009a)		Comercial	
Número	Mínima	Máxima	Mínima	Máxima
Brita 0	-	-	4,8	9,5
Brita 1	4,8	12,5	9,5	19,0
Brita 2	12,5	25,0	19,0	38,0
Brita 3	25,0	50,0	38,0	50,0
Brita 4	50,0	76,0	50,0	76,0
Brita 5	76,0	100,0	-	-

Na Tab. 1.6 são exibidos os tipos de concreto em função da porcentagem de agregados graúdos. Quanto menor for a porcentagem de agregado utilizada no preparo do concreto, maior será a quantidade de argamassa que deverá ser empregada. Por outro lado, quanto maior for a porcentagem de agregado, mais elevada será a quantidade de pedra na mistura.

Tab. 1.6 Agregados graúdos por tipo de concreto

Agregados graúdos (%/m³)	Tipo de concreto
0,42 a 0,45	Concretos correntes
0,40 a 0,42	Concretos aparentes, bombeados
0,36 a 0,40	Concretos com superplastificantes

A densidade real do agregado graúdo é de aproximadamente d_R = 2.400 kg/m³ a 2.600 kg/m³. Caso se opte, por exemplo, por utilizar 0,45 (45%) de brita 2 numa mistura de concreto corrente, será obtida a seguinte massa de brita a ser adotada no cálculo do traço: 0,45 × 2.400 kg/m³ = 1.080 kg.

O diâmetro máximo do agregado graúdo a empregar numa peça de concreto armado deve ser:

- < 1/4 da menor dimensão da peça em planta;
- < 1/3 da espessura da laje;
- < 1,2 vez o espaçamento vertical entre as armaduras;
- < 0,8 vez o espaçamento horizontal entre as armaduras;
- < 1/3 do diâmetro da tubulação no caso de concreto bombeado.

Chama-se o agregado de *miúdo* quando 95% de seus grãos passam na peneira de malha de 4,8 mm e ficam retidos na peneira de malha de 0,075 mm (ABNT, 2009a). Na Tab. 1.7 tem-se a classificação dos agregados miúdos quanto à dimensão dos grãos. Ilustrações das areias grossa e fina são apresentadas na Fig. 1.6.

Tab. 1.7 Tipo de areia × módulo de finura

Tipo de areia	Tabela nominal (mm)		Módulo de finura
	Mínima	Máxima	
Muito fina	0,15	0,6	MF < 2,0
Fina	0,6	1,2	2,0 < MF < 2,4
Média	1,2	2,4	2,4 < MF < 3,9
Grossa	2,4	4,8	MF > 3,9

Nota: o módulo de finura é uma maneira de qualificar o agregado por um número, sendo calculado pela soma das porcentagens retidas acumuladas dividida por 100.

Finalmente, o *agregado de enchimento*, ou material de enchimento (*filler*), é aquele em que no mínimo 65% passam

Fig. 1.6 (A) Areia grossa e (B) areia fina

na peneira nº 200, como cal extinta, cimento Portland e pó de chaminé.

Os agregados graúdos, os agregados miúdos e os materiais de enchimento são não plásticos e inertes em relação a todos os demais componentes de uma mistura de agregados.

Quanto à graduação dos grãos

Em relação à distribuição ou graduação dos grãos, têm-se os agregados de graduação densa, de graduação aberta e tipo macadame. O *agregado de graduação densa* é aquele que apresenta uma curva granulométrica bem graduada e contínua, com material fino em quantidade suficiente para preencher os vazios entre as partículas maiores. O *agregado de graduação aberta* é aquele que apresenta uma curva granulométrica bem graduada e contínua, com material fino em quantidade insuficiente para preencher os vazios entre as partículas maiores. Por sua vez, o *agregado tipo macadame* é o material que apresenta partículas de mesmo tamanho, ou seja, com granulometria uniforme, em que o diâmetro máximo é aproximadamente o dobro do diâmetro mínimo.

A distribuição granulométrica influencia diretamente as propriedades de rigidez, estabilidade, durabilidade, trabalhabilidade, e resistência à fadiga, entre outras.

O tamanho máximo do agregado e sua graduação são controlados por especificações que prescrevem a distribuição granulométrica a ser usada para uma determinada aplicação. Por exemplo, a espessura de execução de uma camada de concreto define diretamente o tamanho máximo do agregado a ser adotado ($D_{máx\ agregado} < h_{placa}/4$ a $h_{placa}/3$).

A distribuição granulométrica assegura a estabilidade da camada de revestimento, por estar relacionada ao entrosamento entre as partículas e ao consequente atrito entre elas.

Quanto à massa específica

Têm-se os agregados leves, normais e pesados ao considerar sua massa específica. Os do tipo *leve* apresentam $\gamma < 1.000$ kg/m³, sendo exemplos a vermiculita, as pérolas de isopor, a argila expandida e a pedra-pomes. O concreto que os utiliza pode ser empregado como isolante térmico e acústico.

Os *agregados normais* possuem massa específica de 1.000 kg/m³ $\leq \gamma \leq 2.000$ kg/m³, sendo exemplos a areia quartzosa, a brita e os seixos rolados granilíticos. O concreto confeccionado com areia quartzosa e brita de granito, constituído de armação e com massa específica em torno de 2.500 kg/m³, é usado com função estrutural.

Por sua vez, os *agregados pesados* apresentam $\gamma > 2.000$ kg/m³, sendo exemplos a brita de barita e a magnetita. O concreto que os adota, cuja massa específica é superior a 2.500 kg/m³, é empregado em estruturas que necessitam de alto grau de isolamento, tais como estruturas de contenção de reator nuclear, escudo biológico e paredes de raio X em hospitais.

Quanto à composição mineralógica

Com relação à composição mineralógica, os agregados podem ser provenientes da decomposição de rochas ígneas, sedimentares e metamórficas. As rochas ígneas formam-se por resfriamento e endurecimento de minerais em estado de fusão e apresentam-se sob a forma de estruturas cristalinas ou amorfas, de acordo com a velocidade do resfriamento.

Já as rochas sedimentares, das quais são exemplos o calcário, a areia, o cascalho, o arenito e a argila, são estratificadas em camadas, as quais se originam da fragmentação de outras rochas.

As rochas metamórficas, finalmente, originam-se da ação de altas temperaturas e fortes pressões sobre rochas existentes nas profundezas, sem a ocorrência de fusão do material original. São resultantes da metamorfose de rochas ígneas ou sedimentares, sendo exemplos o gnaisse, o mármore, a ardósia e a pedra-sabão.

Embora sejam considerados inertes, os agregados possuem características físico-químicas (modificação de volume por variação de umidade) e químicas (reação com os álcalis do cimento) relacionadas à sua composição mineralógica que podem influir diretamente na qualidade do concreto e das argamassas. Por exemplo, o uso de rocha calcária e de escória de alto-forno como agregado pode ocasionar reações químicas expansivas entre o agregado e o cimento devido à reação dos álcalis do cimento com o carbonato de magnésio de alguns tipos de calcário dolomítico.

1.4.2 Grupos de solos

Os solos tropicais se formam pelas ações de intempéries tropicais, caracterizadas por temperaturas e índices pluviométricos elevados, e classificam-se em dois grupos: lateríticos, simbolizados pela letra L, e saprolíticos, simbolizados pela letra N.

Os *solos lateríticos* são originados de mecanismos de desagregação e decomposição provocados por processos geológicos mecânicos e químicos, com a migração intensa de partículas por meio de infiltrações e evaporações, o que dá origem a um horizonte superficial poroso, permanecendo os minerais mais estáveis – quartzo, magnetita, ilmenita e caulinita. São solos praticamente sem húmus, tornando-os muito pobres, devido à intensa atividade bacteriana, além de serem ricos em óxidos de alumínio e de ferro, o que lhes confere cor avermelhada. Nesses solos se encontra a vauxite, que é o principal minério do alumínio, e a hematite, que pode se transformar em limonite pela hidratação, reduzindo seu valor comercial como minério de ferro. As argilas presentes no solo de primeira camada apresentam também gibsita e vermiculita em sua composição mineralógica.

Os *solos saprolíticos* são resultantes da meteorização da rocha, sendo constituídos por minerais não totalmente modificados, como feldspatos e mica. Apresentam anisotropia em virtude da estratificação ou xistosidade herdada da rocha matriz. A mica e a caulinita neles presentes são responsáveis pela diminuição do índice de plasticidade (IP) e pelo aumento do limite de liquidez (LL). As cores desses solos variam entre branca, azul, violeta, roxa, verde e rósea.

Há ainda uma classificação de solos tropicais brasileiros, denominada Miniatura, Compactado, Tropical (MCT) (Nogami; Villibor, 1995), na qual são consideradas características como cor, macroestrutura e composição mineralógica, como visto no Quadro 1.5. Nesse caso, os quatro primeiros grupos (GW, GP, GM e GC) são constituídos por solos de graduação grossa, com 50% ou mais de sua fração graúda retida na peneira nº 4 e 50% ou mais de seu material retido na peneira nº 200.

Quadro 1.5 Grupos de solos pela classificação MCT

Símbolo dos grupos	Significado dos símbolos
GW	Cascalho bem graduado, cascalho e areia sem muitos finos
GP	Cascalho mal graduado, cascalho e areia sem muitos finos
GM	Cascalho siltoso com areia
GC	Cascalho argiloso com areia
SW	Areia bem graduada, com cascalho e sem muitos finos
SP	Areia mal graduada, com cascalho e sem muitos finos
SM	Areia siltosa, mistura de areia e silte ou limo
SC	Areia argilosa, mistura de areia e argila
ML	Material siltoso e areias muito finas, pó de pedra, areias finas siltosas ou argilosas, ou siltes argilosos com baixa plasticidade
CL	Argilas magras, argilas de plasticidade baixa ou média, argilas com cascalho, areia ou silte
OL	Siltes orgânicos, argilosos ou não, com baixa plasticidade
MH	Siltes, limos, areias finas micáceas ou diatomáceas, solos siltosos, siltes elásticos
CH	Argilas gordas, de plasticidade média ou alta
OH	Argilas orgânicas de plasticidade média ou alta, siltes orgânicos
Pt	Turfa e outros solos altamente orgânicos

em que G = *gravel* (cascalho), S = *sand* (areia), C = *clay* (argila), W = *well graded* (bem graduado), P = *poor graded* (mal graduado), F = *fines* (finos passando na peneira nº 200), M = *mo* (mó ou limo – areia fina), O = *organic* (matéria orgânica), L = *low liquid limit* (limite de liquidez baixo), H = *high liquid limit* (limite de liquidez alto), Pt = *peat* (turfa).

Fonte: Nogami e Villibor (1995).

Os grupos SW, SP, SM e SC são formados por solos de graduação grossa, com 50% ou mais de sua fração graúda passando na peneira nº 4 e 50% ou mais de seu material retido na peneira nº 200.

Os grupos ML, CL e OL compõem-se de solos de graduação fina, com 50% ou mais de seu material passando na peneira nº 200 e siltes e argilas com limite de liquidez (LL) ≤ 50.

Os grupos MH, CH e OH também apresentam solos de graduação fina, com 50% ou mais de seu material passando na peneira nº 200 e siltes e argilas com limite de liquidez (LL) > 50.

Finalmente, o grupo Pt é aquele constituído por solos de graduação fina, altamente orgânicos, com 50% ou mais de seu material passando na peneira nº 200.

Já a Tab. 1.8 mostra a classificação do Transportation Research Board (TRB), em que os solos são reunidos em grupos e subgrupos em função de sua granulometria, limites de consistência e índice de grupo. Por essa classificação, verifica-se que os solos dos grupos A-1 a A-3 apresentam desempenho bom a excelente como material de subleito, e os solos dos grupos A-4 a A-7, desempenho sofrível a mau para a mesma finalidade.

Os solos granulares ou de graduação grossa são os que contêm 35% ou menos de material passando na peneira nº 200.

O grupo A-1 apresenta materiais constituídos de mistura bem graduada de fragmentos de pedra ou pedregulhos, areia grossa, areia fina etc., com ou sem aglutinante de solo não plástico ou fracamente plástico. O subgrupo A-1-a é formado por materiais constituídos de fragmentos de pedra ou pedregulhos, com ou sem material fino bem graduado funcionando como aglutinante, e o subgrupo A-1-b, por materiais constituídos de areia grossa, com ou sem aglutinante de solo bem graduado.

O grupo A-2 é composto de solos com grande variedade de materiais que se situam entre os grupos A-1 e A-3 e também constituídos de misturas de silte-argila dos grupos A-4 a A-7. Inclui todos os solos com 35% ou menos passando na peneira nº 200, mas que não podem ser classificados como A-1 ou A-3 devido ao teor de finos que contêm, à plasticidade ou a ambos, considerando os limites estabelecidos para os citados grupos.

Os subgrupos A-2-4 e A-2-5 são formados por solos com 35% ou menos dos materiais passando na peneira nº 200, com uma porção menor ficando retida na peneira nº 40, possuindo características dos grupos A-4 ou A-5. Esses subgrupos abrangem pedregulho e areia grossa, com teor de silte e índice de plasticidade ultrapassando os limites estabelecidos para os citados grupos.

Os subgrupos A-2-6 e A-2-7, por sua vez, apresentam solos semelhantes aos dos subgrupos A-2-4 e A-2-5, exceto quanto à porção de finos, que contém argila plástica com características dos grupos A-6 ou A-7. Os efeitos combinados dos índices de plasticidade maiores que 11 e da porcentagem passando na peneira nº 200 maior que 15 estão refletidos nos valores dos índices de grupo, de 0 a 4.

O grupo A-3 tem como material típico a areia fina de praia ou de deserto, sem silte ou argila, ou possuindo pequena quantidade de silte não plástico. Esse grupo inclui também misturas de areia fina mal graduada e quantidades limitadas de areia grossa e pedregulho, depositadas pelas correntes.

O grupo A-4 apresenta como material típico o solo siltoso não plástico, ou moderadamente plástico, geralmente com 5% ou mais passando na peneira nº 200. Também

Tab. 1.8 Grupos de solos pela classificação TRB

Classificação geral	Materiais granulares – 35% (ou menos) passando na peneira nº 200							Materiais siltoargilosos			
Grupos	A-1		A-3	A-2				A-4	A-5	A-6	A-7, A-7-5, A-7-6
	A-1-a	A-1-b		A-2-4	A-2-5	A-2-6	A-2-7				
Granulometria – % passando na peneira											
nº 10	50 máx.										
nº 40	30 máx.	30 máx.	51 máx.								
nº 200	15 máx.	25 máx.	10 máx.	35 máx.	35 máx.	35 máx.	35 máx.	36 mín.	36 mín.	36 mín.	36 mín.
Características da fração passando na peneira nº 40											
Limite de liquidez				40 máx.	41 mín.	40 máx.	41 mín.	40 máx.	41 mín.	40 máx.	41 mín.
Índice de plasticidade	6 máx.	6 máx.	NP	10 máx.	10 máx.	11 mín.	11 mín.	10 máx.	10 máx.	11 mín.	11 mín.
Índice de grupo	0	0	0	0	0	4 máx.	4 máx.	8 máx.	12 máx.	16 máx.	20 máx.
Materiais constituintes	Pedra britada, pedregulho e areia		Areia fina	Areia e areia siltosa ou argilosa				Solos siltosos		Solos argilosos	
Comportamento como subleito	Excelente a bom							Sofrível a mau			

possui misturas de solo fino siltoso com até 64% de areia e pedregulho retidos na peneira nº 200. Os valores dos índices de grupo vão de 1 a 8, com porcentagem crescente de material grosso dando origem a valores decrescentes de índices de grupo.

O grupo A-5 tem material típico semelhante ao do grupo A-4, exceto pelo fato de ser diatomáceo ou micáceo, altamente elástico, o que é explicado por seu elevado limite de liquidez. Os índices de grupo vão de 1 a 12, e esses valores crescentes revelam o efeito combinado do aumento dos limites de liquidez e das porcentagens decrescentes de material grosso.

O grupo A-6 é constituído de solo argiloso, plástico, geralmente com 75% ou mais de seu material passando na peneira nº 200. Esse grupo inclui misturas de solos finos argilosos, podendo conter até 64% de areia e pedregulho retidos na peneira nº 200. Esses solos são comumente suscetíveis a elevadas variações de volumes entre os estados seco e úmido. Os índices de grupo vão de 1 a 16, e esses valores crescentes mostram o efeito combinado do aumento dos índices de plasticidade e da diminuição dos materiais grossos.

O grupo A-7 é formado por solo semelhante ao do grupo A-6, com a diferença de possuir a característica de alto limite de liquidez do grupo A-5, podendo ser ainda elástico e estar sujeito a elevada variação de volume. Os valores dos índices de grupo vão de 1 a 20, e esse aumento indica o efeito combinado do crescimento dos limites de liquidez e dos índices de plasticidade e da diminuição dos materiais grossos.

O subgrupo A-7-5 apresenta materiais com índice de plasticidade moderado em relação ao limite de liquidez, podendo ser altamente elásticos e estar sujeitos a elevadas variações de volume. Por fim, o subgrupo A-7-6 inclui materiais com elevados índices de plasticidade em relação aos limites de liquidez, estando sujeitos a elevadas mudanças de volume.

1.4.3 Índices de qualidade e propriedades dos agregados

As características que dependem da fabricação e da exposição prévia são o tamanho, a forma e a textura. Já as características que dependem da composição química e mineralógica são a resistência, a dureza, o módulo de elasticidade e a presença de substâncias deletérias. Por fim, as características que dependem da porosidade são a massa específica, a absorção de água, a resistência, a dureza, o módulo de elasticidade e a estabilidade de volume (sanidade – ABNT, 2000).

Alguns índices de qualidade e propriedades dos agregados que podem influir diretamente na qualidade do concreto acabado são listados a seguir.

Resistências mecânicas (compressão e abrasão)

Já durante o próprio manuseio e execução do revestimento de concreto, os agregados estão sujeitos a quebras e abrasão, sendo essa abrasão mais acentuada durante a ação do tráfego. Esses materiais devem apresentar habilidade para resistir a quebras, degradação e desintegração, devendo aqueles próximos ou na superfície do pavimento possuir resistência à abrasão maior do que os localizados nas camadas inferiores.

Para a compressão, faz-se um teste comparativo entre o agregado suspeito e um já conhecido. Para a abrasão, a perda máxima deve ser de 50% (ensaio de abrasão Los Angeles).

Com relação aos ensaios referentes a esse quesito, destacam-se:

- DNER-ME 035/98 – Agregados – determinação da abrasão Los Angeles;
- DNER-ME 197/97 – Agregados – determinação da resistência ao esmagamento de agregados graúdos;
- DNER-ME 096/98 – Agregado graúdo – avaliação da resistência mecânica pelo método dos 10% de finos;
- DNER-ME 397/99 – Agregados – determinação do índice de degradação Washington – IDW;
- DNER-ME 398/99 – Agregados – determinação do índice de degradação após compactação Proctor IDP;
- DNER-ME 399/99 – Agregados – determinação da perda ao choque no aparelho Treton;
- DNER-ME 401/99 – Agregados – determinação do índice de degradação de rochas após compactação Marshall, com ligante – IDML e sem ligante – IDM.

Substâncias nocivas (torrões de argila, materiais carbonosos, materiais pulverulentos etc.)

A presença de torrões friáveis de argila é muito nociva e, por esse motivo, os valores máximos devem ser limitados a 1,5% para agregados miúdos e, no caso de agregados graúdos, a 1,0% para concreto aparente, 2,0% para concreto submetido a desgaste superficial e 3,0% para as demais situações de concreto.

Os materiais carbonosos, encontrados na forma de madeira, matéria vegetal e carvão, são substâncias nocivas aos agregados e devem ter seus teores limitados a 0,5% para concreto aparente e 1% para concreto comum. Para essa medição, pode-se utilizar o ensaio ASTM C123/69, cuja versão mais recente é a ASTM C123/14 (ASTM International, 2014), que consiste na separação das partículas de carvão, linhito, madeira e material vegetal sólido.

No que se refere aos materiais pulverulentos, a areia possui em sua constituição pequena porcentagem de material fino (entre 3% e 5%), constituído de silte e argila, que passa pela peneira n° 200 (0,075 mm). A presença de grande quantidade de finos no concreto aumenta a quantidade de água necessária para conseguir uma boa consistência, causando alterações em seu volume e aumentando a retração, com a consequente elevação do $f_{a/c}$ e a redução de seu f_{ck}. A NBR 7218 (ABNT, 2010) fixa, para agregado miúdo e concreto submetido a desgaste superficial, a presença máxima de 3% de materiais pulverulentos e, para os demais materiais, de 5%.

As impurezas orgânicas constituem-se como detritos de origem vegetal cuja decomposição forma vazios na massa pronta. Sua ocorrência é mais frequente nas areias, escurecendo-as. Por sua vez, a presença de substâncias quimicamente ativas, das quais o cloreto de sódio é um exemplo, pode ser deletéria à massa.

Estabilidade ao sulfato de sódio de magnésio (durabilidade)

A medição da durabilidade com relação às adversidades climáticas é feita, por meio de ensaio, para lugares com problema de congelamento.

Reatividade potencial

A reatividade potencial é obtida através do ensaio petrográfico, no qual se determina a quantidade de sílica reativa dos agregados que poderá reagir com o óxido de potássio (K_2O) e o óxido de sódio (Na_2O) existentes no cimento. Essa é uma reação expansiva que causa desagregação do concreto.

Forma e textura superficial dos grãos

A forma das partículas dos agregados influi na trabalhabilidade e na resistência ao cisalhamento das misturas e muda a energia de compactação necessária para alcançar certa densidade. Partículas irregulares ou de forma angular, tais como pedra britada, cascalhos e algumas areias de brita, tendem a apresentar intertravamento entre os grãos compactados tanto maior quanto mais cúbicas forem as partículas e mais afiladas forem suas arestas, conseguindo-se melhor aderência entre os grãos e a argamassa e, consequentemente, maior resistência ao desgaste e à tração.

É necessário que se tenha um índice ≤ 15% de partículas lamelares ou alongadas no concreto, de acordo com a NBR 7809 (ABNT, 2019), pois britas com esses formatos tendem a acumular um maior filme de água próximo à superfície do próprio agregado (exsudação), enfraquecendo a zona de transição entre a pasta e o agregado, prejudicando a durabilidade e reduzindo a resistência do concreto. Partículas lamelares também dificultam o adensamento do concreto, impedindo a interpenetração dos grãos na mistura. Cabe citar que a lamelaridade é a condição em que a espessura do grão é bem inferior à largura e ao comprimento, resultando numa forma achatada.

Além disso, deve-se evitar ou, no mínimo, ter muito cuidado com o emprego de areia artificial na confecção do concreto, visto que a influência da forma se intensifica com o uso de agregados miúdos.

A Tab. 1.9 apresenta a classificação da forma das partículas dos agregados segundo a NBR 6954 (ABNT, 1989). Agregados lamelar e de boa cubicidade são ilustrados na Fig. 1.7.

Tab. 1.9 Classificação da forma das partículas dos agregados

Média das relações *b/a* e *c/b*	Classificação da forma
b/a > 0,5 e c/b > 0,5	Cúbica
b/a < 0,5 e c/b > 0,5	Alongada
b/a > 0,5 e c/b < 0,5	Lamelar
b/a < 0,5 e c/b < 0,5	Alongada-lamelar

Fonte: ABNT (1989).

Já a textura superficial dos agregados influi na trabalhabilidade, na adesividade e na resistência ao atrito e ao cisalhamento das misturas para pavimentação. À medida que aumenta a rugosidade do agregado, há uma tendência de perda de trabalhabilidade da mistura e de crescimento da resistência ao cisalhamento dessa mistura, bem como do teor de ligante de projeto. Não há um método consa-

Fig. 1.7 (A) Agregado lamelar e (B) agregado de boa cubicidade

grado para medir a textura superficial, embora existam procedimentos de avaliação indireta.

O Quadro 1.6 apresenta algumas características do agregado em função de sua forma e textura.

Quadro 1.6 Influência da forma e da textura em algumas características do agregado

	Grãos arredondados e lisos	Grãos angulosos e ásperos
Consumo de água	Menor	Maior
Trabalhabilidade	Maior	Menor
Aderência à pasta	Menor	Maior

Porosidade

A porosidade de um agregado é normalmente indicada pela quantidade de água que ele absorve quando imerso nesse líquido. Um agregado poroso absorve bastante água de amassamento, constituinte fundamental ao concreto. Por natureza, os agregados são porosos. A escória de aciaria, a laterita e alguns tipos de basalto e agregados sintéticos são exemplos de materiais que podem apresentar elevada porosidade.

Os finos, de maneira geral, exigem uma quantidade de água maior para o amassamento do concreto, ao mesmo tempo que prejudicam o endurecimento do cimento e, por conseguinte, a resistência do concreto. Eles proporcionam maiores alterações do volume no concreto, intensificando a retração e diminuindo a resistência.

Adesividade ao ligante

O efeito da água em separar ou descolar a película do ligante da superfície do agregado pode torná-lo inaceitável para uso em misturas de concreto. Esse agregado é denominado hidrófilo. Agregados silicosos, como o quartzito e alguns granitos, são exemplos de agregados que requerem atenção quanto à sua adesividade ao ligante.

Agregados com alta adesividade em presença de água são chamados de hidrofóbicos e são aceitáveis para utilização em misturas de concreto.

Sanidade

Alguns agregados que inicialmente apresentam boas características de resistência podem sofrer processos de desintegração química quando expostos às condições ambientais no pavimento. Determinados basaltos, por exemplo, são suscetíveis à deterioração química, com a formação de argilas.

Massas específicas aparente e real

A massa específica aparente, usada no cálculo de padiolas, apresenta os seguintes valores:

- *areia*: d_a = 1,54 kg/L;
- *brita #19*: d_a = 1,48 kg/L;
- *brita #25*: d_a = 1,51 kg/L;
- *cimento*: d_a = 1,5 kg/L;
- *cal*: d_a = 0,5 kg/L.

Já para a massa específica real, adotada nas demais situações, têm-se:

- *areia*: d_R = 2,64 kg/L;
- *brita #19*: d_R = 2,62 kg/L;
- *brita #25*: d_R = 2,61 kg/L;
- *cimento*: d_R = 3,15 kg/L;
- *concreto*: d_R = 2,4 kg/L a 2,6 kg/L.

Umidade

A umidade é o teor em percentual de água que o material incorporou em seu peso e que deve ser estimado ao rodar o traço do concreto por inteiro. Para seu cálculo, existem as tabelas de inchamento para a areia e para a água (Tabs. 1.10 e 1.11). O inchamento, determinado através da NBR 6467 (ABNT, 2006), é o fenômeno que acontece nos agregados miúdos da variação do volume aparente provocada pela água absorvida. Portanto, quanto maior é a quantidade de água absorvida pela areia, maior é a umidade e, por conseguinte, seu inchamento, e, quanto mais fina é a areia, maior é seu inchamento. O inchamento máximo normalmente ocorre nas umidades de 4% a 6%.

Tab. 1.10 Umidade e inchamento da areia

Umidade (h)	Inchamento da areia
1%	19%
2%	23%
3%	24,5%
4%	26,3%

Tab. 1.11 Umidade e volume de água

Umidade (h)	Volume de água
1%	24,3 L
2%	25,4 L
3%	26,5 L

A fórmula geral de cálculo da umidade é:

$$h\,(\%) = (A - B) \cdot 100 \tag{1.1}$$

em que:

h é a umidade;
A é o peso da amostra antes do aquecimento;
B é o peso da amostra depois do aquecimento.

Considere-se o seguinte traço: cimento – 400 kg; areia – 800 kg; brita – 1.100 kg; água – 200 L. Para sua correção para as umidades de 1% e 3%, por exemplo, realizam-se os cálculos a seguir.

a) Correção para a umidade de 1%

O $f_{a/c}$ é dado pela razão entre o volume de água de 200 L e a massa do cimento de 400 kg:

$$f_{a/c} = 200 \text{ L}/400 \text{ kg} = 0,5$$

Para a correção de 1% de umidade, têm-se:
- 1% de 800 kg = 8;
- 800 kg + 8 = 808 kg;
- 200 L – 8 = 192 L.

Passando-se a ter o seguinte traço após a correção da umidade da areia: cimento – 400 kg; areia – 808 kg; brita – 1.100 kg; água – 192 L. O $f_{a/c}$ foi reajustado para:

$$f_{a/c} = 192 \text{ L}/400 \text{ kg} = 0,48$$

b) Correção para a umidade de 3%

Para a correção de 3% de umidade, têm-se:
- 3% de 800 kg = 24;
- 800 kg + 24 = 824 kg;
- 200 L – 24 = 176 L.

Passando-se a ter o seguinte traço após a correção da umidade da areia: cimento – 400 kg; areia – 824 kg; brita – 1.100 kg; água – 176 L. O $f_{a/c}$ foi reajustado para:

$$f_{a/c} = 176 \text{ L}/400 \text{ kg} = 0,44$$

Ao final, constata-se que o traço com correção de 3% de umidade possui um $f_{a/c}$ inferior ao apresentado pelo traço com correção de 1%, sendo esse traço para 3%, por sua vez, capaz de garantir maior resistência e menor permeabilidade.

Graduação

É a composição granulométrica do agregado, ou seja, a proporção relativa dos diferentes tamanhos de grãos que o constituem. É obtida através do peneiramento, com peneiras de aberturas especificadas pela NBR 7211 (ABNT, 2009a) e chamadas de série normal e série intermediária.

A norma em questão fixa os seguintes limites de granulometria dos agregados miúdos e graúdos, em termos de série:
- *série normal*: 76 mm; 38 mm; 19 mm; 9,5 mm; 4,8 mm; 2,4 mm; 1,2 mm; 0,6 mm; 0,3 mm; 0,15 mm;
- *série intermediária*: 64 mm; 50 mm; 32 mm; 25 mm; 12,5 mm; 6,3 mm.

E, em termos de peneiramento:
- *peneiramento grosso*: 50,00 mm (2"); 38,00 mm (1 1/2"); 25,4 mm (1"); 19,10 mm (3/4"); 12,70 mm (1/2"); 9,51 mm (3/8"); 4,76 mm (nº 4); 2,00 mm (nº 10);
- *peneiramento fino*: 1,20 mm (nº 16); 0,6 mm (nº 30); 0,42 mm (nº 40); 0,30 mm (nº 50); 0,15 mm (nº 100); 0,075 mm (nº 200).

As Tabs. 1.12 e 1.13 apresentam a classificação dos solos por sua granulometria segundo a Associação Brasileira de Normas Técnicas (ABNT) e o Sistema Unificado de Classificação de Solos (SUCS). O SUCS baseia-se na identificação dos solos de acordo com suas qualidades de textura e plasticidade, para usos em estradas, aeroportos, aterros e fundações.

Tab. 1.12 Classificação dos solos por sua granulometria – ABNT

Solos finos (mm)		Solos grossos (mm)			
Argila	Silte	Areia fina	Areia média	Areia grossa	Pedregulho
≤ 0,005	> 0,005	> 0,075	> 0,4	> 2,0	> 4,8

Nota: a granulometria da pedra está entre 76 mm e 250 mm e a do matacão, entre 250 mm e 1.000 mm.

Tab. 1.13 Classificação dos solos por sua granulometria – SUCS

Material	Granulometria
Pedras	Acima de 76 mm
Cascalho grosso	Entre 76 mm e 19 mm
Cascalho fino	Entre 19 mm e a peneira nº 4
Areia grossa	Entre as peneiras nº 4 e nº 10
Areia média	Entre as peneiras nº 10 e nº 40
Areia fina (limo ou mó)	Entre as peneiras nº 40 e nº 200
Finos (silte e argila)	Passando na peneira nº 200

a) Diâmetro máximo

O diâmetro máximo é determinado pela abertura da peneira em que 95% ou mais do material passa por suas malhas. O material que tiver 5% ou menos de seu percentual retido acumulado na peneira corresponderá àquele de diâmetro máximo.

b) Módulo de finura

O módulo de finura (MF) é uma maneira de qualificar o agregado por um número, sendo calculado pela soma das porcentagens retidas acumuladas dividida por 100. Quanto mais fina é a areia, menor é seu módulo de finura, sendo MF < 2,4 para areia fina, 2,4 < MF < 3,9 para areia média e MF > 3,9 para areia grossa.

c) Formas de curvas granulométricas

A granulometria pode ser descontínua, uniforme e de material de boa qualidade. Uma mistura constituída de granulometria descontínua confere melhor resistência de intertravamento entre as partículas se comparada com a granulometria uniforme (Fig. 1.8). Assim, pode-se dizer que há média resistência de intertravamento entre as partículas para esse caso.

Na granulometria uniforme, o número de vazios é muito grande (Fig. 1.9). Quando uma mistura possui partículas graduadas pobremente, isto é, de mesmos diâmetros, mal haverá intertravamento entre as partículas. Isso implica dizer que ocorrerá uma resistência baixa de ligação entre as partículas.

E, por fim, para uma mistura bem graduada, com granulometria de material de boa qualidade, há melhor resistência de ligação do que as apresentadas nos casos anteriores, com os agregados graúdos atingindo as qualidades de concreto desejadas, que são uniformidade da mistura, durabilidade do concreto e economia da mistura (Fig. 1.10). Por essa razão, os agregados devem ser bem graduados para assegurar características de durabilidade e de resistência ao concreto quando no estado endurecido.

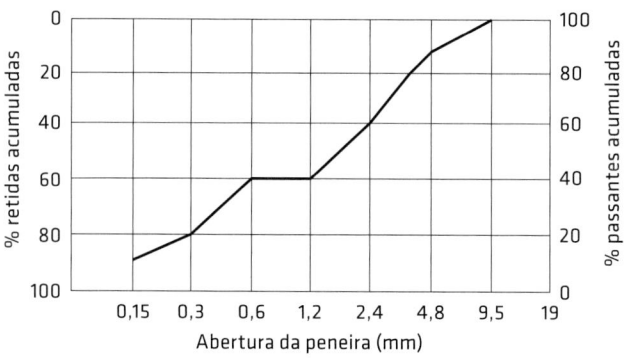

Fig. 1.8 Gráfico de granulometria descontínua

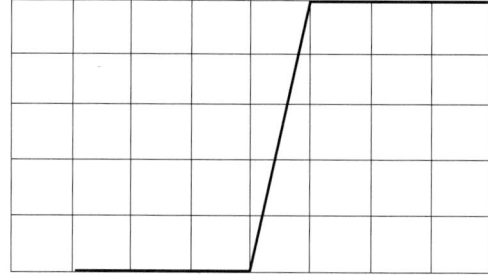

Fig. 1.9 Gráfico de granulometria uniforme

Para especificar um agregado, não se deve estabelecer um valor único, mas sim uma faixa.

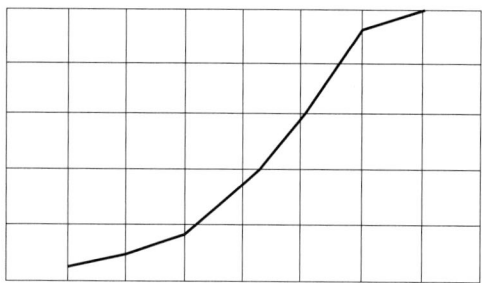

Fig. 1.10 Gráfico de granulometria de material de boa qualidade

d) Exemplos

▸ Exemplo 1

Seja o caso de analisar a amostra de brita #19 detalhada na Tab. 1.14.

Com base no dado de material retido em cada peneira, obtido via pesagem meticulosamente precisa, calculam-se os valores de peso retido e de peso acumulado.

Para fazer o gráfico referente a essa tabela, deve-se pôr na coordenada X os diâmetros e, na coordenada Y, as porcentagens retidas acumuladas.

O cálculo do fundo é realizado por meio de:

$$10.000 \text{ g} - (121 \text{ g} + 9.228 + 589) \text{ g} = 62 \text{ g}$$

Tab. 1.14 Ensaio de granulometria de uma brita #19 obtida via ensaio de laboratório

Peneira (mm)	Material retido (g)	Peso retido (%)	Peso acumulado (%)
76	-	-	-
64	-	-	-
50	-	-	-
38	-	-	-
32	-	-	-
25	-	-	-
19	121	1,21	1,21
12,5	-	-	-
9,5	9.228	92,28	93,49
6,3	-	-	-
4,8	589	5,89	99,38
2,4	-	-	99,38
1,2	-	-	99,38
0,6	-	-	99,38
0,3	-	-	99,38
0,15	-	-	99,38
Fundo	62	0,62	100

O cálculo do peso retido é feito via regra de três com base no material retido, conforme indicado a seguir:

$$\frac{121}{10.000} \frac{x}{100\%} \quad \frac{9.228}{10.000} \frac{x}{100\%} \quad \frac{589}{10.000} \frac{x}{100\%} \quad \frac{62}{10.000} \frac{x}{100\%}$$

$$x = 1,21\% \quad x = 92,28\% \quad x = 5,89\% \quad x = 0,62\%$$

De posse de cada peso retido, determina-se o peso acumulado a partir da soma cumulativa dos pesos retidos, com base no qual, por sua vez, é obtido o módulo de finura:

$$1,21\% + 92,28\% = 93,49\%$$
$$93,49\% + 5,89\% = 99,38\%$$
$$\therefore [1,21\% + 93,49\% + (6 \times 99,38\%)]/100\% = 6,9098$$

O diâmetro máximo, que se relaciona ao material com peso retido inferior a 5%, é de 19 mm no caso da amostra ensaiada no laboratório, uma vez que a brita #19 é o material que possui peso retido menor do que 5%.

▸ Exemplo 2

Neste exemplo, com dados extraídos de um ensaio granulométrico real, são mostrados os resultados finais consolidados para agregados finos e graúdos ensaiados separadamente em duas etapas (Tabs. 1.15 e 1.16 e Figs. 1.11 e 1.12) e depois unificados (Tab. 1.17 e Fig. 1.13).

Pelo desenvolvimento de cada gráfico, nota-se que tanto o agregado graúdo quanto o fino apresentaram curvas semelhantes à mostrada na Fig. 1.10, denotando material de boa qualidade, com diâmetros bem distribuídos (não uniformes), que garantem melhor intertravamento das partículas no ato da concretagem.

Tab. 1.15 Resultados para o agregado graúdo

Peneira #	Tamanho do grão, D (mm)	Peso da peneira (g)	Peso da peneira + solo (g)	Peso do solo retido (g)	% retida	% retida acumulada	% passante acumulada ou % de finos
1″	25	796,56	796,58	0,0	0,00	0,00	100,0
3/4″	19	584,55	733,39	148,8	13,91	13,92	86,1
3/8″	9,5	811,90	1.512,20	700,3	65,47	79,38	20,6
#4	4,75	781,57	1.002,09	220,5	20,62	100,00	0,0
#8	2,38						
#16	1,19						
#30	0,595						
#50	0,297						
#100	0,15						
Fundo							
			Peso total do solo	1.069,7			

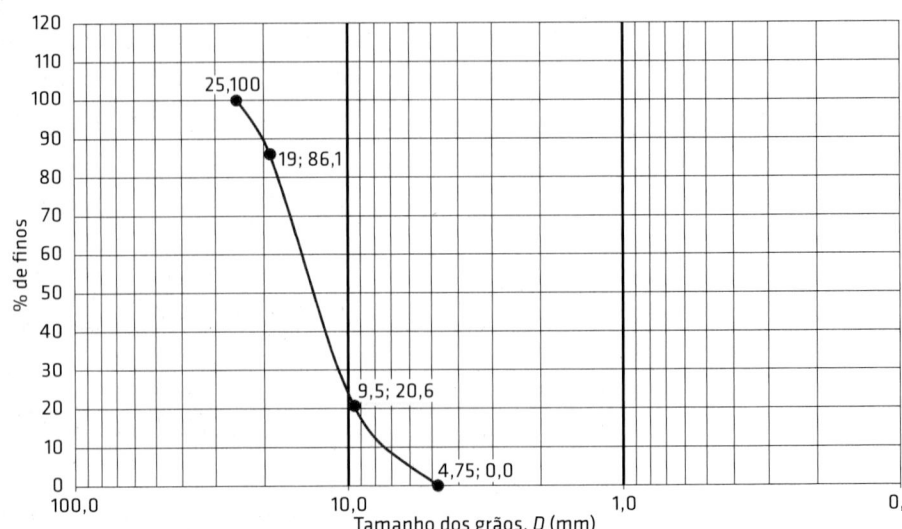

Fig. 1.11 Gráfico de resultados para o agregado graúdo

Tab. 1.16 Resultados para o agregado fino

Peneira #	Tamanho do grão, D (mm)	Peso da peneira (g)	Peso da peneira + solo (g)	Peso do solo retido (g)	% retida	% retida acumulada	% passante acumulada ou % de finos
1"	25						
3/4"	19						
3/8"	9,5						
#4	4,75						
#8	2,38	725,66	916,14	190,5	18,77	18,77	81,2
#16	1,19	657,05	819,80	162,8	16,04	34,81	65,2
#30	0,595	607,17	882,18	275,0	27,10	61,91	38,1
#50	0,297	368,51	635,11	266,6	26,27	88,18	11,8
#100	0,15	515,78	595,39	79,6	7,85	96,03	4,0
Fundo		481,07	521,40	40,3	3,97	100,00	
			Peso total do solo	1.014,8			

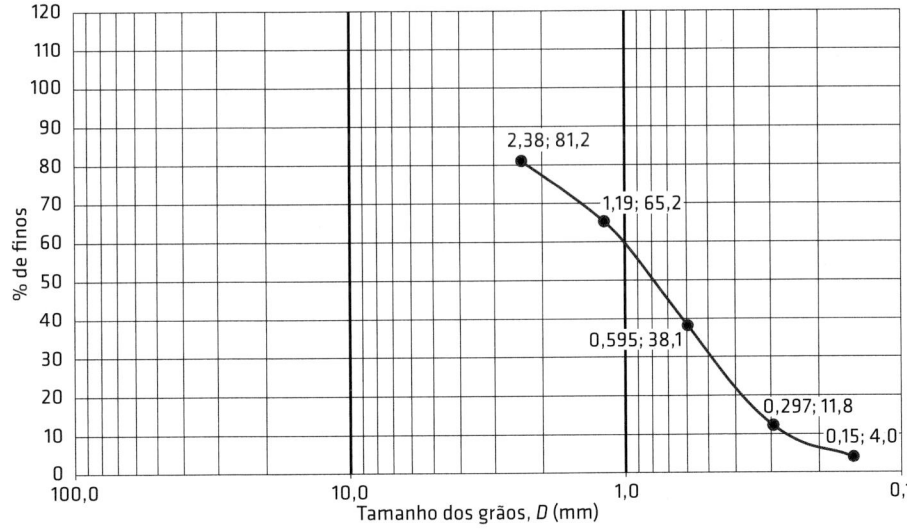

Fig. 1.12 Gráfico de resultados para o agregado fino

Tab. 1.17 Resultados unificados para os agregados finos e graúdos

Peneira #	Tamanho do grão, D (mm)	Peso da peneira (g)	Peso da peneira + solo (g)	Peso do solo retido (g)	% retida	% retida acumulada	% passante acumulada ou % de finos
1"	25	796,56	796,58	0,0	0,00	0,00	100,0
3/4"	19	584,55	733,39	148,8	7,14	7,14	92,9
3/8"	9,5	811,90	1.512,20	700,3	33,60	40,74	59,3
#4	4,75	781,57	1.002,09	220,5	10,58	51,32	48,7
#8	2,38	725,66	916,14	190,5	9,14	60,45	39,5
#16	1,19	657,05	819,80	162,8	7,81	68,26	31,7
#30	0,595	607,17	882,18	275,0	13,19	81,46	18,5
#50	0,297	368,51	635,11	266,6	12,79	94,25	5,8
#100	0,150	515,78	595,39	79,6	3,82	98,07	1,9
Fundo		481,07	521,40	40,3	1,93	100,00	
			Peso total do solo	2.084,5			

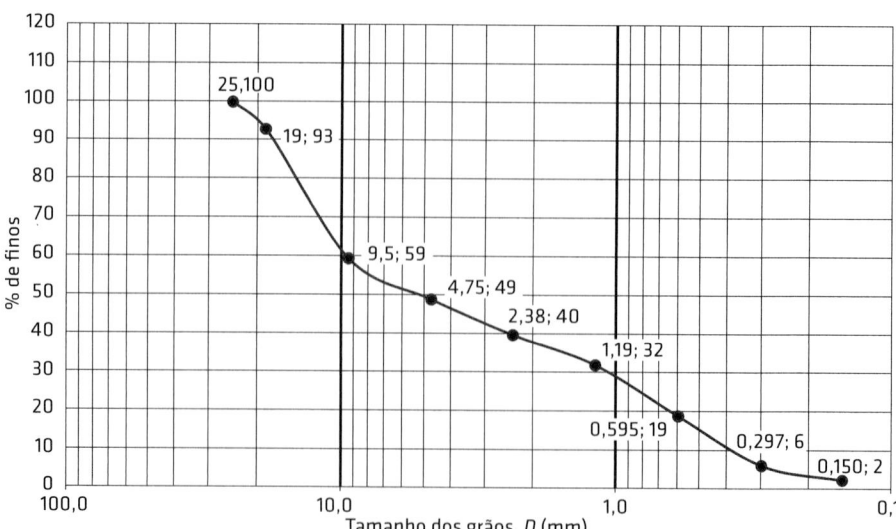

Fig. 1.13 Gráfico unificado de resultados para os agregados finos e graúdos

e) Influência da dimensão do agregado no f_{ck}

Quanto maiores são o agregado e o consumo de cimento, menor é a resistência. Nota-se, pelo ábaco da Fig. 1.14, que, para um concreto com f_{ck} = 40 MPa, por exemplo, a partir do uso de brita com diâmetro de 38 mm, a resistência decresce, mantendo-se um mesmo consumo de cimento de 390 kg/m.

É importante manter o diâmetro máximo de 38 mm para a brita na mistura de concreto, pois, acima desse valor, para grandes valores de f_{ck}, as consequências podem ser severas.

Quando do manuseio na estocagem dos agregados, o principal cuidado é evitar sua segregação, ou seja, a separação das partículas por tamanho (despejando-os em funil, e não em esteiras, para evitar que os mais finos se separem dos mais graúdos). Deve-se evitar que o solo se misture com o agregado. Recomenda-se uma camada de sacrifício (camada de concreto magro com $f_{ck} \cong 10$ MPa) para separá-los.

Caracterização dos agregados segundo o SHRP

De acordo com os pesquisadores do Strategic Highway Research Program (SHRP), há um consenso de que as propriedades dos agregados têm influência direta no comportamento dos revestimentos asfálticos quanto a deformações permanentes e afetam, embora em menor grau, o comportamento relacionado ao trincamento por fadiga e por baixas temperaturas. Esses pesquisadores identificaram duas categorias de propriedades dos agregados que devem ser consideradas: propriedades de consenso e propriedades de origem.

As propriedades designadas de consenso são aquelas consideradas de exigência fundamental para o bom desempenho dos revestimentos asfálticos: angularidade do agregado graúdo, angularidade do agregado miúdo, partículas alongadas e achatadas e teor de argila (Tabs. 1.18 a 1.21). Materiais próximos à superfície e sujeitos a tráfego intenso demandam valores de propriedades de consenso mais restritivos.

Vale mencionar que o número N mencionado nas tabelas é conceituado como o número total de blocos de influência determinado pela carta de influência ou, alternativamente, como o número equivalente de operações de carga durante o período de projeto.

Já as propriedades de origem, como o próprio nome diz, são aquelas que dependem da origem do agregado. Seus valores-limites para aceitação são definidos localmente pelos órgãos ou pelas agências. Essas propriedades são a resistência à abrasão, a sanidade e a presença de materiais

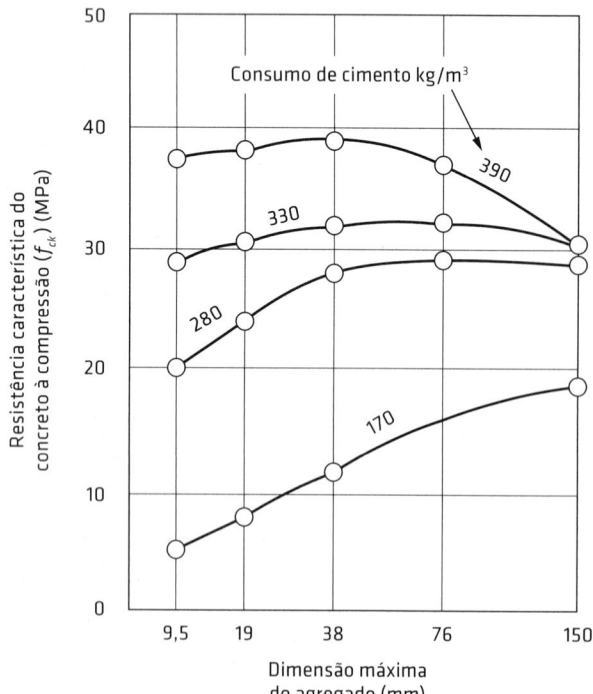

Fig. 1.14 Dimensão do agregado × f_{ck}

deletérios, determinadas conforme os métodos descritos anteriormente.

Tab. 1.18 Critério de definição da angularidade do agregado graúdo em função do número N adotado

N (x 10^6)	Profundidade a partir da superfície	
	≤ 100 mm	> 100 mm
< 0,3	55/	-/-
< 1	65/	-/-
< 3	75/	50/-
< 10	85/80	60/-
< 30	95/90	80/75
< 100	100/100	95/90
≥ 100	100/100	95/90

em que 95/90, por exemplo, significa que 95% do agregado graúdo têm uma ou mais faces fraturadas e 90% têm duas ou mais faces fraturadas.

Tab. 1.19 Critério de definição da angularidade do agregado miúdo – valores mínimos em função do número N adotado

N (x 10^6)	Profundidade a partir da superfície	
	≤ 100 mm	> 100 mm
< 0,3	-	-
< 1	40	-
< 3	40	40
< 10	45	40
< 30	45	40
< 100	45	45
≥ 100	45	45

em que os valores indicados representam porcentagens mínimas requeridas de vazios de ar no agregado miúdo no estado solto.

Tab. 1.20 Valores máximos percentuais de partículas alongadas e achatadas em função do número N adotado

N (x 10^6)	Máximo (%)
< 0,3	-
< 1	-
< 3	10
< 10	10
< 30	10
< 100	10
≥ 100	10

Tab. 1.21 Valores mínimos percentuais de equivalente de areia em função do número N adotado

N (x 10^6)	Equivalente de areia mínimo (%)
< 0,3	40
< 1	40
< 3	40
< 10	45
< 30	45
< 100	50
≥ 100	50

1.4.4 Tipos de agregados

Na Fig. 1.15 apresentam-se os diversos tipos de agregados.

O *pó de pedra* é utilizado em material de assentamento, estabilização de meio-fio, blocos paralelos e blocos intertravados de pavimentos. O diâmetro máximo é de 4,80 mm, o módulo de finura, de 2,55, e o índice de abrasão Los Angeles, de 48%.

O *pó misto* é adotado na fabricação de pisos e blocos de concreto. O diâmetro máximo é de 6,30 mm, o módulo de finura, de 3,04, e o índice de abrasão Los Angeles, de 46%.

A *areia artificial* (lavada), com granulometria uniforme, classifica-se na zona 3 da NBR 7211 (ABNT, 2009a) como areia média, sendo utilizada na constituição do concreto e em fábricas de pré-moldados. É mais acessível que a areia natural, devido a dificuldades encontradas na extração desta última perante órgãos ambientais. O diâmetro máximo é de 4,80 mm, o módulo de finura, de 2,90, e o índice de abrasão Los Angeles, de 48%.

A *granilha* tem emprego em piso de alta resistência (tipo Korodur), em injeção de graute e na fabricação de meio-fio e de peças pré-fabricadas de concreto, como lajes. O diâmetro máximo é de 6,30 mm, o módulo de finura, de 5,32, e o índice de abrasão Los Angeles, de 46%.

O *pedrisco misto* é utilizado na indústria de pré-moldados, em lajes pré-fabricadas e em blocos de concreto com função estrutural. O diâmetro máximo é de 4,8 mm, o módulo de finura, de 5,23, e o índice de abrasão Los Angeles, de 48%.

Por sua vez, o *pedrisco lavado* é adotado em decantação de fundo de fossa séptica, em filtros de piscina, cisterna e poço artesiano, em envelopes de concreto e na indústria de pré-moldados. O diâmetro máximo é de 4,8 mm, o módulo de finura, de 5,39, e o índice de abrasão Los Angeles, de 46%.

A *brita 0* tem aplicação na fabricação de concreto convencional e bombeado, meio-fio, bloco de concreto com função estrutural, lajes pré-moldadas e postes. O diâmetro máximo é de 9,5 mm, o módulo de finura, de 5,74, e o índice de abrasão Los Angeles, de 42%.

Fig. 1.15 Tipos de agregados: (A) pó de pedra, (B) pó misto, (C) areia artificial (lavada) – à direita da areia natural, (D) granilha, (E) pedrisco misto, (F) pedrisco lavado, (G) brita 0, (H) brita 1, (I) brita 2, (J) brita 3, (K) brita 4, (L) pedra de mão (ou rachinha), (M) solo-brita natural, (N) bica corrida, (O) brita graduada, (P) pedra bruta, (Q) pedra-pomes, (R) matacão

A *brita* 1 é usada na fabricação de concreto convencional e bombeado, para elementos de concreto (lajes, vigas, pilares etc.). O diâmetro é de 9,5 mm a 19,0 mm, o módulo de finura, de 6,97, e o índice de abrasão Los Angeles, de 36%.

A *brita* 2 é empregada na fabricação de concreto convencional e bombeado, para elementos de concreto mais robustos (lajes, vigas, pilares etc.) e concreto ciclópico. O diâmetro é de 19 mm a 25 mm, o módulo de finura, de 7,68, e o índice de abrasão Los Angeles, de 34%.

Já a *brita* 3 é indicada para a composição de lastro de ferrovias, a decantação de fossas sépticas e a drenagem de solo. O diâmetro é de 25 mm a 38 mm, o módulo de finura, de 8,87, e o índice de abrasão Los Angeles, de 27%.

Por sua vez, a *brita* 4 é usada na confecção de filtros de decantação de dejetos sanitários, em drenagem, em estabilização de solo e em concreto ciclópico. O diâmetro é de 38 mm a 64 mm, o módulo de finura, de 9,78, e o índice de abrasão Los Angeles, de 24%.

A *pedra de mão* (ou rachinha) é obtida por britagem ou através de marroadas (marretadas) e utilizada na confecção de gabião, muro de contenção, macadames, enrocamento de pedra e concreto ciclópico. O diâmetro máximo é de 76 mm, o módulo de finura, de 9,78, e o índice de abrasão Los Angeles, de 24%.

O *solo-brita natural* tem aplicação como material de camadas de sub-bases e bases. É constituído de solo (argila) e material britado, com umidade ótima de 8,3% e CBR da ordem de 85%, com energia de Proctor Intermediário (PI), enquadrando-se na faixa B do DNER-ES 303/97 (DNER, 1997a).

A *bica corrida* não é recomendada para uso como material de camadas de sub-bases e bases, pelo fato de não ter propriedades mecânicas bem definidas. Deve-se procurar utilizá-la para aplicações secundárias, sem função estrutural. É um material sem granulometria determinada, sendo derivado de produtos de britagem. Sua constituição é definida como um conjunto de pedra britada, pedrisco e pó de pedra.

A *brita graduada* é advinda de produtos de britagem e usada como material de camadas de sub-bases e bases, para tráfego pesado, se projetada com faixa granulométrica definida adequadamente, e CBR da ordem de 60%, com energia de Proctor Modificado (PM), além de expansão máxima de 0,5%.

A *pedra bruta* possui cor cinza e é classificada petrograficamente como rocha granítica, contendo basalto escuro, quartzo, feldspato e mica em sua composição mineralógica e apresentando massa específica de 1.900 kg/m³. É usada como maciço de pedra para serviços de barragens, enrocamento para contenção de marés, e proteção de aterros, taludes ou estruturas contra erosão.

A *pedra-pomes* ou *púmice* é derivada de rocha vulcânica, com densidade menor que a da água (ou seja, flutua nela), e utilizada como material inerte de aterro, como preenchimento (ótimas condições térmicas) e como aditivo no concreto sob a forma de pozolana.

Os *matacões* são grandes blocos de pedra com diâmetros acima de 20 cm. São produto do intemperismo (variação de temperatura, ações de águas de chuva, de ventos e de águas subterrâneas) e podem ser encontrados aflorando na superfície ou mesmo enterrados.

Particular atenção deve ser dada à análise de laudos geotécnicos, uma vez que o ensaio pode vir a acusar a presença de rocha no subsolo, quando na verdade pode ser apenas um matacão isolado. Sempre se deve requisitar o número de ensaios em função da dimensão da área, sendo o número mínimo de três furos. Não se deve requisitar estudos de sondagens com profundidades predefinidas, e sim de até onde se der como impenetrável ao trépano. Também não se deve economizar com estudos de sondagens (geotécnicos).

1.4.5 Processo de extração e produção dos agregados

A areia é uma substância mineral derivada da decomposição de rochas, principalmente graníticas, e constituída de quartzo e outros minerais (mica, feldspato etc.). Ela representa o agregado miúdo mais utilizado na confecção do concreto e é extraída de unidades de mineração denominadas areais (portos de areia), como leitos de rios, depósitos lacustres, veios de areia subterrâneos (minas), dunas, barrancos, jazidas de solo pedregulhoso, escórias vulcânicas, pedras-pomes etc.

A pedra britada constitui o material de agregado graúdo mais largamente utilizado no setor da construção civil. As rochas mais usadas para sua produção são granito e gnaisse (85%), calcário e dolomito (10%) e basalto e diabásio (5%). A brita advém de pedreiras através de desintegração por explosão controlada da rocha sã e trituração em britadores, esteiras e peneiras classificadas de acordo com sua respectiva granulometria. Como se vê, deve ser utilizada a brita proveniente de material natural (pedra), e não aquela constituída de material artificial.

Na fabricação do concreto, os agregados mais utilizados são a areia natural quartzosa, principalmente a areia lavada, oriunda de areais, e a pedra britada, resultante da britagem de rochas sãs. O seixo rolado, a argila expandida e o pó de pedra (areia artificial) possuem propriedades mecânicas que lhes permitem ser usados também na confecção do concreto com finalidade estrutural. Por sua vez, a vermiculita e as pérolas de isopor podem ser empregadas para conferir baixa condutibilidade térmica e reduzir a massa específica do concreto.

Deve-se ter cuidado com o uso de outros agregados na composição do concreto estrutural, como o pó de pedra em substituição à areia natural, pelo fato de sua constituição granulométrica dificultar a trabalhabilidade e exigir maior quantidade de água, o que pode afetar a resistência característica do concreto à compressão (f_{ck}).

A areia artificial também merece a devida atenção em virtude de sua forma mais angulosa se comparada com a da areia natural, o que dificulta a trabalhabilidade do concreto.

1.5 Aditivos

Os aditivos são acrescentados à mistura do concreto fresco para diversas funções, como aumentar a durabilidade (por exemplo, fibras de aço), acelerar a pega (por exemplo, Catalyzer 900) ou retardá-la, diminuir a incidência de retração e de permeabilidade (por exemplo, fibras de *nylon*), reduzir a perda de umidade (por exemplo, Master Curing), melhorar o processo de cura (por exemplo, MasterHard System), servir como plastificante, superplastificante, incorporador de ar ou impermeabilizante, reduzir o calor de hidratação ou a higroscopicidade, aumentar a trabalhabilidade, entre outras.

1.5.1 Tipos de aditivo mais comuns e suas propriedades

Entre os aditivos mais comuns, é possível citar os aceleradores e os retardadores de pega, os agentes incorporadores de ar, os superplastificantes, os endurecedores de concreto, os redutores de água, os agentes ligantes, os agentes de coloração do concreto e os agentes seladores de superfície.

O *acelerador de pega* acelera o endurecimento inicial do concreto, reduz seu período de cura e permite a retirada prematura das fôrmas. O tipo mais comum é aquele à base de cloreto de cálcio, que também pode causar deterioração das barras de aço.

Por sua vez, o *retardador de pega* retarda o tempo de endurecimento do concreto, pode impedir o desenvolvimento de sua resistência inicial e é usado para longas distâncias de transporte.

O *agente incorporador de ar* aprisiona quantidades controladas de ar dentro do concreto, melhora a trabalhabilidade, a durabilidade e a resistência em situações de baixa temperatura (congelamento) e reduz a fuga de água em excesso.

O *superplastificante* reveste as partículas de cimento de modo que cada uma delas se repele em relação à outra.

Permite que o concreto flua mais facilmente, melhorando a trabalhabilidade, e reduz a quantidade de água necessária para fazer com que o concreto se torne trabalhável. Esse plastificante é adicionado *in loco* durante a mistura do concreto, antes mesmo que ocorra qualquer perda no abatimento (*slump*).

É bem pertinente a ressalva de aplicar o superplastificante antes de acontecer perda no abatimento, para que o engenheiro fique atento a perfazer o teste de abatimento sempre que modificar algo na mistura do concreto, como após adicionar água, após pedir para "batê-lo" mais (rodar mais a caçamba) ou mesmo após acrescentar algum aditivo. Pois, caso se teste o abatimento de uma amostra e, logo em seguida, de alguma forma se interfira no concreto, a mistura já terá sido modificada, e o resultado do abatimento anterior ficará "mascarado".

O *endurecedor de concreto* eleva a resistência de impacto e de abrasão. Há basicamente dois tipos de endurecedor: os aditivos químicos e os agregados metálicos.

O *redutor de água* insere ar aprisionado no concreto e pode retardar o tempo de endurecimento do material. Aumenta o abatimento (*slump*) em função de uma determinada quantidade de água adicionada e pode causar aumento de secagem e consequente redução de volume do concreto. Deve-se perfazer ensaios e testes antes de utilizar esse tipo de aditivo.

O *agente ligante* melhora a ligação da interface entre as superfícies do concreto existente e do concreto novo. É preciso sempre inserir pinos (barras) metálicos em aço do tipo CA-25 no concreto existente e, em seguida, realizar grauteamento para ajudar nessa união, além de limpar bem a região a fim de retirar poeira e restos de concreto velho antes de aplicar esse tipo de ligante. Emulsões de látex são também usadas, pois melhoram a ligação entre as superfícies do concreto velho e do concreto novo.

Em relação aos *agentes de coloração do concreto*, cabe mencionar que as cores mais comumente adotadas são azul, marrom, verde, vermelha, cinza e preta.

Por fim, o *agente selador de superfície* diminui a perda de água durante o processo de cura e, depois do endurecimento do concreto, previne a passagem de elementos deletérios para dentro de seu corpo, tais como óleos, graxas e tintas, entre outros, a depender do cenário.

De modo geral, devem ser testados antes todos os aditivos, ou elementos especiais a serem inseridos numa dada mistura de concreto, e não só aqueles do tipo redutor de água.

Como será visto, quando se tem uma grande área de pátio industrial ou portuária a ser executada com diversas placas de concreto, principalmente placas de dimensões elevadas ou mesmo com cimento do tipo CP V-ARI – que não é errado, apenas não tão usual –, é sempre recomendável executar uma placa de teste, de forma isolada, para treinar a equipe com relação desde ao manuseio do concreto até aos procedimentos de cura, antes de iniciar a execução da obra como um todo. Assim, essas placas de pavimento de teste, ou pré-ensaios com o uso de aditivos, são sempre recomendáveis, sobretudo por se tratar de elementos atípicos, inusuais no dia a dia do canteiro de obras.

1.5.2 Materiais cimentícios suplementares e suas características

Entre os materiais cimentícios suplementares, cabe mencionar a sílica ativa, a escória e a cinza vulcânica. A *sílica ativa*, também chamada de sílica de fumo e microssílica, é derivada da sílica e acelera o processo de hidratação do cimento, além de melhorar a alta resistência inicial e as propriedades de coesão, permitir a desforma precoce e prevenir a segregação dos ingredientes do concreto. Deve ser limitada a 7% a 10% do total de material cimentício, pois, se for adicionada em percentuais acima de 10%, poderá causar fissuras e trincas no concreto.

A *escória* (*slag*) é derivada da produção de aço. Já a *cinza vulcânica* (*fly ash*) é responsável pela baixa temperatura de hidratação, reduz o risco de fissuração do concreto e melhora propriedades de longo prazo do concreto endurecido. A cinza vulcânica também retarda o desenvolvimento da resistência inicial, permitindo maior tempo de trabalhabilidade do concreto, motivo pelo qual facilita seu acabamento com espátula, por exemplo.

TECNOLOGIA DO CONCRETO

2

Ao engenheiro civil, é imprescindível conhecer as propriedades físicas e químicas do concreto antes de iniciar qualquer trabalho com esse material. Neste capítulo serão abordadas algumas das propriedades mais relevantes intrínsecas a seus estados fresco e endurecido.

2.1 Classificação do concreto

O concreto para fins estruturais pode ser classificado por grupos conforme mostrado na Tab. 2.1.

Para pavimentos rígidos de concreto armado, recomenda-se que o concreto pertença às classes C35 a C45, com resistências características à compressão (f_{ck}) de 35 MPa a 45 MPa. Nesse caso, o concreto é considerado resistente, além de ser durável por apresentar baixa porosidade, dado o baixo valor de fator água/cimento ($f_{a/c}$), da ordem de 0,45 a 0,35, para atingir tais resistências, respectivamente. Concretos com resistência acima de 50 MPa pertencem ao grupo do concreto de alto desempenho (CAD).

Para calçadas, por exemplo, pode-se adotar f_{ck} de 15 MPa, pois não se exige tanto do concreto. Concretos pertencentes ao grupo efêmero possuem elevado $f_{a/c}$, acima de 0,60, sendo, portanto, muito porosos e capazes de per-

Tab. 2.1 Classes de concreto

Grupo I	
Classe	f_{ck} (MPa)
C10	10
C15	15
C20	20
C25	25
C30	30
C35	35
C40	40
C45	45
C50	50
Grupo II	
Classe	f_{ck} (MPa)
C55	55
C60	60
C70	70
C80	80

em que C10-C20 = efêmero; C25-C30 = normal; C35-C45 = resistente; C50-C80 = durável.

Fonte: ABNT (2015b).

mitir maior entrada de elementos deletérios para dentro de seu corpo, daí a denominação *efêmero*.

Já para caixas e envelopes, procura-se trabalhar com concreto com resistência igual ou superior a 30 MPa.

Outras classificações possíveis são quanto ao peso e à resistência. No que se refere ao peso, o concreto pode ser de peso normal (2.400 kg/m³ a 2.600 kg/m³), leve (menor que 1.800 kg/m³) e pesado (maior que 3.200 kg/m³, utilizado para blindagem de radiação). Em relação à resistência, o concreto pode ser de baixa resistência (menor que 20 MPa), de resistência moderada (maior que 20 MPa e menor que 40 MPa) e de alta resistência (superior a 40 MPa).

2.2 Propriedades do concreto fresco

2.2.1 Trabalhabilidade

É a condição que permite que o concreto seja lançado nas fôrmas, preenchendo-as completamente e possibilitando seu adensamento, com a eliminação de vazios e a obtenção de uma massa compacta. Para que um concreto seja bem adensado, a trabalhabilidade se torna uma característica fundamental. A seguir são apresentados os aspectos do concreto fresco que se relacionam com a trabalhabilidade.

Consistência

Depende fundamentalmente da quantidade de água adicionada na mistura e pode ser medida por vários métodos, sendo o teste de abatimento (*slump test*) o mais importante e utilizado. A quantidade de água é dada em função da área superficial do agregado e do cimento e da consistência desejada.

A consistência do produto final da mistura de concreto no estado fresco também depende da sequência adotada para adicionar os ingredientes dentro da betoneira ou do carrinho de mão.

Uma boa consistência é sinônimo de uma mistura muito bem uniforme.

Perda de abatimento

É a diminuição do abatimento em função do tempo. Trata-se de um fenômeno normal e que varia em função da hidratação do cimento, da temperatura dos agregados, da composição química do cimento (quantidade de álcalis) e do uso de aditivos na mistura.

Coesão

É a propriedade pela qual os elementos constituintes do concreto se mantêm misturados, isto é, seus componentes não se separam. Dois fatores que influem na coesão do concreto são o teor de finos (quanto mais finos na mistura, maior a coesão) e o ar incorporado (quanto maior a quantidade de ar, maior a coesão).

2.2.2 Exsudação

É o fenômeno que ocorre quando o concreto, ainda no estado plástico e devido à falta de finos, não consegue reter a água e esta sobe ao longo de seu corpo, acumulando-se na superfície livre do concreto ainda fresco. Se essa água evapora rapidamente, o concreto sofre forte retração, com fissuras intensas. Esse efeito denomina-se *retração plástica*. Dois fatores que influenciam a exsudação são o teor de finos (quanto mais finos na mistura, menor a exsudação) e o ar incorporado (quanto maior a quantidade de ar, menor a exsudação).

Essa água localizada e concentrada na superfície ainda no estado fresco promove um aumento do $f_{a/c}$, deixando o concreto mais poroso e permeável. No caso de pisos, acaba por reduzir a resistência à abrasão.

Cuidados com a curva granulométrica dos agregados e com a vibração ajudam a combater esse fenômeno indesejável.

2.2.3 Pega

Quando o aglomerante (cimento) entra em contato com a água, dá-se início ao fenômeno conhecido como pega, que se prolonga por aproximadamente 2 h quando não se usam aditivos. Durante esse período, é possível transportar o concreto do misturador (caçamba do caminhão-betoneira ou da betoneira) ao local onde será lançado em definitivo, manuseá-lo e proceder à vibração e a uma posterior revibração. Ao término desse intervalo de tempo, todas as operações com o concreto devem ser cessadas.

A superfície do concreto começa a puxar ou grudar com o início desse fenômeno, o que pode ser verificado ao encostar o dedo nela; daí o nome *pega*.

Depois de os trabalhos mecânicos de vibração e revibração serem cessados, deve ser iniciado, com o máximo rigor possível, o processo de cura do concreto.

As propriedades dos compostos do cimento Portland foram resumidas no Quadro 1.1.

2.3 Propriedades do concreto endurecido

2.3.1 Densidade

Depende dos componentes e do traço utilizado. Sua importância reside no fato de influenciar o cálculo do peso próprio da peça de concreto. Em função do tipo de agregado graúdo empregado, o concreto apresenta os valores de densidade aproximados indicados na Tab. 2.2.

Tab. 2.2 Tipo de concreto × densidade

Tipo de concreto	Densidade
Concreto com brita calcária	2.100 kg/m³
Concreto com brita granítica	2.400 kg/m³
Concreto com magnetita	3.500 kg/m³

2.3.2 Dilatação térmica

É um valor mal determinado ainda hoje, que depende do tipo de cimento, do agregado, do grau de umidade e das dimensões da peça. Para atenuar os problemas causados pela dilatação, a NBR 6118 (ABNT, 2014) estabelece que se executem juntas de dilatação a cada 30 m, no máximo, em estruturas de concreto.

2.3.3 Permeabilidade

É sua aptidão de deixar-se atravessar pela água ou por agentes agressivos. Está relacionada com a porosidade, pois, quanto mais poroso for o concreto, mais permeável ele será. A porosidade depende do $f_{a/c}$ e do grau de hidratação da pasta. Na Tab. 2.3 são mostradas as idades a partir das quais concretos com diferentes valores de $f_{a/c}$ se tornam impermeáveis. Para $f_{a/c} > 0,70$, o concreto se transforma numa eterna esponja, ou seja, sempre será permeável.

Tab. 2.3 Fator água/cimento ($f_{a/c}$) × idade de impermeabilidade

$f_{a/c}$	Idade (em dias)
0,4	3
0,5	7
0,6	28
0,7	360
> 0,7	Nunca

Além do aumento da porosidade e da permeabilidade promovido por um elevado $f_{a/c}$, como visto na Tab. 2.3, também se nota pela Tab. 2.4 e pela Fig. 2.1 que, quanto maior for o $f_{a/c}$, menor será o f_{ck} aos 7 dias (f_{c7}) e aos 28 dias (f_{c28}).

Tab. 2.4 Fator água/cimento ($f_{a/c}$) × resistência à compressão (f_{ck}) aos 7 dias e aos 28 dias

$f_{a/c}$	f_{ck} aos 7 dias (MPa)	f_{ck} aos 28 dias (MPa)
0,3	21	42
0,5	19	34
0,7	15	25

Em uma determinada dosagem de concreto, à medida que se reduz o valor do $f_{a/c}$, o volume de água permanece praticamente constante, a quantidade de cimento aumenta e as quantidades de areia (agregado miúdo) e de brita (agregado graúdo) caem sensivelmente (Fig. 2.2).

Como visto na Fig. 2.3, as propriedades adquiridas pelo concreto ainda no estado fresco se refletirão em suas propriedades no estado endurecido de modo permanente e irreversível. Assim, o concreto, principalmente para fins estruturais, deve ser rigorosamente elaborado.

Em pavimentos rígidos de concreto armado sujeitos a área de lavagem de veículos, de armazenamento de produtos químicos ou de sucata, é imprescindível trabalhar com um concreto cujo $f_{a/c}$ seja baixíssimo, da ordem de 0,45 a 0,35 no máximo.

Nesses casos, sendo dois deles ilustrados na Fig. 2.4, muito óleo e outros elementos deletérios estarão em contato constante com o pavimento rígido, e o concreto deve apresentar excelente compacidade e dureza, baixíssima porosidade e elevada resistência mecânica, que pode ser

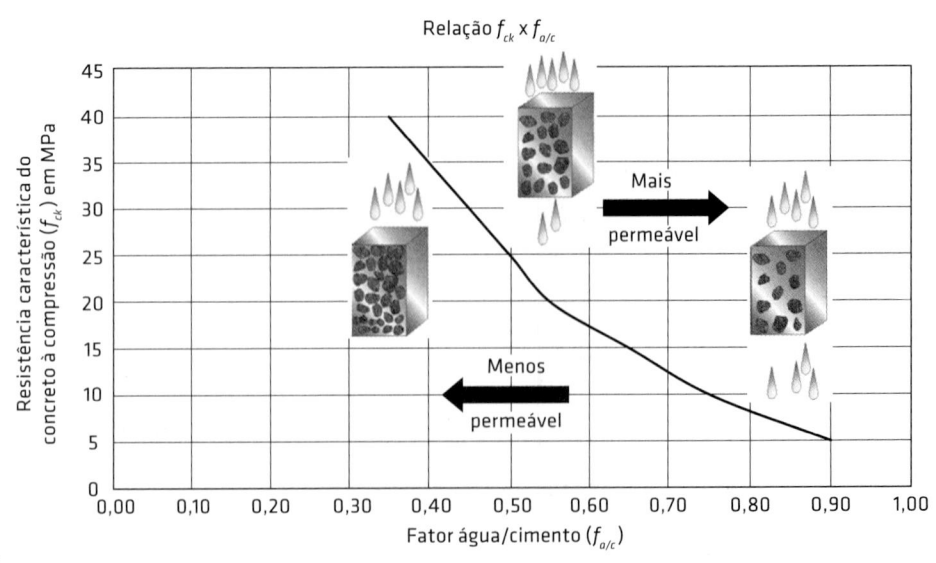

Fig. 2.1 Relação f_{ck} × $f_{a/c}$

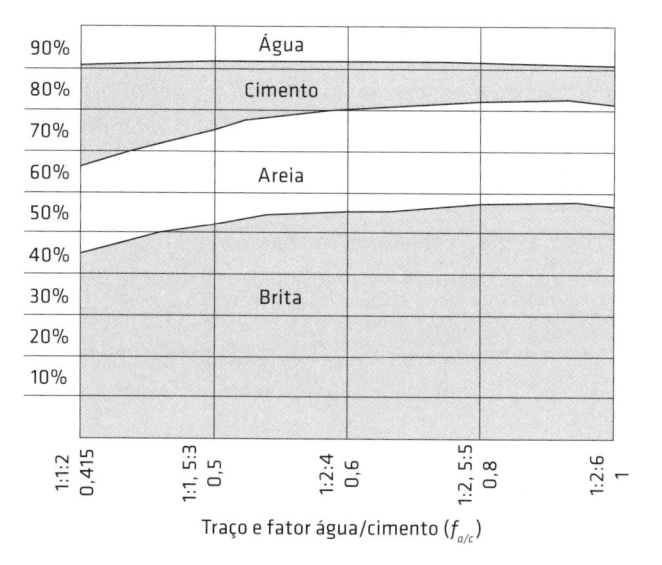

Fig. 2.2 Traço de concreto X $f_{a/c}$

conseguida com um baixo valor de $f_{a/c}$. Aliado ao baixo $f_{a/c}$ pode ser utilizado um aditivo impermeabilizante ou similar, a fim de contribuir para reduzir a permeabilidade através do concreto e, assim, proteger suas armaduras do processo de corrosão.

A Fig. 2.5 exemplifica uma situação a que o concreto existente numa área altamente agressiva como essa fica sujeito, servindo para mostrar a atenção que deve ser dada aos materiais constituintes do concreto em função do ambiente do cenário de projeto.

2.3.4 Segregação

É o fenômeno ocasionado pelo excesso de vibração em que o agregado graúdo da mistura se acumula no fundo, o agregado

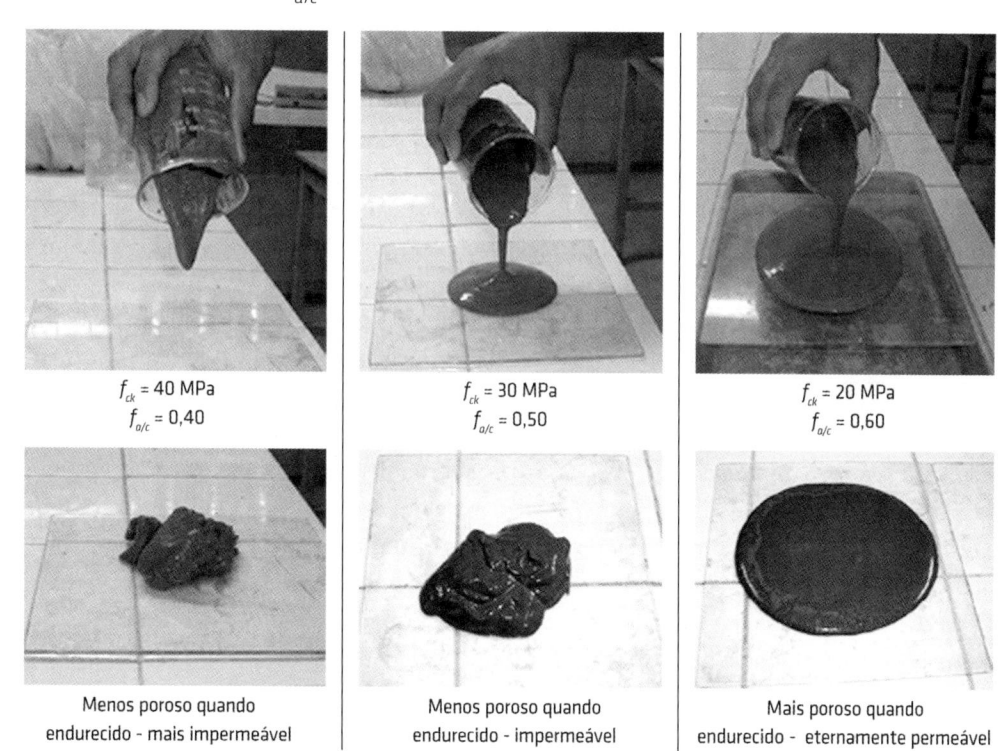

Fig. 2.3 Propriedades do concreto fresco em função de $f_{a/c}$ e f_{ck}

Fig. 2.4 (A) Lavagem de veículo por funcionário e (B) armazenamento de diversos tonéis de produtos químicos, ambos sobre pavimento rígido de concreto

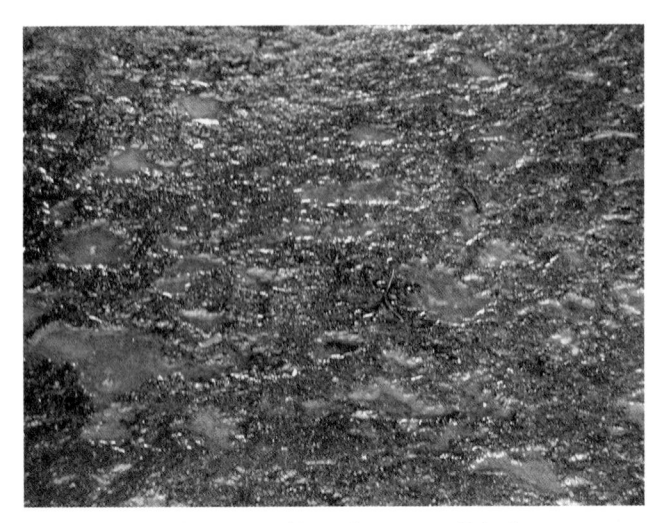

Fig. 2.5 Pequenas poças de óleo sobre a superfície do concreto

miúdo e o cimento ficam localizados mais acima e a água fica alojada na parte superior da peça, aflorando na superfície.

2.3.5 Retração

É o fenômeno que provoca a redução do volume do concreto, podendo resultar em fissuras, trincas e rachaduras. A fissura começa de um lado da peça de concreto, não atingindo o lado oposto.

A retração ocorre no concreto no estado fresco, com repercussões no estado endurecido, prolongando-se ao longo do tempo de cura, e pode ser combatida em sua maior parte por um processo de cura rigoroso, realizado logo após o início da pega, com sua continuidade dada em função do tipo de cimento utilizado, variando por um período mínimo de 14 a 21 dias.

Quanto maior for o módulo de elasticidade dos agregados empregados na mistura, maior será a influência da retração no concreto, sendo que agregados de maior módulo geram retrações maiores.

Na região Sudeste do Brasil, os meses com menores taxas de umidade se estendem de novembro a março, compreendendo o período chuvoso e, consequentemente, mais propício para a concretagem. De maio a setembro, pelo fato de haver maior troca de água com o ambiente, há retração mais alta.

Como se observa na Fig. 2.6, as fissuras de retração ocorrem de modo aleatório, mas aproximadamente paralelas umas às outras, e perpendiculares à direção do vento incidente. Ou seja, pela Fig. 2.6A, o vento teria acontecido aproximadamente na direção indicada pela lapiseira.

Existem diferentes tipos de retração, indicados a seguir.

Retração plástica

É o fenômeno que ocorre no concreto no estado fresco pela perda rápida de parte da água de hidratação do cimento por exsudação, provocando perda no volume do concreto. Para combatê-lo, deve-se proteger o concreto recém-lançado do sol e do vento, principalmente em dias quentes e com baixa umidade relativa do ar.

Retração por secagem (ou hidráulica)

Dá-se do mesmo modo que a retração plástica, porém com o concreto no estado endurecido. Quanto maiores forem as dimensões (comprimento, largura e espessura) das placas de um determinado pavimento de concreto, maior será a intensidade da retração hidráulica.

Retração autógena

Explica-se pela perda de parte da água de hidratação do cimento através dos poros capilares do concreto, reduzindo seu volume. Durante a hidratação do cimento, ocorre a passagem da água capilar para a água adsorvida, e é nessa fase que esse tipo de retração acontece. Por esse fato, quanto menor for o $f_{a/c}$, maior será a tendência de retração autógena e maior deverá ser o rigor aplicado ao processo de cura, evitando que as partículas de cimento façam suas hidratações com a água capilar. Esse fenômeno pode causar redução do volume de concreto e fissuras.

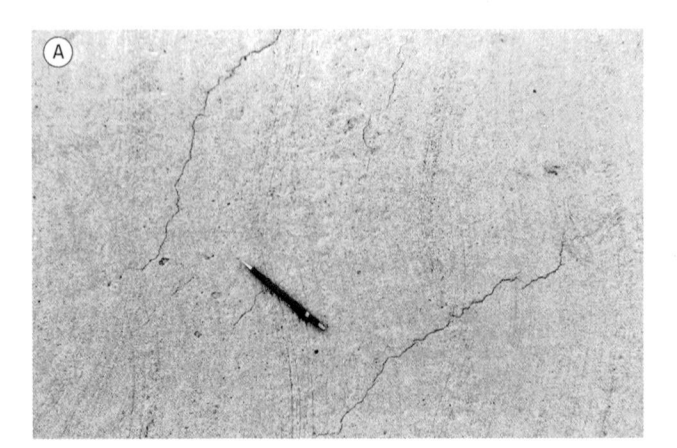

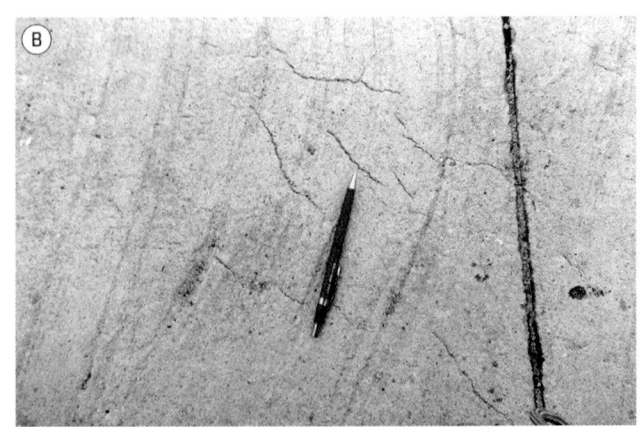

Fig. 2.6 Fissuras de retração ocorridas na superfície do concreto

Retração térmica

O concreto possui elevada temperatura interna e, com a liberação desse calor proveniente da hidratação da pasta de cimento, de forma exotérmica, a massa do concreto se expande. Ao ser resfriado, há uma retração térmica.

2.3.6 Colmatação

É o fenômeno do tamponamento das microfissuras ocasionadas por ruptura ou retração, através da hidratação de partículas de cimento ainda não completamente hidratadas. É mais intenso nos concretos novos, com poucas idades.

2.3.7 Módulo de elasticidade

O valor do módulo de elasticidade é dado pela expressão $\sigma = E \cdot \varepsilon$ e representa a capacidade dos materiais de resistir a deformações.

Pelo fato de o concreto armado ser constituído por diversos materiais, fica difícil indicar com exatidão o real valor de seu módulo de elasticidade, ou seja, em que ponto as tensões deixam de ser proporcionais às deformações. Este varia em função da resistência, do módulo de deformação do agregado, da porosidade e da umidade da peça sujeita ao esforço solicitante.

Quando não houver ensaios precisos com relação ao concreto para a idade de 28 dias, pode-se utilizar a seguinte expressão como estimativa para o módulo de elasticidade:

$$E_{ci} = 5.600 \cdot f_{ck}^{1/2} \quad \textbf{(2.1)}$$

em que E_{ci} e f_{ck} são dados em MPa.

O módulo de elasticidade secante (E_{cs}) é o que deve ser utilizado no cálculo estrutural, sendo obtido por meio de:

$$E_{cs} = 0,85 \cdot E_{ci} \quad \textbf{(2.2)}$$

em que E_{ci} e E_{cs} são dados em MPa.

Pela ACI 318 (ACI, 2019), tem-se:

$$E_c = \gamma_c^{1,5} \cdot 0,043 \cdot f_{c28}^{0,5} \quad \textbf{(2.3)}$$

em que $\gamma_c \cong 2.500$ kg/m³.

2.3.8 Deformações imediata e lenta

A deformação imediata é aquela que surge logo após a desforma. Já a deformação lenta aparece ao longo do tempo com a manutenção do carregamento solicitante sobre o elemento estrutural, variando em função da idade do carregamento, da relação tensão/deformação e da quantidade da pasta de cimento. Para relações tensão/deformação < 0,5, a deformação lenta tende a se estabilizar. Aos 30 dias já ocorreu de 70% a 80% da deformação lenta de um dado elemento estrutural.

2.3.9 Carbonatação

É o fenômeno em que o hidróxido de cálcio ($Ca(OH)_2$), formado na hidratação do cimento, combina-se com o dióxido de carbono (CO_2) do ar, resultando em carbonato de cálcio ($CaCO_3$). O meio se torna menos alcalino, oferecendo menor proteção à armadura. A transformação de cal em carbonato de cálcio é acompanhada pela queda do pH do concreto de cerca de 12 para 8 ou 9, despassivando a armadura.

Quanto menor for o valor do $f_{a/c}$, menores serão a quantidade e o tamanho dos poros no concreto e, por conseguinte, mais difícil será a penetração de dióxido de carbono em seu corpo.

A carbonatação, até certo ponto, tampona os poros do concreto e o protege. Porém, quando atinge a armadura e entra em contato com o oxigênio do ar e com a água, inicia-se o processo de corrosão.

2.3.10 Resistência à abrasão

A resistência à abrasão do concreto é boa e varia em função da resistência, de seu $f_{a/c}$ e do tipo de agregado empregado. Sua deterioração superficial começa pelo desprendimento dos elementos de menor resistência mecânica e de menor aderência, ou seja, inicia-se pelo desprendimento do hidróxido de cálcio constituinte do cimento hidratado, aumentando, com isso, a quantidade de poros e a irregularidade na superfície. Em seguida, ocorre o desprendimento de outros constituintes do cimento e de agregados miúdos, culminando com o aparecimento de pequenas crateras na superfície.

2.3.11 Resistência ao fogo

O concreto resiste bem a temperaturas inferiores a 300 °C. Sua resistência ao fogo varia conforme o tempo de exposição da peça a ele. Quanto mais elevada é a temperatura, maior é a taxa de evaporação da água presente no corpo do concreto.

2.3.12 Durabilidade

Essa propriedade é definida de acordo com a resistência e a permeabilidade da peça de concreto. A resistência é dada em função do valor de f_{ck} e a permeabilidade, em função do valor de $f_{a/c}$. Em linhas gerais, quanto maior for o f_{ck} e menor for o $f_{a/c}$, mais resistente e menos permeável, respectivamente, será o concreto, contribuindo para menores dimensões da peça, menor quantidade de fôrmas, menor taxa de armadura (o elemento mais caro) e menor número de vazios no corpo, dificultando a entrada de elementos agressivos. Todos esses fatores contribuem para um aumento da vida útil do concreto.

A área mais agressiva para o concreto é a região de respingo, ou seja, aquela que fica suscetível a molhagens e secagens contínuas, como a região de uma estaca de concreto imersa no mar, localizada na linha d'água, sujeita à variação da maré (uma região de molha, seca, molha, seca etc.).

2.3.13 Resistência característica do concreto à compressão

Depois que o cimento entra em contato com a água, inicia-se o processo de hidratação, e, após o início da pega, que dura cerca de 2 h, o concreto começa a passar do estado fresco para o pastoso e, enfim, para o estado endurecido, ganhando resistência à compressão.

A resistência à compressão do concreto (f_{ck}) depende principalmente do $f_{a/c}$ estabelecido, pois, quanto menor ele for, maior será o f_{ck}.

O $f_{a/c}$ é determinado no projeto e depende de outros fatores durante a obra para ser atingido, tais como dispor de dosador de água e fazer a correção de umidade dos agregados, vibrar o concreto de modo correto e até aplicar uma revibração antes do fim da pega, e proceder com um controle rígido da fase de cura do concreto, respeitando seu tempo mínimo de aplicação.

Na fase de obra procura-se determinar a resistência característica do concreto a j dias (f_{cj}) vinculada ao valor do desvio padrão em função da qualidade de preparo do concreto e do cuidado que se espera conseguir e manter. O f_{cj}, normalmente estipulado por f_{c28}, deve resultar maior ou igual ao valor do f_{ck} definido no projeto.

Aos 7 dias, um concreto constituído de cimento Portland comum, e não ARI, já terá alcançado cerca de 70% da resistência à compressão a ser atingida aos 28 dias, sendo esse um excelente parâmetro para ter uma ideia do resultado final aos 28 dias.

Por exemplo, quando se pretende atingir 30 MPa em 28 dias, o resultado esperado pelo corpo de prova rompido aos 7 dias deve corresponder a aproximadamente 70% × 30 MPa = 21 MPa. Se o valor ficar muito aquém dos 70% aos 7 dias, dificilmente se atingirá o valor equivalente a 100% aos 28 dias.

Segundo Petersons (1968), um concreto executado com cimento Portland pode vir a ter um crescimento de sua resistência de 10% entre os 28 e os 90 dias, de 5% dos 90 aos 180 dias e de cerca de 2% dos 180 aos 360 dias. Naturalmente, esperar por quase um ano não é viável para nenhuma obra. Porém, é possível perfazer um estudo estatístico junto à concreteira a fim de verificar se ocorre um ganho de resistência de aproximadamente 10% dos 28 aos 90 dias, e amostras teriam que ser recolhidas in loco aos 60 e aos 90 dias para atestar o crescimento ocorrido.

De acordo com o mesmo autor, um cimento do tipo ARI pode vir a ter um aumento de sua resistência de cerca de 2% dos 28 aos 90 dias e de aproximadamente 8% dos 90 aos 360 dias.

Certamente esses resultados esperados dependem do tipo de cimento, do tipo de aditivo incorporado ao concreto, da sequência de mistura, da vibração e da cura do concreto, entre outros. No entanto, esses são valores médios e válidos de serem estudados com base na estatística.

A NBR 7680 (ABNT, 2007) recomenda os coeficientes médios de resistência para cada tipo de cimento apresentados na Tab. 2.5. De autoria de Helene (1993), a Tab. 2.6 é bem mais elaborada.

Ambas as tabelas consideram a idade de 28 dias com fator 1,00 e os respectivos ganhos de resistência das colunas seguintes com valores acima de 1,00, mostrando o percentual de ganho. Observa-se também que, para todas as idades de rompimento do corpo de prova aos 7 dias, a resistência apresenta ganhos em torno de 0,70, o que corresponde a cerca de 70% da resistência aos 28 dias.

Todos esses estudos só devem ser tomados como referência se minimamente tiverem sido executados rigorosos controles de processo de cura na obra.

O valor do f_{ck} pode ser afetado por alguns fatores, como mostrado na Tab. 2.7.

Tab. 2.5 Coeficientes médios de crescimento da resistência com a idade

Natureza do cimento	Idade					
	≤ 7 dias	14 dias	28 dias	3 meses	1 ano	≥ 2 anos
Portland comum (NBR 5732)	0,68	0,88	1,00	1,11	1,18	1,20
Alta resistência inicial (NBR 5733)	0,80	0,91	1,00	1,10	1,15	1,15
Alto-forno, pozolânico MRS e ARS (NBR 5735, 5736 e 5737)	-	0,71	1,00	1,40	1,59	1,67

Fonte: ABNT (2007).

Tab. 2.6 Ganho de resistência com o tempo em função do $f_{a/c}$

Cimento	$f_{a/c}$ (kg/kg)	f_{c28} (MPa)	Coeficiente médio f_{cj}/f_{c28}			
			3 dias	7 dias	28 dias	91 dias
CP I CP I-S	0,38	43	0,54	0,74	1,00	1,14
	0,48	35	0,49	0,71	1,00	1,16
	0,56	28	0,42	0,66	1,00	1,20
	0,68	23	0,36	0,61	1,00	1,25
	0,78	18	0,34	0,50	1,00	1,26
CP II-E CP II-Z CP II-F	0,38	40	0,51	0,72	1,00	1,16
	0,48	33	0,47	0,69	1,00	1,18
	0,56	27	0,40	0,69	1,00	1,22
	0,68	22	0,35	0,60	1,00	1,26
	0,78	18	0,32	0,57	1,00	1,28
CP III	0,38	51	0,38	0,62	1,00	1,23
	0,48	40	0,36	0,61	1,00	1,25
	0,56	32	0,28	0,54	1,00	1,31
	0,68	26	0,26	0,52	1,00	1,34
	0,78	20	0,22	0,48	1,00	1,38
CP IV	0,38	40	0,50	0,71	1,00	1,16
	0,48	31	0,48	0,70	1,00	1,17
	0,56	25	0,40	0,64	1,00	1,21
	0,68	20	0,35	0,60	1,00	1,26
	0,78	15	0,29	0,55	1,00	1,30
CP V	0,38	55	0,69	0,86	1,00	1,04
	0,48	42	0,62	0,82	1,00	1,06
	0,56	36	0,53	0,77	1,00	1,08
	0,68	20	0,46	0,71	1,00	1,11
	0,78	23	0,43	0,60	1,00	1,13

Fonte: Helene (1993).

Tab. 2.7 Causas de variação do f_{ck}

Causas de variação do f_{ck}	Efeito máximo no resultado (variação da resistência) (%)
Materiais	
Resistência do cimento	±12
Quantidade total de água	±15
Agregados (principalmente miúdo)	±8
Mão de obra	
Tempo e procedimento de mistura	−30
Procedimento de ensaio	
Coleta imprecisa	−10
Adensamento inadequado	−50
Cura	±10
Remate inadequado dos topos	−30
Ruptura (velocidade)	±5
Equipamento	
Misturador, sobre e sob carregamento, correias	−10
Ausência de aferição de balanças	−15

A seguir, são mostrados ensaios realizados em laboratório em que foram preparados quatro corpos de prova, com seleção dos agregados, respeito à sequência de colocação dos materiais no carrinho de mão, mistura coesa com o uso de enxada e, o mais importante, colocação da água de mistura inicial e respeito ao uso da água de reserva ao final da mistura. Isso porque, para cada ficha de concreto batido para cada obra, sempre haverá a indicação da água de reserva, que faz parte do cômputo final do traço da mistura e corresponde a uma quantidade de água que o profissional pode vir a utilizar para corrigir um *slump*, por exemplo. Por essa razão, nunca se deve utilizar mais água que a estabelecida como água de reserva, pois ela é tudo de que se dispõe.

Imediatamente após o ensaio do *slump*, mediante a colocação de três camadas dentro do cone seguida de 25 socamentos com o uso de bastão para cada uma delas, os corpos de prova foram moldados e imediatamente dispostos numa câmara com umidade e temperatura controladas, para virem a ser retirados e ensaiados a 7, 14, 21 e 35 dias. Houve um atraso no ensaio do corpo de prova aos 28 dias e ele só pôde ser ensaiado aos 35 dias; pelo gráfico da Fig. 2.7, interpolou-se seu valor correspondente em MPa, apresentado junto dos demais na Tab. 2.8. Deve-se ter em mente que as datas corretas para ensaio são a 7, 14, 21 e 28 dias. No Brasil, ensaia-se a 3, 7, 21 e 28 dias. Em ambos os casos, um resultado crucial ocorre aos 7 dias, que corresponde a cerca de 70% da resistência final a ser atingida.

Na Fig. 2.8 é mostrado o equipamento utilizado para romper os corpos de prova. Por sua vez, observa-se na Fig. 2.9 a resistência máxima à compressão de um corpo de prova aos 35 dias.

O cilindro ensaiado possui as dimensões padrões de $D = 4"$ (0,1016 m) e $h = 8"$ (0,2032 m), indicadas na Fig. 2.10.

Assim, a área da seção transversal desse cilindro padrão equivale a:

$$A = \pi \cdot R^2 = (\pi \cdot D^2)/4 = [\pi \cdot (0{,}1016 \text{ m})^2]/4 \Rightarrow$$
$$A = 8{,}1032 \times 10^{-3} \text{ m}^2 = 0{,}008103 \text{ m}^2$$

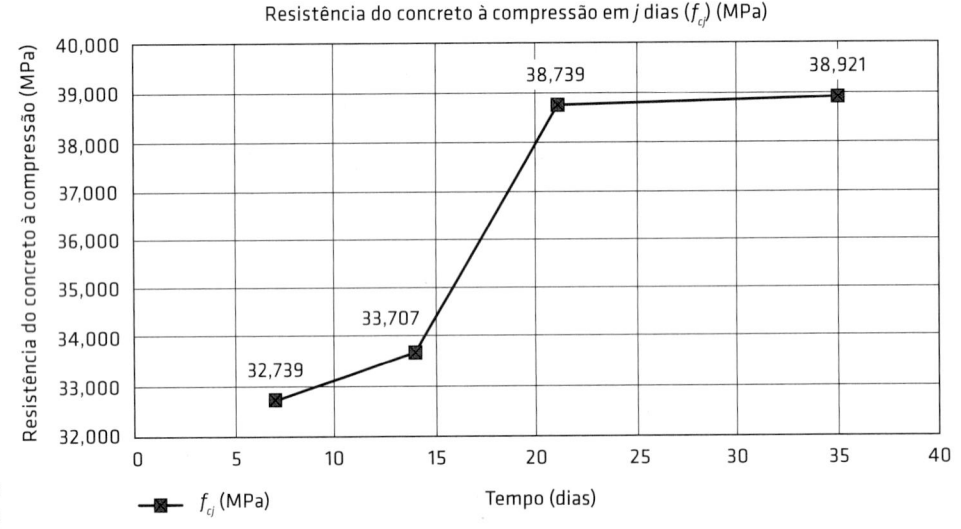

Fig. 2.7 Valores de f_{cj} em corpos de prova ensaiados a 7, 14, 21 e 35 dias

Tab. 2.8 Valores de f_{cj} em corpos de prova ensaiados a 7, 14, 21, 28 e 35 dias

Tempo (dias)	f_{cj} (MPa)
7	32.739
14	33.707
21	38.739
28	38.839
35	38.941

Fig. 2.8 Cilindro de concreto inserido na máquina hidráulica

Como a máquina fornece o valor da ruptura em kN, pode-se dividir a força pela área da seção transversal do cilindro a fim de obter a tensão em MPa mostrada.

Além da resistência à compressão obtida em cada corpo de prova, o profissional também deve analisar a forma com a qual se deu a fratura. Para esse fim, utiliza-se a Fig. 2.11, que traz uma descrição técnica para cada tipo de geometria de fratura possível de ocorrer num ensaio de corpo de prova. Essa é a figura oficial utilizada nos laboratórios do Canadá.

Há seis tipos padronizados de fratura nesse desenho, cabendo ao laboratorista comparar o esquema gráfico do colapso da amostra depois de rompida com os desenhos esquemáticos da figura.

Na sequência serão analisadas as fraturas ocorridas em cada corpo de prova rompido a 7, 14, 21 e 35 dias.

Na Fig. 2.12, têm-se os detalhes das fraturas ocasionadas no corpo de prova rompido aos 7 dias, do qual se obteve a resistência f_{c7}, que é o f_{cj} com j equivalendo a 7 dias.

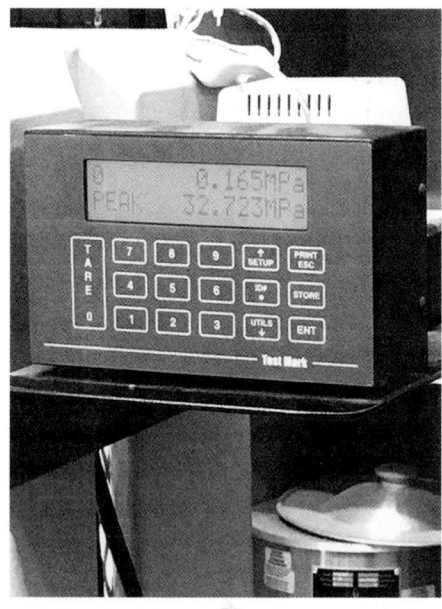

Fig. 2.9 Resistência máxima à compressão de um corpo de prova atingida aos 35 dias

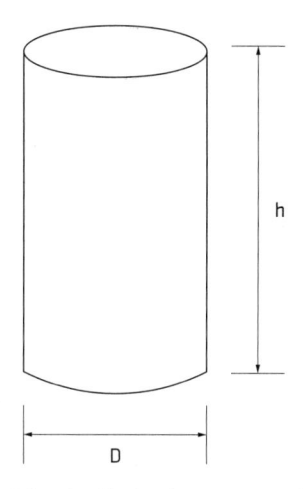

Fig. 2.10 Geometrias do cilindro de concreto

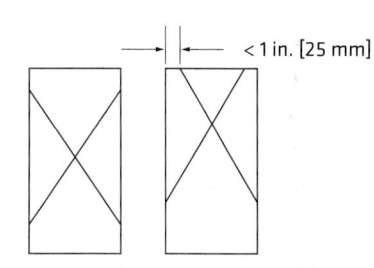

Tipo 1
Cones razoavelmente bem formados em ambas as extremidades, com rachaduras de menos do que 25 mm (1 polegada) formadas através das tampas

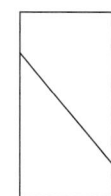

Tipo 2
Cone bem formado em uma extremidade, com rachaduras verticais ocorrendo através das tampas, e cone não bem definido na outra extremidade oposta

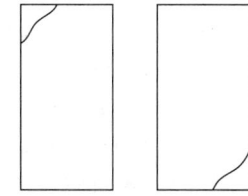

Tipo 3
Rachaduras verticais ocorridas através de ambas as extremidades, cones não bem formados

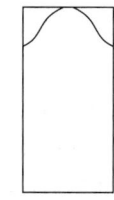

Tipo 4
Ruptura diagonal sem rachaduras através de suas extremidades; bata de leve com o martelo para distingui-la do Tipo 1

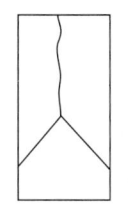

Tipo 5
Rupturas laterais no topo ou na base (ocorre comumente com capas não coladas ao concreto)

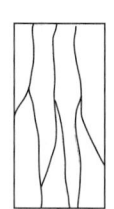

Tipo 6
Similar ao Tipo 5, exceto pela extremidade do cilindro, que tende a ser pontiaguda

Fig. 2.11 Desenhos esquemáticos de tipos de fratura de corpos de prova

É possível notar que ocorreu uma trinca vertical na base do corpo e diversas trincas paralelas umas às outras na região do topo, o que as leva a se assemelharem à fratura de tipo 3 vista na figura anterior.

No corpo de prova rompido aos 14 dias, mostrado na Fig. 2.13, observam-se semelhanças com o corpo de prova rompido aos 7 dias, com uma trinca que se seguiu do topo ao fundo do cilindro e trincas paralelas umas às outras na região do topo, o que as leva também a serem classificadas como fraturas do tipo 3. Pela figura, nota-se que o corpo de prova já foi apicoado após o ensaio e, por isso, algumas camadas da superfície já foram retiradas.

Aos 21 dias tem-se um corpo de prova muito bem definido, como se vê na Fig. 2.14, com uma ruptura cônica ocorrida apenas em um lado do cilindro após o colapso do espécimen. De acordo com a figura de fraturas, associa-se essa ruptura à do tipo 2, mesmo com nenhuma trinca vertical ao longo do corpo de prova.

É possível notar que as partículas de cimento, de agregados graúdos e finos, estão bem coesas, unidas. Trata-se de uma amostra típica de concreto com f_{ck} acima de 30 MPa.

Na amostra rompida aos 35 dias, conforme mostrado na Fig. 2.15, nota-se uma fratura semelhante à ocorrida aos 14 dias, com uma trinca vertical indo do topo ao fundo do cilindro, indicando uma fratura pós-colapso do tipo 3.

2.3.14 Resistência característica do concreto à tração

A resistência à tração do concreto (f_{ctk}) está vinculada principalmente ao f_{ck}, e, quanto menor for o $f_{a/c}$, maiores serão o f_{ck} e o f_{ctk}.

A resistência à tração também depende de uma série de outros fatores, tais como tipo de agregado (tamanho, forma e textura) e interface pasta-agregado (reação álcali-agregado), entre outros.

Para um mesmo $f_{a/c}$, quanto maior for o volume de agregado graúdo por metro cúbico de concreto no traço, menor

Fig. 2.12 Vistas do corpo de prova rompido aos 7 dias

Fig. 2.13 Vista do corpo de prova rompido aos 14 dias

Fig. 2.14 Vistas do corpo de prova rompido aos 21 dias

Fig. 2.15 Vistas do corpo de prova rompido aos 35 dias

será o f_{ctk}. Agregados britados derivados de rochas sãs apresentam maior resistência do que seixos rolados, por exemplo.

Quanto à forma dos agregados, procura-se evitar a presença de agregados achatados e esféricos, dando-se preferência aos de forma cúbica.

Há correlações que permitem determinar o valor do f_{ctk} em função do valor do f_{ck}, como as apresentadas a seguir.

Por Trichês (1994), tem-se:

$$f_{ctm,j} = 0{,}877 \cdot (f_{c28})^{0{,}50} - 1{,}279 \qquad (2.4)$$

Por Bucher e Rodrigues (1983), tem-se:

$$f_{ctk} = 1{,}30 \cdot f_{ctm,k} \qquad (2.5)$$

em que $f_{ctm,k} = 0{,}56 \cdot (f_{ck})^{0{,}60}$.

Por Packard (1976), tem-se:

$$f_{ctk} = 1{,}30 \cdot f_{ctm,k} \qquad (2.6)$$

em que $f_{ctm,k} = 0{,}76 \cdot (f_{ck})^{0{,}50}$.

Por Miner (1945), tem-se:

$$f_{ctm,k} = 0{,}30 \cdot (f_{ck})^{2/3} \qquad (2.7)$$

2.3.15 Coeficiente de variação térmica

É a variação na unidade de comprimento de uma peça dada pela variação na unidade de temperatura. Para o concreto armado, a NBR 6118 (ABNT, 2014) adota $\alpha = 1 \times 10^{-5}$ m/°C para temperaturas normais.

2.3.16 Fluência

Um material permanece em seu estado elástico quando a ele é aplicada uma carga solicitante por um determinado tempo, ele se deforma e, ao ser retirada a carga, a deformação (ε) desaparece. Daí que se tem a tensão admissível, que indica, para cada material, a tensão-limite para que ele permaneça no estado elástico.

Se a esse mesmo material é aplicada outra carga por um determinado tempo que gere uma deformação e, ao ser retirada essa carga, a deformação (ε) não desaparece, o material terá atingido seu estado plástico de deformação.

Sendo assim, a parcela de deformação plástica que depende da tensão é chamada de *deformação lenta do material*, e a parcela que depende do tempo do carregamento e da temperatura é chamada de *fluência*.

2.4 Corrosão em estrutura de concreto armado

É uma reação eletroquímica que ocorre entre a superfície do metal e o meio corrosivo. Várias são as vezes em que o profissional de Engenharia Civil se vê diante de um problema de corrosão de armadura nas estruturas de concreto armado. Devido à complexidade do processo, em muitas situações não é fácil nem rápido justificar o porquê de uma estrutura corroída, quando tantas outras, em tudo semelhantes e similares, não apresentam o mesmo problema.

A corrosão das armaduras de concreto ocorre em presença de água, íons e oxigênio. Além disso, uma série de outros fatores intrínsecos tem importante papel na velocidade da corrosão, como a espessura do cobrimento do concreto, a permeabilidade do concreto, sua resistividade elétrica e os tipos de componentes (cimento, areia e brita) utilizados na mistura. Também o ambiente onde a estrutura se encontra tem influência sobre o desenvolvimento desse fenômeno.

O aço encontra-se no interior do concreto, sob condições normais, no estado passivo, devido à proteção química (pH) ou física (cobrimento). Quando, por alguma razão, tem-se a redução do valor inicial do pH do concreto (aproximadamente 12,5) e/ou a penetração de agentes agressivos, ocorre a quebra do estado passivo, estável, em que se encontrava o aço, iniciando-se o processo corrosivo. Para que esse processo se desenvolva são necessárias três condições:

- *um eletrólito*: umidade presente no concreto contendo íons dissolvidos que pode conduzir corrente;
- *uma determinada diferença de potencial (d.d.p.)*: pode ser gerada a partir da heterogeneidade entre dois pontos da estrutura, por exemplo, diferentes níveis de oxigênio, umidade e concentração de substâncias dissolvidas, ou, ainda, regiões adjacentes onde atuam diferentes níveis de tensões no concreto e no aço;
- *presença de oxigênio*: está relacionada com a permeabilidade do concreto.

Além dessas três condições, é possível ter a presença de agentes agressivos, tais como dióxido de carbono (CO_2) e íons cloreto (Cl^-), que podem propiciar condições mais favoráveis para o desenvolvimento do processo corrosivo. A d.d.p. sobre superfícies da armadura permite a formação de células eletroquímicas por onde os elétrons fluem de um eletrodo (ânodo) para outro (cátodo) e retornam através do eletrólito, caracterizando a pilha eletroquímica. As principais reações de corrosão são as seguintes:

- Reação anódica (polo negativo):

$$Fe \rightarrow Fe^{+2} + 2e^-$$

- Reação catódica (polo positivo):

$$2H_2O + O_2 + 4e^- \rightarrow 4OH^-$$

- Reações de corrosão e formação dos possíveis óxidos:

$$Fe^{+2} + 2OH^- \rightarrow Fe(OH)_2$$
$$Fe^{+3} + 3OH^- \rightarrow Fe(OH)_3$$
$$4Fe_2O_3 + Fe^{+2} + 2e^- \rightarrow 3Fe_3O_4 \cdot H_2O$$

O íon hidroxila formado no cátodo (OH^-) migra através da água contida nos poros do concreto até encontrar um íon ferro proveniente do ânodo, formando o hidróxido de ferro, o qual se converte, com o tempo, em produto de corrosão. Como decorrência do processo de corrosão das armaduras, ocorre primeiramente a fissuração e em seguida o lascamento e a desagregação do cobrimento de concreto, já que os volumes ocupados pelos produtos da corrosão podem ser até oito vezes maiores que os volumes originais da armadura, gerando tensões de tração no concreto superiores a 150 kg/cm² (15 MPa). Além disso, a fissuração do concreto favorece a penetração dos agentes agressivos.

Na Fig. 2.16, vê-se o quadro evolutivo da corrosão em um pilar de concreto efêmero, com f_{ck} da ordem de 15 MPa a 18 MPa e $f_{a/c}$ elevado, maior do que 0,65. Ou seja, trata-se de um concreto altamente permeável, que possibilitou a entrada de elementos deletérios em seu corpo, atingindo a armadura. Com a corrosão já instalada, a armadura expandiu seu volume, criando uma tensão na superfície do concreto suficiente para rompê-lo, o que resultou em uma fissura e culminou com a desagregação de uma parte do elemento estrutural.

O fenômeno da corrosão é mais frequente do que qualquer outro de degradação das estruturas de concreto armado, comprometendo-as tanto do ponto de vista estético quanto do ponto de vista da segurança e dos altos custos de seus reparos ou recuperações. Esse fenômeno é um problema de âmbito mundial e, para amenizá-lo, os profissionais da área devem atentar para o controle de qualidade da obra, bem como para a fiscalização por profissionais competentes, por também ser fundamental para que se atinja o alto desempenho requerido.

2.4.1 Fatores da corrosão no concreto armado

Os principais "vilões" das armaduras são a presença de íons cloreto, a carbonatação e a atmosfera ácida. Alguns fatores que contribuem para o aumento de sua presença e penetração são o cobrimento de concreto de proteção das armaduras incompatível com o meio, o uso de um $f_{a/c}$ elevado a ponto de deixar o concreto muito poroso e permeável, e a falta de um controle adequado de abertura de fissuras compatível com o projeto a que se destina a peça em função da agressividade do meio. Pode-se também mencionar o uso de aço com elevada taxa de corrosão já instalada e o adensamento e a cura malfeitos na obra, entre outros.

2.4.2 Inibidores da corrosão no concreto armado

Entre os inibidores da corrosão, é possível citar a adoção de baixo $f_{a/c}$ e de dosagem adequada, o adensamento e a cura aplicados com rigor, respeitando ainda, na fase de cura (que deve ser iniciada imediatamente após o fim da pega), o método e o tempo mínimo de aplicação, e o uso de tipo e quantidade de cimento compatíveis com a agressividade do meio e com o projeto.

Pode-se mencionar também como inibidores da corrosão a limitação da abertura nominal de fissuras, o detalhamento das armaduras no cálculo estrutural e o uso de cobrimento de concreto adequado, procurando-se adotar sempre um mínimo de 3 cm e um máximo de 5 cm (acima de 5 cm não se deve deixar o concreto sem armaduras, de modo a evitar anomalias como fissuras e trincas).

Além disso, sempre que houver a inserção de elementos metálicos na superfície do concreto, por instalação de equipamentos e cabos de outras disciplinas, como elétrica e sistemas de ar condicionado, com o uso de parafusos e chumbadores, deve-se procurar aplicar algum produto químico protetor no entorno da região de contato do aço com o concreto (por exemplo, Sikagard 62, Sikadur 32 ou equivalente), do contrário este servirá de canal de comunicação com a corrosão do meio para dentro do concreto (Fig. 2.17).

Fig. 2.16 Evolução do processo de corrosão instalado em um pilar de concreto armado localizado a cerca de 200 m do mar: (A) fissura, (B) trinca, (C) lascamento e (D) desagregação

Fig. 2.17 Casos de elementos metálicos inseridos no concreto com derramamento de óxido de ferro

2.4.3 Principais mecanismos da perda de proteção

Fenômeno da lixiviação de hidróxido de cálcio

Explica-se pela dissolução e pelo transporte do hidróxido de cálcio existente na massa de cimento endurecido que foi liberado no estágio de hidratação, com sua deposição nos poros da superfície do concreto, formando estalactites (teto) e estalagmites (piso) e reduzindo o pH do concreto.

Fenômeno da carbonatação

A armadura normalmente se encontra protegida da corrosão devido à alta alcalinidade do concreto (pH ≥ 12,7). Isso favorece a formação de uma camada de óxido submicroscópico passivante (Fe_2O_3), compacta e aderente sobre a superfície da armadura. A penetração de gás carbônico e outros gases ácidos presentes na atmosfera (SO_2, SO_3, NO_3 etc.) promove a redução do pH da matriz do concreto, sendo esse processo conhecido como carbonatação e dado conforme a seguinte reação (para CO_2):

$$Ca(OH)_2 + CO_2 \rightarrow CaCO_3 + H_2O$$

Quando essa frente de carbonatação atinge as armaduras com valor de pH inferior a 9,4, ocorre a destruição da película que envolve o aço e, em condições favoráveis (em ambientes como garagens, túneis e indústrias), inicia-se a corrosão. As áreas de respingo são as mais afetadas.

Fenômeno da condutividade

O cobrimento do concreto apresenta boas condições de proteção à sua armadura (aço). Essa condição se enfraquece à medida que os agentes agressivos atacam o concreto, reduzindo seu pH, destruindo a película passivante das armaduras – é quando se inicia a corrosão – através do fenômeno da carbonatação por dióxido de carbono (CO_2) e aumentando sua condutividade por meio de ataques de íons cloreto (Cl^-). Assim, o fluxo de corrente elétrica que se estabelece no concreto se caracteriza pelo comportamento da condutividade do eletrólito, em que este terá maior facilidade de circulação quanto menos resistente for o concreto, resultando em uma corrosão de maior magnitude. Outros elementos que aumentam a condutividade por serem despolarizantes são os íons sulfeto (S^{2-}), os óxidos de enxofre (SO_2 e SO_3), o gás sulfídrico (H_2S), o cátion amônio (NH_4^+), os nitritos (NO_2^-) e os nitratos (NO_3^-), entre outros.

Ação de cloretos

A ação do íon cloreto é bastante crítica, pois ocorre mais rapidamente e é mais severa do que a carbonatação. Esses íons rompem a película protetora de óxido de ferro, mesmo na presença de proteção alcalina do concreto, e provocam uma corrosão nas barras de aço (por pites) caracterizada por profundas cavidades localizadas. Esses íons atuam como verdadeiros catalisadores, podendo, em pequenas quantidades, gerar corrosão em grande escala. Os íons cloreto chegam ao concreto por diferentes meios, tais como os listados a seguir:

- impureza indesejada presente nos agregados (areia e brita) e na água de amassamento;
- atmosfera marinha (maresia);
- uso de aceleradores de pega;
- presença de água do mar;
- uso de sais de gelo (para o degelo da neve);
- processos industriais.

Do total de cloretos existentes originalmente na massa de concreto ou provenientes do meio externo, uma parte reage quimicamente com a matriz de cimento, em especial com aluminato tricálcico (C_3A), enquanto outra parte permanece como íon livre, o qual é responsável pelo ataque às armaduras. Quando os íons livres entram em contato com as armaduras, provocam uma brusca redução do pH do meio, que anteriormente variava de 12,5 a 13,5, passando para valores de até 5, levando a uma ruptura, normalmente pontual, da camada passivadora e dando origem à corrosão por pite.

Outros mecanismos

Pode-se citar a presença de ácidos, bactérias e água do mar, a porosidade e a permeabilidade elevadas em razão principalmente do uso de alto valor de $f_{a/c}$, e a ocorrência de fissuras, trincas, lascamentos e desagregações na peça.

Menciona-se também a agressividade da salinidade em armaduras de concreto armado, cuja reação química é dada por:

$$Fe_2O_3 \text{ (aço passivado)} + 6NaCl \text{ (sal)} + 3H_2O \text{ (água)} \rightarrow$$
$$2FeCl_3 \text{ (cloreto férrico)} + 6NaOH \text{ (base)}$$

Outro mecanismo é a autocatálise do cloreto de ferro, que ocorre quando o ferro age como catalisador da própria reação eletroquímica. Sua reação química é a seguinte:

$$FeCl_3 \text{ (sal)} + 3H_2O \text{ (água)} \rightarrow Fe(OH)_3 \text{ (ferrugem)}$$
$$+ 3HCl \text{ (ácido)}$$
$$2Fe \text{ (aço)} + 6HCl \text{ (ácido)} \rightarrow FeCl_2 \text{ (sal)}$$
$$+ FeCl_4 3H_2 \text{ (fragilização)}$$

2.4.4 Características do concreto armado em face da corrosão

pH

Significa potencial hidrogeniônico e serve para indicar a acidez, a neutralidade ou a alcalinidade de uma solução aquosa. O pH de uma solução é definido por:

$$pH = -\log_{10}(1/H^+)$$

em que:
H^+ é a concentração de hidrogênio em íons-grama por litro de solução.

Tab. 2.9 Natureza do pH

pH	Natureza
< 7	Ácido
7	Neutro
> 7	Base

Sua natureza é especificada na Tab. 2.9. Quanto à sua determinação, é possível realizá-la indiretamente pela adição de um indicador de pH na solução em análise, com a cor do indicador variando conforme o pH da solução. Indicadores comuns são a fenolftaleína, o alaranjado de metila e o azul de bromofenol.

Para determinar, por exemplo, o pH de uma solução tal em que $H^+ = 1 \times 10^{-8}$, faz-se:

$$pH = \log_{10}(1/H^+) = \log_{10}(1/(1 \times 10^{-8}))$$
$$= \log_{10}(10^8) = 8 \cdot \log_{10}(10) = 8 \times 1 \rightarrow pH = 8$$

Assim, a solução apresenta pH = 8 e é, portanto, uma base.

Fator água/cimento ($f_{a/c}$)

Esse fator está intimamente ligado à quantidade e ao tamanho dos poros do concreto endurecido e às propriedades mecânicas finais do material. Quanto maior for o $f_{a/c}$, mais elevadas serão a porosidade e a permeabilidade de um corpo de concreto e, quanto maior for a porosidade, maior será a facilidade de as espécies agressivas se difundirem através do concreto, reduzindo, assim, sua vida útil.

Condições de cura

Quanto maior for o tempo de processo de cura, mais elevado será o grau de hidratação do cimento, menores serão a porosidade e a permeabilidade depois de endurecido e, consequentemente, menor será a carbonatação.

Fissuras

As aberturas inerentes ao concreto armado constituem um caminho rápido de penetração dos agentes agressivos até a armadura (quanto maior a fissura, maior a quantidade de O_2 que entra e, consequentemente, maior a corrosão). Segundo o item 4.2.2 da NBR 6118 (ABNT, 2014), referente a estados de fissuração inaceitáveis, as estruturas devem ser dimensionadas para não gerar aberturas de fissuras na superfície do concreto superiores a:

- 0,1 mm para peças não protegidas, em meio agressivo;
- 0,2 mm para peças não protegidas, em meio não agressivo;
- 0,3 mm para peças protegidas.

A norma não esclarece precisamente o que são peças protegidas. Dependendo da dimensão da abertura e da quantidade de íon OH^- e de água no interior da fissura, o processo de carbonatação pode ser responsável pelo fenômeno de autocicatrização da fissura.

Resistividade

O concreto úmido e pouco poroso comporta-se como um semicondutor com resistividade da ordem de $10^2\ \Omega \cdot m$. Pode-se concluir que a corrente elétrica no concreto se movimenta através de um processo eletrolítico, ou seja, quanto maior a atividade iônica do eletrólito, menor a resistividade. A qualidade, ou melhor, a porosidade e a permeabilidade do concreto são fatores de grande influência na alteração de sua resistividade. Concretos de baixa permeabilidade apresentam alta resistividade.

Umidade do ambiente

A umidade do ambiente exerce influência sobre a qualidade da água contida nos poros do concreto e esta, por sua vez, condiciona a velocidade de difusão das espécies agressivas.

2.4.5 Métodos de controle de corrosão

Inibidores químicos

São substâncias químicas que atuam sobre a superfície metálica, dificultando a reação anódica (inibidores anódicos), a reação catódica (inibidores catódicos) ou ambas de uma só vez (inibidores mistos). Seu efeito baseia-se na ruptura da continuidade do circuito eletroquímico formado pela célula de corrosão. São numerosos os produtos químicos que têm propriedades inibidoras, entre os quais se pode citar: nitrito de sódio, cromato de potássio, benzoatos de sódio e fosfatos (inibidores anódicos), sulfitos (inibidores catódicos) e polifosfatos (inibidores mistos).

Proteção catódica

Ainda que a proteção catódica seja um método viável de proteger o aço no concreto armado em construções novas, a maioria das instalações feitas até hoje foi para interromper a corrosão em estruturas já existentes.

2.4.6 Métodos para detectar e medir a corrosão da armadura in loco

Exame visual da superfície do concreto

Usualmente, o aparecimento de um defeito detectado visualmente é o fator que alerta quando há um problema na estrutura de concreto armado. Há uma série de defeitos visíveis que podem fornecer uma orientação sobre a ocorrência da corrosão e mesmo o grau de corrosão com que se encontra a armadura. Entre eles, os principais são manchas de ferrugem, lascamento do cobrimento, fissuração, desagregação do concreto e lixiviação da pasta de cimento. Contudo, o aparecimento de um ou mais desses sintomas deve ser criteriosamente observado e analisado, visto que outros fatores podem mascarar a realidade da situação. Por exemplo, manchas de ferrugem podem ser causadas por agregados próximos à superfície com metais ferrosos em sua constituição.

Espessura de cobrimento da armadura

A avaliação da espessura do cobrimento é muito importante por si só e tem grande significado quando da avaliação do teor de cloreto e da profundidade de carbonatação do concreto. Quando analisada em conjunto com outros aspectos, como o tipo de exposição e a permeabilidade do concreto, essa espessura é um dos mais importantes fatores para o prognóstico da corrosão. Raramente a espessura do cobrimento moldado in loco é uniforme, o que pode levar à formação de célula de corrosão diferencial, principalmente se o cobrimento não atende aos limites mínimos especificados. O procedimento para a determinação do cobrimento é simples e utiliza um aparelho que trabalha com ondas magnéticas denominado pacômetro, bastante empregado para descobrir o diâmetro da barra existente diretamente sob o aparelho. A espessura do cobrimento deve seguir os valores mínimos previstos na NBR 6118 (ABNT, 2014).

Deve-se procurar adotar um cobrimento mínimo sempre de 30 mm a 40 mm, independentemente da situação, para estruturas de concreto armado de edificações, e um cobrimento de 40 mm a 50 mm para pavimentos rígidos de concreto armado.

As Tabs. 2.10 e 2.11 apresentam respectivamente as classes de agressividade ambiental e sua correspondência com o cobrimento nominal.

Semicélula de medida potencial

Esse método mede o potencial do eletrodo de barras de aço no concreto através de sua comparação com o potencial de um eletrodo de referência, já conhecido (semicélula). Sabe-se que o potencial de eletrodo de uma barra de aço no concreto é um indicador da atividade de corrosão, mostrando se uma reação eletroquímica no eletrodo é possível ou não. Contudo, ele não dá nenhuma indicação da intensidade com a qual a corrosão está ou não ocorrendo. O eletrodo mais comum usado para medidas em concreto armado é o de cobre/sulfato de cobre, embora estejam disponíveis e em teste outros tipos de eletrodo. Os valores de potencial de eletrodo da armadura (E) são relacionados com a probabilidade de corrosão, como mostra a Tab. 2.12.

Tab. 2.10 Classes de agressividade ambiental

Classe de agressividade ambiental	Agressividade	Classificação geral do tipo de ambiente para efeito de projeto	Risco de deterioração da estrutura
I	Fraca	Rural	Insignificante
I	Fraca	Submerso	Insignificante
II	Moderada	Urbano	Pequeno
III	Forte	Marinho	Grande
III	Forte	Industrial	Grande
IV	Muito forte	Industrial	Elevado
IV	Muito forte	Respingos de maré	Elevado

Tab. 2.11 Correspondência entre a classe de agressividade ambiental e o cobrimento nominal

Tipo de estrutura	Componente ou elemento	Classe de agressividade ambiental			
		I	II	III	IV
		Cobrimento nominal (mm)			
Concreto armado	Laje	20	25	35	45
Concreto armado	Viga/pilar	25	30	40	50
Concreto protendido		30	35	45	55

Tab. 2.12 Faixas de potencial e probabilidade de corrosão

E (mV)	Probabilidade de corrosão
$E > -200$	< 5%
$-200 > E > -350$	≅50%
$-350 > E$	> 95%

Fonte: ASTM International (2015).

Medida de profundidade de carbonatação

A medição da camada carbonatada é normalmente efetuada usando-se uma solução de fenolftaleína, que, quando espargida sobre o concreto em uma parte da estrutura proveniente lascada, é incolor para valores de pH maiores que 10 e torna-se violeta para valores de pH abaixo de 10. Ou seja, nas regiões onde não houve redução de pH, não se altera a cor, mas nas regiões carbonatadas a cor fica violeta. Um método mais preciso para a determinação da profundidade de carbonatação é o exame microscópico de fragmentos de concreto a fim de detectar a presença de carbonato de cálcio. Os resultados da profundidade de carbonatação são então analisados juntamente com a espessura do cobrimento da armadura, de modo a avaliar o grau de despassivação e a probabilidade de corrosão.

Determinação do teor de cloretos

Conforme já citado antes, a presença de cloretos no concreto pode despassivar a armadura de aço, dando início a um processo de corrosão, mesmo que exista elevada alcalinidade no local. Não existe consenso por parte dos pesquisadores quanto à porcentagem de cloretos a partir da qual há o risco de início do processo de corrosão, e os valores-limites variam para cada norma. Por exemplo, para a NBR 6118 (ABNT, 2014), o teor de cloreto permitido é de 500 mg/L de água de amassamento.

2.4.7 Técnicas de reparo

Preparo e limpeza do substrato

Os trabalhos de limpeza e preparação do substrato são de fundamental importância para a boa performance e durabilidade do reparo, sendo que alguns autores os consideram responsáveis por 50% ou mais do sucesso da recuperação. Os procedimentos de preparo do substrato têm como objetivo a remoção de contaminações, materiais de baixa resistência ou mal aderidos, restos de pinturas e, enfim, todo e qualquer material que venha a se interpor entre o substrato e o material de reparo, visando à obtenção de uma superfície rugosa, coesa e limpa, para propiciar condições ideais de aderência. A seguir são descritos os procedimentos de preparo e limpeza dos substratos mais comumente utilizados:

- *Remoção de óleos e graxas*: essas contaminações são geralmente encontradas nos reparos em piso de concreto. Se forem superficiais, uma lavagem com um desengraxante específico para uso em concreto, seguida por uma lavagem com sabão neutro e água limpa em abundância, pode resolver o problema. Para contaminações em profundidades superiores a 3 mm, é necessário o desbaste manual ou mecânico da camada de concreto impregnada.
- *Delimitação da região de reparo*: o contorno das regiões a serem separadas deve ser delimitado mediante o corte com equipamentos dotados de disco diamantado ou disco de corte acoplado a uma lixadeira elétrica (com protetor). O intuito é que, no perímetro da área em recuperação, o contorno seja bem definido e regular, possibilitando a aplicação de uma espessura adequada do material de reparo. A profundidade do corte depende das características geométricas do reparo e do material a ser empregado.
- *Escarificação manual ou mecânica*: objetiva a remoção de todo o concreto deteriorado, mal compactado ou solto, até atingir o concreto são, obtendo-se uma superfície rugosa e coesa. A escarificação manual é um procedimento mais adequado para pequenas áreas e locais de difícil acesso de equipamentos maiores, enquanto a escarificação mecânica é mais adequada para o preparo de grandes áreas, por permitir elevada profundidade.
- *Jateamento de areia*: atualmente proibido em todo o País, era o principal método de limpeza de superfícies de concreto e de barras de aço. Objetivava remover das superfícies de concreto partículas soltas e todo o material que pudesse vir a prejudicar a aderência do produto às barras de aço. Permitia ainda a remoção de carepa de corrosão até nos pontos de difícil acesso da armadura, através do ricochete dos grãos de areia no concreto.
- *Jateamento de ar comprimido*: método utilizado para a remoção de pó após a escarificação manual ou mecânica, sendo ainda adequado para a limpeza de fissuras passivas, antes da operação de injeção. No caso de cavidades, a limpeza deve ser feita do interior para o exterior e, uma vez limpas, elas devem ser vedadas para a continuação do processo nas superfícies remanescentes. Esse procedimento evita a deposição do pó no interior dessas cavidades.
- *Hidrojateamento*: o jateamento de água sob pressão é utilizado para a remoção de partículas soltas e mal aderidas do concreto. É um procedimento de limpeza bastante adequado quando a ponte de aderência exige substrato úmido – por exemplo, acrílico SBR (borracha estireno-butadieno).

Metodologia de reparo e proteção

Inicialmente deve ser estudada a necessidade de escoramento e transferência de carga. Atenção especial também deve ser dada à segurança dos operários e do acesso às regiões de trabalho. Dependendo da extensão do problema, uma metodologia de reparo adequada pode compreender as seguintes etapas:

1. Delimitação, com disco de corte, do contorno da região a ser submetida a reparo.

2. Remoção de todo o concreto deteriorado na região limitada, até que seja atingido o concreto são. O concreto existente em torno das barras de aço envolvidas, na região de reparo, deve ser removido, de forma que seja mantido um espaço livre ao redor das armaduras de no mínimo 20 mm.
3. Limpeza das barras de aço e das superfícies de concreto, na região de reparo, por meio de escovas de cerdas de aço acopladas a lixadeiras elétricas ou pneumáticas ou por meio de outros equipamentos.
4. Caso a origem do problema tenha sido a corrosão das armaduras, deve-se promover a aplicação de primer de epóxi rico em zinco sobre a superfície das armaduras, para a proteção catódica galvânica localizada.
5. Saturação da superfície com água limpa e remoção de empoçamentos momentos antes da aplicação da ponte de aderência, se o adesivo exigir substrato úmido (por exemplo, acrílico SBR). Para ponte de aderência à base de epóxi, o substrato deve estar absolutamente limpo e seco, dispensando, portanto, a saturação.
6. Aplicação de ponte de aderência constituída por adesivo à base de acrílico sobre substrato úmido ou de adesivo à base de epóxi sobre substrato seco.
7. Recomposição da seção geométrica da peça em recuperação com argamassa polimérica tixotrópica não retrátil à base de cimento, epóxi ou poliéster, graute, microconcreto fluido, concreto comum ou concreto projetado. A definição do material mais adequado dependerá das características geométricas do reparo e das condições de acesso.
8. Cura do material de reparo (se o material contiver cimento).
9. Proteção da estrutura de concreto mediante a utilização de sistema de pintura de proteção ou revestimentos adequados, para resistir à agressividade química do meio ao qual a estrutura está submetida.

2.4.8 Cálculo do traço do concreto para uma determinada resistência

▸ Exemplo 1

Seja o caso de um projeto em que se pede uma resistência característica do concreto à compressão (f_{ck}) de, por exemplo, 30 MPa. Com base nesse dado, é necessário definir um traço para executá-lo na obra.

Em primeiro lugar, precisa-se calcular o valor do desvio padrão (S_d), que é determinado experimentalmente de acordo com a NBR 12655 (ABNT, 2015c), cujas diretrizes são as seguintes:

- *Condição A*: utiliza S_d = 4, cimento e agregados medidos em massa, e água medida em volume com dispositivo dosador e corrigida em função da umidade dos agregados. Aplicável para concretos C10 (10 MPa) a C80 (80 MPa).
- *Condição B*: utiliza S_d = 5,5, cimento medido em massa, agregados medidos em volume, e água medida em volume com dispositivo dosador em função da umidade dos agregados. Aplicável para concretos C10 (10 MPa) a C20 (20 MPa).
- *Condição C*: utiliza S_d = 7, cimento medido em massa, agregados medidos em volume, e água medida em volume, sendo corrigida pela estimativa da umidade dos agregados. Aplicável para concretos C10 (10 MPa) a C15 (15 MPa). Nessa condição se exige um consumo mínimo de 350 kg/m³ de cimento.

Por exemplo, ao definir o desvio padrão (S_d) de 4, deve-se garantir na obra que o concreto será executado conforme as características determinadas para a condição A e que o f_{ck} se encontrará enquadrado no intervalo de 10 MPa a 80 MPa, de classes C10 a C80, respectivamente.

Outro exemplo é o cálculo de f_{c28} para f_{ck} = 20 MPa e o tipo de condição B, com S_d = 5,5, em que se tem:

$$f_{c28} = f_{ck} + 1{,}65 \cdot S_d = 20 \text{ MPa} + 1{,}65 \times 5{,}5$$
$$\Rightarrow f_{c28} = 29{,}1 \text{ MPa}$$

Pois bem, voltando ao exemplo 1, já se dispõe de f_{ck} = 30 MPa, definido pelo calculista em projeto, e de S_d = 4. Com esses dados, é possível calcular o f_{cj} para 28 dias, que será de:

$$f_{c28} = f_{ck} + 1{,}65 \cdot S_d \Rightarrow f_{c28} = 30 \text{ MPa} + (1{,}65 \times 4)$$
$$= 36{,}60 \text{ MPa}$$

Sempre se deve ter $f_{c28} \geq f_{ck}$, nunca menor. Caso contrário, é necessário retardar a retirada do escoramento, fazer ensaios complementares, restringir o uso ou, em último caso, destruir a peça (caso de rejeição).

Pronto, foi definido o valor do f_{cj} que se deve atingir na obra. Agora é preciso entrar na Tab. 2.13 e ligar o valor da resistência do cimento (25 MPa, 32 MPa ou 40 MPa) a um valor de f_{cj} tabelado igual ou superior ao encontrado no cálculo anterior, que foi de 36,60 MPa.

No caso em questão, determina-se o cimento como igual a 32 MPa e liga-se esse valor a 37,70 MPa, que é o primeiro valor dessa coluna igual ou superior ao f_{cj} = 36,60 MPa definido. Estende-se então a seta para a esquerda para encontrar o valor de $f_{a/c}$, que nesse caso é de 0,45.

Tab. 2.13 Valor do $f_{a/c}$ em função da classe de cimento e do f_{c28}

$f_{a/c}$	Classe de cimento		
	25	32	40
0,35	38,5	48,2	60,3
0,40	34,1	42,6	53,3
0,45	30,1	37,7	47,1
0,50	26,6	33,3	41,8
0,55	23,5	29,4	36,8
0,60	20,8	26,0	32,5
0,65	18,4	23,0	28,7
0,70	16,2	20,3	25,4
0,75	14,4	18,0	22,4
0,80	12,7	15,9	19,8
0,85	11,2	14,0	17,5
0,90	9,9	12,4	15,5

Outro exemplo de uso da Tab. 2.13 é verificar se o calculista pode estabelecer uma resistência de 18 MPa com $f_{a/c} < 0{,}45$. A resposta é não, pois, com base nessa tabela, a resistência $f_{c28} = 18$ MPa corresponde ao $f_{a/c} = 0{,}75$ para cimento de 32 MPa, ao $f_{a/c} \cong 0{,}65$ para cimento de 25 MPa e ao $f_{a/c} \cong 0{,}80$ para cimento de 40 MPa. Mas, voltando ao exemplo 1, já se têm $f_{ck} = 30$ MPa, $S_d = 4$, classe de cimento 32 MPa e $f_{a/c} = 0{,}45$. Falta ainda determinar o abatimento (*slump*) e o diâmetro da brita para, em seguida, encontrar o volume de água da mistura.

O diâmetro da brita deve ser definido no projeto ou no memorial descritivo, uma vez que depende do espaçamento entre ferragens etc., para o concreto não vir a ser coado na obra. Por exemplo, quando se têm casos de ferragens em excesso numa peça, ao despejar o concreto, a brita tende a ficar retida nas ferragens e a pasta de cimento tende a seguir para o fundo da peça, ocorrendo o processo de coagem do concreto, ou seja, a separação do material grosso e do material fino, que acaba repercutindo negativamente na resistência final da peça.

Pois bem, digamos que foi estabelecido para a obra um *slump* de 80 mm e que o calculista definiu brita com diâmetro de 19 mm no projeto. Deve-se entrar na Tab. 2.14 com esses valores de *slump* e diâmetro de brita e ligá-los entre si para obter o volume de água da mistura, que nesse caso é igual a 199 L. Assim, essa quantidade de água é função do abatimento pretendido e do tamanho máximo, da forma e da estrutura superficial das partículas do agregado.

Como já havia sido encontrado o $f_{a/c} = 0{,}45$, iguala-se esse $f_{a/c}$ ao volume de água definido para estabelecer a massa de cimento.

$f_{a/c}$ = volume de água/massa de cimento $\Rightarrow 0{,}45$
= 199 L/massa de cimento $\Rightarrow$ massa de cimento
= 442,22 kg $\cong$ 440 kg

Até aqui já foram determinados os seguintes elementos: f_{ck}, S_d, f_{c28}, classe de cimento, $f_{a/c}$, diâmetro máximo de brita, *slump*, volume de água e massa de cimento.

Agora, resta calcular o traço propriamente dito, encontrando os quantitativos de materiais por metro cúbico de concreto e por saco de cimento de 50 kg. Na seção 1.4.3 (subseção "Massas específicas aparente e real") podem ser encontrados os valores de massas específicas apa-

Tab. 2.14 Volume de água (em L) em função do abatimento do concreto e do diâmetro da brita

Abatimento (mm)	$D_{máximo}$ da brita (mm)			
	9,5	19	25	38
10	183	162	154	143
20	196	173	165	153
30	204	180	172	159
40	210	186	177	164
50	215	190	181	167
60	219	193	184	171
80	225	199	189	176
100	230	203	194	180
120	235	207	197	183
150	240	212	202	187
180	244	216	205	190
220	249	220	209	194

rentes, para o cálculo por metro cúbico de concreto, e massas específicas reais, para o cálculo por saco de cimento de 50 kg.

a) Cálculo das massas e dos volumes de agregados graúdos e miúdos, cimento e água por metro cúbico de concreto

i. Agregado graúdo

A densidade da brita equivale em média a $d_{R\ brita}$ = 2.400 kg/m³.

Em função do tipo de aplicação, têm-se os seguintes coeficientes:

- 0,42 a 0,45 para concretos correntes;
- 0,40 a 0,42 para concretos aparentes, bombeados;
- 0,36 a 0,40 para concretos com superplastificantes.

No caso em questão, será utilizado concreto corrente, cujo coeficiente é de 0,45, tendo-se:

$$0,45 \times (2.400 \text{ kg/m}^3) = 1.080 \text{ kg}$$
$$d_{R\ brita\ \#19} = \text{massa/volume} \Rightarrow (2,62 \text{ kg/L})$$
$$= (1.080 \text{ kg})/\text{volume} \Rightarrow \text{volume} = 412,21 \text{ L}$$

ii. Cimento

A densidade do cimento equivale a $d_{R\ cimento}$ = 3.150 kg/m³.

$$d_{R\ cimento} = \text{massa/volume} \Rightarrow (3,15 \text{ kg/L})$$
$$= 440 \text{ kg/volume} \Rightarrow \text{volume} = 139,68 \text{ L}$$

iii. Areia

A densidade da areia equivale a $d_{R\ areia}$ = 2.640 kg/m³.

O volume da areia é obtido subtraindo-se 1.000 L da massa total de todos os outros componentes, como se segue:

$$\sum \text{volume dos demais componentes}$$
$$= \text{volume de agregado graúdo} + \text{volume de cimento}$$
$$+ \text{volume de água} + \text{volume de ar}$$
$$= 412,21 \text{ L} + 139,68 \text{ L} + 199 \text{ L} + 10 \text{ L} = 760,89 \text{ L}$$
$$\text{volume}_{areia} = 1.000 \text{ L} - \sum \text{volume dos demais}$$
$$\text{componentes} = 1.000 \text{ L} - 760,89 \text{ L} = 239,11 \text{ L}$$
$$d_{R\ areia} = \text{massa/volume} \Rightarrow (2,64 \text{ kg/L}) = \text{massa}/239,11 \text{ L}$$
$$\Rightarrow \text{massa} = 631,25 \text{ kg}$$

iv. Resumo total

Para cada metro cúbico de concreto, precisa-se utilizar as quantidades de materiais listadas na Tab. 2.15.

O traço de cimento:areia:brita fica definido como 1:1,44:2,46.

Tab. 2.15 Relação final de quantidades de materiais por metro cúbico de concreto

	Massa (kg)	Volume (L)	Dividindo todas as massas pela massa de cimento, têm-se:
Cimento	440	139,68	440 kg/440 kg = 1,00
Agregado miúdo	631,25	239,11	631,25 kg/440 kg = 1,44
Agregado graúdo	1.080	412,21	1.080 kg/440 kg = 2,46
Água	199	199	-
Ar	-	10	-

b) Cálculo das massas e dos volumes de agregados graúdos e miúdos, cimento e água por saco de cimento de 50 kg

Com base nos resultados obtidos na seção anterior, as massas dos elementos correspondentes a um saco de cimento de 50 kg podem ser encontradas por regra de três.

i. Agregado miúdo

$$440 \text{ kg} \underline{\quad\quad} 631,25 \text{ kg}$$
$$50 \text{ kg} \underline{\quad\quad} x \Rightarrow x = 71,73 \text{ kg}$$
$$d_{A\ areia} = \text{massa/volume} \Rightarrow (1,55 \text{ kg/L})$$
$$= 71,73 \text{ kg/volume} \Rightarrow \text{volume} = 46,28 \text{ L}$$

ii. Agregado graúdo

$$440 \text{ kg} \underline{\quad\quad} 1.080 \text{ kg}$$
$$50 \text{ kg} \underline{\quad\quad} x \Rightarrow x = 122,73 \text{ kg}$$
$$d_{A\ brita} = \text{massa/volume} \Rightarrow (1,48 \text{ kg/L})$$
$$= 122,73 \text{ kg/volume} \Rightarrow \text{volume} = 82,93 \text{ L}$$

iii. Água

$$440 \text{ kg} \underline{\quad\quad} 199 \text{ kg}$$
$$50 \text{ kg} \underline{\quad\quad} x \Rightarrow x = 22,61 \text{ kg} = 22,61 \text{ L}$$

iv. Resumo total

Para cada saco de cimento de 50 kg, precisa-se utilizar as quantidades de materiais listadas na Tab. 2.16.

Tab. 2.16 Relação final de quantidades de materiais por saco de cimento de 50 kg

	Massa (kg)	Volume (L)
Cimento	50	-
Agregado miúdo	71,73	46,28
Agregado graúdo	122,73	82,93
Água	-	22,61

▸ Exemplo 2

Em outro exemplo prático, considere-se que um engenheiro de campo se depara com um projeto que requisita um concreto com f_{ck} = 25 MPa e que seja constituído de cimento do tipo CP II Z-32, com diâmetro do agregado graúdo de 19 mm (brita 1).

O engenheiro de campo determina a utilização de um *slump* de 8±1 para essa aplicação e da condição A, com desvio padrão S_d = 4,00, pelo fato de a obra ser limpa e organizada, dispor de medidor de água e atender aos demais requisitos para esse valor de desvio padrão.

Portanto, é necessário dimensionar os quantitativos de materiais por saco de cimento de 50 kg para obter o f_{ck} requerido. Para esse fim, deve-se seguir o mesmo passo a passo apresentado no exemplo anterior.

Os valores-chaves são os seguintes:
- f_{c28} = 31,60 MPa;
- $f_{a/c}$ = 0,50;
- massa de cimento = 398 kg por metro cúbico de concreto;
- massa de agregado miúdo = 666,44 kg por metro cúbico de concreto;
- massa de agregado graúdo = 1.080 kg por metro cúbico de concreto;
- volume de água = 199 L por metro cúbico de concreto;
- volume de ar = 10 L.

Traço = 1 (cimento):1,67 (areia):2,71 (brita)

Para cada saco de cimento de 50 kg, precisa-se utilizar as quantidades de materiais listadas na Tab. 2.17.

Tab. 2.17 Relação final de quantidades de materiais por saco de cimento de 50 kg

	Massa (kg)	Volume (L)
Cimento	50	-
Agregado miúdo	83,72	54,01
Agregado graúdo	135,68	91,68
Água	-	25,00

Pelos resultados obtidos para o concreto com f_{ck} = 25 MPa, observa-se que o $f_{a/c}$ tende a aumentar e a massa de cimento, por conseguinte, tende a diminuir por metro cúbico de concreto. Assim, sempre que lhe for requisitado um traço, você deve tomar como referência o valor do $f_{a/c}$ obtido em seus cálculos, para ter uma melhor noção em função do f_{c28} a ser atingido.

Na sequência serão apresentados outros exemplos similares, mas com valores de f_{ck} diferentes, a título de exercício. Pratique para desenvolver a confiança dentro de si e para ter noção das ordens de grandeza em seus trabalhos.

▸ Exemplo 3

O exemplo 2 será refeito para f_{ck} = 20 MPa. Os valores-chaves são os seguintes:
- f_{c28} = 26,60 MPa;
- $f_{a/c}$ = 0,55;
- massa de cimento = 361,82 kg por metro cúbico de concreto;
- massa de agregado miúdo = 696,78 kg por metro cúbico de concreto;
- massa de agregado graúdo = 1.080 kg por metro cúbico de concreto;
- volume de água = 199 L por metro cúbico de concreto;
- volume de ar = 10 L.

Traço = 1 (cimento):1,93 (areia):2,99 (brita)

Para cada saco de cimento de 50 kg, precisa-se utilizar as quantidades de materiais listadas na Tab. 2.18.

Tab. 2.18 Relação final de quantidades de materiais por saco de cimento de 50 kg

	Massa (kg)	Volume (L)
Cimento	50	-
Agregado miúdo	96,29	62,12
Agregado graúdo	149,25	100,85
Água	-	27,50

▸ Exemplo 4

O exemplo 2 será refeito para f_{ck} = 15 MPa. Os valores-chaves são os seguintes:
- f_{c28} = 21,60 MPa;
- $f_{a/c}$ = 0,65;
- massa de cimento = 306,15 kg por metro cúbico de concreto;
- massa de agregado miúdo = 743,42 kg por metro cúbico de concreto;
- massa de agregado graúdo = 1.080 kg por metro cúbico de concreto;
- volume de água = 199 L por metro cúbico de concreto;
- volume de ar = 10 L.

Traço = 1 (cimento):2,43 (areia):3,53 (brita)

Para cada saco de cimento de 50 kg, precisa-se utilizar as quantidades de materiais listadas na Tab. 2.19.

Tab. 2.19 Relação final de quantidades de materiais por saco de cimento de 50 kg

	Massa (kg)	Volume (L)
Cimento	50	-
Agregado miúdo	121,41	78,33
Agregado graúdo	176,38	119,18
Água	-	32,50

▸ Exemplo 5

O exemplo 2 será refeito para f_{ck} = 10 MPa. Os valores-chaves são os seguintes:

- f_{c28} = 16,60 MPa;
- $f_{a/c}$ = 0,75;
- massa de cimento = 306,15 kg por metro cúbico de concreto;
- massa de agregado miúdo = 743,42 kg por metro cúbico de concreto;
- massa de agregado graúdo = 1.080 kg por metro cúbico de concreto;
- volume de água = 199 L por metro cúbico de concreto;
- volume de ar = 10 L.

Traço = 1 (cimento):2,93 (areia):4,07 (brita)

Para cada saco de cimento de 50 kg, precisa-se utilizar as quantidades de materiais listadas na Tab. 2.20.

Tab. 2.20 Relação final de quantidades de materiais por saco de cimento de 50 kg

	Massa (kg)	Volume (L)
Cimento	50	-
Agregado miúdo	146,54	94,54
Agregado graúdo	203,52	137,51
Água	-	37,50

Deve-se sempre ter em mente que, ao estabelecer a condição como A, B ou C, é preciso garantir na obra que o concreto será executado conforme as características definidas para a categoria adotada.

2.5 Tipos de concreto

É possível classificar o concreto em vários tipos, sendo cada um deles brevemente apresentado a seguir:

- *Concreto simples (ou concreto magro)*: é aquele que não usa nenhum outro material além do próprio concreto. Sua resistência à tração é aproximadamente de 10% a 15% da resistência à compressão.
- *Concreto ciclópico*: é aquele com grande quantidade de pedras de dimensões elevadas, sendo utilizado em peças volumosas, como tubulões e blocos de coroamento.
- *Concreto armado*: é constituído de barras de aço. Concreto e aço possuem quase o mesmo coeficiente de expansão térmica, sendo de 0,01 mm/m/°C para o concreto e 0,012 mm/m/°C para o aço.
- *Concreto corrente, comum ou convencional*: é empregado em peças comuns/usuais por métodos convencionais de preparo com equipamentos simples, como carrinho de mão, jericas e gruas. Sua resistência varia de 5 MPa a 40 MPa. Utiliza *slump* da ordem de 5 cm ± 1 cm.
- *Concreto bombeável*: é adotado em locais de difícil acesso, como lajes de edifícios altos. Recomenda-se bombear concreto constituído de 70% de brita #19 e 30% de brita #25 para dar maior compacidade, e nunca bombear brita #38. Utiliza *slump* da ordem de 14 cm ± 2 cm. Sua dosagem é apropriada para utilização em bombas de concreto, evitando segregação e perdas de material.
- *Concreto autoadensável*: é usado em peças em que não se pode utilizar vibrador, como estacas pré-escavadas, paredes diafragma e peças delgadas e densamente armadas. Suas vantagens são maior durabilidade e fácil aplicação, dispensando a utilização total ou parcial de vibradores. Emprega *slump* da ordem de 15 cm ± 2 cm.
- *Concreto protendido*: é aquele no qual, pela tração de cabos de aço, são introduzidas pré-tensões de tal grandeza e distribuição que as tensões de tração resultantes do carregamento são neutralizadas a um nível ou grau desejado. Tem como maior vantagem a possibilidade de vencer vãos maiores com peças delgadas.
- *Concreto projetado*: é aquele transportado pneumaticamente através de mangueiras e projetado sobre a superfície a uma alta velocidade. É geralmente utilizado para reforço estrutural e construção de túneis.
- *Concreto polímero*: usa resina para aumentar a vida útil.
- *Concreto impermeável*: trata-se de um concreto normalmente com $f_{a/c} \leq 0{,}40$, o que aumenta sobremaneira a durabilidade da obra. É dosado com um cimento apropriado, tipo Portland de alto-forno ou pozolânico. Uma das propriedades desejadas desse concreto é obviamente que ele resista à penetração da água, já que é aplicado em obras hidráulicas em geral, como caixas d'água, lajes, piscinas, estações de tratamento de água e esgoto, e barragens. O caminho para obter um concreto impermeável começa por um projeto apropriado, que evite seu fissuramento quando estiver sendo solicitado. O adensamento

adequado também contribui para obtê-lo, devendo ser executado com vibradores de imersão (não se deve utilizar barras de aço, por meio de socamento, para esse fim). O concreto a ser empregado deve ser cuidadosamente elaborado, sendo bem argamassado, com um consumo adequado de cimento (mínimo de 350 kg/m³), procurando-se utilizar britas menores (britas 0 ou 1, no máximo). O uso de aditivos é recomendável. O concreto deve ser ainda fácil de trabalhar, de modo a ocupar toda a forma sem impedimentos. A cura deve ser criteriosa, a fim de impedir que o concreto fissure por retração, recomendando-se seu início logo que ele começar a endurecer e sua continuidade por pelo menos 7, 14 ou 21 dias, em função do tipo de cimento adotado.

- *Concreto aparente*: quando o concreto é utilizado como material de acabamento, ou seja, sem revestimento, alguns cuidados devem ser observados. O concreto a ser empregado deve conter uma quantidade adequada de argamassa e pode ser do tipo bombeável. Para obter acabamento liso, deve-se empregar fôrmas de madeira plastificadas ou metálicas, que proporcionam menor concentração de bolhas de ar junto à superfície. Os desmoldantes facilitam a retirada das fôrmas depois que o concreto endurece, evitando que a superfície do concreto se cole a elas, e não devem reagir com o cimento nem causar manchas na superfície do concreto. A camada de desmoldante deve ser uniforme, sem concentração em pontos isolados da forma, que causa o deslocamento de pequenas placas da superfície do concreto onde o desmoldante está em excesso. O emprego de óleo mineral, virgem ou recuperado, pode provocar enferrujamento de fôrmas metálicas. Outros cuidados dizem respeito a atentar para a vibração adequada do concreto e evitar que a armadura fique próxima da superfície. O uso de aditivos plastificantes é altamente recomendável.

- *Concreto leve*: é executado com argila expandida ou poliestireno expandido (pérolas de isopor). É comumente conhecido por isopor, sendo composto de um polímero de estireno que contém um agente de expansão, constituindo-se de cerca de 98% de ar e 2% de poliestireno. É utilizado para enchimentos, isolamentos térmico e acústico e divisórias ou em locais onde se deseja reduzir o peso próprio da estrutura. Enquanto os concretos normais têm densidade entre 2.300 kg/m³ e 2.500 kg/m³, os leves chegam a atingir densidades próximas a 500 kg/m³. Cabe lembrar que a diminuição da densidade afeta diretamente a resistência do concreto. Os concretos leves mais utilizados são os celulares, os sem finos e os produzidos com agregados leves, como isopor, vermiculita e argila expandida. Sua aplicação está voltada para atender a exigências específicas de algumas obras e também para enchimento de lajes, fabricação de blocos de vedação, regularização de superfícies e envelopamento de tubulações, entre outros.

- *Concreto celular*: trata-se de concreto leve, sem função estrutural, que consiste de pasta ou argamassa de cimento Portland com incorporação de minúsculas bolhas de ar. É indicado para isolamento térmico em lajes de cobertura e terraços, enchimento de pisos, rebaixamento de lajes, fabricação de pré-moldados etc. O concreto celular possui massa específica que varia de 500 kg/m³ a 1.800 kg/m³, sendo que a do concreto convencional fica em torno de 2.400 kg/m³.

- *Concreto de alta resistência*: é aquele com valores de resistência superiores aos dos concretos comumente utilizados, ou seja, maiores que 50 MPa. Pode ser obtido com o uso de microssílica (subproduto da indústria de ferro-ligas que consiste de partículas extremamente pequenas de sílica amorfa, sendo cem vezes menor que o grão de cimento) e aditivos plastificantes, resultando em uma relação água/cimento e microssílica baixa. Esse concreto exige um rigoroso controle tecnológico, tendo como campo de aplicação pilares de edifícios, obras marítimas, pisos de alta resistência, reparos de obras de concreto etc.

- *Concreto pesado*: é obtido utilizando-se agregados com elevada massa específica, tais como hematita, barita e magnetita. É empregado como anteparo radiativo (por exemplo, em salas de raio X em hospitais). Possui massa específica elevada, da ordem de 2.800 kg/m³ a 4.500 kg/m³.

- *Concreto fluido*: utiliza aditivos superplastificantes, sendo autoadensável, o que reduz a necessidade de vibração e proporciona maior facilidade de bombeamento e excelente homogeneidade. É indicado para peças de difícil concretagem, como peças densamente armadas e painéis arquitetônicos finos, pois sua característica principal é a de fluir com facilidade dentro de fôrmas sem o uso de equipamento de vibração. Para lajes e calçadas, por exemplo, ele se autonivela, eliminando a utilização de vibradores.

- *Concreto colorido*: é obtido pela adição de pigmentos que tingem o concreto, dispensando a necessidade de pintura. É utilizado em pisos, fachadas (concreto aparente), vigas, pilares, lajes ou peças artísticas (monumentos).

- *Concreto compactado*: é adotado em pavimentação de ruas, áreas de estacionamento e pisos de postos de gasolina, entre outros, em substituição ao asfalto comumente utilizado, sendo mais econômico e durável. Também é empregado como material de sub-base de pavimentos. Possui diversas vantagens em comparação com o asfalto, como:
  » *construção*: rapidez na execução com a utilização de concreto dosado em central, não exigindo mão de obra especializada nem equipamentos sofisticados;
  » *economia*: custo inicial moderado, pequena necessidade de manutenção e economia de até 30% nas despesas com iluminação (reflete melhor a luz que o pavimento asfáltico);
  » *desempenho*: elevada vida útil e resistência a produtos químicos, além de não ser afetado pelo calor;
  » *projeto*: a resistência aumenta com a idade, e os meios-fios e as sarjetas podem ser construídos juntamente com o pavimento simples;
  » *consumo de energia*: utilização de materiais locais e abundantes na natureza, emprego de equipamento semimecânico, que consome pouco combustível, e mistura do concreto feita a frio, dependendo apenas de energia elétrica.
- *Concreto de pavimento rígido*: o principal requisito exigido para esse concreto é a resistência à tração na flexão e ao desgaste superficial. Trata-se de um concreto de fácil lançamento e execução, aplicado em estradas e vias urbanas. Suas vantagens são maior durabilidade, redução dos custos de manutenção e maior luminosidade.
- *Concreto de alto desempenho*: normalmente elaborado com adições minerais de sílica ativa e metacaulim e aditivos superplastificantes. O concreto assim obtido possui excelentes propriedades. É aplicado em obras civis especiais, obras hidráulicas em geral e recuperações. Suas vantagens são aumento da durabilidade e da vida útil das obras, redução dos custos da obra e melhor aproveitamento das áreas disponíveis para construção.
- *Concreto de alta resistência inicial*: é aquele que atinge grande resistência com pouca idade, podendo dar mais velocidade à obra ou ser utilizado para atender a situações emergenciais. Sua aplicação pode ser necessária em indústrias de pré-moldados, em estruturas convencionais ou protendidas, na fabricação de tubos e artefatos de concreto etc. A alta resistência inicial é fruto de uma dosagem racional do concreto, feita com base nas características específicas de cada obra. Portanto, a obra deve fornecer o maior número possível de informações para a elaboração do traço, que pode exigir aditivos especiais, tipos específicos de cimento e adições.
- *Concreto resfriado com gelo*: trata-se de um concreto cuja quantidade de água é parcialmente substituída por gelo, para atender a condições específicas de projeto, como a retração térmica. É aplicado em paredes espessas e grandes blocos de fundação. Sua vantagem é a redução da fissuração de origem térmica.
- *Concreto com adição de fibras*: normalmente é elaborado com fibras de *nylon*, de polipropileno e de aço, dependendo das condições de projeto. O concreto assim obtido inibe os efeitos da fissuração por retração. É utilizado em obras civis especiais e pisos industriais. Suas vantagens são aumento da durabilidade das obras quanto à abrasão e ao desgaste superficial, melhoria da resistência à tração e possibilidade de emprego em pistas de aeroportos.

2.6 Cuidados importantes com o concreto na obra

2.6.1 Dosagem

Pode ser definida como a quantificação de materiais. É o procedimento pelo qual se determinam as proporções de cimento, água, agregados e aditivos que resultam numa mistura homogênea com as características necessárias tanto no estado fresco como no estado endurecido.

No estado fresco, o concreto deve apresentar consistência adequada e coesão. No estado endurecido, as características desejáveis são resistência e durabilidade, entre outras, de acordo com sua finalidade. Entre essas características, podem ser necessárias a limitação do calor de hidratação, a resistência a sulfatos, a massa específica etc.

É bom salientar que, qualquer que seja o método para o cálculo das proporções, posteriormente deve ser feita a confirmação pela prática. Ter dosadores de água e padiolas para areia e brita na obra é quesito obrigatório.

2.6.2 Mistura

É necessária para a obtenção de homogeneidade. Caso se utilize betoneira para fabricar o concreto, o carregamento deve obedecer à seguinte sequência de mistura:

1. coloca-se parte da água com agregado (remove restos de concreto velho e limpa a betoneira);
2. coloca-se o cimento (tem-se a formação da pasta e um bom envolvimento das partículas do agregado);
3. completa-se a mistura com o agregado miúdo;
4. acrescenta-se o restante da água (folga d'água ou água de reserva) e finaliza-se a mistura.

Em geral, gira-se a betoneira por cerca de 3 min a 5 min para efetuar a mistura dos materiais. O material de mistura deve usar, no máximo, 70% do volume da betoneira. Caso seja feita alguma correção ou adição de material durante essa mistura, é preciso reiniciar o giro da betoneira com a contagem de 3 min a 5 min.

Deve-se evitar a mistura do concreto a altas velocidades por longo período de tempo, pois isso pode resultar em perda de resistência, aumento da temperatura (aferida por meio de termômetro), perda de ar incorporado e perda de abatimento (perda de *slump*).

Se for empregado aditivo, este deverá ser misturado com a água de amassamento e homogeneizado antes da colocação do agregado graúdo.

É necessário conhecer o volume total de água que pode ser utilizado no amassamento do concreto, encontrado no cálculo do traço. Cerca de 20% a 30% desse volume pode ser posto no final da mistura (folga d'água ou água de reserva) – é tudo que se pode usar de água. Se for utilizada mais água do que a encontrada no traço, fatalmente não se atingirá a resistência desejada.

A eficiência da mistura é reduzida se as lâminas da betoneira estão desgastadas ou cobertas de restos de concreto ou cimento da mistura anterior.

2.6.3 Adensamento e vibração

Assim que o concreto é colocado nas fôrmas, deve-se iniciar o adensamento de modo a torná-lo o mais compacto possível, pois seu tempo de endurecimento é curto, de cerca de 2 h. O método mais utilizado para o adensamento do concreto é por meio de vibradores de imersão. São também empregados os processos de adensamento a vácuo, por centrifugação, por prensagem e autoadensamento.

Nessa etapa, procura-se a eliminação dos vazios, causados pela presença de ar aprisionado dentro do concreto, que permite o acesso de elementos deletérios. Vale citar que a fuga de ar pela superfície durante o processo de endurecimento provoca o surgimento de pequenos orifícios na superfície.

O processo de vibração traz vários benefícios para o concreto, entre os quais o aumento da durabilidade e a diminuição da permeabilidade, o aumento da densidade e da homogeneidade, a melhoria da resistência pela remoção do ar aprisionado, a melhoria da ligação entre o concreto e as barras de aço e a eliminação de nichos, assim como de vazios na superfície. Os nichos de concretagem constituem as falhas de concretagem que ocasionam buracos no concreto e são causados justamente pela falta de vibração.

Há diversos tipos de vibrador, como os de imersão ou agulha, os de fôrma ou extenso, e as placas, mesas e réguas vibratórias. No caso do vibrador de imersão, geralmente a altura da agulha que sucede o mangote é de 50 cm. Portanto, deve-se ir colocando o concreto na forma e vibrando-o em camadas de 50 cm em 50 cm.

Na Tab. 2.21 é apresentado o raio de ação do vibrador em função do diâmetro de sua agulha. A Fig. 2.18 mostra um exemplo de vibrador utilizado em laboratório de concreto.

Tab. 2.21 Diâmetro × raio de ação do vibrador

Diâmetro (mm)	Raio de ação (mm)
30	100
50	250
75	400
100	500
140	850

Fig. 2.18 Vibrador utilizado em laboratório de concreto

O comprimento da agulha do vibrador tem que ser maior que a camada a ser concretada, com a agulha penetrando até 5 cm da camada inferior. A profundidade da vibração não deve ser superior ao tamanho da agulha. Recomenda-se que o ângulo entre a agulha e a superfície do concreto, sempre que possível, seja de 90°.

Não se deve imergir o vibrador a menos de 10 cm ou 15 cm da parede da forma, para evitar a formação de bolhas na superfície da peça.

A espessura da peça a concretar não deve ser superior a 50 cm, de modo a facilitar a saída das bolhas de ar. É preciso vibrar no maior número possível de pontos ao longo da peça.

O vibrador tem que ser aplicado em pontos distantes entre si, de no máximo 1,5 vez o raio de ação da agulha, assim como se deve evitar vibração muito próxima das ferragens, pois nesse caso ela afeta a aderência entre a barra de aço e o concreto que a envolve.

É imperativo evitar o excesso de vibração, devendo ela durar de 2 s a 3 s em cada ponto de aplicação, podendo chegar a até 10 s ou 15 s, em caso de concreto seco. É necessário mudar o vibrador de posição quando a superfície se apresentar brilhante, introduzindo-o e retirando-o lentamente, a fim de que a cavidade deixada pela agulha se feche novamente.

A superfície do concreto, antes áspera e sem brilho, vai se tornando mais lisa e brilhante com a vibração. Quando o ponto começar a ser ultrapassado, inicia-se a formação de um excesso de argamassa em torno da agulha, chegando a respingar pasta. Esses excessos devem ser evitados e, se ocorrerem, necessitam ser corrigidos, remanejando-se cuidadosamente o concreto. Quando o concreto começar a esquentar, ou se vibrar e surgir um buraquinho, é sinal de que a massa já está endurecida, sendo necessário, então, parar a vibração.

Em relação à revibração, todos os problemas de retração plástica podem ser eliminados por meio dela, desde que feita antes do início da pega. Com ela, há um implemento de pelo menos 20% de resistência.

2.6.4 Juntas de concretagem

Se, por algum motivo, a concretagem tiver de ser interrompida, deve-se planejar o local onde ocorrerá essa interrupção. Para que haja uma perfeita aderência entre a superfície já concretada (concreto endurecido) e aquela a ser concretada, cuja ligação se chama junta de concretagem, é preciso observar alguns procedimentos.

Em primeiro lugar, deve-se remover toda a nata de cimento (parte vitrificada), por jateamento abrasivo ou por picoteamento, com posterior lavagem, de modo a deixar aparente a brita, para ocorrer uma melhor aderência com o concreto a ser lançado.

É necessária a interposição de uma camada de argamassa com as mesmas características que compõem o concreto.

As juntas de concretagem devem garantir a resistência aos esforços que podem agir na superfície da junta.

Finalmente, deve-se prever a interrupção da concretagem em pontos que facilitem a retomada da concretagem da peça, para que não haja a formação de nichos de concretagem, evitando a descontinuidade na vizinhança daquele ponto.

2.6.5 Tamanho máximo do agregado

É dado em função das dimensões das peças e dos espaçamentos das barras da armadura. Segundo a NBR 6118 (ABNT, 2014), deve ser o menor valor entre os seguintes:
- 1,2× a distância entre barras da armadura num plano horizontal;
- 2× a distância entre barras da armadura num plano vertical;
- 0,25× a menor distância entre duas faces opostas de fôrmas;
- 0,33× a espessura da laje;
- 0,25× o diâmetro da tubulação (concreto bombeado).

Considerando, por exemplo, um caso em que a distância entre barras da armadura num plano horizontal = 2 cm, a distância entre barras da armadura num plano vertical = 2,5 cm, a menor distância entre duas faces opostas de fôrmas = 15 cm, a espessura da laje = 15 cm e o diâmetro da tubulação (concreto bombeado) = 20 cm, o diâmetro da brita a utilizar numa peça de concreto é calculado por meio de:
- 1,2 × 2 cm = 2,4 cm = 24 mm;
- 2 × 2,5 cm = 5 cm = 50 mm;
- 0,25 × 15 cm = 3,75 cm = 37,50 mm;
- 0,33 × 15 cm = 4,95 cm = 49,50 mm;
- 0,25 × 20 cm = 5 cm = 50 mm.

De acordo com os cálculos, o menor valor encontrado é de 24 mm. A brita #19 é a imediatamente inferior a esse valor e, portanto, aquela que deve ser adotada como diâmetro máximo permitido.

2.6.6 Condições de exposição da estrutura

As condições de exposição da estrutura podem exigir limitações do $f_{a/c}$ para assegurar a proteção da armadura, que são as seguintes:
- $f_{a/c} < 0,65$ para peças protegidas;
- $f_{a/c} < 0,55$ para peças expostas a intempéries;
- $f_{a/c} < 0,45$ para áreas de respingo e áreas superagressivas.

Com cimentos resistentes a sulfatos, esses teores podem ser aumentados de 0,05.

2.6.7 Cura (NBR 5738 – ABNT, 2015a)

Após o endurecimento, o concreto continua a ganhar resistência. No entanto, para que isso ocorra, deve-se iniciar o último, mas não menos importante, procedimento da fase de concretagem: a cura.

A função da cura é evitar a perda de água de amassamento e de hidratação do cimento, a retração hidráulica e a formação de fissuras. Isso porque, devido à reação exotérmica muito intensa que acontece no interior da massa de concreto, logo no início da pega, boa parte dessa água acaba sendo consumida por reações químicas. A cura, porém, ajuda a repor essa água de hidratação do cimento.

A evaporação prematura da água pode provocar fissuras na superfície do concreto e ainda reduzir em até 30%

sua resistência. É possível então afirmar que, quanto mais perfeito e demorado for o processo de cura do concreto, tanto melhores serão suas características finais, como impermeabilidade, resistência e durabilidade.

A cura deve ser iniciada imediatamente após a conclusão do adensamento e do acabamento do concreto, dentro de um período máximo de 1,5 h a 2 h após a hidratação do cimento com a água – tempo-limite para trabalhar o concreto, e o momento mais crítico. Ela deve continuar até o 14º dia, no caso de cimento Portland (nunca menos que 7 dias), e até o 21º dia, no caso de cimento Portland pozolânico ou de alto-forno (nunca menos que 14 dias).

O Instituto de Concreto Americano (American Concrete Institute) recomenda que ocorra um processo rigoroso de cura nas primeiras 48 h a partir do início da pega do concreto e estabelece que concretos de alto desempenho (CAD) não devem sofrer ressecamento durante esse período inicial, que é o mais crítico.

Por sua vez, a Associação de Normas do Canadá (Canadian Standards Association), em suas orientações quanto ao processo de cura (Guidelines on Curing – CSA A23.1), recomenda que o período de cura do concreto de resistência normal (abaixo de 50 MPa) seja de três dias a uma temperatura mínima de cerca de 10 °C, ou pelo tempo necessário para que ele atinja 40% da resistência total à compressão requisitada. Orienta ainda que, imediatamente depois desses três dias, seja adicionado um período de cura de quatro dias consecutivos também a uma temperatura mínima de 10 °C, ou pelo tempo necessário para atingir 70% da resistência total à compressão requisitada.

Essa mesma norma canadense sugere que, para o concreto armado, ao tempo de processo de cura descrito anteriormente sejam adicionados mais quatro dias consecutivos e, para o concreto simples (não armado), que esse tempo adicional seja de sete dias.

Observa-se, assim, que tanto pela norma canadense como pela norma brasileira o tempo de cura, aplicado com rigor, deve ser de 14 dias, que é o tempo que este autor sempre indicou em suas Especificações Técnicas, Especificações de Serviço, Memoriais Descritivos e via Notas de Plantas. Na prática, porém, esse tempo só é respeitado se existir a consciência, a responsabilidade e a real preocupação de como um processo de cura mal elaborado e mal planejado pode repercutir em termos de danos permanentes ao concreto.

Na maioria dos projetos verificados por este autor advindos de empresas externas, sempre foi observada a requisição de um tempo de cura máximo de sete dias. De forma alguma este autor recomenda que se limite o processo de cura a sete dias.

A cura pode se dar por diversos métodos, listados a seguir:

- Molhagem contínua logo após o endurecimento, aplicando-a três vezes por dia.
- Cobertura de uma lâmina d'água sobre a superfície concretada, sendo esse método limitado a lajes, pisos e pavimentos.
- Proteção com tecidos ou folhas de papel mantidos úmidos.
- Aplicação de emulsão, que forma películas impermeáveis.
- Substituição da água por gelo em escamas.
- Molhagem das fôrmas, com o concreto dentro delas, de modo a mantê-las continuamente úmidas. Ainda assim, em se tratando de fôrmas de madeira ou equivalentes, deve ser tomada a precaução de molhá-las em intervalos adequados, para impedir a absorção de água pela própria madeira. No caso de moldes metálicos, embora não haja absorção de água de amassamento do concreto através deles, deve-se ficar atento com a vedação das juntas.
- Recobrimento do concreto com areia, terra, sacos de aniagem rompidos etc. Deve-se lembrar que o simples cobrimento do concreto contra raios solares não impede que ocorra a evaporação da água de amassamento. Outro método deve ser utilizado em paralelo.
- Recobrimento com papéis impermeáveis, plásticos ou semelhantes.
- Impermeabilização por pinturas por meio de emulsões e másticos de origem asfáltica ou provenientes de alcatrões; resinas; tintas à base de óleo ou esmalte; vernizes; etc.
- Cura química com cloreto de cálcio, sendo que sua aplicação superficial, na proporção de 800 g a 1 kg por metro quadrado, provoca a absorção de água do ambiente, mantendo úmida a superfície.
- Utilização de membranas de cura, que mantêm a impermeabilidade superficial do concreto por um certo período de tempo, em geral três a quatro semanas, evitando, assim, sua rápida secagem, através de um filme impermeável que dura aproximadamente esse tempo. Esse processo é aplicado normalmente a lajes, pisos e pavimentos de pistas. Deve-se tomar cuidado se forem usados cimentos com adições de pozolanas ou de escórias, já que eles têm reação mais lenta e menos poder de retenção de água.
- Autoclavamento, que permite alcançar alta resistência inicial, grande durabilidade, e retração hidráulica e trocas de umidade reduzidas. É aplicado em peças de pequeno porte. A temperatura ótima de cura foi

encontrada experimentalmente em torno de 177 °C, que corresponde a uma pressão de vapor de 0,8 MPa acima da atmosférica.

Em certas áreas abertas e sujeitas a ventanias, recomenda-se o uso de barreiras levantadas de modo a desviar o vento e proteger a superfície do concreto, que, do contrário, ficaria suscetível ao aparecimento de fissuras de retração perpendicularmente à direção do vento.

No Canadá é fortemente recomendada a aplicação de duas camadas de tecidos umedecidos sobre a superfície do concreto logo após o início da pega, com espargimento constante de água sobre elas, a fim de mantê-las totalmente umedecidas por um período mínimo de sete dias.

No caso ilustrado na Fig. 2.19, nota-se que se poderia ter tirado mais proveito da cerca provisória de segurança instalada rente à área do canteiro de obras mediante a colocação de uma lona ou um plástico na lateral dela, para desviar o vento advindo diretamente do mar em direção ao pavimento. Ou seja, o engenheiro pode usar diversos artifícios para proceder com o mesmo processo de cura, devendo ficar atento a todo o cenário antes mesmo de iniciar a obra.

2.6.8 Ensaios

Os ensaios de granulometria da areia e da brita são abordados na seção 1.4.3 (subseção "Graduação"). O *speedy test*, por sua vez, é apresentado na seção 3.2.1 (subseção "Uso de aparelhos...").

No que diz respeito ao ensaio de abatimento (*slump test*), sua simplicidade o consagrou como o principal controle de recebimento do concreto na obra. Para que cumpra esse importante papel, no entanto, é preciso executá-lo corretamente, como descrito a seguir:

1. Coletar a amostra de concreto depois de descarregar 0,5 m³ de concreto do caminhão, em volume aproximado de 30 L.
2. Colocar o cone sobre a placa metálica bem nivelada e apoiar os pés sobre as abas inferiores dele.
3. Preencher o cone em três camadas iguais e aplicar 25 golpes uniformemente distribuídos em cada camada.
4. Adensar a camada junto à base, de forma que a haste de socamento penetre em toda a espessura. No adensamento das camadas restantes, a haste deve penetrar até ser atingida a camada inferior adjacente.
5. Após a compactação da última camada, retirar o excesso de concreto e alisar a superfície com uma régua metálica.
6. Retirar o cone içando-o com cuidado na direção vertical, no máximo em 10 s.
7. Colocar a haste sobre o cone invertido e medir a distância entre a parte inferior da haste e o ponto médio do topo do concreto, expressando o resultado em milímetros.

Deve-se tirar o *slump* nas seguintes circunstâncias: de todos os caminhões ou betoneiras; sempre que houver mudança de umidade no agregado miúdo (em caso de chuva ou mudança brusca na temperatura); na primeira amassada do dia (em caso de ser feito na obra); após interrupção de mais de 2 h; na troca de operadores; cada vez que forem moldados corpos de prova; e pelo menos 15 min após a mistura (para caminhões) e 3 min após a mistura (para betoneiras).

Uma vez que é por meio desse ensaio que o concreto fresco é aceito ou rejeitado, deve-se atentar para que os valores não sejam superiores ao especificado nem 2,5 cm inferiores. Se os valores forem inferiores ao especificado, deve-se pedir para pôr mais água e rodar a caçamba; se superiores, deve-se pedir apenas para rodar a caçamba.

Na Tab. 2.22 são mostradas as faixas de tolerância do abatimento em função da consistência do concreto.

Fig. 2.19 Pavimento rígido de concreto armado sendo curado com o uso de mantas umedecidas sobrepostas umas às outras e de paralelepípedos para mantê-las no local em face das rajadas de vento

Tab. 2.22 Faixas de tolerância do abatimento de acordo com a antiga NBR 7223 (atual NBR 16889)

Consistência	Abatimento (mm)	Tolerância (mm)
Seca	0 a 20	±5
Mediamente seca	30 a 50	±10
Plástica	60 a 90	±10
Fluida	100 a 150	±20
Líquida	> 160	±30

Fonte: ABNT (1992).

Quanto maior for o *slump*, mais elevada será a quantidade de água e de argamassa para adensar e, consequentemente, mais caro será o concreto.

No caso da execução de concreto para pavimentos, quando se trabalha com *slumps* inferiores a 80 mm, é bastante trabalhoso no campo adquirir um bom acabamento para o concreto. Em contrapartida, para *slumps* superiores a 120 mm, o risco de exsudação se eleva. Portanto, o ideal é que se trabalhe com *slumps* dentro do intervalo de 80 mm a 120 mm.

É necessário exigir nota fiscal e utilizar a água de reserva de forma consciente. Não deve ser adicionado nenhum volume de água acima daquele de reserva previsto.

2.7 Concreto de alto desempenho (CAD)

Tem havido um aumento significativo do uso de concreto de alto desempenho (CAD) ao longo das últimas décadas, devido a melhorias atreladas principalmente à resistência e à durabilidade desse material. A durabilidade é intrínseca à resistência do concreto a ataques químicos e físicos, que frequentemente resultam no indesejado processo de corrosão das armações e na consequente deterioração do concreto com o passar do tempo. Isso porque, quando uma barra de aço contaminada por corrosão se expande, atua com uma tensão mais de dez vezes superior, aproximadamente, à resistência do concreto, causando-lhe fissuras, que podem evoluir para trincas e até findar com a desagregação do concreto.

Basicamente, o que classifica um concreto como CAD é sua resistência característica à compressão. Se essa resistência é superior a 50 MPa, o concreto denomina-se CAD e, se inferior, é chamado de efêmero, normal ou resistente.

No caso de pavimentos rígidos, deve-se sempre adotar concretos resistentes, cujo f_{ck} se situe entre 35 MPa e 45 MPa. Nunca se deve empregar concretos com f_{ck} inferior a 20 MPa para estruturas principais de vigas e de colunas.

A título de exemplo, na Fig. 2.20 é mostrado um pilar de concreto armado constituinte de um prédio de três andares, localizado a cerca de 300 m do mar, que possui baixa resistência à compressão, inferior a 20 MPa, cobrimento

Fig. 2.20 Pilar de concreto armado com todo o cobrimento escarificado, deixando as armações longitudinais e transversais expostas

insuficiente da armadura, de 2 cm, e armações longitudinais de projeto de 12,7 mm. Como esse pilar apresentava trincas e rachaduras decorrentes de processo de corrosão avançado, com consequentes escorrimentos de babas de corrosão ao longo de toda a sua superfície, optou-se por especificar a escarificação de toda a superfície a fim de retirar integralmente o cobrimento. O objetivo era permitir a substituição das armações longitudinais e transversais nos trechos de armações que sofreram reduções de mais de 10% de seu diâmetro nominal.

A resistência do CAD resulta do tipo de cimento utilizado, do baixo $f_{a/c}$ e da alta qualidade de seus agregados graúdos. Um agregado graúdo bem selecionado, vale recordar, sempre confere resistência à compressão e à abrasão ao concreto.

Como se utiliza menos água e mais cimento para a fabricação do CAD, as partículas de cimento desprendem mais calor exotérmico (de dentro para fora) a partir do núcleo da coluna, da viga ou mesmo do pavimento, exigindo, assim, um processo de cura muito mais rigoroso do que o requisitado pelo concreto normal. A sequência de mistura dos elementos e a duração do tempo de mistura do CAD também são diferenciadas em relação às do concreto normal.

2.7.1 Diferença de resistência e de durabilidade entre o CAD e o concreto normal

A presença de vazios no concreto é notoriamente sua maior fonte de deterioração. Quando água em excesso escapa, os espaços são deixados para trás em forma de vazios, ar aprisionado etc.; esse ar aprisionado pode inclusive compreender um espaço em que ainda há partículas de cimento não hidratadas.

Como o CAD utiliza um baixíssimo $f_{a/c}$, de 0,25, para atingir um f_{ck} superior a 50 MPa, menos vazios são criados em seu corpo, tornando-o mais durável por possuir constituição muito mais densa, com menor porosidade. Quando se fala em maior densidade, faz-se referência necessariamente a partículas de cimento e de agregados mais unidas, que tornam muito mais difícil a entrada de elementos deletérios provenientes de intempéries para dentro do concreto.

2.7.2 Melhorias de performance resultantes do uso do CAD

O uso de materiais cimentícios suplementares, de aditivos como superplastificantes e de baixo $f_{a/c}$ já melhora sobremaneira a performance do CAD. Isso permite que edifícios mais altos sejam construídos, como é o caso do Scotia Plaza, em Toronto (Canadá), e que construções sejam concebidas à beira-mar de modo a resistir à ação contínua do *spray* marítimo, como é o caso da plataforma *offshore* Hibernia, em Newfoundland (Canadá).

Entre as melhorias de performance do CAD, é possível citar a facilidade de colocação e de consolidação do concreto, a alta resistência à compressão inicial, já nas primeiras idades, o baixo calor de hidratação, com menos fissuração, a boa estabilidade do volume e a melhoria das propriedades mecânicas e da resistência à abrasão (a característica de resistência à abrasão é muito pertinente para pavimentos rígidos).

Este autor nunca tentou utilizar CAD para pavimentos, e o máximo f_{ck} que já especificou foi de 40 MPa. A realização desses estudos fica a cargo da próxima geração.

Na sequência será visto o que significa, na prática, cada uma dessas melhorias.

Facilidade de colocação e de consolidação do concreto

Embora menos quantidade de água seja usada durante a mistura do CAD, o emprego de superplastificantes torna-o mais fluido e permite que ele flua mais facilmente para as posições finais desejadas da forma, ou seja, causa um aumento de sua trabalhabilidade, sem a necessidade, inclusive, de vibração excessiva.

Esse procedimento reduz o risco de segregação, que é a separação dos constituintes do concreto, com o agregado graúdo descendo (afundando) e a pasta de cimento subindo à superfície. Esse risco reduzido de segregação é crucial para a concretagem de locais de difícil acesso, como os cantos, em que não é fácil a chegada do vibrador, e onde há a presença de armações muito densas.

Um caso clássico que envolve armação muito densa são os famosos dentes Gerber, utilizados em passarelas pré-fabricadas e que funcionam como apoios para as vigas. Já houve casos de vigas de passarela mal concretadas que caíram e mataram pessoas dentro de seus próprios carros. Isso porque, por existir armação em quantidade massiva e de grande diâmetro, o concreto pode ter sido coado, com o agregado graúdo ficando retido na superfície e apenas a pasta de cimento penetrando no interior dele, deixando o dente muito frágil. Por essa razão, o dente Gerber já chegou a ser banido por profissionais. Assim, deve-se ter alerta redobrado no projeto e na execução de dentes Gerber.

Além dos superplastificantes, o uso de materiais cimentícios suplementares, como sílica ativa ou escória, também ajuda a minimizar o risco de segregação, que é um processo muito sério e que jamais deve ser desprezado pelo profissional.

Alta resistência à compressão inicial, já nas primeiras idades

O atingimento de elevada resistência à compressão já nas primeiras idades permite o uso de formas deslizantes no canteiro de obras, o que agiliza bastante a execução, que se torna contínua, e, portanto, reduz muito a formação das indesejáveis juntas frias entre o concreto executado e aquele a executar.

A utilização de materiais cimentícios suplementares, como sílica ativa, capacita o CAD a atingir elevadas resistências à compressão dentro de um intervalo de um a sete dias. Isso significa economia para a obra, pois as desformas podem ser feitas mais rapidamente.

Este autor já presenciou situações em que as escoras de uma viga de concreto armado foram retiradas em três dias para receber cargas acima de 20 t. Esse trabalho foi realizado por José Martins, ex-professor da Universidade Potiguar (UnP) e um dos melhores tecnólogos de concreto do mundo. Foi com ele que este autor começou a ter prazer pelo campo da tecnologia de concreto, uma área fértil que não lida com o cálculo estrutural propriamente dito, mas sim com a dosagem do concreto para diversos fins.

Juntas frias normalmente aparecem como uma linha ou faixa estreita horizontal ao longo de toda a construção, entre um nível e outro – perceptível pela parte externa da obra. É fácil constatar sua presença pela diferença de coloração entre concretos executados em intervalos de tempo distintos. Porém, pior do que a mudança de coloração, meramente estética, é a exposição do concreto a intempéries ao longo dessa faixa.

Um exemplo muito comum e indesejado que ocorre em construções no Brasil conduzidas por empreiteiros é a presença de juntas frias à altura do terço superior das vigas, em que, por falta de conhecimento, é executada parte da viga, depois a laje e então o topo restante da viga. Dessa forma, além de não acontecer uma união monolítica entre a viga e a laje, ainda há a formação de uma junta fria ao longo de todo o perímetro externo da construção, permitindo a entrada de elementos deletérios e de umidade, entre outros. Em situações como essa, no mínimo, deve-se obrigatoriamente escarificar toda a superfície superior do terço superior da viga, retirar todas as impurezas e restos de concreto velho e colocar Sikadur 32 ou equivalente em toda a superfície imediatamente antes de aplicar o concreto restante da laje e do topo da viga. Essa metodologia de construção, com a separação de uma viga em duas etapas de concretagem, não é recomendada de modo algum, devendo as vigas e as lajes ser executadas à moda antiga, como um único elemento monolítico. Se, por um lado, adotar duas etapas facilita a execução, por outro surgem problemas permanentes nessa região. É o caso, por exemplo, de edifícios recém-construídos em que já começam a despontar problemas sérios de umidade no segundo ano após a entrega da chave ao cliente – isso é inadmissível!

A adoção de sílica ativa também torna o CAD plástico mais colante e pegajoso. Essa propriedade deixa-o mais difícil de ser finalizado, acabado, com o uso de fôrmas deslizantes. Assim, empregar aceleradores sem o uso de cloretos ajuda a manter essa interface do concreto com a forma deslizante mais lubrificada, aumentando o processo de forma e desforma, além de permitir um acabamento da superfície do concreto mais liso, sem nichos de concretagem.

Baixo calor de hidratação, com menos fissuração

A fim de evitar a formação de fissuras e de trincas depois do endurecimento do concreto, sua temperatura deve ser constantemente monitorada e controlada tanto durante o processo de hidratação como após seu início, principalmente em obras que envolvem grandes volumes de concreto. Nesse caso, o uso de cinza vulcânica ajuda a manter a temperatura de hidratação baixa, reduzindo o risco de fissuração do concreto depois de endurecido. Por outro lado, o emprego de sílica ativa, que promove um aumento da resistência do concreto, geralmente provoca altas temperaturas de hidratação, o que eleva consideravelmente o risco de fissuração.

Como se nota, cada aditivo possui uma peculiaridade, e todos exibem prós e contras, cabendo ao engenheiro analisar com muito cuidado o tipo de aditivo ideal para cada circunstância e cenário envolvido.

Boa estabilidade do volume

À medida que o processo de hidratação se inicia, o CAD ainda no estado plástico começa a ganhar resistência. Quanto mais resistência é adquirida, mais calor é desenvolvido no núcleo da peça de concreto devido à altíssima reação exotérmica do cimento. Além disso, há um excesso de água subindo até a superfície do concreto por capilaridade, o que atua fortemente no sentido de contrair o concreto e, assim, reduzir seu volume final depois de endurecido. Se o volume muda e não é eficazmente controlado através de um processo de cura muitíssimo rigoroso, ocorrem fissuras no concreto assim que ele atinge o estado endurecido. Porém, como se está lidando com CAD, que possui baixíssimo valor de $f_{a/c}$, a quantidade de água capaz de fugir é bem menor do que a existente numa mistura de concreto normal, usual, o que reduz o risco de fissuração e de deterioração de estruturas de concreto armado no caso do CAD.

Melhoria das propriedades mecânicas e da resistência à abrasão

As propriedades mecânicas do concreto, tais como resistência à compressão e à abrasão (dureza), são grandemente influenciadas pelas propriedades de suas partículas constituintes na mistura. Por exemplo, quanto mais resistente é o agregado graúdo, melhor é a resistência à abrasão. Baixos valores de $f_{a/c}$ também conduzem a elevadas resistências à compressão, como já visto neste capítulo. O uso de sílica ativa e baixo $f_{a/c}$, da ordem de 0,3, pode resultar num CAD com f_{ck} da ordem de 100 MPa a 125 MPa.

Uma ressalva importante deve ser registrada no tocante aos incorporadores de ar: de modo algum o limite de ar incorporado estabelecido pela fabricante deve ser ultrapassado.

2.7.3 Fenômeno de autocura do concreto

Como já relatado, a resistência à compressão do concreto depende muito do arranjo das partículas e da sequência de colocação dos ingredientes na mistura. Entre essas características, o tipo de cimento e sua quantidade a ser hidratada são cruciais para chegar à resistência requisitada pelo engenheiro calculista. Porém, como a quantidade de água usada na mistura é baixa, para conseguir um baixo $f_{a/c}$, pode haver o risco de uma porção de partículas não ser hidratada durante a execução da peça do pilar, da viga ou da laje, por exemplo. Assim, se o concreto vier a ter uma fissura, por mínima que seja, e a água advinda do meio externo percorrer esse caminho e atingir a porção de cimento que não foi hidratada, esta será hidratada, sofrerá uma reação e haverá certo aumento de resistência na peça. Esse fenômeno é chamado de autocura do concreto.

Naturalmente, essas microfissuras são mais comuns em concretos cujo f_{ck} se encontre abaixo dos 50 MPa. Para um CAD, a chance de microfissuras é muito menor.

Há um tipo de concreto denominado concreto de pó reativo (*reactive powder concrete*, RPC) que consegue atingir resistências ultra-altas, da ordem de 200 MPa a 800 MPa, pelo fato de substituir o agregado comum por pó de quartzo, sílica ativa, fibras de aço etc. Com isso, são obtidas ultra resistência e altíssima ductilidade. É um tipo de concreto da família do CAD, assim como o CAD propriamente dito, em razão da baixíssima taxa de água no $f_{a/c}$, pode ter porções de partículas não hidratadas em seu interior.

2.7.4 Desvantagens

O emprego de agregados de elevada qualidade, de aditivos, como superplastificantes, e de materiais cimentícios suplementares, como sílica ativa e cinza vulcânica, pode causar um elevado custo inicial para a obra, uma vez que o custo do CAD é muito mais elevado que o do concreto comum.

Porém, a expectativa é de que, com o uso mais constante de CAD na construção civil, esse material deixe de ser atípico, novo, e comece a se tornar comum, levando a uma redução de seu custo com o tempo. Afinal, a tendência em todas as áreas da Engenharia é sempre pesquisar por materiais que requeiram menos quantidade e que atinjam resistências cada vez maiores, vencendo maiores vãos e alturas com menos insumos.

Por outro lado, comparar o CAD com um concreto comum é semelhante a comparar um pavimento rígido de concreto armado com um pavimento flexível asfáltico, com as devidas proporções guardadas. Isso porque se sabe que um CAD e um pavimento rígido sempre são mais caros no primeiro dia de obra, mas que em poucos anos começam a reverter o gráfico de custos, exigindo nenhum custo de manutenção, ou um custo irrisório, se comparado com o de obras de concreto comum e de pavimento asfáltico. Ao longo de uma vida útil de décadas, é necessário reparar inúmeras vezes um pavimento asfáltico, cuja vida de projeto limitada pelo dimensionamento já é de cerca de 15 anos, no máximo, mesmo com o uso de excelente espessura e qualidade de asfalto e de excelentes materiais atribuídos às camadas de base, de sub-base e de reforço de subleito, por sua vez também muito bem executadas. Assim, em 30, 40, 50 anos de uso, o pavimento rígido e o CAD se tornam, de longe, muito mais baratos. Nesse mesmo tempo, o pavimento asfáltico já teve que ser todo refeito três vezes, no mínimo.

O custo-benefício em longo prazo é uma conta que os empresários e os governantes do País não levam em consideração. Nem sempre o material mais barato é a melhor solução.

No Brasil, ainda não se encontram nem dosadores de água para o concreto e, na maioria esmagadora das vezes, vê-se o desprezo pelo processo de cura. Se a este autor for perguntado qual é o ingrediente mais importante do concreto, a resposta será sempre a água. Ao errar na água, o concreto estará comprometido. Com isso, fica o "dever de casa", para a nova geração, de começar a cobrar o rigor da execução do concreto comum nas obras do dia a dia para, então, dar início à utilização de concretos com valores de f_{ck} cada vez maiores e valores de $f_{a/c}$ cada vez menores, para um dia, quem sabe, o CAD ser mais frequente e constante.

Este autor torce para que esse desenvolvimento ocorra sempre respeitando o tripé resistência × durabilidade × funcionalidade. Se um projeto ou obra falhar em um desses aspectos, a construção já estará prejudicada, e o objetivo do engenheiro não terá sido atingido.

2.7.5 Planejamento

A concretagem nunca combina com dias quentes, de elevadas temperaturas, e com áreas sujeitas a grandes correntes e rajadas de vento. Isso porque uma baixa temperatura inicial do concreto no estado plástico está intrinsecamente ligada a um concreto mais durável depois de endurecido, além de o risco de fissuração ser reduzido em temperaturas baixas. Em relação ao vento, pode-se mencionar a ocorrência de fissuras de retração perpendicularmente à sua incidência na superfície do concreto.

O uso de retardadores químicos, tais como escória e cinza vulcânica, durante o processo de mistura do CAD é uma metodologia comum para baixar os picos de temperatura do concreto. Pelo fato de ter mais quantidade de cimento por metro cúbico, o CAD exige que haja menor temperatura inicial do que o concreto comum e que ela seja mantida assim.

À noite, a temperatura é mais baixa, a umidade é mais alta, há menos ventanias e, consequentemente, é menor a taxa de evaporação da água da superfície do CAD, que já é pouca na mistura. Essa condição noturna permite que o *slump* se mantenha consistente e que o processo de hidratação do cimento se dê de forma mais suave, diminuindo, assim, os riscos de fissuração devidos a efeitos térmicos, a rajadas de vento e à redução do volume do concreto por perda de água.

2.7.6 Temperatura

A temperatura máxima permitida no CAD deve ser de aproximadamente 25 °C, para minimizar fissurações e encolhimentos do volume do concreto. Para isso, recomenda-se o controle da temperatura por meio de medições no centro e na superfície do concreto, através da instalação de sensores de temperatura simples, robustos e de baixo custo denominados termopares (*thermocouples*). Assim, nas primeiras 72 h a temperatura deve ser monitorada tanto no núcleo como na superfície do concreto e registrada a cada 4 h. A temperatura do centro da seção do concreto não deve ser inferior a 10 °C nem superior a 70 °C. Por sua vez, a diferença de temperatura entre o núcleo e a superfície não deve ser superior a 20 °C.

2.7.7 Penetração de cloretos

Em peças de CAD, amostras de 100 mm do núcleo devem ser removidas e testadas em relação à permeabilidade de cloreto, de acordo com os padrões americanos ASTM C1202 (ASTM International, 2019b), 28 ou 32 dias após o assentamento do concreto. O ideal é que a leitura de cloreto seja igual ou inferior a 1.000 coulombs.

A presença de íons cloreto no concreto é extremamente perigosa, e os danos causados através da desestabilização da camada passivadora do aço podem desencadear um forte processo de corrosão na estrutura, o que afeta diretamente o quesito durabilidade.

2.8 Boletins de controle tecnológico do concreto

Em qualquer obra de concreto armado, sempre haverá um laudo de concreto fornecido pela concreteira à construtora. Esse laudo deverá ser avaliado por um engenheiro a fim de aceitar ou rejeitar os valores de resistência do concreto à compressão atingidos aos 28 dias, que devem ser superiores ao valor do f_{ck} de projeto.

Essa é a vantagem de executar uma obra, seja uma casa, seja uma obra de grande porte, por meio de um contrato de fornecimento de concreto por uma concreteira. Sempre haverá um controle de qualidade do concreto a ser fornecido e a garantia para o cliente de que se atingirá a resistência esperada para cada parte da obra.

Na Fig. 2.21 é mostrado o exemplo de um documento denominado *rastreabilidade do concreto*, também chamado de *boletim de concretagem*, em que todo o rastreio e os dados peculiares a cada lote de concreto na obra são documentados. Assim, num documento desse tipo devem constar minimamente o f_{ck}, o *slump*, o nome do(s) elemento(s) concretado(s) e as resistências características do concreto à compressão a 3, 7, 21 e 28 dias. Às vezes, como nesse exemplo, a resistência a 3 dias não é requisitada.

Observa-se que, para cada caminhão-betoneira com capacidade de 8 m³, há três corpos de prova coletados a serem ensaiados. Usualmente há caminhões com capacidades de 5 m³ e de 8 m³.

Desse modo, cabe ao engenheiro analisar os resultados com cuidado e deferir ou indeferir cada um deles junto à concreteira, dentro de uma análise técnica e também com bom senso. Se um resultado vier com f_{c28} 1 MPa ou 2 MPa abaixo do esperado, por exemplo, o calculista poderá aceitá-lo se assim considerar adequado. Também poderia ser feita uma análise estatística do crescimento da resistência do concreto nos próximos dias, mesmo ele sendo lento a partir dos 28 dias. Enfim, deve ocorrer uma análise imparcial, sempre com bom senso.

No boletim de concretagem da Fig. 2.21, verifica-se que há alguns valores de f_{c28} inferiores ao f_{ck} de 30 MPa. Em relação aos valores de f_{ck} de 29 MPa e 29,5 MPa, por exemplo, o engenheiro de obra pode vir a aceitá-los considerando o bom senso. Já para os resultados atingidos de 23,2 MPa, 23,8 MPa, 25,8 MPa e mesmo 28,1 MPa, cabe ao engenheiro de obra consultar o engenheiro estrutural de sua equipe a fim de aceitar ou rejeitar a concretagem desses lotes. Em último caso, a peça deve ser demolida e refeita.

Na Fig. 2.22 é apresentado um modelo de boletim de concretagem aplicado a outra obra. Note-se, nesse caso, que foram marcados com dois asteriscos os corpos de prova ensaiados aos 28 dias que não tiveram suas resistências características do concreto à compressão maiores do que os f_{ck} requisitados pelo projeto e pela obra.

Assim, o engenheiro possui artifícios para contornar os resultados recebidos abaixo do f_{ck} de projeto, com a grande responsabilidade de aceitá-los ou não, com sua peça já concretada e a obra podendo sofrer atrasos e mais custos. Um desses artifícios, como já dito, consiste em consultar o engenheiro estrutural e requisitá-lo para rever o cálculo estrutural com o valor de f_{c28} ensaiado. Outra alternativa se baseia no acompanhamento da resistência do concreto ao longo do tempo, que nunca para de crescer, mas que após os 28 dias cresce mais lentamente.

Em síntese, deve-se sempre analisar esses valores junto à concreteira, a fim de chegar a uma análise técnica em comum, antes de condenar o resultado de um corpo de prova cuja resistência aos 28 dias se apresentou inferior ao valor de f_{ck} requisitado pelo calculista em projeto.

Data	Volume (m³)	f_{ck} (MPa)	Slump	Tipo de peça	Local de aplicação	Nº do CP 1	Nº do CP 2	Nº do CP 3
23/10/2012	8,00	30	140	Sapatas	S10/S04	28	34,2	37,9
23/10/2012	8,00	30	100	Sapatas	S05/S09/S14	26,7	31,7	35,3
23/10/2012	8,00	30	130	Sapatas	S15/S18/S21	25,7	29,5	31,2
23/10/2012	8,00	30	110	Sapatas	S22/S25/S13/S24	24,8	31	33,3
23/10/2012	8,00	30	100	Sapatas	S08/S23/S30/S37	25	27	28,1
29/10/2012	8,00	30	110	Sapatas	S37/S36/S35/S34/S27	24,9	26,2	30
29/10/2012	8,00	30	130	Sapatas	S27/S03/S20/S12/S02	21	25,4	29
29/10/2012	8,00	30	110	Sapatas	S02/S33/S26/S19/S11/S01	20,5	27,1	29,9
29/10/2012	8,00	30	135	Sapatas	S07/S17/S29/S28	25	26,3	30,5
29/10/2012	8,00	30	140	Sapatas	S16/S06/S31/S32	23,5	27,4	30,8
29/10/2012	8,00	30	80	Cinta	C22/C27/C15	27,2	31,9	33,1
29/10/2012	8,00	30	90	Cinta	C15/C23/C28/C30/C19/C25	28,9	24,9	35,5
29/10/2012	8,00	30	90	Cinta	C7/C14/C28	22,7	24,9	28,5
21/11/2012	8,00	30	135	Cinta	C31/C06/C17/C07	21,6	24,8	28,5
21/11/2012	6,00	30	140	Cinta	C32/C21/C13/C07/C21A/C21B	23,2	27,1	28,9
22/11/2012	5,00	30				24,1	27,6	30,8
26/11/2012	8,00	30				22,4	26,5	29,5
26/11/2012	8,00	30				23,7	26,5	29,2
						21,3	25,4	28,6
						20,7	25,4	29,7
						17,1	19,4	25,8
						16,6	19,5	27
						14,9	19,1	23,8
						15,7	19,2	25,8
						20,3	21,3	23,8
						20,3	20,8	23,2
						27,6	31,5	34,9
						26,6	32,3	35,2
						20,9	26,1	29,5

Fig. 2.21 Exemplo de boletim de concretagem

Central:
Lançamento: Bombeado
f_{ck} 30,0 MPa   **Abat. especif.**   120 ± 20 mm

Características das amostras - moldagem 14/12/2012   Resultados obtidos

Série Nº	Qtde CPs	Abat. (mm)	Nota fiscal	Horário mold.	Elementos concretados		17/12/2012 3 dia(s) Resistência	21/12/2012 7 dia(s) Resistência	11/01/2013 28 dia(s) Resistência
24	6	120	7021	10:49	Laje piso do térreo	1	13,7	21,7	**27,7
						2	13,9	22,5	**27,8
25	6	105	7022	11:14	Laje piso do térreo	1	13,8	24,5	32,1
						2	12,8	22,9	31,0
26	6	100	7024	11:54	Laje piso do térreo	1	11,4	20,0	**26,2
						2	12,0	20,6	**26,6
27	6	120	7025	12:10	Laje piso do térreo	1	13,8	26,9	29,8
						2	12,0	28,5	30,3
28	6	140	7028	13:05	Laje piso do térreo	1	10,5	20,4	**27,7
						2	10,6	20,7	**27,3

Fig. 2.22 Outro exemplo de boletim de concretagem

ESTRUTURAS DAS CAMADAS DE PAVIMENTO

3

3.1 Classificação dos tipos e das camadas de pavimento

Basicamente há duas classes de pavimentos: os flexíveis e os rígidos. Na família de pavimentos flexíveis, destacam-se os constituídos de asfalto e os de piso intertravado. E, para pavimentos rígidos, têm-se os constituídos de concreto simples e os de concreto armado.

Para pavimentos rígidos, este autor não recomenda o uso de concreto simples, ou não armado, uma vez que a atuação de momentos fletores positivos e negativos solicitará o concreto à tração, e o concreto por si só não resiste tão bem à tração quanto o aço.

Os pavimentos rígidos de concreto armado, que são o objeto de estudo deste livro, funcionam de modo simultâneo como camadas de revestimento e de base. Ou seja, a camada de base é suprimida do projeto, bastando utilizar a camada de sub-base imediatamente abaixo do revestimento.

Assim, este autor recomenda e adota as seguintes camadas, apresentadas na Fig. 3.1:

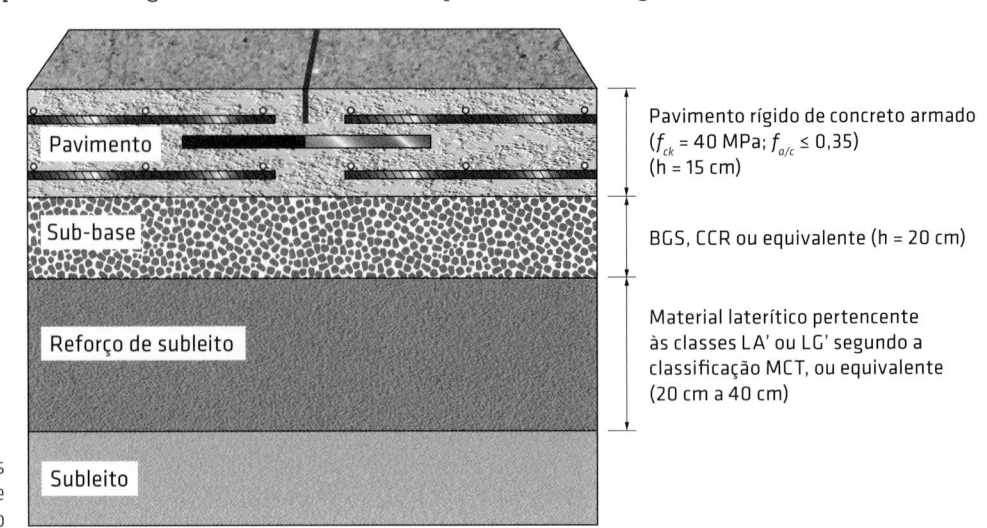

Fig. 3.1 Camadas constituintes do pavimento rígido de concreto armado

- Pavimento: Pavimento rígido de concreto armado (f_{ck} = 40 MPa; $f_{a/c}$ ≤ 0,35) (h = 15 cm)
- Sub-base: BGS, CCR ou equivalente (h = 20 cm)
- Reforço de subleito: Material laterítico pertencente às classes LA' ou LG' segundo a classificação MCT, ou equivalente (20 cm a 40 cm)
- Subleito

- camada de revestimento de concreto armado;
- camada de sub-base com espessura máxima de 20 cm;
- camada de reforço de subleito com espessura variável de 20 cm a 40 cm em média;
- camada de subleito.

Há projetistas que suprimem ainda a camada de sub-base ou a de reforço de subleito. Nesse aspecto, este autor é mais conservador e as mantém, com única diferença de adotar uma espessura máxima para a camada de reforço de subleito de cerca de 40 cm, por estar trabalhando com revestimento rígido de concreto armado.

Quando o subleito apresenta boas condições de suporte, sua camada de reforço pode ser suprimida e, nesse caso, fica-se apenas com as seguintes camadas: revestimento, sub-base e subleito. Ou seja, diferentemente de pavimentos flexíveis, graças à sua excelente capacidade de suporte em face de cargas elevadas, os pavimentos rígidos de concreto armado demandam o uso de uma estrutura com um número menor de camadas inferiores de suporte.

Ainda pela presença do pavimento rígido, e não mais do flexível, pode-se adotar uma espessura menor para a camada de sub-base, de cerca de 10 cm a 15 cm, caso se utilize um material como concreto compactado a rolo (CCR), que possui elevado módulo de resiliência, superior ao da brita graduada simples (BGS).

Nos primeiros projetos deste autor, chegou-se a projetar placas sobre uma camada de sub-base de apenas 5 cm de espessura constituída de concreto simples com f_{ck} = 20 MPa, apoiada diretamente sobre a camada de reforço de subleito existente. Isso porque havia um pavimento existente nesse local que, mesmo subarmado, já se encontrava assentado sobre uma camada de reforço de subleito muito antiga e sob excelentes condições. Ou seja, sempre que houver o caso de substituir um pavimento flexível ou rígido, deve-se observar o estado de deformação vertical da camada de reforço de subleito que, por um determinado espaço de tempo, já existia no local absorvendo cargas e se consolidando cada vez mais. Dependendo de seu estado de deformação, é possível reutilizá-la para uma nova camada de sub-base e de revestimento de concreto armado.

Às vezes também, mesmo que o revestimento existente esteja em situação ruim, apresentando deformações verticais, fissuras, trincas ou desagregações, pode-se encontrar uma boa camada de sub-base ou de base existindo abaixo dele há muito tempo, sem deformações excessivas.

Nesses casos de camadas de reforço de subleito e de camadas de sub-base ou de base já existentes, deve-se requisitar um ensaio de carga à compressão.

Para a camada de revestimento, este autor sempre especifica um concreto com elevada resistência característica à compressão, de 30 MPa a 40 MPa, e baixíssimo valor de fator água/cimento ($f_{a/c}$), de no máximo 0,45 a 0,50, sempre procurando trabalhar com $f_{a/c}$ de 0,35 a 0,45, pois, para o revestimento de concreto, as propriedades esperadas são principalmente alta resistência mecânica, alta resistência à abrasão e baixíssima porosidade.

Para a camada de sub-base, entre os diversos materiais pesquisados e estudados até hoje, este autor concluiu que os melhores para essa função, por possuírem elevados valores de módulo de resiliência, são a BGS e o CCR. Vale mencionar que, apesar de elevados, seus valores de módulo de resiliência são inferiores ao do concreto armado constituinte do pavimento rígido.

Este autor já verificou projetos de pavimentos rígidos com o uso de areia como camada de sub-base. Nesse caso, há o risco de fuga de finos (erosão), além de a areia apresentar valor de módulo de resiliência muito inferior ao do concreto constituinte do pavimento. É preciso lembrar que essa redução no valor do módulo de resiliência deve ser gradual, da camada de topo para a camada de fundo.

Para a camada de reforço de subleito, este autor adota material constituinte de solo laterítico ou equivalente com espessura de 20 cm a 40 cm no máximo, pelo fato de o pavimento rígido transferir as tensões para as camadas de maciço de solo de modo mais distribuído, e não de forma concentrada e profunda como ocorre no cenário de pavimento flexível.

Por fim, para a camada de subleito existente, este autor especifica apenas que possua um valor de índice de suporte Califórnia (*California bearing ratio*, CBR) mínimo acima de 3% a 6%. Deve-se ter muito cuidado com essa camada ao analisar o relatório geotécnico, pois, caso haja uma camada de solo muito ruim nessa região, constituída por exemplo de turfa ou de argila marinha, deverá ser pensada uma estratégia de substituí-la por um solo de melhor qualidade para a função de subleito existente. Há casos de fundações em radier, por exemplo, semelhantes a uma placa de pavimento rígido em sua forma, que já sofreram afundamentos e que giraram quando executadas sobre subleitos constituídos de solos de qualidade muito ruim.

Foi tomada como exemplo uma fundação rasa do tipo radier apenas por sua configuração geométrica semelhante à de uma placa de pavimento rígido, que, mesmo distribuindo muito bem as tensões no maciço de solo, poderá sofrer recalques diferenciais leves a acentuados, se não for bem analisado o relatório de estudo geotécnico. Porém, não se pode dimensionar um pavimento rígido do mesmo modo como se dimensiona um radier, uma vez que o radier é dimensionado para cargas estáticas e o pavimento, para cargas dinâmicas, para estresse e para muitos outros requisitos que não se aplicam ao radier.

Um pequeno grau de compactação aplicado à camada de subleito é suficiente, desde que o solo constituinte dela seja composto de um material com resistência superior a cerca de 1 kgf/cm². Abaixo desse valor, até 0,5 kg/cm², exige-se uma análise do engenheiro quanto a seu uso e até a substituição desse solo. No caso de um valor inferior a 0,5 kgf/cm², tem-se um solo típico de brejo, de turfa (matéria orgânica em decomposição e com muitos vazios) ou constituído de argila marinha, por exemplo, que deve ser descartado como camada de subleito.

3.1.1 Papéis das camadas de pavimento

Camada de sub-base

A camada de sub-base localiza-se entre a camada de reforço de subleito (ou subleito, quando a de reforço não existir) e a de revestimento (a placa de concreto propriamente dita) e desempenha um importante papel na estrutura do pavimento por suas funções de:

- *Homogeneização*: o uso de materiais ensaiados em laboratório, com seu respectivo controle de granulometria e demais ensaios, como de limite de liquidez (LL), índice de plasticidade (IP) e sanidade, e com sistema de compactação adequado, assegura a presença de um material mais estável perante as intempéries e mais rígido sob as ações de carregamento, em virtude de a homogeneização resultar em maior uniformização do módulo de reação ao longo do maciço.

  Por exemplo, o emprego de bica corrida em vez de BGS implica diretamente a utilização de um material sem controle algum de granulometria, limite de liquidez, índice de plasticidade, sanidade, formas das partículas etc. Por sua vez, ao executar a placa de concreto sobre um solo qualquer, é grande a probabilidade de ocorrerem problemas de expansibilidade elevada quando em presença de água.

- Evitar o fenômeno de *pumping*, como mencionado na subseção seguinte ("Camada de reforço de subleito").
- *Camada de bloqueio*: quando executada com material granular, este impede a subida de água de capilaridade, que ascende através dos microporos existentes no solo.
- *Drenagem*: a existência de material granular impede o acúmulo de água sob o pavimento, o que poderia danificar a estrutura do próprio subleito.
- *Alívio de tensões sob camadas inferiores*: os solos apresentam módulo de resiliência entre 50 MPa e 80 MPa, os concretos, na ordem de 30.000 MPa, e as sub-bases granulares, entre 300 MPa e 500 MPa. Com isso, verifica-se uma transição de valores de módulos da camada superior à camada inferior, com a camada de sub-base localizada na zona intermediária.

O valor de CBR apresentado em cada camada também deve ser gradativo, ficando a camada de sub-base com CBR ≥ 60% e a camada de subleito com CBR ≥ 20%.

Assim, a partir do momento que se consegue executar uma sub-base com rigidez um pouco mais elevada do que a apresentada pelo subleito e bem menos elevada do que a apresentada pelo revestimento de concreto, consegue-se não só efetuar a transição de carga do revestimento para o subleito como também atenuar as tensões solicitantes que irão para a camada de subleito e/ou reforço de subleito.

Nota: um filme plástico de cor preta com espessura de 0,5 mm é muito utilizado para evitar que o concreto aplicado numa laje de piso ou num pavimento fique em contato direto com o solo. Com isso, evita-se que o concreto perca água de amassamento para o solo por absorção e, ao longo do tempo, cria-se uma barreira que impede a ascensão de umidade pela água de capilaridade através dos microporos do solo; a lona plástica, que é o material mais barato e prático para essa situação, pode derreter diante do grande calor liberado pelo concreto, derivado de sua reação exotérmica.

Camada de reforço de subleito

A camada de reforço de subleito é composta de uma determinada espessura da camada de subleito retirada e recompactada pelo mesmo material constituinte do subleito ou por outro com a possibilidade de aplicar a devida correção quando se julgar necessário, principalmente em função do grau de expansibilidade e do valor de CBR apresentados.

Essa camada desempenha papéis importantes no funcionamento da estrutura do pavimento, tais como evitar o fenômeno de bombeamento (*pumping*), promover a presença de material mais estável e realizar a transferência de tensões.

A fuga de materiais finos pelo fenômeno de *pumping* ocorre pela solicitação de cargas elevadas – principalmente móveis – sobre o pavimento e pela existência de água em excesso sob a placa, que contribuem para a expulsão de solos finos plásticos através das frestas deixadas no pavimento (juntas) ou em seu entorno, colaborando, assim, para a perda de resistência do solo. A utilização de camada de reforço de subleito impede que esse fenômeno aconteça.

Solos pedregulhosos e com teores de argila superiores a 60% são mais suscetíveis à ocorrência desse tipo de problema. Para material granular usado como subleito, por exemplo, a quantidade máxima aceitável de solos finos é dada em função do diâmetro máximo de sua faixa granulométrica, sendo que areias com quantidade superior a 14% de finos em sua mistura não acarretam maiores problemas, ao passo que britas com mais de 10% de finos em sua mistura podem resultar em danos.

A presença de material mais homogêneo e, com isso, mais estável perante ações de intempéries é proporcionada pelo uso de materiais ensaiados em laboratório, com o devido controle tecnológico, na camada de reforço de subleito, ao contrário de utilizar um solo qualquer sem controle algum.

Por fim, essa camada possui também a função de transmitir menores tensões para a camada inferior de subleito, em razão de sua capacidade de suporte incrementada pela constituição de seus materiais, por sistema de compactação adequado etc.

Camada de subleito

O subleito normalmente é constituído de solo e não se deve ignorá-lo, pois é uma importante camada constituinte da estrutura do pavimento. Embora não seja considerado uma camada de engenharia, por ser o material existente in loco, deve-se ao menos analisar se o solo é pobre, por exemplo turfa. Se esse for o caso, é preciso requisitar sua substituição por outro material de melhor qualidade.

3.1.2 Comparativo entre pavimentos rígidos e flexíveis

Esse comparativo, mostrado no Quadro 3.1, é importante e pode ser útil quando da solicitação de um relatório técnico para justificar o emprego de pavimento rígido ou flexível em uma determinada situação.

Adicionalmente, o gráfico da Fig. 3.2, elaborado pela Associação Brasileira de Cimentos Portland (ABCP), apesar de ser antigo e não trazer os valores em reais para o ano de 2022, mostra duas informações-chave:

- o retorno financeiro do pavimento de concreto inicia-se aproximadamente a partir do sexto ano;
- o pavimento de asfalto gera um custo superior ao do pavimento de concreto, com uma diferença equivalente a cerca de 35% ao longo de 30 anos.

> O material complementar *Notas sobre pavimentos flexíveis* traz mais informações sobre pavimentos flexíveis e suas anomalias. Você pode fazer o *download* desse material por meio do QR Code ao lado ou no endereço <https://www.lojaofitexto.com.br/pavimentos-industriais-concreto/p>.

Quadro 3.1 Comparativo entre pavimentos de concreto e de asfalto

	Concreto	Asfalto
Desempenho	Resistente a produtos químicos, óleos, intempéries, calor e sobrecargas imprevistas	Fortemente afetado por produtos químicos, óleos, intempéries e temperatura elevada; forma trilha de rodas. Por exemplo, o próprio óleo é um solvente para o asfalto, alterando sua consistência e gerando ondulações na presença de cargas pesadas
Interferências	Espessura total menor, com menos interferências em lençol freático e dutos	Espessura total maior, com mais interferências
Construção	Interdição de uma faixa por vez e compactação menos rigorosa	Interdição das duas vias e compactação mais rigorosa, com acompanhamento de ensaios de laboratório
Manutenção	Pesada só após 30 anos de uso	Reparos com remendos e substituições a partir de cinco anos de uso; causa danos aos veículos
Segurança	Risco de aquaplanagem reduzido, maior visibilidade à noite, maior aderência em dias de chuva	Péssima reflexão de luz, superfície lisa e escorregadia, risco de aquaplanagem maior, menor visibilidade à noite e menor aderência em dias de chuva
Meio ambiente	Redução na emissão de gases poluentes, devido à maior economia de combustível	Criação de bolsões de calor; emissão de gases maior, com 11% a mais de gasto de combustível para caminhões, se comparado ao do concreto, devido à maior resistência que o pavimento de asfalto oferece aos pneus, por ser mais flexível, instável, deformável
Economia	Custo inicial maior, mas se igualando ao do asfalto após 3,5 a 5 anos, em face das manutenções deste último; economia de energia elétrica; com cerca de 20 anos de uso, o pavimento asfáltico custa 60% a mais que o de concreto	
Custo com iluminação da via (um ano)	3,35 kWh/m² = US$ 0,67/m²	5,35 kWh/m² = US$ 1,00/m²

3.2 Parâmetros relacionados às camadas de pavimento

3.2.1 Compactação

A compactação visa aumentar a compacidade de um determinado solo por meio da redução dos vazios presentes, o que é feito através de esforços mecânicos. Esse procedimento deve conferir ao solo aumento da densidade e da resistência, redução da compressibilidade e da permeabilidade, e aumento da estabilidade, independentemente das condições climáticas ao longo dos anos, com potencial de futuros recalques reduzido.

Para a determinação experimental da correlação entre a massa específica aparente seca (γ_s) de um aterro, sua umidade h e a energia utilizada para sua compactação, adota-se o chamado ensaio de compactação, idealizado por Ralph Proctor em 1933. Por esse ensaio chega-se à conclusão de que há uma umidade ótima, para compactar o solo, para cada energia de compactação (peso do rolo compressor e número de passadas por camada). A essa umidade corresponde uma densidade máxima do solo atingida por sua compactação.

No ponto correspondente à umidade ótima, a espessura de filmes d'água é próxima à suficiente para saturar os vazios correspondentes à máxima densidade possível de ser obtida com o esforço de compactação empregado.

Na Fig. 3.3 é mostrado o ensaio de uma amostra seca e de uma amostra úmida de solo, com um resumo dos resultados obtidos a partir da compactação com um martelo de massa de 4,5 kg aplicado em cada uma das três camadas da amostra. Ao plotar os gráficos finais, observou-se que, para uma umidade ótima de 4,5%, o solo apresentou uma densidade máxima de cerca de

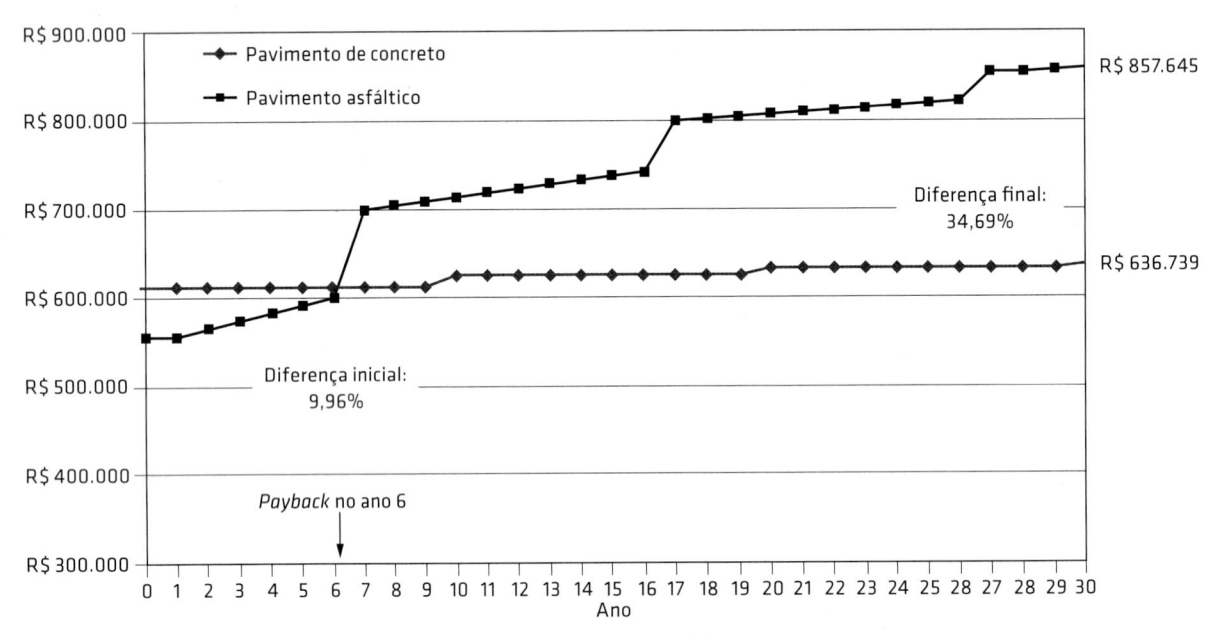

Fig. 3.2 Gráfico comparativo entre custos de pavimentos de concreto e de asfalto

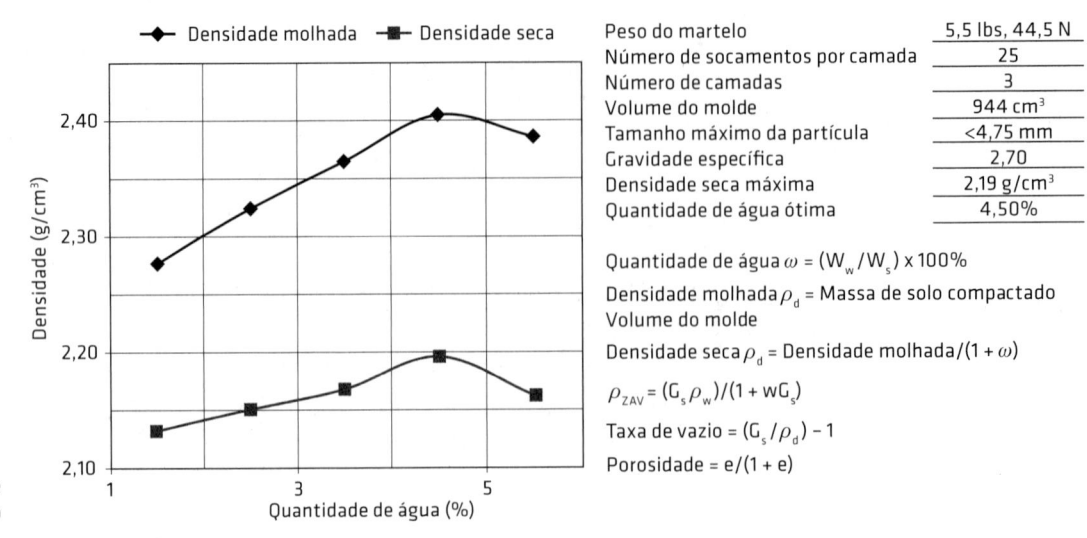

Peso do martelo	5,5 lbs, 44,5 N
Número de socamentos por camada	25
Número de camadas	3
Volume do molde	944 cm³
Tamanho máximo da partícula	<4,75 mm
Gravidade específica	2,70
Densidade seca máxima	2,19 g/cm³
Quantidade de água ótima	4,50%

Quantidade de água $\omega = (W_w/W_s) \times 100\%$

Densidade molhada ρ_d = Massa de solo compactado / Volume do molde

Densidade seca ρ_d = Densidade molhada/$(1 + \omega)$

$\rho_{ZAV} = (G_s \rho_w)/(1 + wG_s)$

Taxa de vazio = $(G_s/\rho_d) - 1$

Porosidade = $e/(1 + e)$

Fig. 3.3 Ensaio de compactação

2,42 g/cm³ para a amostra umedecida e de 2,19 g/cm³ para a amostra seca.

Porém, observe-se que a densidade aumenta até o ponto em que se encontra a umidade ótima, começando a despencar logo em seguida, o que indica que a quantidade de água influencia o aumento da resistência do solo até certo ponto. Isso se deve ao fato de a água agir como um lubrificante que envolve cada partícula de solo, permitindo que as partículas se rearranjem mais facilmente e se reorientem até se acomodarem de forma mais compacta, apertada, de um grão em relação ao outro. Por esse motivo é que a amostra umedecida da Fig. 3.3 atinge maior densidade do que a amostra seca para uma mesma quantidade de energia aplicada. Com isso, é provado que, para cada amostra de solo, há um certo percentual de umidade a partir do qual se extrai a máxima capacidade de densidade do solo.

Assim, num ensaio de escala reduzida de laboratório, obtém-se a umidade ótima a partir do impacto de um martelo padronizado de 4,5 kg. Com base nesse ensaio reduzido, o laboratorista informa ao engenheiro de campo a quantidade de água a ser aplicada na camada de solo e a quantidade de passadas a serem efetuadas por um rolo compactador de determinada massa, a fim de obter a máxima resistência no campo. Por causa da diferença de realidade dos ensaios feitos em laboratório (pequenas amostras) e em campo (volume muito maior de solo) é que se especifica que o solo deve ser compactado a 95% ou 98% do Proctor Normal; também se usa o parâmetro de Proctor Modificado para casos específicos.

Desse modo, no campo, procura-se irrigar o solo com a quantidade de água necessária em função do índice de umidade ótima obtido em laboratório. Na Fig. 3.4 ilustra-se o umedecimento do solo por caminhão-tanque. Como já mencionado, note-se que, no laboratório, a amostra retirada do campo é ensaiada em menor escala e que, no campo, as proporções de solo são bem maiores, motivo pelo qual, na prática e in loco, são muito mais elevados os esforços de irrigação e de compactação e os esforços de controle destes últimos.

A umidade ótima e a massa específica aparente seca máxima, obtidas num ensaio de compactação, dependem também da natureza do solo. O esforço de compactação, por sua vez, será mais ou menos efetivo conforme a granulometria e a plasticidade do solo. Os solos são compactados pelo efeito do esforço de pressão, de impacto ou de vibração ou pela combinação de dois ou de todos esses esforços.

A correlação mais clássica entre a resistência do solo e um certo grau de umidade é aquela exemplificada pela situação de estar com os pés descalços na areia da praia à beira do mar. Após a água molhar seus pés e a areia à sua volta, você percebe que afunda um pouco na areia em razão de seu peso. A água então retorna para o mar e volta numa leve marola a molhar seus pés e a areia novamente, e você afunda um pouco mais. Isso se dá pelo fato de que, quanto mais água existe no solo, maior é a poropressão e menor é a tensão efetiva (Fig. 3.5).

Por outro lado, à medida que a areia é compactada e a água é expulsa gradualmente, a poropressão é reduzida e a tensão efetiva do solo é aumentada. Nesse caso, mesmo que o peso de um carro esteja sendo aplicado sobre a areia umedecida da praia, os grãos de areia não sofrem afundamento excessivo como o provocado pelo peso das pessoas na Fig. 3.5.

Outro caso extremo se refere ao solo seco, não umedecido. Na Fig. 3.6, por exemplo, nota-se a poeira subindo no entorno do rolo compactador liso, o que mostra que o

Fig. 3.4 Umedecimento do solo no campo por meio de um caminhão-tanque

Fig. 3.5 Areia muito molhada, ou seja, com elevada poropressão

Fig. 3.6 Solo seco, não umedecido

terreno está seco. Aplicar uma energia de compactação num solo seco por diversas vezes se traduz em dispêndio de energia e de tempo, pois, com o solo umedecido na umidade ótima, obtêm-se maiores valores de densidade e de compacidade com menos passadas do rolo compactador.

Para situações de solos arenosos e granulares, utiliza-se o rolo compactador liso e, para solos argilosos, o rolo compactador pé de carneiro.

Cabe mencionar que os solos, quando compactados na umidade ótima, não apresentam suas resistências máximas, mas sim suas máximas resistências estáveis, isto é, que não variam muito com uma saturação posterior. Em outras palavras, não se tem uma resistência máxima na umidade ótima, mas sim uma maior estabilidade, traduzida numa menor redução da resistência com o aumento do teor de umidade causado pelas chuvas. Ou seja, na compactação, procura-se obter uma densidade máxima por meio da qual se tenha uma maior estabilidade diante de variações climáticas, e não uma resistência máxima.

Também é possível afirmar que, para obter uma boa compactação, não é suficiente especificar somente que o grau de compactação seja superior a, por exemplo, 95% do ensaio normal, nem que a resistência obtida, por exemplo, com a agulha de Proctor seja superior a um determinado valor. É necessário especificar também o grau de compactação, a umidade do solo a ser compactado e o equipamento a ser utilizado (energia de compactação).

Não é, portanto, verdade que a melhor compactação é aquela em que se consegue a maior resistência. Ou seja, um aterro bem compactado não deve apresentar apenas grande resistência, mas também se mostrar estável e independente das condições climáticas.

Curva de compactação
Ao umedecer uma determinada porção de solo, passa a existir água e ar no entorno de cada grão. À medida que se inicia a compactação, os grãos tendem a ficar mais próximos, reduzindo os espaços entre si, com uma tendência de expulsão da água e do ar, transformando os macroporos em microporos e aumentando sua massa específica.

Para um baixo teor de umidade, tem-se um alto atrito entre as partículas do solo, o que dificulta a compactação. Ao aumentar o teor de umidade, passa a existir uma lubrificação entre as partículas, promovendo um aumento da compactação e facilitando a saída de ar dos vazios do solo.

Variando-se a umidade para uma dada energia de compactação, consegue-se traçar a chamada curva de compactação, onde se obtém o teor de umidade ideal para cada energia de compactação, através do qual é possível calcular a massa específica máxima do solo, denominando-se essa umidade de ótima ($h_{ót}$).

Na Fig. 3.7 é mostrado o modelo de uma curva de compactação, ao passo que na Fig. 3.8 se apresentam as curvas de compactação típicas para vários tipos de solo. Em ambas as figuras, há uma curva contínua que passa rente aos gráficos, denominada curva de saturação. Pontos de valores máximos bem definidos nos gráficos indicam a presença de solos bem graduados, como no caso de solos arenosos lateríticos.

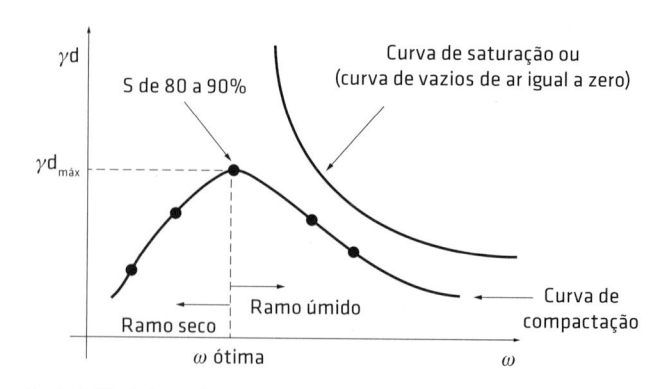

Fig. 3.7 Modelo padrão de curva de compactação

Os valores típicos de umidade ótima e massa específica aparente seca máxima são os seguintes:

- solos argilosos ($h_{ót}$ = 25% a 30%; $\gamma_{S\,máx}$ = 14 kN/m³ a 15 kN/m³);
- solos siltosos (valores baixos para $\gamma_{S\,máx}$ e curvas bem abatidas);
- areias com pedregulhos bem graduadas ($h_{ót}$ = 9% a 10%; $\gamma_{S\,máx}$ = 20 kN/m³ a 21 kN/m³);
- areias finas argilosas lateríticas ($h_{ót}$ = 12% a 14%; $\gamma_{S\,máx}$ = 19 kN/m³) – os solos lateríticos caracterizam-se por apresentar um ramo seco bem íngreme.

Energia Proctor

Na década de 1940, R. R. Proctor e O. J. Porter definiram cientificamente a energia de compactação como o trabalho executado para a redução do volume de um determinado solo sob uma dada umidade.

$$EC = (n \cdot P \cdot h)/Vol. \qquad (3.1)$$

em que:
EC é a energia de compactação;
n é o número de golpes;
P é o peso do soquete;
h é a altura da queda;
Vol. é o volume de solo.

Há três tipos de energia Proctor, cujas curvas de compactação são apresentadas na Fig. 3.9:

- Proctor Normal (PN), que equivale a 5,95 kgf · cm/cm³ e é geralmente usado em solos argilosos e siltosos;
- Proctor Intermediário (PI), que equivale a 12,9 kgf · cm/cm³ e é geralmente usado em solo-brita e solo-cimento;
- Proctor Modificado, que equivale a 27,4 kgf · cm/cm³ e é geralmente usado em solos granulares.

Métodos de compactação

A compactação pode ser estática, por vibração e por impacto. A *compactação estática* é aplicada por meio de rolos estáticos (cilindro liso, de pneus e pé de carneiro) e resulta inicialmente em deformações plásticas no solo, e, à medida que a densidade aumenta, vão prevalecendo as deformações elásticas. A *compactação por vibração* é realizada através de rolos e compactadores vibratórios e ocasiona o deslocamento de sucessivas ondas de pressão que movimentam as partículas do solo, reduzindo o atrito entre elas. A *compactação por impacto* é aplicada por meio de apiloadores e cargas de impacto e gera uma onda de pressão que atua até grandes profundidades do solo.

Fatores que influenciam a compactação

A *energia de compactação* (E) depende do peso do equipamento (P), do número de passadas por um determinado trecho (N), da velocidade do rolo (V) e da espessura da camada a ser compactada (e):

$$E = f(P \cdot N)/(V \cdot e) \qquad (3.2)$$

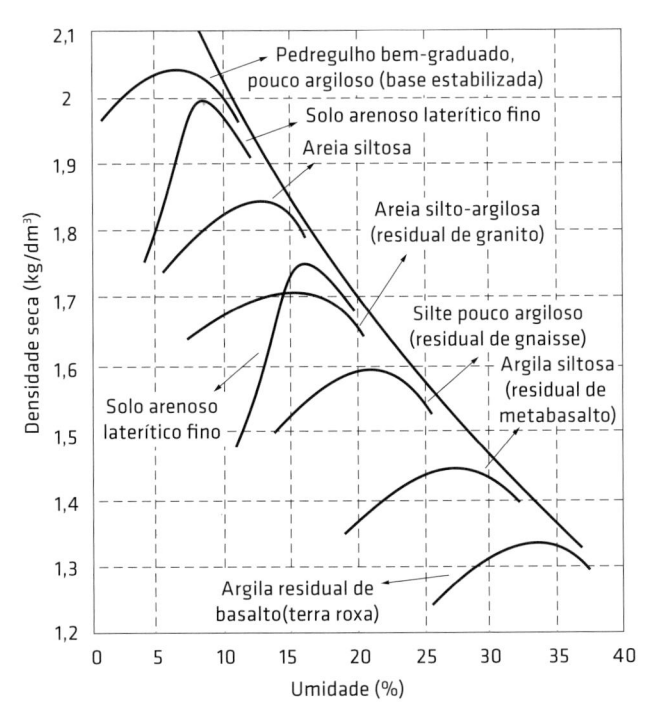

Fig. 3.8 Curvas de compactação típicas para vários tipos de solo

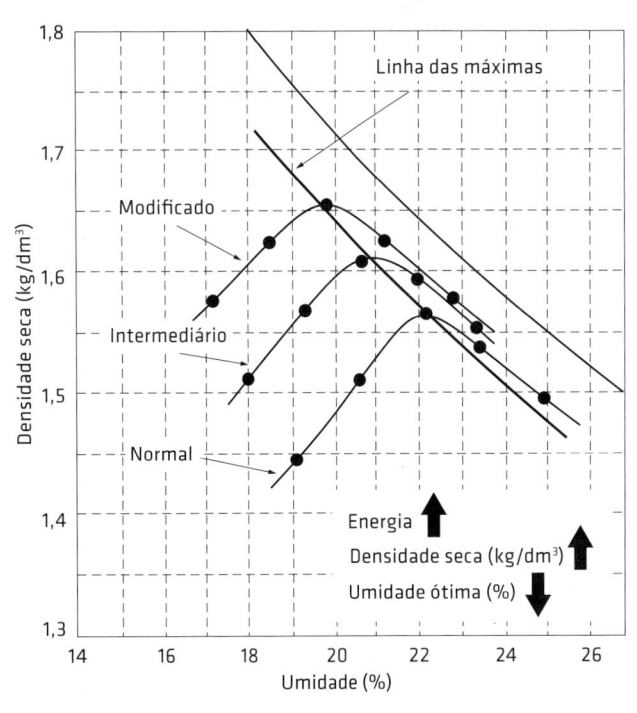

Fig. 3.9 Curvas de compactação para os três tipos de energia Proctor

O *número de passadas* depende das características do rolo compressor, do substrato, do agregado e do ligante e está atrelado ao tempo de aplicação, em que a eficiência das passadas tende a diminuir com o aumento de seu número. É necessária uma avaliação subjetiva, por inspeção visual, do resultado da compressão de um trecho-teste para a determinação do procedimento mais adequado para a execução e do número ótimo de passadas do rolo (ver subseção "Aterros experimentais", mais à frente).

A *espessura da camada* a ser compactada está diretamente ligada às características do solo e do equipamento. Normalmente se fixam valores de espessuras máximas de 30 cm ou, para materiais granulares, de 20 cm.

Em relação à *umidade*, quando a umidade do solo é inferior a $h_{ót}$, utiliza-se irrigação por meio de caminhão-tanque com barra de distribuição e bomba hidráulica. Quando a umidade do solo é superior a $h_{ót}$, emprega-se aeração, com exposição do solo ao vento e ao sol e espalhamento por arados, grades, pulvimisturadores ou motoniveladores.

Quanto à *homogeneização*, a camada de solo deve ser pulverizada de forma homogênea, evitando-se torrões secos ou muito úmidos, blocos e fragmentos de rocha.

No que diz respeito à *velocidade de rolagem*, observa-se que o material solto apresenta maior resistência à rolagem, reduzindo a velocidade e pedindo por maior esforço de compactação nas primeiras passadas. O efeito de vibração se apresenta bem mais eficiente com uma menor velocidade.

Em relação à *amplitude* e à *frequência*, o aumento da amplitude produz maior efeito de compactação do que o aumento da frequência. A partir do momento que se atinge a condição de ressonância, há incremento das densidades.

Equipamentos e procedimentos utilizados na compactação

São empregados rolos compressores, classificados como lisos, vibratórios, pneumáticos, pé de carneiro, combinados e especiais, e outros equipamentos.

O *rolo liso* utiliza um tambor de aço para aplicar carga no solo. Esse tambor pode ser preenchido com água, areia ou pó de pedra, de modo a aumentar a energia de compactação.

O *rolo vibratório* é constituído por um ou dois tambores de aço com pesos giratórios. Aliados a excentricidades em relação ao eixo, esses pesos são responsáveis pela vibração a certa frequência (1.000 ciclos/min a 4.800 ciclos/min) dos tambores, a qual cria uma força dinâmica que, adicionada ao peso próprio do equipamento, aumenta o esforço de compactação. As vibrações podem ser ajustadas de modo que entrem em ressonância com as partículas do solo, apresentando maior rendimento a baixas velocidades. O rolo vibratório é utilizado na compactação de solos granulares (areias, pedregulhos e britas) lançados em camadas iguais ou inferiores a 15 cm.

O *rolo pneumático* é uma plataforma apoiada em eixos com número variável de pneus (três a seis). A pressão interna dos pneus é que dita a pressão de contato no solo. Esse equipamento pode ser aplicado em quase todos os tipos de solo, especialmente solos arenosos finos em camadas de até 40 cm.

O *rolo pé de carneiro* consiste de um tambor de aço com saliências (patas) dispostas em fileiras alternadas (90 a 120 patas por rolo). O pisoteamento promovido propicia o entrosamento entre as camadas compactadas. Com o aumento da compactação, a penetração das patas no solo tende a reduzir, resultando numa maior pressão de contato. Esse equipamento pode ser utilizado na compactação de solos coesivos (argilas e siltes) em camadas de 10 cm a 20 cm.

Os *rolos combinados* representam uma combinação de equipamentos básicos, como rolos pé de carneiro com dispositivo vibratório. Já os *rolos especiais* são o rolo de grade, em cuja superfície lisa é solidarizada grade de malha quadrada e que é utilizado na compactação de solo granular ou muito atorroado, e o rolo de placas, em cuja superfície lisa são solidarizados segmentos e placas descontínuas.

Outros equipamentos e procedimentos são os compactadores de impacto/vibratórios, a queda livre de grandes pesos e a vibroflotação.

Os *compactadores de impacto/vibratórios* podem ser pilões manuais, pilões à explosão (sapos mecânicos) e soquetes a ar comprimido e são aplicados em quase todos os tipos de solo, em operações complementares ou em áreas restritas e fechadas. A *queda livre de grandes pesos* é um sistema usado na compactação de aterros e terrenos naturais de grande espessura. Por fim, a *vibroflotação* é um procedimento que adota um equipamento vibratório com injeção de água.

Na Tab. 3.1 e na Fig. 3.10 são apresentados os equipamentos a empregar em função do tipo de solo.

Procedimentos gerais para a compactação de aterros e bases

Os procedimentos gerais de compactação, tanto para aterros como para bases, podem ser definidos com as seguintes operações de campo:

- Lançamento de camadas de solo com o material fofo com espessuras superiores a 15 cm e inferiores a 30 cm, controladas por meio de estacas. Depois de compactadas, essas camadas não devem possuir mais do que 20 cm de espessura média.

Tab. 3.1 Tipo de equipamento utilizado para compactar cada tipo de solo

Equipamento	Peso máximo (tf)	Espessuras máximas (cm)	Uniformidade da camada	Tipo de solo
Pé de carneiro estático	20	40	Boa	Argilas e siltes
Pé de carneiro vibratório	30	40	Boa	Misturas – areia com silte e argila
Pneumático leve	15	15	Boa	Misturas – areia com silte e argila
Pneumático pesado	35	35	Muito boa	Praticamente todos
Vibratório com rodas metálicas lisas	30	50	Muito boa	Areias, cascalhos, materiais granulares
Liso metálico estático (três rodas)	20	10	Regular	Materiais granulares, brita
Grade (malhas)	20	20	Boa	Materiais granulares ou em blocos
Combinados	20	20	Boa	Praticamente todos

Nota: as espessuras máximas indicadas se referem às camadas após compactação. Recomenda-se espessura mínima de 10 cm e máxima de 30 cm.

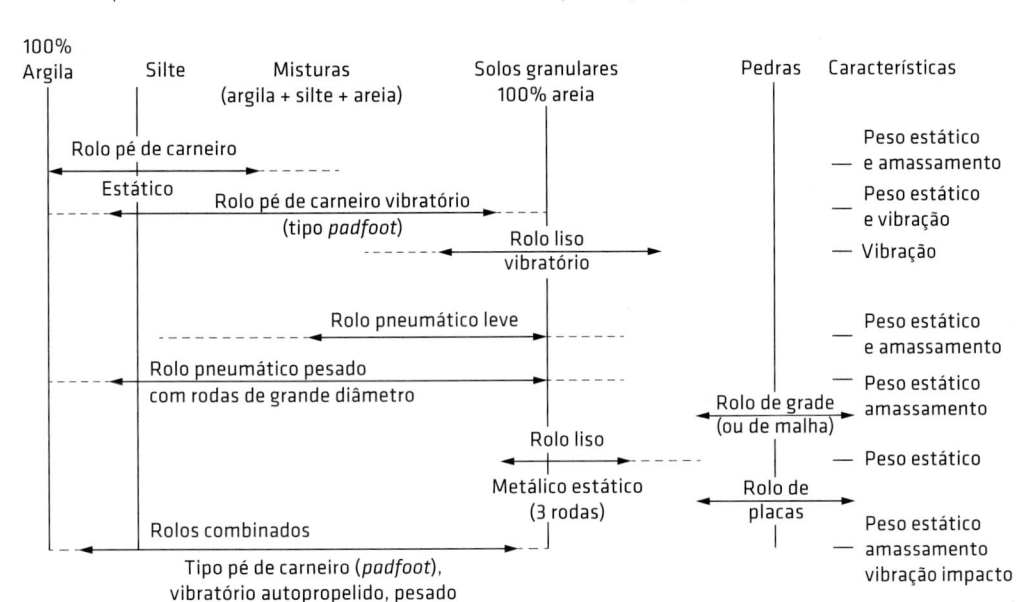

Fig. 3.10 Faixas de aplicação de cada tipo de compactador de solo

- Manutenção da umidade do solo próxima à umidade ótima. Na umidade ótima, o solo pode ser aglutinado em bolas por esforço da mão, sem sujar a palma. A correção da umidade é feita por secagem do solo acompanhada de aeração por meio de arado de discos ou, pelo contrário, por meio de caminhões e irrigadeiras.
- Homogeneização, com o uso de escarificadores e arados de disco, das camadas a serem compactadas, tanto quanto à umidade como quanto ao material constituinte.
- Passagem do compressor pé de carneiro até que ele não consiga imprimir marcas de suas patas, no solo, com mais de 5 cm de profundidade. Se a compactação for feita com compressor de pneus, haverá a formação de uma superfície lisa, que depois deverá ser escarificada numa profundidade máxima de 5 cm, para fazer uma ponte de ligação com a próxima camada.

Esses procedimentos de compactação, embora práticos e fundamentais, devem ser controlados por ensaios de laboratório.

É necessário, então, além das normas gerais, especificar que:

- O material deve ser lançado na umidade ótima, com uma tolerância máxima de ±2%.
- Cada camada deve ser compactada até atingir um grau de compactação de, no mínimo, 95%, como exige a maioria das especificações, definindo-se o grau de compactação como a relação entre a massa específica aparente seca medida no campo e aquela máxima obtida em ensaio de laboratório. Isto é:

$$G_C = \left[(\gamma_{S\,campo})/(\gamma_{S\,máx\,laboratório})\right] \cdot 100 \quad (3.3)$$

em que:

G_C é o grau de compactação;

$\gamma_{S\,campo}$ é a massa específica aparente seca medida no campo;

$\gamma_{S\,máx\,laboratório}$ é a massa específica aparente seca medida em laboratório.

- Os parâmetros de compactação $\gamma_{S\,máx}$ e $h_{ót}$ devem ser obtidos com ensaios feitos segundo normas compatíveis com o equipamento adotado. Sabe-se que, no ensaio normal de compactação, o solo é compactado sob uma energia por unidade de volume (60 tf · m/m³) semelhante à dos pés de carneiro leves (5 tf a 7 tf) passando cerca de 12 vezes sobre uma camada de 30 cm de espessura. O Proctor Modificado, cuja energia é de 135 tf · m/m³, corresponde aos pés de carneiro pesados (mais de 15 tf).

Controle de compactação no campo

Esse controle visa comparar os valores entre os graus de compactação obtidos e o especificado e determinar o teor de umidade e o peso específico da massa de solo compactado.

O teor de umidade é obtido por meio do *speedy moisture test* ou do método da frigideira. O peso específico é definido por meio do método do frasco de areia, do método do cilindro cortante ou do *nuclear moisture density meter* (ou *nuclear gauge*). Este último é baseado na emissão de raios gama e nêutrons, com a reflexão desses elementos relacionada com a densidade e a umidade, respectivamente.

Quanto à frequência de controle, deve-se realizar um ensaio de compactação e um controle de densidade para cada 1.000 m³ de material compactado. Para camadas finais, deve-se proceder a um controle de densidade para cada 100 m de extensão, alternativamente no centro e nas bordas.

Outros métodos de controle são o método de Hilf, o método das famílias de curvas de compactação e as relações empíricas estabelecidas com base em estudos estatísticos.

Uso de aparelhos para a determinação indireta, no campo, da umidade de uma amostra

Entre os aparelhos utilizados para determinar indiretamente, no campo, a umidade de uma amostra está o *speedy*, que consta de uma câmara onde se solta um gás que absorve a água do solo e, tendendo a aumentar seu volume, provoca o aparecimento de pressão na câmara. Deve ser feita então uma taragem (calibração) do aparelho correlacionando os teores de umidade do solo que se está usando com as pressões medidas por um manômetro.

Outro meio de determinar a umidade é medir a resistividade da amostra compactada e relacioná-la com as umidades do solo em uso.

Finalmente, outro processo é utilizar um aparelho que define, por meio da difusão de isótopos radioativos no solo, não só sua umidade, como também sua densidade. Como é provido com fontes de isótopos radioativos, esse aparelho apresenta as desvantagens de preços elevados e necessidade de cuidados de segurança contra a radioatividade.

No Canadá, utiliza-se muito o equipamento portátil de isótopos radioativos (Fig. 3.11), e o operador deve ser muito bem treinado para empregá-lo, da instalação à desmontagem, além de ter cuidado com os operários em volta do aparelho.

Fig. 3.11 Aparelho *nuclear gauge* usado numa obra de pavimentação no Canadá

Aterros experimentais

Em termos práticos, é necessário informar à equipe de campo a quantidade de vezes que um determinado rolo compressor deve passar sobre um determinado solo a fim de atingir o grau de compactação desejado. Para esse fim, pode-se tomar como referência um aterro experimental ou as primeiras camadas de solo da obra a serem compactadas.

A largura do aterro deve ser suficiente para que o rolo consiga realizar o percurso por um lado e retornar pelo outro, ao passo que a espessura de cada camada deve ser no máximo de 30 cm, com o solo em estado fofo. Cada trecho da faixa deve apresentar umidade em torno da ótima.

Então as camadas são compactadas com o equipamento escolhido, determinando-se, em cada trecho, as massas específicas e as umidades ao final de 2, 4, 6, 8, 16 e 32 passadas. Com os resultados colhidos em campo, traçam-se as curvas de número de passadas (N) × massa específica aparente seca (γ_S), com as quais se pode definir o número de passadas ideal.

Uma dessas curvas indicará o $\gamma_{S\ máx}$ de campo para os esforços de compactação do equipamento utilizado. Se, por um lado, o resultado de campo para $\gamma_{S\ máx}$ atinge um valor inferior ao do $\gamma_{S\ máx}$ de laboratório obtido no aterro experimental, o equipamento de compactação empregado não satisfaz. Se o resultado para $\gamma_{S\ máx}$ de campo fica em torno de ±0,15 em relação ao $\gamma_{S\ máx}$ de laboratório, é considerado satisfatório. Se, por outro lado, o $\gamma_{S\ máx}$ de campo fica superior ao $\gamma_{S\ máx}$ de laboratório, pode-se ainda corrigi-lo definindo o número de passadas necessário para levar ao resultado desejado.

Considerações gerais

Quando a umidade de um solo resulta abaixo da umidade ótima, pode-se aumentar a energia de compactação e tentar melhorá-la. Porém, quando a umidade resulta acima da ótima, há a formação de superfícies de rupturas, denominadas borrachudos.

Deve-se procurar trabalhar com valores de CBR sempre superiores a 6% e com expansão inferior a 2%. Para camadas de reforço de subleito e/ou de base, deve-se sempre trabalhar com CBR ≥ 20% e expansão inferior a 1%.

Além dos ensaios tradicionais de controle de compactação, como o do frasco de areia, há uma prova simples e eficaz, que é a passagem de um caminhão carregado sobre o subleito recém-compactado, cuja trilha de roda não deve causar afundamentos superiores a 10-12 mm (ACI).

▸ Exemplo

Seja o caso da curva do ensaio de Proctor da Fig. 3.12, que mostra uma densidade aparente seca máxima de 1.950 kg/m³ e uma umidade ótima de 15%. Considere-se que, na especificação de serviço, é determinado um Proctor Normal de 95%.

Se a especificação do projeto requisita 95% do Proctor Normal, a densidade aparente seca mínima para manter esse valor de Proctor viável é de:

$$0{,}96 \times 1.950 \text{ kg/m}_3 = 1.853 \text{ kg/m}^3$$

Essa é a densidade seca do material de campo, e o ideal é que se atinja esse valor com o menor número de passadas do rolo compactador.

Pelo gráfico, ao traçar uma linha horizontal até o valor do teto mínimo de densidade seca, de 1.853 kg/m³, indica-se um intervalo de umidade ótima no qual o engenheiro de campo precisa se manter, ou seja, entre 13% e 17,3%.

Portanto, se a umidade estiver dentro desse intervalo, o valor de densidade seca requisitado será atingido. E, ao contrário, se o valor de umidade ótima estiver fora desse intervalo, isto é, abaixo de 13% ou acima de 17,3%, será mais difícil atingir a densidade máxima requisitada, pois deverá ser aplicada mais energia de compactação para obter o mesmo valor de densidade seca máxima. Ou seja, mais passadas de rolo compactador deverão ser aplicadas para alcançar a mesma densidade seca máxima, em caso de o valor de umidade ótima estar localizado fora do intervalo de 13% a 17,3%. Mas, se o valor de umidade ótima se situar muito além dos limites de 13% e de 17,3%, será praticamente impossível atingir o valor de densidade seca máxima.

Quando o valor de umidade ótima estiver ligeiramente abaixo de 13%, será preciso umedecer o solo um pouco mais, e, quando estiver acima de 17,3%, será preciso secá-lo um pouco mais. Em outras palavras, deverá proceder-se a mais umedecimento ou mais secagem, se o valor de umidade ótima estiver mais para a esquerda ou para a direita, respectivamente.

Ainda como exercício a respeito desse ensaio, imagine-se que o engenheiro conseguiu atingir uma densidade seca de campo de 1.732 kg/m³. Ao dividir esse valor pela densi-

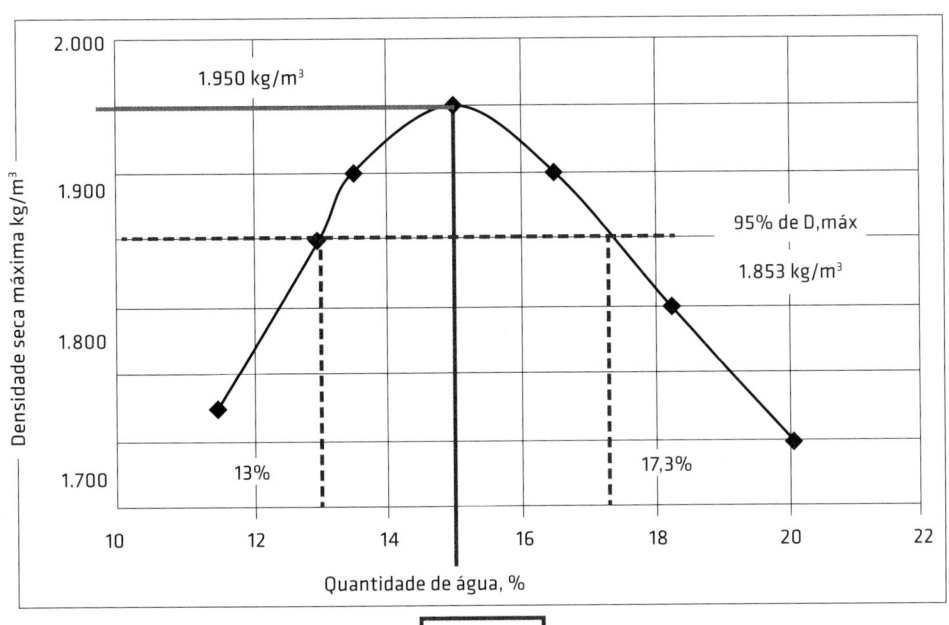

Fig. 3.12 Ensaio de Proctor Normal

dade aparente seca máxima, correspondente a 1.950 kg/m³ segundo o ensaio de laboratório, chega-se ao seguinte valor:

Compactação relativa (%) = densidade seca de campo/densidade aparente seca máxima do ensaio de sondagem à percussão (SPT) ⇒ Compactação relativa (%) = 1.732 kg/m³/1.950 kg/m³ ⇒ Compactação relativa (%) = 0,8882 = 88,82%

Ou seja, como a compactação de campo obtida é de 88,82% e a compactação exigida é de 95% do Proctor Normal, o valor está abaixo do requerido e o processo de compactação precisa ser melhorado. No entanto, como dito anteriormente, quanto mais distante do intervalo de 13% a 17,3% o valor de umidade ótima estiver, mais difícil será atingir a compactação a 95% do Proctor requisitada para essa obra.

No Canadá, o valor de umidade ótima é designado como *optimum moisture content* (OMC) e a densidade aparente seca máxima é definida como *maximum dry density* (MDD).

3.2.2 Índice de suporte Califórnia (CBR)

O índice de suporte Califórnia ou californiano (*California bearing ratio*, CBR) foi introduzido por Porter em 1929 e é um índice de resistência referente ao solo compactado.

Na Fig. 3.13 é apresentada uma correlação entre o CBR, a massa específica aparente seca e o número de golpes.

Solos compactados na umidade ótima e na massa específica aparente seca máxima apresentam os máximos valores de resistências estáveis, ou seja, as menores variações quando saturados. Na umidade ótima, tem-se o valor máximo do CBR saturado.

Por meio de ensaios ou correspondências com os valores de CBR, é possível obter também o módulo de reação (*k*), que é uma propriedade do solo que representa a tensão capaz de provocar um deslocamento unitário no terreno.

Já a correlação entre o CBR e o módulo de elasticidade é dada por:

$$E = 65 \cdot CBR^{0,65} \text{ (kgf/cm}^2\text{)} \quad (3.4)$$

Por fim, na Tab. 3.2 apresentam-se os valores prováveis de CBR para os solos dos grupos MCT e TRB.

Tab. 3.2 Valores prováveis de CBR para os grupos MCT e TRB

MCT		TRB	
Solos	CBR (%)	Solos	CBR (%)
GW	40 a mais de 80	A-1-a	40 a mais de 80
GP	30 a mais de 60	A-1-b	20 a mais de 80
GM	20 a mais de 60	A-2-4 e A-2-5	25 a mais de 80
GC e SW	20 a 40	A-2-6 e A-2-7	12 a 30
SP e SM	10 a 40	A-3	15 a 40
SC	5 a 20	A-4	4 a 25
ML, CL, CH	15 a menos de 2	A-5	Menos de 2 a 10
MH	10 a menos de 2	A-6 e A-7	Menos de 2 a 15
OL, OH	5 a menos de 2		

3.2.3 Módulo de resiliência

Até a década de 1970 empregaram-se no Brasil métodos de dimensionamento para obter a capacidade de suporte dos pavimentos em termos de ruptura plástica sob carregamento estático, ou seja, o valor do CBR. Observou-se que boa parte da malha apresentou uma deterioração prematura atribuída à fadiga dos materiais gerada pela contínua solicitação dinâmica pelo tráfego. Com isso, procurou-se introduzir os estudos de resiliência, visando a uma avaliação mais realista dos pavimentos.

A deformação resiliente é a deformação elástica (recuperável) da estrutura do pavimento sob ação de cargas solicitantes repetidas, que não dependem apenas das tensões aplicadas, e sim de diversos fatores não considerados no conceito convencional de elasticidade.

As deformações dos pavimentos são medidas em provas de carga por meio do uso da viga Benkelman.

O método da resiliência é baseado no método de análise mecanística, em que se calcula a deformação máxima da estrutura do pavimento com base na expectativa de vida de fadiga.

Os solos granulares são classificados, quanto à resiliência, em:

- *grupo A*: solos com grau de resiliência elevado que não devem ser empregados em estruturas de pavimentos e constituem subleitos de péssima qualidade;
- *grupo B*: solos com grau de resiliência intermediário que podem ser empregados em estruturas de pavimentos como base, sub-base e reforço de subleito;

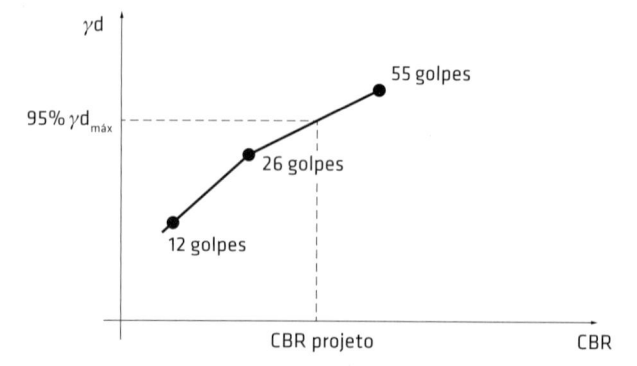

Fig. 3.13 Correlação entre CBR, massa específica aparente seca e número de golpes

- *grupo C*: solos com grau de resiliência baixo que podem ser empregados em todas as camadas do pavimento, resultando em estruturas com baixas deflexões.

Já os solos finos são divididos, com relação à mesma propriedade, em (Tab. 3.3):
- *solos tipo I*: solos com grau de resiliência baixo que apresentam bom comportamento na função de subleito e de reforço de subleito, com possibilidade de utilização na camada de sub-base;
- *solos tipo II*: solos com grau de resiliência intermediário que apresentam comportamento regular na função de subleito e cujo uso como reforço de subleito requer estudos e ensaios especiais;
- *solos tipo III*: solos com grau de resiliência elevado cujo uso não é aconselhável em camadas de pavimento e cujo emprego como subleito requer estudos e ensaios.

Tab. 3.3 Classificação dos solos finos quanto à resiliência

CBR (%)	S (%)		
	≤ 35	35 a 65	≥ 65
≥ 10	I	II	III
6 a 9	II	II	III
≤ 5	III	III	III

em que S é a porcentagem de silte na fração fina que passa na peneira nº 200 (0,075 mm), expressando a resiliência do solo.

O módulo de resiliência é uma propriedade intrínseca ao solo que se reflete no comportamento das estruturas de pavimentos, sendo obtido através da correlação entre as propriedades mecânicas dos materiais (DNER, 1994a, 1994b). É análogo ao módulo de elasticidade (E), sendo ambos definidos em função de σ e ε. A diferença reside no fato de serem utilizadas cargas repetidas para determinar o módulo de resiliência, em função dos valores de picos de tensão e deformações recuperáveis.

$$M_R = \sigma_D/\varepsilon_R \qquad (3.5)$$

em que:
σ_D é a tensão-desvio aplicada repetidamente;
ε_R é a deformação específica axial resiliente correspondente a um número particular de repetições da tensão-desvio.

Pode-se obter o valor do módulo de resiliência através do ensaio triaxial dinâmico e do ensaio de compressão diametral, ou, analiticamente, por meio da retroanálise dos módulos de resiliência com base nos formatos e nas magnitudes do deslocamento (bacias deflectométricas) na superfície do pavimento.

Na Tab. 3.4 são apresentados os módulos de resiliência de alguns materiais. Observa-se que o valor é maior para materiais utilizados com a função de camada de revestimento, decrescendo à medida que se passa para as camadas inferiores seguintes.

Tab. 3.4 Módulos de resiliência de materiais utilizados para camadas de revestimento, base, sub-base, subleito e reforço de subleito

Material	Módulo de resiliência (MPa)
Revestimentos	
Concreto de cimento Portland (CCP)	28.000-35.000
Concreto betuminoso usinado a quente (CBUQ)	3.000-5.000
Pré-misturado a quente (PMQ)	2.000-2.500
Binder	1.400-1.800
Pré-misturado a frio (PMF)	1.000-1.400
Bases e sub-bases	
Brita graduada (BG), macadame hidráulico (MH), saprólitos	300-500
Brita graduada tratada com cimento (BGTC) (4,5 MPa)	9.800
BGTC (5 MPa)	10.350
BGTC (7 MPa)	12.200
BGTC (9 MPa)	13.850
BGTC (11 MPa)	15.300
BGTC (13 MPa)	16.650
Concreto compactado a rolo (CCR)	$M_R = 23,53 \cdot \log_{10}(R_{c,28}) - 6,34$
Solo-cimento	4.000-7.500
Solos de comportamento laterítico – areia laterítica quartzosa (LA); solo arenoso laterítico (LA'); solo argiloso laterítico (LG')	150-300
Subleito e reforço de subleito	
Solos finos melhorados com cimento (reforço de subleito)	200-400
Solos de comportamento laterítico (LA, LA', LG')	100-200
Solos finos de comportamento não laterítico – areias, siltes e misturas de areias e siltes com predominância de grão de quartzo e/ou mica, não lateríticas (NA); misturas de areias quartzosas com finos de comportamento não laterítico (solos arenosos) (NA'); solos siltosos não lateríticos (NS'); solos argilosos não lateríticos (NG')	25-75

Assim, nunca se deve utilizar numa camada superior um material cujo valor do módulo de resiliência seja menor que o da camada inferior a ele, pois, nesse caso, o material da camada superior sofrerá mais danos. Por outro lado, ao manter uma redução gradual do valor do módulo de resiliência da camada superior para as camadas inferiores seguintes, garante-se uma passagem gradual da tensão aplicada pela roda do veículo até a camada de maciço mais inferior atingida por essa tensão.

É difícil correlacionar o módulo de resiliência com o CBR, pois sua razão mostra-se mais elevada para os solos finos coesivos do que para os granulares, visto que o CBR se relaciona com a resistência do solo saturado e o módulo de resiliência mede a deformabilidade elástica do solo.

Ao investigar os parâmetros que afetam a razão entre módulo de resiliência e CBR, foi possível criar quatro grupos distintos de solo, variando-se o percentual de argila e o CBR, tendo-se como resumo os valores listados na Tab. 3.5.

Tab. 3.5 Relação M_R/CBR

Grupo	CBR/(% de argila)	M_R/CBR
G	Maior que 0,474	40
I	Entre 0,202 e 0,474	120
C	Menor que 0,202	440
SAF'	–	700

em que G são os solos de comportamento granular, I, os solos de comportamento intermediário, C, os solos de comportamento coesivo, e SAF', os solos arenosos finos.

3.2.4 Coeficiente de Poisson

O coeficiente de Poisson define as relações entre as deformações específicas radiais (horizontais) e axiais (verticais) dos materiais e é dado pela seguinte expressão:

$$\nu = -(\varepsilon_H/\varepsilon_V) \quad (3.6)$$

Tab. 3.6 Coeficientes de Poisson de materiais usuais para camadas de pavimento

Material	Coeficiente de Poisson (ν)
Concreto asfáltico	0,32-0,38
CCP	0,15-0,20
Brita graduada simples (BGS), MH, bica corrida (BC)	0,35-0,40
CCR, BGTC	0,15-0,20
Solo-cimento (SC), solo melhorado (ou modificado) com cimento (SMC)	0,20-0,30
Solos arenosos	0,30-0,35
Areias compactadas	0,35-0,40
Solos finos	0,40-0,45

em que:
ε_H é a deformação horizontal;
ε_V é a deformação vertical.

Sua influência nos valores de tensões e deformações é pequena, exceto no caso de deformações radiais.

Na Tab. 3.6 são apresentados os coeficientes de Poisson de alguns materiais.

3.2.5 Módulo de elasticidade

O módulo de elasticidade (ou de Young) é um coeficiente que visa determinar a capacidade que um dado material tem de resistir a tensões solicitantes, de modo que esse material não venha apresentar deformação ou colapso. Assim, faz-se necessário conhecer os módulos de elasticidade dos materiais que comporão as camadas de base, sub-base e reforço de subleito do pavimento, dados na Tab. 3.7.

Tab. 3.7 Módulos de elasticidade de materiais utilizados como camadas

Material	Módulo de elasticidade (E) (MPa)
CCR	7.000-14.000
BGTC	3.500-7.000
Bases tratadas com asfalto	2.500-2.100
Bases granulares	100-300
Agregado fino para subleito	20-280

3.2.6 Módulo de reação

As camadas de um pavimento constituem sua própria fundação. E, como em toda fundação, a deformação vertical e o recalque devem ser levados em consideração. O módulo de reação (k), no caso do subleito, pode ser definido como a pressão resistida por unidade de deformação desse subleito a uma deformação específica ou nível de pressão em uma determinada placa.

A reação vertical do subleito é diretamente proporcional à deformação vertical. Assim,

$$k = \frac{p}{\delta_v} \quad (3.7)$$

em que:
k é o módulo de reação do subleito, dada uma pressão em kg/cm² para uma deformação em cm (kg/cm³);
p é a reação vertical do subleito (kg/cm²);
δ_v é a deformação vertical, tomada como igual a 0,125 cm (cm).

Portanto,

$$k = \frac{p}{0,125}$$

O módulo de reação é estabelecido por meio de ensaios de provas de carga estáticas. De modo indireto, também se adota o ensaio CBR. Assim, valores satisfatórios são obtidos através da correlação entre os valores de k e CBR.

As Tabs. 3.8 a 3.11 apresentam os valores de k para diversas situações de camada de sub-base, uma vez que o módulo de reação está diretamente ligado ao material e à espessura dessa camada. Cabe observar, nessas tabelas, que não há no dimensionamento a camada de base, uma vez que o pavimento rígido funciona como pavimento e camada de base ao mesmo tempo.

Quando houver o risco de fuga de finos em razão de um lençol freático elevado, por exemplo, deve-se considerar uma redução no valor de k como mostrado na Tab. 3.9.

3.2.7 Avaliação da capacidade do solo como elemento de fundação

No cálculo de pavimentos e pisos industriais, deve-se verificar a tensão admissível do solo, pois sobre ele atuarão tanto cargas dinâmicas como cargas estáticas.

Tab. 3.8 Valor de suporte do subleito para sub-base de material granular

Valor de suporte do subleito		Módulo de reação no topo do sistema (MPa/m) para espessuras de sub-base (cm) iguais a			
CBR (%)	k (MPa/m)	10	15	20	30
2	16	19	22	27	33
3	24	27	31	37	45
4	30	34	33	44	54
5	34	38	42	49	59
6	38	42	46	53	65
7	41	45	50	56	69
8	44	48	53	60	72
9	47	52	56	63	76
10	49	54	58	65	79
11	51	56	60	67	81
12	53	58	62	69	84
13	54	59	63	70	85
14	56	61	65	72	87
15	57	62	66	73	88
16	59	64	68	75	91
17	60	65	69	76	92
18	61	66	70	77	93
19	62	67	71	78	94
20	63	68	72	79	98

Tab. 3.9 Valor de suporte do subleito para sub-base de solo-cimento

Valor de suporte do subleito		Módulo de reação no topo do sistema (MPa/m) para espessuras de sub-base (cm) iguais a		
CBR (%)	k (MPa/m)	10	15	20
2	16	50	66	89
3	24	69	91	122
4	30	81	108	145
5	34	90	119	160
6	38	98	130	174
7	41	103	138	185
8	44	109	146	195
9	47	115	153	205
10	49	119	158	212
11	51	122	163	218
12	53	126	168	225
13	54	128	171	229
14	56	131	176	235
15	57	133	178	239
16	59	137	183	245
17	60	139	185	248
18	61	140	188	251
19	62	142	190	255
20	63	144	192	258

Tab. 3.10 Valor de suporte do subleito para sub-base de solo melhorado com cimento

Valor de suporte do subleito		Módulo de reação no topo do sistema (MPa/m) para espessuras de sub-base (cm) iguais a		
CBR (%)	k (MPa/m)	10	15	20
2	16	36	54	69
3	24	50	72	91
4	30	60	84	107
5	34	66	92	117
6	38	73	99	126
7	41	77	105	133
8	44	82	110	140
9	47	86	115	146
10	49	89	119	151
11	51	92	122	155
12	53	95	125	159
13	54	96	127	162
14	56	99	130	166
15	57	101	132	168
16	59	103	135	172
17	60	105	137	174
18	61	106	139	176
19	62	108	140	178
20	63	109	141	180

Tab. 3.11 Valor de suporte do subleito para sub-base de CCR

Valor de suporte do subleito		Módulo de reação no topo do sistema (MPa/m) para espessuras de sub-base (cm) iguais a		
CBR (%)	k (MPa/m)	10	15	20
2	16	65	77	98
3	24	87	101	126
4	30	101	118	145
5	34	111	128	158
6	38	120	138	169
7	41	127	145	177
8	44	133	152	186
9	47	140	159	194
10	49	144	164	199
11	51	148	168	204
12	53	152	173	209
13	54	154	175	211
14	56	158	179	216
15	57	160	182	219
16	59	164	186	224
17	60	166	188	226
18	61	168	190	229
19	62	170	192	231
20	63	172	194	233

Por meio de ensaios SPT, podem ser obtidos os valores dos números de golpes (N) ao longo das camadas do solo. E, a partir do número N relacionado à profundidade de solo em estudo, é possível estabelecer a tensão admissível do solo fazendo:

$$\sigma_{adm} = N/5 \qquad (3.8)$$

com N obtido do ensaio SPT e σ_{adm} dado em kgf/cm².

Por exemplo, para um valor de N equivalente a 10 em um ensaio geotécnico, a resistência do solo corresponde a 10/5 = 2 kg/cm², enquanto um valor de N = 5 equivale a uma resistência à compressão de 5/5 = 1 kg/cm².

Em seguida, obtém-se a área de placa de concreto desejada com:

$$\sigma_{adm} = Q/A \qquad (3.9)$$

em que:
Q é a carga solicitante total;
A é a área da placa.

Para valores de SPT baixos, da ordem de 0,50 kgf/cm² (N = 2,5), ou sobrecargas elevadas, da ordem de 10 tf/m², pode-se optar por ensaios mais aprimorados, como *cone penetration test* (CPT), dilatômetro de Marchetti (DMT) etc.

Deve-se ter muito cuidado com solos cujos valores de N se encontram abaixo de 5, como 3, que equivale a uma resistência de 3/5 = 0,6 kg/cm² e normalmente denota a existência de argila muito mole, turfa (matéria orgânica em decomposição) ou mesmo argila marinha. Para essas situações, recomenda-se a substituição do solo existente por outro de melhor qualidade. Caso seja viável proceder a essa substituição, pode-se estudar a utilização de sapata corrida ou mesmo radier, que se comportam de formas melhores do que a sapata isolada diante de um solo de baixa resistência. E, em última análise, se não compensar a substituição do solo ruim, do ponto de vista financeiro, projeta-se então uma fundação do tipo profunda de estaca.

O engenheiro sempre deve estudar a solução via fundação direta e rasa. Se não for possível empregar sapatas isoladas, deve-se tentar sapatas corridas e, em último caso, uma fundação do tipo radier antes de partir para a solução via estacas profundas. Isso porque, se por um lado é inadmissível o uso de uma fundação direta e rasa que não se comportará bem num solo de baixa resistência e elevado teor de recalque vertical, por outro é vergonhoso utilizar estacas num solo onde poderia se executar uma fundação via sapatas isoladas.

O último recurso da fundação rasa é o radier, que se assemelha à placa do pavimento rígido de concreto armado, no quesito de distribuir bem as tensões no maciço do solo. Porém, as formas de dimensionamento são totalmente diferentes, razão pela qual não se deve dimensionar uma placa de pavimento rígido pelo método do radier, e vice-versa.

3.3 Materiais empregados em camadas de pavimento (Bernucci et al., 2008)

Todo pavimento, seja rígido ou flexível, requer um estudo aplicado às camadas que compõem sua estrutura. Sendo assim, tanto o material como a espessura de cada uma das camadas necessárias – reforço de subleito, subleito, sub-base e/ou base – devem ser estudados com o mesmo rigor aplicado a seu revestimento, pois uma falha em uma dessas camadas pode levar a estrutura ao colapso.

No caso de pavimento rígido, na maior parte das vezes, a presença das camadas de reforço de subleito e de sub-base já se mostra suficiente, pois o pavimento assume o papel de base e de revestimento.

Além dos serviços de limpeza do terreno e de terraplenagem que antecedem a execução das camadas de reforço de subleito, sub-base e/ou base, devem ser requisitados também os respectivos ensaios de laboratório para o material constituinte da camada em questão, a fim de constatar se ele estará apto ou não a desenvolver sua função.

3.3.1 Granulares

As sub-bases constituídas de materiais granulares apresentam excelente desempenho para pavimentos, além de possuírem um sistema de execução relativamente simples, basicamente com motoniveladora, vibroacabadora e rolo compactador liso (Fig. 3.14).

Fig. 3.14 Rolo compactador liso

Para a camada de sub-base, não se deve especificar britas utilizadas na confecção do concreto armado pelo fato de elas apresentarem faixa granulométrica estreita, sem características para sua estabilização granulométrica. As britas para essa camada devem ter granulometria contínua, de modo a permitir um preenchimento regular dos vazios entre as partículas, das mais grossas às mais finas.

O teor de finos presentes na mistura também é um quesito muito importante, pois, para uma quantidade de finos muito baixa, há a formação de muitos vazios, e, para uma quantidade de finos muito alta, ocorre um decréscimo da massa específica seca e do valor de CBR. Se a quantidade de finos for aumentada até um limite estabelecido como ideal, haverá um acréscimo da massa específica seca e do CBR. As areias apresentam normalmente granulometria descontínua e baixa capacidade de suporte.

A compactação deve ser efetuada em camadas de espessura $\geq$ 10 cm e $\leq$ 20 cm, empregando-se a energia do Proctor Modificado. A dimensão máxima do agregado utilizado não deve exceder 1/4 do valor da espessura da camada de sub-base.

Deve-se escolher uma faixa granulométrica adequada para a composição da mistura, pois é ela que garantirá a estabilidade para que a camada não se desagregue sob a aplicação de cargas solicitantes.

Solo compactado

Recomenda-se que o solo destinado ao serviço de compactação pertença às classes de comportamento laterítico LA' ou LG', segundo a classificação MCT, uma vez que os lateríticos exibem propriedades peculiares, como elevada resistência, baixa expansibilidade em presença de água, apesar de serem plásticos, baixa deformabilidade, ausência de ciclo de degelo, drenagem favorecida, e umidade de equilíbrio abaixo da ótima de compactação em algumas regiões, decorrente da secagem do material de base.

Brita graduada simples (BGS)

A BGS é um material que apresenta distribuição granulométrica bem graduada, com diâmetro máximo dos agregados não excedendo 38 mm e finos entre 3% e 9% (passantes na peneira n° 200), o que lhe confere bom intertravamento do esqueleto sólido e boa resistência, com CBR normalmente elevado, da ordem de 60% a maior que 100%.

A brita deve advir do processo de britagem da rocha sã e atender aos seguintes requisitos: limite de liquidez (LL) < 25%, índice de plasticidade (IP) < 6%, equivalente de areia (EA) > 55% (material passante na peneira n° 4), sanidade dos agregados graúdos $\leq$ 15%, sanidade dos agregados miúdos $\leq$ 18%, índice de abrasão Los Angeles (LA) $\leq$ 30%, lamelaridade $\leq$ 20% e quantidade de material passante na peneira 0,075 mm < 35%.

Os equipamentos mínimos que devem constar para a execução da camada de sub-base, ou base, se houver, são a motoniveladora pesada com escarificador, o carro-tanque distribuidor de água, o rolo compactador vibratório liso, os caminhões basculantes para o transporte do material e a carregadeira.

O transporte ocorre em caminhões basculantes e a distribuição do material em pista é feita normalmente por vibroacabadora ou motoniveladora. A compactação é realizada por rolos de pneus e/ou lisos para materiais granulares, com vibração ou não, e deve acontecer logo após o espalhamento para não perder umidade. Além desses equipamentos, outros também podem ser utilizados, desde que aceitos pela fiscalização da obra.

Devem ser realizados ensaios de grau de compactação e teor de umidade, além de verificação do material na pista. A energia a ser empregada deve ser a referente ao Proctor Modificado, com variação de umidade de –0,5% a +0,5% em relação à ótima. Todos os serviços devem seguir a especificação DNER-ES 303/97 (DNER, 1997a).

Na Tab. 3.12 são listadas as faixas granulométricas para BGS. A faixa do tipo A possui granulação mais aberta do que as dos tipos B e C, sendo mais indicada para áreas abertas, por permitir escoamento mais rápido da água.

Recomenda-se que a curva granulométrica da BGS se encaixe na faixa C do DNIT.

Tab. 3.12 Faixas granulométricas para BGS

Peneira # (mm)	Percentual em peso do material que passa				Tolerância (±)
	Faixas				
	A	B	C	D	
50	100	100	-	-	7
25	-	75-90	100	100	7
9,5	30-65	40-75	50-85	60-100	7
4,8	25-55	30-60	35-65	50-85	5
2	15-40	20-45	25-50	40-70	5
0,425	8-20	15-30	15-30	25-45	2
0,075	2-8	5-15	5-15	10-25	2

Macadame hidráulico

O macadame hidráulico é uma mistura granular composta por agregados advindos de processo de britagem de rocha sã, com os vazios preenchidos por agregados miúdos e aglutinados em água, na pista. Apresenta alta resistência e baixa permeabilidade, sendo essa permeabilidade, contudo, superior à da BGS.

Os agregados graúdos devem ser duráveis, duros e limpos (sem contaminantes), sem excesso de partículas lamelares ou alongadas, macias ou de fácil desintegração.

As faixas granulométricas recomendadas pela norma DNER-ES 316/97 (DNER, 1997b) são a A, a B e a C, com materiais passantes nas peneiras 4", 3" e 2 ½", respectivamente, e retidos nas peneiras 3/4", 3/4" e 1/2", respectivamente. O diâmetro máximo da brita escolhida deve ser inferior a 1/3 a 1/4 da espessura da camada em estudo, seja a de sub-base, seja a de base, se houver.

Espalham-se os agregados graúdos e compacta-se o macadame com rolo liso de rodas e rolo liso vibratório até que os agregados apresentem um bom nível de entrosamento. A seguir, espalha-se por motoniveladora o material de enchimento para preencher os vazios existentes entre os agregados graúdos, com o uso de vassoura seguido de irrigação e de distribuição de material complementar até obter-se um bom travamento. Repete-se a compactação até sua estabilidade final.

Em função do tipo de material constituinte do subleito, utiliza-se uma camada de bloqueio de modo a impedir a cravação do agregado graúdo no solo.

O controle do processo construtivo pode ser feito visualmente pela movimentação da camada sob efeito dos rolos compactadores ou pela deformabilidade que pode ser medida por meio da viga Benkelman.

Macadame seco

O macadame seco é constituído de um material granular semelhante ao do macadame hidráulico, mas sem a utilização da água para auxiliar no preenchimento dos vazios pelos agregados miúdos. As pedras empregadas em sua mistura apresentam diâmetros elevados, variando de 2" a 5" (pedra de mão, também chamada de pedra pulmão ou rachão), com uma graduação que deve ser uniforme.

Em camadas de subleito de baixa capacidade de suporte, também se empregam pedras de mão, que, por serviços de cravamento seguidos de intertravamento, reduzem as deformações e aumentam a capacidade de suporte do subleito, servindo, assim, de base para a construção das demais camadas que houver.

Os serviços aplicados no macadame seco são semelhantes aos adotados no macadame hidráulico.

Solo-agregado e materiais estabilizados granulometricamente

O solo-agregado consiste de uma mistura de britas, pedregulhos ou areia (esta em maior quantidade), contendo silte e argila (AASHTO, 1986).

As misturas de solo-agregado são classificadas como de tipo A, B e C e se distinguem pela proporção utilizada de agregados graúdos e miúdos (Fig. 3.15).

O solo-agregado *tipo* A é também denominado solo-brita, e seus agregados graúdos apresentam contato grão-grão e baixa densidade. Não apresenta agregados miúdos, é permeável e não suscetível a mudanças com a umidade ou com o congelamento, além de exibir compactação geralmente difícil.

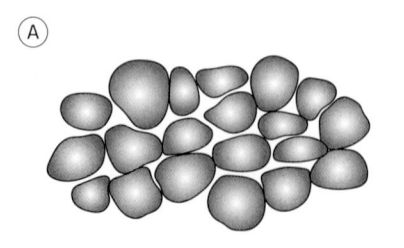

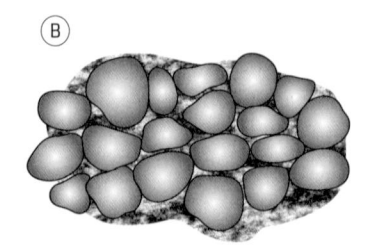

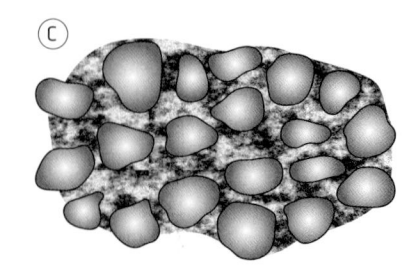

Fig. 3.15 Categorias A, B e C de misturas de solo-agregado

O *tipo B* é também chamado de solo-brita, e seus agregados miúdos preenchem os vazios entre os graúdos, proporcionando alta densidade e permeabilidade mais baixa que a apresentada pelo tipo A. Tem contato grão-grão, é mais resistente em geral que o tipo A, possui menor deformabilidade e é relativamente difícil de compactar.

O *tipo C* é denominado solo-brita descontínuo, e sua matriz de agregados miúdos não garante contato grão-grão devido ao excesso de finos. Possui densidade e permeabilidade mais baixas que as apresentadas pelo tipo B, de modo geral, podendo ser menos impermeável, a depender da quantidade e da natureza dos finos. A mistura é afetada por variações de umidade e apresenta facilidade na compactação.

Os tipos de solo-agregado recomendados para uso em camadas de base são o A e o B, pois neles há a garantia de contato grão-grão. O tipo C pode ser utilizado num contexto geral, desde que com o emprego de solos lateríticos selecionados pela metodologia MCT, que são coesivos e apresentam pouca expansibilidade e boa capacidade de suporte.

A faixa granulométrica a adotar deve ser preconizada por norma, devendo ser do tipo contínua. O módulo de resiliência exibe valor compatível com o apresentado pela BGS, podendo ser até superior, caso em que ocorre menor deformabilidade.

Para o serviço, são utilizadas pá carregadeira, grade de disco e motoniveladora. Deve-se ter o cuidado de assegurar que a quantidade de solo não seja superior a 50% do total e que o diâmetro máximo do agregado graúdo não seja superior a 25 mm, pois, do contrário, a mistura pode sofrer contração por perda de umidade e apresentar fissuração.

Dosagens de solo-brita com 50% de brita e 50% de solo resultam em CBR em torno de 80% com o emprego de energia de Proctor Modificado, ao passo que misturas com 70% de brita e 30% de solo exibem CBR ≥ 100%.

Esse material pode ser adotado também na camada de sub-base, com dosagens de 80% de brita e 20% de solo, ou, no máximo, de 70% de brita e 30% de solo, para tráfego médio a pesado.

O solo fino ($D < 0{,}42$ mm) a ser utilizado na mistura deve apresentar as seguintes características: limite de liquidez (LL) < 25%, índice de plasticidade (IP) < 6%, índice de abrasão Los Angeles < 50% e perda no ensaio de durabilidade com o uso de sulfato de sódio < 20% e com o uso de sulfato de magnésio < 30%.

A brita deve ser obtida por britagem de rocha sã, não deve ter excesso de britas lamelares ou alongadas, macias ou de fácil desintegração, e deve ser isenta de impurezas.

Solo arenoso fino laterítico (SAFL)

Trata-se de uma mistura de argila e areia natural ou artificialmente composta por mistura de areia de campo ou de rio com argila laterítica. Esse material pode ser utilizado como camada de reforço de subleito, de sub-base para tráfego médio a pesado ou de base para tráfego leve.

A energia de compactação a ser adotada deve ser especificada como de Proctor Intermediário e o corpo de prova deve estar na umidade ótima a 100% do grau de compactação (DER-SP, 1988).

Sua granulometria é em geral descontínua, com ausência ou pequena porcentagem da fração de silte.

Recomenda-se utilizar a metodologia MCT, em que o solo deve pertencer às classes de comportamento laterítico LA, LA' ou, ainda, LG'.

Seu módulo de resiliência pode apresentar valores da ordem de 100 MPa a 500 MPa ou até superiores, em função do tipo de solo laterítico, com os argilosos exibindo valores menores do que os arenosos.

Deve-se ter cuidado com a perda de umidade apresentada por esse material, que pode ser determinante para seu uso como camada de pavimento, pois as trincas conduzem a uma redução do valor de seu módulo de resiliência.

As Tabs. 3.13 e 3.14 mostram as graduações recomendadas e as propriedades mecânicas e hidráulicas do solo arenoso fino laterítico a ser empregado como base e sub-base.

Outros materiais granulares e reciclados

A laterita é uma concreção presente geralmente no horizonte superficial B e ocorre em conjunto com solos arenosos e argilosos lateríticos. Apresenta boa capacidade de suporte e tem sido empregada como camada de base, sub-base ou reforço de subleito. Seu módulo de resiliência apresenta valores da ordem de 100 MPa a 500 MPa.

O saibro é um material granular natural, com pouca quantidade de finos, que pertence ao horizonte C de per-

Tab. 3.13 Faixas A, B e C de solos arenosos finos lateríticos para bases e sub-bases de pavimentos

Peneiras de malhas quadradas	Graduações		
	Porcentagem que passa (em peso)		
	A	B	C
nº 2 (2,00 mm)	100	100	100
nº 40 (0,42 mm)	75-100	85-100	100
nº 100 (0,150 mm)	30-50	50-65	65-95
nº 200 (0,075 mm)	23-35	35-50	35-50

Nota: a sequência de prioridade a ser dada deve ser faixa A, faixa B e, por último, faixa C.

Fonte: DER-SP (1991 apud Bernucci et al., 2008).

Tab. 3.14 Propriedades mecânicas e hidráulicas desejadas para solos arenosos finos lateríticos utilizados como camadas de reforço de subleito

Exigências mecânicas e hidráulicas	Valores admissíveis	Método de ensaio
Mini-CBR sem imersão	$\geq 40\%$	DER-ME 192-88
Perda de suporte no mini-CBR por imersão em relação ao mini-CBR sem imersão	$\leq 50\%$	DER-ME 192-88
Expansão com sobrecarga padrão	$\leq 0,3\%$	DER-ME 192-88
Contração	0,1% a 0,5%	DER-ME 193-88
Coeficiente de infiltração	10^{-2} cm a 10^{-4} cm	DER-ME 194-88

Fonte: DER-SP (1991 apud Bernucci et al., 2008).

fis residuais de granito e gnaisse, geralmente. É utilizado como camada de reforço de subleito ou de sub-base, ou até mesmo de base para tráfego leve de baixa intensidade. Seu emprego deve ser feito com cuidado, pois, apesar de apresentar valor de CBR alto, também pode possuir grande deformabilidade, em função de sua natureza mineralógica.

Agregados reciclados de resíduos sólidos de construção e de demolição podem ser usados em reforços de subleito ou sub-bases, desde que atendam à NBR 15115 (ABNT, 2004). Podem ser adotados também como camada de base para pavimentos de tráfego leve e de baixo volume.

Por fim, mencionam-se as escórias de alto-forno e de aciaria, com estas últimas se mostrando muito expansivas a depender do tempo de estocagem.

3.3.2 Tratados com cimento

Os materiais com tratamento de cimento empregados em camadas de sub-base, se comparados com os granulares, reduzem significativamente as tensões solicitantes transferidas para o subleito e, com isso, as deformações do terreno.

As misturas podem ser de brita graduada tratada com cimento, de solo-cimento e de concreto compactado a rolo.

Brita graduada tratada com cimento (BGTC)

Trata-se de uma mistura de agregados graúdos e miúdos derivados de rochas sãs, cimento Portland e água. Seu procedimento de preparo é similar ao utilizado no solo-cimento, porém com um teor de cimento menor, variando em torno de 2% a 4% – não utilizar valores inferiores a 2%. Teores mais baixos de cimento podem levar a um material bastante heterogêneo, enquanto teores mais altos podem resultar em um concreto compactado a rolo.

Os serviços adotados compreendem compactação com rolagem e vibração. Já os cuidados são os mesmos indicados para a BGS. Para a energia de compactação, deve-se usar o Proctor Intermediário.

A BGTC tende a ser mais permeável do que a BGS. Pelo fato de possuir cimento em sua constituição, fica suscetível ao fenômeno da retração hidráulica, exigindo processo de cura adequado. O módulo de elasticidade varia entre os valores apresentados pelo solo-cimento e pelo concreto compactado a rolo. A resistência à compressão deve atingir valores da ordem de 3,5 MPa a 5 MPa a sete dias, podendo chegar a 8 MPa, ao passo que a resistência à tração na flexão pode ficar entre 0,50 MPa e 1,50 MPa. A faixa de granulometria deve ser contínua e isenta de materiais orgânicos. Na Tab. 3.15 são listadas as faixas granulométricas para a mistura em questão.

Tab. 3.15 Faixas granulométricas para BGTC

Peneira # (mm)	Percentual em peso do material que passa	
	Faixas	
	A	B
50	100	-
38	90-100	-
25	-	100
19	50-85	90-100
12,5	34-60	80-100
9,5	25-45	35-55
4,9	8-22	8-25
2,4	2-9	2-9

Solo-cimento

Trata-se de uma mistura de solo e cimento Portland, com dosagem definida em laboratório. Com teores de cimento acima de 5%, consegue-se um enriquecimento do solo, e, com teores baixos, da ordem de 3%, obtém-se uma estabilização do solo, com melhorias de trabalhabilidade e aumento da capacidade de suporte, caso em que passa a ser chamado de solo melhorado com cimento (SMC). Para valores acima de 6%, os cuidados com a retração por secagem devem ser redobrados.

Indicam-se teores de cimento acima de 7% quando o solo é constituído de pedregulho e areia, e teores de 5% a 12% quando é composto de pedregulho, com menos de 20% de argila e menos de 50% de silte mais argila.

Para solos com teores elevados de argila, gasta-se mais cimento na mistura, deixando-a mais cara e mais suscetível a retrações. Os solos arenosos são os mais indicados, pois são de mistura mais fácil e requerem menos quantidade de cimento. Os solos utilizados devem possuir limite de liquidez (LL) < 40% e índice de plasticidade (IP) < 18%.

O objetivo principal dessa mistura é buscar a estabilização de seus componentes. Ela pode ser feita na usina (preferencialmente) ou na própria pista. A compactação deve ser realizada imediatamente após a mistura e a distribuição na pista devido à rapidez da reação de hidratação do cimento.

O pavimento só deve ser liberado após o término do processo de cura, que pode levar de 14 a 28 dias conforme o tipo de cimento utilizado. O módulo de resiliência varia de 2.000 MPa a 10.000 MPa. A resistência à tração varia de 0,60 MPa a 2,00 MPa, em função do tipo de cimento e da natureza do solo, e a resistência à compressão pode atingir valores da ordem de 7 MPa a 8 MPa, sendo o valor mínimo de norma igual a 2,10 MPa. Em virtude de suas características, é um material que pode competir com a BGS.

Adicionalmente, apesar de a porcentagem de cimento não ultrapassar cerca de 3% em massa, pode haver diminuição significativa da deformabilidade e redução da expansão em presença de água. Quanto aos equipamentos, empregam-se motoniveladora, grade de disco etc.

Concreto compactado a rolo (CCR)

É um tipo de concreto lançado sobre a pista e em que a taxa de cimento é pequena, o *slump* é mais baixo do que o apresentado pelo concreto convencional e o adensamento é realizado por meio de compactação com rolo vibratório liso.

Pode ser usado como camada de sub-base, no caso de baixo consumo de cimento, e, se adotado esse mesmo processo com concreto de elevada resistência mecânica, pode ser aplicado como piso industrial e pavimento.

O consumo de cimento, que tem mais importância do que a energia de compactação na obtenção da resistência à compressão, varia da ordem de 100 kg/m³ a 400 kg/m³, com a espessura da sub-base variando de 10 cm a 20 cm, no máximo. Por ser um concreto, esse tipo de material para sub-base apresenta valores de resistência à compressão e à tração próximos aos obtidos para pavimentos de concreto. Com as características do concreto conseguidas, também surgem os problemas, como o fenômeno da retração hidráulica, que deve ser acompanhado com rigor.

3.3.3 Tratados (ou melhorados)

Têm-se nesse grupo os solos aos quais se adicionam materiais extras a fim de obter características de capacidade de carga, aumento de rigidez e/ou trabalhabilidade.

Solo-cal

A cal é obtida do calcário com teor desprezível de argila, por meio de seu cozimento a uma temperatura inferior à da fusão (900 °C), despendendo gás carbônico. A reação química é dada por:

$$CaCO_3 \text{ (calcário)} + \text{calor } (\Delta) \rightarrow CaO$$
$$\text{(cal viva, virgem ou aérea)} + CO_2$$

O processo de extinção da cal a partir de sua hidratação é representado por:

$$CaO + H_2O \rightarrow Ca(OH)_2$$
$$\text{(hidróxido de cálcio, cal extinta ou apagada)} + \text{calor } (\Delta)$$

O processo de endurecimento da cal é dado por:

$$Ca(OH)_2 + CO_2 \rightarrow CaCO_3 \text{ (carbonato de cálcio)} + H_2O$$

Vale notar que o calcário ($CaCO_3$) é praticamente insolúvel na água.

A cal pode ser aérea ou hidráulica. Tem-se a *cal aérea* quando o teor de impurezas (teor de argilas) não supera 0,1%:

$$r = (\% \, SiO_2 + \% \, Al_2O_3 + \% \, Fe_2O_3)/\% \, CaO < 0,1\%$$

A cal aérea pode ser classificada em gorda (também chamada de branca ou rápida) ou magra (também conhecida como cinzenta, dolomítica ou lenta). A *cal gorda* tem mais de 90% de CaO e é proveniente do calcário quase puro, queimado com cuidados especiais; resulta em pasta branca de melhor qualidade. A *cal magra* é constituída de $CaCO_3$ e grande quantidade de impurezas, com cor e pasta mais acinzentadas que as da cal anterior e de rendimento menor; a magnésia pode chegar a até 50% de seu volume.

Já na *cal hidráulica*, o teor de impurezas (teor de argilas) fica entre 0,1% e 0,5%:

$$0,1\% < r = (\% \, SiO_2 + \% \, Al_2O_3 + \% \, Fe_2O_3)/\% \, CaO < 0,5\%$$

O armazenamento da cal também exige alguns cuidados, como ser realizado em lugar seco, para não ocorrer absorção de água, e coberto, para não haver recarbonatação, além de não ser feito em tambor de madeira, pois pode pegar fogo.

A cal para mistura no solo deve ser devidamente hidratada (extinta) para que não haja problema de expansão na mistura. A extinção é feita adicionando-se água à cal, o suficiente para encharcá-la em repouso por sete dias.

A velocidade de acréscimo da água varia em função da extinção desejada, que pode ser rápida, média ou lenta.

Ao adicionar cal ao solo, obtêm-se características como enrijecimento, trabalhabilidade e redução de expansibilidade. Tem-se usado esse tratamento para solos argilosos e siltosos cauliníticos. A mistura de solo-cal resultante pode ser empregada como reforço de subleito ou sub-base.

Pelo fato de possuir um aglomerante em sua constituição, deve-se dar atenção especial a seu período de cura, para combater a retração e atingir a resistência desejada.

Quanto à dosagem, adiciona-se de 4% a 10% de cal à massa de solo, o que permite, com os devidos cuidados tomados, atingir valores de CBR da ordem de 40%. A dosagem do solo com qualquer tipo de aditivo deve ser precedida de ensaios que estudem acréscimos de diversos percentuais de aditivos em relação à massa de solo, medindo-se as características físicas do solo (limites de Atterberg, granulometria e CBR) a fim de determinar a dosagem ideal que levará às características requisitadas em projeto.

Os ensaios de limites de Atterberg levam ao cálculo do limite de liquidez (LL) e do limite de plasticidade (LP).

Em certos casos, faz-se necessário o uso de um catalisador para promover as reações químicas do solo.

Cuidados com a lixiviação do produto utilizado devem ser tomados de modo a não promover a contaminação do meio ambiente.

3.3.4 Cimentados

Os materiais cimentados são constituídos de cimento Portland, agregado miúdo e água.

Em razão de absorverem tensões de compressão e de tração, não devem ser utilizados em camadas de sub-base com espessura elevada (próxima à da placa de concreto), pois, nesse caso, possuiriam características semelhantes às do pavimento rígido e, por não terem a mesma armação, sofreriam anomalias.

3.4 Tipos de pavimento rígido de concreto

Com o desenvolvimento da tecnologia, há sempre a melhoria do concreto, de seu processo de execução e de seus materiais constituintes. Por esse motivo, existem denominações aplicadas a diversos tipos de pavimento rígido em função de suas características. Nesta seção serão descritos os tipos de pavimento, suas simbologias e as características que os diferem uns dos outros.

3.4.1 Pavimento de concreto simples (PCS)

Esse pavimento é constituído de concreto simples, sem armação. Assim, utiliza-se concreto com elevada resistência característica à compressão (f_{ck}) a fim de gerar um maior esforço de tração (f_{ctk}) por parte do concreto apenas. Para auxiliar no controle de fissuras por retração, esse pavimento é projetado com juntas pouco espaçadas.

3.4.2 Pavimento de concreto armado (PCA)

Esse pavimento é dotado de concreto armado. Este autor particularmente sempre emprega malha dupla, ou seja, uma malha localizada na parte superior, funcionando como armadura negativa, e outra malha localizada na parte inferior, com a função de armação positiva. Além das malhas duplas, devem ser adotadas as barras de transferência nas juntas serradas (J.S.) e de construção (J.C.), que serão vistas nos capítulos seguintes.

As juntas serradas são executadas na direção transversal do pavimento, enquanto as juntas de construção são executadas na direção longitudinal com a função de separar as faixas de concretagem. Por exemplo, se houver duas faixas numa pista, existirá uma junta de construção no meio para separá-las, uma vez que hoje em dia se executa o pavimento por faixas, e não mais de modo xadrez como no passado.

Para esse tipo de pavimento, este autor tem adotado com sucesso placas com dimensões de até 6 m × 10 m. Normalmente, no passado, usava placas com dimensões de 4 m × 6 m de modo mais conservador.

Como os pavimentos são em geral executados a céu aberto, sob forte calor, deve-se ter cuidado ao adotar placas com elevadas dimensões e procurar ser mais conservador, utilizando placas com dimensões máximas da ordem de 4 m × 6 m, em virtude do controle de fissuras por retração. Este autor recomenda o emprego de placas com dimensões maiores somente em casos de obras cobertas, como pavimentos para galpões. E, mesmo nessas obras cobertas, é preciso conversar bem com sua equipe de obra para alinhar as dimensões e as demais características do concreto com os trabalhadores, a fim de prepará-los.

Em obras grandes, é comum perfazer uma placa de concreto como teste para treinar a equipe, pois concreto com f_{ck} elevado, como é desejado para pavimentos, por exemplo da ordem de 40 MPa, gera muito calor exotérmico dentro da placa, em razão da elevada massa de cimento por metro cúbico de concreto. Então, para placas maiores a céu aberto, pode-se reduzir o f_{ck} para 30 MPa, por exemplo, para diminuir a temperatura interna.

3.4.3 Pavimento de concreto com armadura contínua (PCAC)

Nesse tipo de pavimento somente são executadas as juntas de construção no sentido longitudinal a fim de separar as faixas de concretagem. E, por não haver juntas serradas ao longo do sentido transversal da placa, as armações de telas soldadas CA-60 são emendadas umas às outras de forma contínua, para combater também as fissuras por retração.

3.4.4 Pavimento de concreto protendido (PCPRO)

O concreto protendido permite o uso de placas com largura e comprimento maiores e espessura menor, assim como ocorre com as lajes de edifícios. Deve-se apenas ter o cuidado de prover as quinas das placas de armações volventes, para evitar fissuras e trincas nessas regiões causadas pelo empenamento das placas em virtude das mudanças bruscas de temperatura.

Outro cuidado que se deve ter é o de evitar trabalhos diversos por uso de chumbadores ou por meio de rasgos e perfurações na placa depois de executado o pavimento, a fim de não acontecer o rompimento dos cabos e a consequente perda de função estrutural.

Na Fig. 3.16 é mostrada uma fissura ocorrida numa placa de concreto protendido. Ao lado da placa, é possível notar alguns fueiros que a equipe de obra ficou incumbida de fazer nesse pavimento. Para executá-los, deve-se ter a planta dos cabos protendidos em mãos para saber sua localização e o espaçamento entre eles, de modo que os furos sejam realizados nas regiões entre os cabos. É um tipo de trabalho que este autor não recomenda, e, de todo modo, esses detalhes devem ser observados ainda na fase de projeto.

Esse tipo de fissura acontece sempre de modo aproximadamente perpendicular à linha de bissetriz traçada a partir da quina da placa e sempre a uma distância-limite a partir da quina de cerca de 1 m (Fig. 3.17). Portanto, se a fissura ocorre numa direção, armações no sentido perpendicular da fissura devem ser previstas nessa região. Recomenda-se o uso de telas soldadas na parte superior dessas quinas, com dimensões de cerca de 1,5 m × 1,5 m, a fim de abranger toda a área onde essa fissura tende a aparecer.

3.4.5 Pavimento de concreto pré-moldado (MCPM)

Esse pavimento tem a conveniência de possibilitar boa logística de transporte e agilidade na obra. Porém, não há como garantir a execução de barras de transferência entre as placas, e deve-se ter um controle maior do nivelamento do terreno para evitar desnível entre as superfícies das placas.

3.4.6 Whitetopping (WT)

Esse tipo de pavimento caracteriza-se pela execução de uma camada de concreto, do tipo simples ou armado, sobre uma camada de pavimento asfáltico ou de concreto existente. Ou seja, passa-se a ter a camada de sub-base constituída pelo pavimento existente de asfalto ou de concreto.

Quando se tratar de pavimento rígido de concreto armado, este funcionará como camada de revestimento e de base ao mesmo tempo, e a camada abaixo dele será a de sub-base. Nessa situação, acaba-se por ter uma camada de sub-base de elevado módulo de resiliência, o que favorece muito a resistência mecânica às deformações verticais. No caso de pavimento asfáltico, este funcionará como camada de revestimento apenas, com as camadas de base e de sub-base devendo ser executadas abaixo dele.

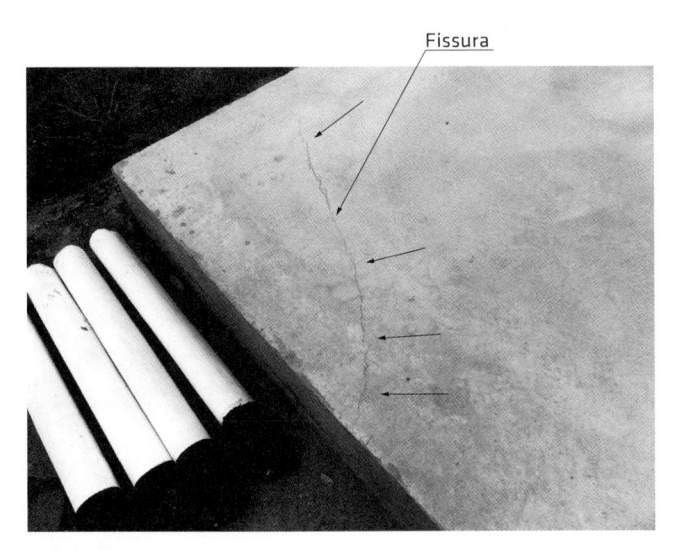

Fig. 3.16 Fissura ocorrida no canto de placa de concreto protendido

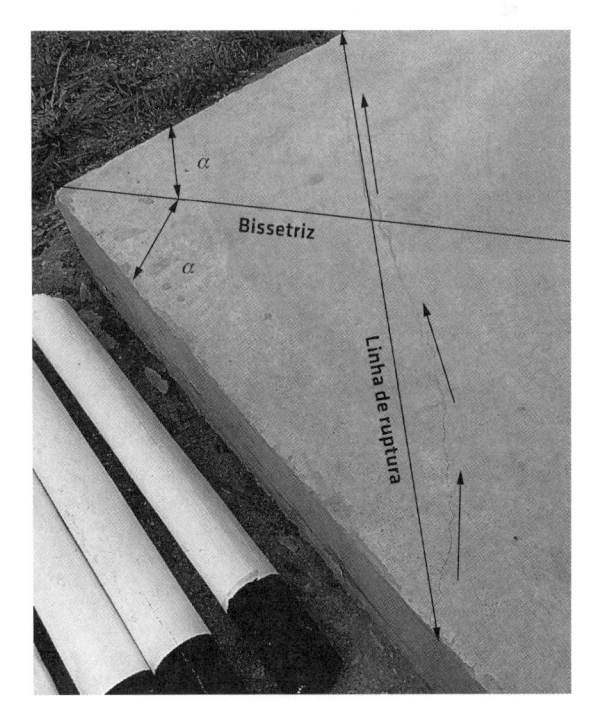

Fig. 3.17 Fissura aproximadamente perpendicular à bissetriz da quina da placa

Deve ser mantida a atenção quanto ao nível acabado do pavimento, ao nível de tampas de bocas de lobo e também ao nível de caixas de elétrica, TCOM e drenagem existentes ao longo da área do pátio da base industrial, por exemplo.

3.4.7 Whitetopping ultradelgado (WTUD)

Nesse caso, é executado o fresamento da superfície de asfalto existente a fim de receber uma nova camada esbelta de concreto armado. Por ser um concreto de baixa espessura, recomenda-se o uso de concreto de elevado valor de f_{ck}.

O fresamento serve para garantir uma zona de aderência entre as duas camadas. É indicada a aplicação de um produto químico na iminência da concretagem, para funcionar como ponte de aderência entre o pavimento antigo e o novo a ser executado.

3.5 Considerações adicionais

3.5.1 Serviços de obra

Serviços iniciais

Antes de iniciar qualquer trabalho com solos, faz-se necessário perfazer a limpeza do terreno. Para os locais em que existir escavação, essa limpeza deve ser executada de maneira a retirar toda a camada superficial de terra vegetal, utilizando equipamento mecânico apropriado.

Toda a área deve ficar completamente limpa e desprovida de tocos, raízes etc. Isso porque, mais à frente, com o trabalho de compactação, haverá redução da macroporosidade do solo (poros > 50 μm) e aumento de sua densidade, sendo pouco afetados os microporos, o que diminuirá as taxas de infiltração e retenção de água, e, pela redução de trocas gasosas e pela diminuição da concentração de O_2, ferro e manganês poderão passar para formas reduzidas, as quais são tóxicas. Todo esse novo processo reduz o metabolismo das raízes das árvores que permaneceram enterradas, levando-as à morte, além de provocar o apodrecimento do material orgânico e a formação de futuros bolsões de ar em seu lugar, o que poderá gerar recalques no terreno.

As escavações efetuadas devem seguir rigorosamente as cotas indicadas em projeto, e o entulho removido deve ser transportado para local aprovado pela fiscalização da obra. A construtora, através de sua equipe de topografia, deve fazer a marcação dos *offsets* seguindo rigorosamente o projeto definido, e somente após as marcações da topografia deve-se iniciar os serviços de terraplenagem. Devem ser corrigidas também as deformações existentes, objetivando deixar o terreno perfeitamente nivelado e compactado.

Na Fig. 3.18, cabe observar o tamanho dos pneus do caminhão. Naturalmente, a adoção de menos rodas exige que elas sejam maiores, tendo, em consequência, pressões mais elevadas. Como será visto no Cap. 4, normalmente se adota a pressão de 0,70 MPa nos cálculos, que equivale a aproximadamente 100 psi (para transformar MPa em psi, deve-se efetuar a multiplicação por 145,038). Vale mencionar que, para um pneu de automóvel urbano, essa pressão é de cerca de 32 psi a 38 psi.

Numa obra, para quem deseja trabalhar com execução e planejamento, salienta-se que, para cada vários caminhões basculantes como esse, haverá um *bulldozer* para servi-los. Com isso, o engenheiro deve calcular o tempo de cada carga e descarga e a distância do trajeto, levando-se em conta os custos unitários, para checar a roda e o número de caminhões basculantes, escavadora e *bulldozer* ideais.

Locação da obra e terraplenagem

O levantamento topográfico busca a representação planialtimétrica de faixas de terreno cujos limites, *offsets* e áreas de interseções e acessos, estimados em projetos funcionais anteriores, ofereçam os elementos básicos para a elaboração dos projetos geométricos e, posteriormente, para suas locações.

Fig. 3.18 Caminhão basculante numa obra

A densidade dos pontos de entalhes a serem representados determina a escala do levantamento. A exatidão planimétrica do levantamento está intimamente relacionada com sua escala, pois é necessário que o erro relativo à representação gráfica que se comete ao efetuar medições sobre a planta resultante desse levantamento, igual a cerca de 0,002 m multiplicado pelo denominador da escala, esteja de acordo com essa exatidão. Assim, os métodos, processos e instrumentos utilizados não devem conduzir a erros nas operações topográficas que comprometam a exatidão inerente à escala pretendida. Devem ser tomados cuidados especiais com as medidas efetuadas em campo e feitas a partir de microcomputadores.

Recomenda-se o emprego de estações totais para a otimização dos trabalhos, por possibilitarem grande armazenamento de dados e eliminação dos erros de anotação nas cadernetas de campo. Isso porque as estações totais reúnem, num único aparelho, a medição de ângulos e distâncias, apresentando também vantagem em relação aos equipamentos tradicionais no que se refere a coleta, armazenamento, processamento, importação e exportação dos dados coletados no campo.

A locação da obra deve ser precedida de estudos planialtimétricos, com os devidos instrumentos, de acordo com a planta de locação.

Os levantamentos topográficos devem obedecer ao princípio da vizinhança, regra básica da Geodésia segundo a qual cada novo ponto determinado deve ser amarrado ou relacionado a todos os pontos já definidos para a otimização da distribuição dos erros.

O Sistema Geodésico Brasileiro (SGB) é o sistema que engloba os apoios geodésicos e altimétricos implantados e materializados na porção da superfície delimitada pelas fronteiras do País. Esses apoios são estabelecidos por procedimentos operacionais e por coordenadas geodésicas, calculadas segundo modelos geodésicos compatíveis com as finalidades a que se destinam, tendo o Elipsoide de Referência Internacional de 1967 como representação geométrica da Terra (IBGE, 1983). O SGB integra o South American Datum 1969 (SAD-69). Os erros de fechamento devem ser considerados.

Devem constar nas plantas todos os detalhes relacionados às edificações em geral, como movimentos de terra; cortes e aterros; hidrografia e drenagem; vegetação; obra de arte; linhas divisórias e linhas de comunicação e distribuição de energia elétrica; muros e cercas; valetas, canaletas e sarjetas; tubulações; bermas, banquetas, galerias e bocas de lobo; avenidas, ruas, praças, quintais e outros julgados importantes.

Também devem aparecer nas plantas as altitudes assinaladas até 1 cm dos pontos importantes, como bifurcações e interseções de vias; passagens de nível; depressões, talvegues e cumes de elevações; pontos de mudança de greide; e início e fim de logradouros sem cruzamentos.

O projeto em planta deve abordar: bordas de pistas e pátios; bordas de acostamento; eixos, com indicação de estaqueamento contínuo de todas as vias; localização de estacas e coordenadas dos pontos notáveis do alinhamento horizontal de todas as pistas (PCs, PTs, PIs etc.); dados analíticos do alinhamento horizontal, tais como: raios das curvas circulares; parâmetros das clotoides; comprimento das curvas; ângulos centrais das curvas circulares; deflexões das clotoides; tangentes externas; coordenadas dos centros das curvas circulares; outros aplicáveis; etc.

O projeto em perfil deve abordar: perfil longitudinal do terreno original, na projeção horizontal do eixo que define o alinhamento geométrico em planta; linha do greide acabado no ponto de aplicação dele, como definido nas seções transversais tipo; locação gráfica e indicação da estaca e da cota de PIVs, PCVs, PTVs e soleiras; inclinações de vias; etc.

O projeto de seções transversais tipo deve abordar: largura das pistas e das faixas de rolamento; largura dos acostamentos; largura dos canteiros, dos passeios etc.; gabaritos horizontais e verticais mínimos; declividades; tratamento dos taludes de corte e aterro; dados e dimensões da superfície acabada; meios-fios e sarjetas; estrutura dos pavimentos (indicando todos os materiais e espessuras constituintes das camadas); estrutura de drenagem; valetas, canaletas e sarjetas (tipo e localização); etc.

Todos os outros dados necessários ou requeridos para a completa interpretação dos desenhos devem ser abordados em planta, perfil e seções transversais.

Devem ser mantidas, em perfeitas condições, todas e quaisquer referências de nível (m) e de alinhamento, o que permite reconstruir ou aferir a locação em qualquer tempo e oportunidade.

Com base no levantamento planialtimétrico e nos perfis geotécnicos e de topografia, devem ser elaborados projetos geométricos de implantação dos empreendimentos, projeto de *offset* detalhando a locação dos pontos de inserção das estacas em conformidade com os eixos de arquitetura, e desenhos das seções transversais demonstrando os perfis naturais e os projetados com as respectivas elevações.

Deve-se atentar para a definição das cotas e das dimensões de terraplenagem nas seções transversais, as quais nortearão a implantação das obras.

3.5.2 Anomalias nos pavimentos

Todos os pavimentos, tanto flexíveis quanto rígidos, possuem anomalias decorrentes de uma série de fatores, desde má compactação, que acaba por sobrecarregar o pavimento, até tensões e estresses causados pelo tráfego intenso de veículos.

No caso de um pavimento muito bem projetado e com as camadas de base, sub-base e reforço de subleito com materiais muito bem definidos quanto ao grau de expansibilidade, aos valores de módulo de resiliência e aos valores de Proctor atingidos conforme especificações de projeto, a vida útil desse pavimento acaba sendo prolongada e/ou compatível com o cálculo, o dimensionamento e o projeto em si.

Nas obras de concreto armado de nosso cotidiano, uma pequena fissura numa peça de concreto armado, se não tratada, pode conduzir a uma trinca e à desagregação da peça. Portanto, toda anomalia, independentemente de seu quadro inicial, deve ser tratada, e nunca ignorada num laudo técnico de um profissional de engenharia, já que, quando a fissura evolui, o custo de reparo cresce de forma exponencial, e não linear e constante ao longo do tempo. Essa atenção é muito importante para o profissional que trabalha com fiscalizações de obras, sejam elas públicas ou privadas.

Anomalias em pavimento rígido de concreto simples

Como visto no Cap. 2, há muita tecnologia por trás de cada componente que constitui o concreto. Porém, o concreto por si só não é capaz de resistir aos esforços de tração gerados pelos momentos fletores que ocorrem no pavimento em virtude das cargas estáticas e dinâmicas aplicadas.

Por esse motivo, nunca se deve utilizar camada de concreto simples para o revestimento, e sim de concreto devidamente armado por telas soldadas e por barras de transferência, que serão estudadas nos capítulos subsequentes.

A Fig. 3.19 traz evidências de um pavimento de concreto simples sujeito ao tráfego constante numa área industrial de elevada movimentação de cargas, por parte tanto de carretas como de guindastes. Por não possuir resistência à tração adequada para resistir aos esforços solicitantes, esse pavimento acaba por sofrer fissuras que se desenvolvem para trincas e, por fim, para rachaduras e desagregações do concreto. Na Fig. 3.19A, nota-se a exposição da camada de base, com um trecho de pavimento ainda restante e aquele adjacente já expulso pelas cargas de rodas de veículos.

No caso da Fig. 3.20, foi utilizado um elemento para conter o pavimento de paralelepípedo quanto à movimentação lateral e para funcionar como um elemento de proteção da borda do pavimento de concreto simples. Porém, cabe observar que, se houver tráfego entre os dois pavimentos, esse elemento de contenção deverá estar nivelado entre eles, sem qualquer desnível sequer, o que não ocorre na situação vista na foto.

Para esse elemento separador, este autor recomenda uma viga de concreto armado, a fim de proteger a borda do pavimento de concreto simples no caso de transição de veículos entre pavimentos constituídos de materiais diferentes. É indicado também que a viga de concreto armado seja executada juntamente com o pavimento, de forma monolítica.

Salienta-se que o concreto simples e o paralelepípedo não devem ser utilizados como revestimentos.

A Fig. 3.21 traz um trecho de outro pavimento onde o concreto simples foi empregado como camada de revestimento para resistir a tráfegos pesados. Já na Fig. 3.22 é mostrada uma trinca que se estende de uma extremidade à outra do pavimento, o que evidencia uma anomalia devida principalmente à retração térmica.

Na Fig. 3.23 são mostradas pequenas desagregações isoladas ao longo da superfície de um pavimento de concreto simples, que podem ser decorrentes de uma série de fatores, tais como reação química do cimento, falha de execução localizada e fuga de finos pela camada de sub-base, entre outras a serem investigadas.

Fig. 3.19 Rachaduras e desagregações na camada de revestimento de concreto simples, com a camada de base exposta

Fig. 3.20 Trecho de encontro entre um pavimento de concreto simples, à esquerda, e de paralelepípedo, à direita

Fig. 3.22 Trinca se estendendo ao longo da seção transversal do pavimento de concreto simples

(Trinca devida à retração térmica)

Fig. 3.21 Trecho de pavimento de concreto simples se desagregando

Fig. 3.23 Desagregações localizadas ocorridas ao longo da superfície de um pavimento de concreto simples

Anomalias em pavimento rígido de concreto armado

Nesta subseção serão apresentadas algumas anomalias ocorridas em pavimentos rígidos de concreto armado, decorrentes da não aplicação dos devidos cuidados e do dimensionamento incorreto.

Na Fig. 3.24 é exibido um trecho de pavimento de concreto armado com algumas de suas placas de periferia sem tratamento adequado, permanecendo expostas a intempéries. Cabe notar a armação positiva em contato com uma poça de água, o que pode facilmente provocar corrosão, com esse processo indesejável migrando para dentro da placa de concreto armado e contaminando as outras barras. Pequenos cuidados numa obra e detalhes num projeto evitam problemas gravíssimos.

Na Fig. 3.25 é mostrado um trecho de pavimento de concreto armado que, mesmo com fibras de aço incorporadas em sua mistura, não é capaz de resistir ao tráfego de guindastes dotados de esteiras de aço. O guindaste de esteira está sujeito a manobras bruscas, e cada rotação de sua esteira promove uma ação abrasiva muito forte sobre a superfície de concreto. Nessa situação, recomenda-se como solução paliativa a execução de camadas de revestimentos antiabrasivos, que devem ser reaplicados de tempos em tempos como forma de proteger a superfície do pavimento de concreto armado.

A Fig. 3.26 traz um registro raro de ocorrência de fissura provocada por esforços de momento fletor. A fissura se propaga a partir de uma região muito próxima ao centro da placa e migra para as extremidades ao longo de quatro direções opostas.

Nesse caso específico, ocorrido numa área portuária cujo aterro foi feito com solo inadequado, com muita fuga de fino ao longo de sua história, é muito provável que, mesmo com a compactação de camadas de reforço de subleito e de sub-base, a fuga de finos tenha ocorrido apenas sob essa placa, com a consequente criação de vazios abaixo dela. Isso porque somente nessa placa, de mesmo f_{ck}, espessura e armações que as demais placas, aconteceu tal anomalia.

A discussão sobre a Fig. 3.26 é uma excelente oportunidade para esclarecer uma dúvida muito comum a respeito da gravidade de fissuras e trincas ocorridas em lajes de concreto armado de edifícios. De modo geral, tanto para lajes quanto para placas e fundações de radier, quando a fissura ou a trinca atravessar toda a placa ao longo de sua seção transversal, como no caso da Fig. 3.22, essa anomalia muito provavelmente estará atrelada à mudança de temperatura, ou seja, à retração térmica. Quando a fissura ou a trinca ocorrer numa placa e terminar no meio do percurso, sem necessariamente ir de uma extremidade à outra, normalmente essa anomalia estará ligada a uma falha estrutural intrínseca à baixa resistência ao momento fletor. E, por fim, como no caso da Fig. 3.26, quando a fissura ou a trinca despontar do centro da placa ao longo de quatro direções opostas umas às outras, também se tratará de uma anomalia de ordem estrutural associada a problemas de resistência ao momento fletor.

Há ainda outro caso que indica um problema relacionado ao fator estrutural, evidenciando a falta de resistência da laje ao momento fletor. A Fig. 3.27 apresenta os pontos A e B indicados na Fig. 3.28 e se refere a uma dada laje de concreto armado que foi objeto de laudo técnico. As fissuras mostradas nas fotos se propagaram ao longo de três direções distintas e também ao longo do meio da laje, descrevendo de forma bem clara o caminho dos quinhões de carga.

Em outras palavras, o método dos quinhões de carga utilizado para o cálculo de lajes e de radier descreve o caminho das trincas que ocorrem em função de um momento fletor insuficiente para resistir a tais esforços solicitantes aplicados na laje.

E, por fim, como resposta a outra pergunta frequente, e de modo a sanar um vício já visto em alguns projetos, menciona-se que o cálculo de uma laje de concreto armado é diferente do cálculo de uma fundação em radier, e o dimensionamento do radier, por sua vez, é diferente do dimensionamento de uma placa de pavimento rígido. Portanto, não se deve utilizar o método de dimensionamento de fundação de radier para placas de pavimentos rígidos de concreto armado.

Fig. 3.24 Armação positiva (inferior) de um pavimento de concreto armado exposta

Fig. 3.25 Desgaste da superfície de concreto promovido por guindastes de esteiras de aço

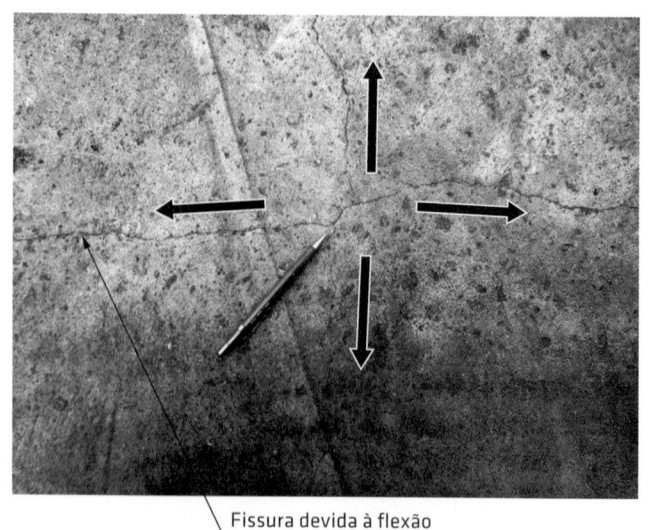

Fig. 3.26 Fissura ocorrida num pavimento de concreto armado de forma cruzada a partir da região central da placa

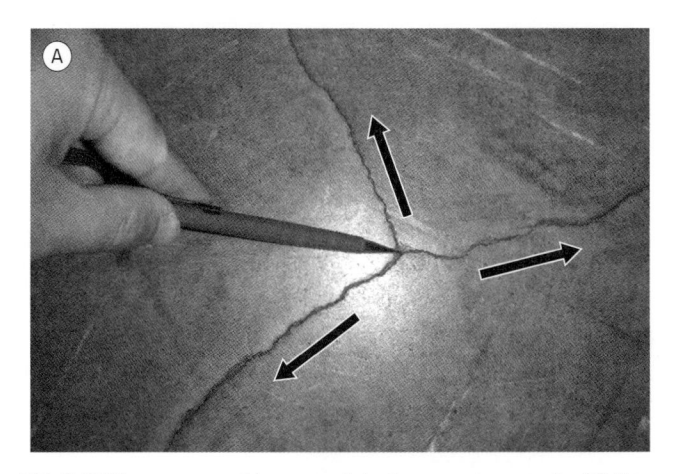

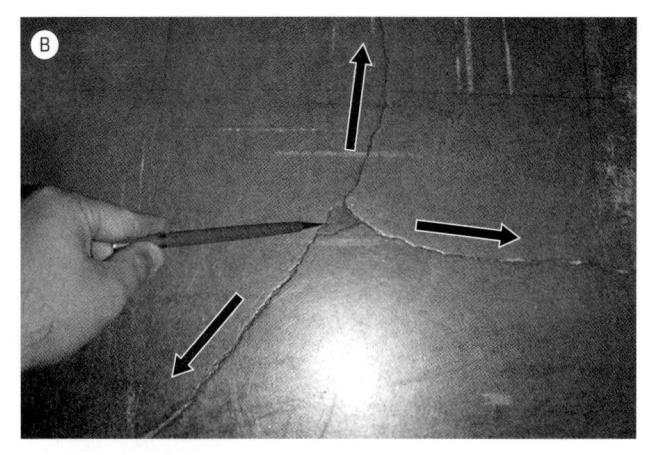

Fig. 3.27 Fissuras ocorridas numa laje de concreto armado: (A) fissura na região A do desenho seguinte e (B) fissura no ponto B

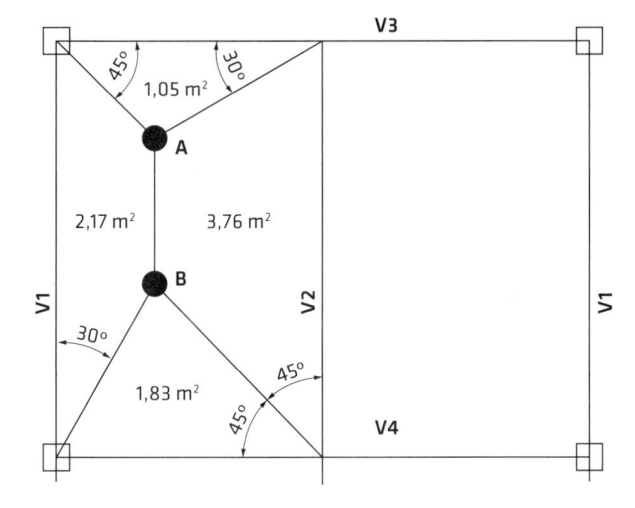

Fig. 3.28 Traçado dos quinhões de carga da laje mostrada na figura anterior

TRENS-TIPOS, PATOLAS E ESTEIRAS

4

Ao longo deste capítulo serão apresentados os diversos trens-tipos, em função de suas cargas, geometrias e disposições de eixos e rodas, aplicados a ônibus, caminhões e carretas.

Também será mostrado o cálculo da reação da roda de empilhadeiras em função do tipo de eixo de rodagem, que pode ser simples ou duplo, além do cálculo da reação da roda constituinte de guindastes hidráulicos e do cálculo da reação máxima aplicada por uma patola (ou sapata ou prato de apoio) de guindaste no momento mais crítico de sua operação.

Será comentado ainda o dimensionamento de sistemas de *mattings* com o uso de barrotes de madeira e placas de aço.

Isso tudo deve ser mostrado nesse universo englobando rodas, esteiras e patolas, pois todo o cálculo e dimensionamento de um pavimento rígido, assim como o sucesso de sua aplicação, dependem da boa definição desses dados iniciais.

4.1 Classificação dos eixos

Os eixos são classificados quanto ao número de rodas e ao posicionamento delas. Assim, pela classificação rodoviária internacional, têm-se (Fig. 4.1):

- *eixo simples de rodagem simples*: quando houver um único eixo interligando duas rodas simples (dispostas sozinhas);

Eixo simples
Rodagem simples
Limite de peso por eixo = 6 tf.

Eixo simples
Rodagem dupla
Limite de peso por eixo = 10 tf.

Eixo em tandem duplo
Rodagem dupla
Limite de peso por eixo = 17 tf.
1,20 m < d < 2,40 m

Eixo em tandem triplo
Rodagem dupla
Limite de peso por eixo = 25,5 tf.
1,20 m < d < 2,40 m

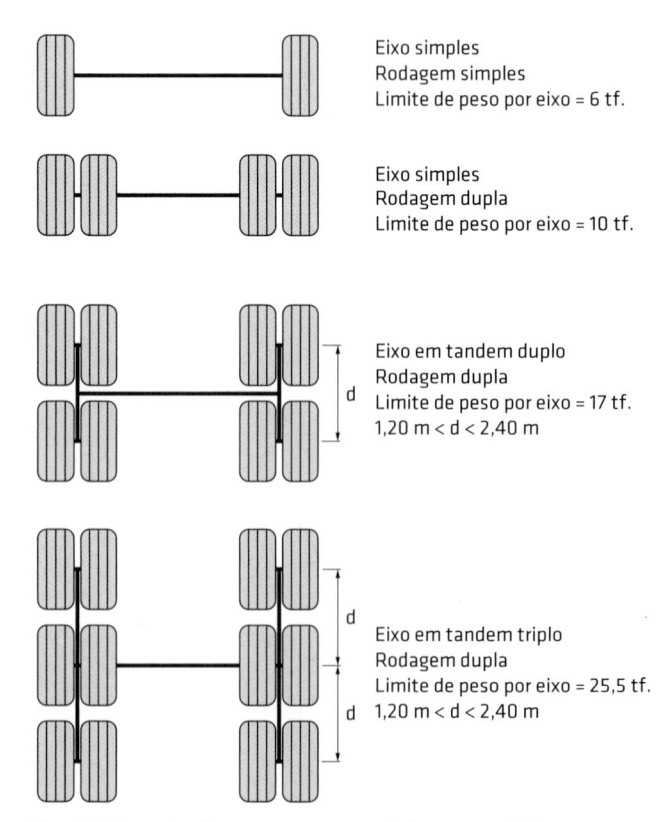

Fig. 4.1 Tipos de eixo e suas cargas máximas permitidas

- *eixo simples de rodagem dupla*: quando houver um único eixo interligando duas rodas duplas (dispostas em duas);
- *eixo em tandem duplo de rodagem dupla*: quando houver dois eixos dispostos em tandem (um após o outro), cada um deles com rodas duplas em sua extremidade;
- *eixo em tandem triplo de rodagem dupla*: quando houver três eixos dispostos em tandem (um após o outro), cada um deles com rodas duplas em sua extremidade.

A Lei nº 14.229/21 determinou que fosse atribuída uma tolerância de 5% ao limite de 50.000 kg para o peso bruto total, passando o limite para a autuação para 52.500 kg. A Resolução Contran nº 882/21 alterou a tolerância para o excesso de peso por eixo de 10% para 12,5%, e os limites máximos para os eixos podem então ser estendidos a:
- 6.000 kg + 12,5% = 6.750 kg;
- 10.000 kg + 12,5% = 11.250 kg;
- 17.000 kg + 12,5% = 19.125 kg;
- 25.500 kg + 12,5% = 28.688 kg.

4.2 Carga por eixo aplicada a caminhões e ônibus

As Tabs. 4.1 e 4.2 apresentam as cargas por eixo e as respectivas distâncias entre eixos aplicadas a caminhões e ônibus pelo padrão do Departamento Nacional de Infraestrutura de Transportes (DNIT).

De acordo com a classificação de eixos e cargas do DNIT, o caminhão da Fig. 4.2A é identificado como de classe 3C (caminhão trucado) e o caminhão da Fig. 4.2B, como de classe 4C (caminhão simples). Cabe notar a presença do eixo tandem duplo para a classe 3C e do eixo tandem triplo para a classe 4C.

Já na Fig. 4.3, tem-se um caminhão trator + semirreboque de classe 2S3 dotado de eixo traseiro do tipo tandem triplo.

Tab. 4.1 Especificações de caminhões segundo o DNIT

Silhueta	Número de eixos	PBT/CMT máx. (t)	Caracterização	Classe	Código
	2	16 (16,8)	**Caminhão** E1 = eixo simples; carga máxima 6,0 ton ou a capacidade declarada pela fabricante do pneumático E2 = eixo duplo; carga máxima 10 ton d12 ≤ 3,50 m	2C	65 ou 66
	3	23 (24,2)	**Caminhão trucado** E1 = eixo simples; carga máxima 6,0 ton E2E3 = conjunto de eixos em tandem duplo; carga máxima 17 ton d12 > 2,40 m 1,20 m < d23 ≤ 2,40 m	3C	67
	3	26 (27,3)	**Caminhão trator + semirreboque** E1 = eixo simples; carga máxima 6,0 ton E2 = eixo duplo; carga máxima 10 ton E3 = eixo duplo, carga máxima 10 ton d12, d23 > 2,40 m	2S1	68
	4	31,5 (33,1)	**Caminhão simples** E1 = eixo simples; carga máxima 6,0 ton E2E3E4 = conjunto de eixos em tandem triplo; carga máxima 25,5 ton d12 > 2,40 m 1,20 m < d23, d34 ≤ 2,40 m	4C	69
	4	29 (30,5)	**Caminhão duplo direcional trucado** E1E2 = conjunto de eixos direcionais; carga máxima 12 ton E3E4 = conjunto de eixos em tandem duplo; carga máxima 17 ton 1,20 m < d34 ≤ 2,40 m	4CD	70

Tab. 4.1 (continuação)

Silhueta	Número de eixos	PBT/CMT máx. (t)	Caracterização	Classe	Código
	4	33 (34,7)	Caminhão trator + semirreboque E1 = eixo simples; carga máxima 6,0 ton E2 = eixo duplo; carga máxima 10 ton E3E4 = conjunto de eixos em tandem duplo; carga máxima 17 ton d12, d23 > 2,40 m 1,20 m < d34 ≤ 2,40 m	2S2	71
	4	36 (37,8)	Caminhão trator + semirreboque E1 = eixo simples; carga máxima 6,0 ton E2 = eixo duplo; carga máxima 10 ton E3 = eixo duplo; carga máxima 10 ton E4 = eixo duplo; carga máxima 10 ton d12, d23, d34 > 2,40 m	2I2	80
	4	33 (34,7)	Caminhão trator trucado + semirreboque E1 = eixo simples; carga máxima 6,0 ton E2E3 = conjunto de eixos em tandem duplo; carga máxima 17 ton E4 = eixo duplo; carga máxima 10 ton d12, d34 > 2,40 m 1,20 m < d23 ≤ 2,40 m	3S1	72
	4	36 (37,8)	Caminhão + reboque E1 = eixo simples; carga máxima 6,0 ton E2 = eixo duplo; carga máxima 10 ton E3 = eixo duplo; carga máxima 10 ton E4 = eixo duplo; carga máxima 10 ton d12, d23, d34 > 2,40 m	2C2	73
	5	41,5 (43,6)	Caminhão trator + semirreboque E1 = eixo simples; carga máxima 6,0 ton E2 = eixo duplo; carga máxima 10 ton E3E4E5 = conjunto de eixos em tandem triplo; carga máxima 25,5 ton d12, d23 > 2,40 m 1,20 m < d34, d45 ≤ 2,40 m	2S3	74
	5	40 (42)	Caminhão trator trucado + semirreboque E1 = eixo simples; carga máxima 6,0 ton E2E3 = conjunto de eixos em tandem duplo; carga máxima 17 ton E4E5 = conjunto de eixos em tandem duplo; carga máxima 17 ton d12, d34 > 2,40 m 1,20 m < d23, d45 ≤ 2,40 m	3S2	75
	5	46 (48,30) Res. Contran 184/2005 desde que atenda ao critério do comprimento	Caminhão trator + semirreboque E1 = eixo simples; carga máxima 6,0 ton E2 = eixo duplo; carga máxima 10 ton E3 = eixo duplo; carga máxima 10 ton E4 = eixo duplo; carga máxima 10 ton E5 = eixo duplo; carga máxima 10 ton d12, d23, d34, d45 > 2,40 m	2I3	82
	5	43 (45,2)	Caminhão trator + semirreboque E1 = eixo simples; carga máxima 6,0 ton E2 = eixo duplo; carga máxima 10 ton E3 = eixo duplo; carga máxima 10 ton E4E5 = conjunto de eixos em tandem duplo; carga máxima 17 ton d12, d23, d34 > 2,40 m 1,20 m < d45 ≤ 2,40 m	2J3	84

Tab. 4.1 (continuação)

Silhueta	Número de eixos	PBT/CMT máx. (t)	Caracterização	Classe	Código
(caminhão trator trucado + semirreboque, eixos E1 E2 E3 E4 E5; distâncias d12, d23, d24, d45)	5	43 (45,2)	Caminhão trator trucado + semirreboque E1 = eixo simples; carga máxima 6,0 ton E2E3 = conjunto de eixos em tandem duplo; carga máxima 17 ton E4 = eixo duplo; carga máxima 10 ton E5 = eixo duplo; carga máxima 10 ton d12, d34, d45 > 2,40 m 1,20 m < d23 ≤ 2,40 m	3I2	81
(caminhão + reboque, eixos E1 E2 E3 E4 E5; distâncias d12, d23, d34, d45)	5	43 (45,2)	Caminhão + reboque E1 = eixo simples; carga máxima 6,0 ton E2 = eixo duplo; carga máxima 10 ton E3 = eixo duplo; carga máxima 10 ton E4E5 = conjunto de eixos em tandem duplo; carga máxima 17 ton d12, d23, d34 > 2,40 m 1,20 m < d45 ≤ 2,40 m	2C3	76
(caminhão trucado + reboque, eixos E1 E2 E3 E4 E5; distâncias d12, d23, d34, d45)	5	43 (45,2)	Caminhão trucado + reboque E1 = eixo simples; carga máxima 6,0 ton E2E3 = conjunto de eixos em tandem duplo; carga máxima 17 ton E4 = eixo duplo; carga máxima 10 ton E5 = eixo duplo; carga máxima 10 ton d12, d34, d45 > 2,40 m 1,20 m < d23 ≤ 2,40 m	3C2	77
(caminhão trator trucado + semirreboque, eixos E1 E2 E3 E4 E5 E6; distâncias d12, d23, d34, d45, d56)	6	48,5 (50,93) Res. Contran 184/2005 desde que atenda ao critério do comprimento	Caminhão trator trucado + semirreboque E1 = eixo simples; carga máxima 6,0 ton E2E3 = conjunto de eixos em tandem duplo; carga máxima 17 ton E4E5E6 = conjunto de eixos em tandem triplo; carga máxima 25,5 ton d12, d34 > 2,40 m 1,20 m < d23, d45, d56 ≤ 2,40 m	3S3	78
(caminhão trator trucado + semirreboque, eixos E1 E2 E3 E4 E5 E6; distâncias d12, d23, d34, d45, d56)	6	53 (55,65) Res. Contran 184/2005 desde que atenda ao critério do comprimento	Caminhão trator trucado + semirreboque E1 = eixo simples; carga máxima 6,0 ton E2E3 = conjunto de eixos em tandem duplo; carga máxima 17 ton E4 = eixo duplo; carga máxima 10 ton E5 = eixo duplo; carga máxima 10 ton E6 = eixo duplo; carga máxima 10 ton d12, d34, d45, d56 > 2,40 m 1,20 m < d23 ≤ 2,40 m	3I3	83
(caminhão trator trucado + semirreboque, eixos E1 E2 E3 E4 E5 E6; distâncias d12, d23, d34, d45, d56)	6	50 (52,5) Res. Contran 184/2005 desde que atenda ao critério do comprimento	Caminhão trator trucado + semirreboque E1 = eixo simples; carga máxima 6,0 ton E2E3 = conjunto de eixos em tandem duplo; carga máxima 17 ton E4 = eixo duplo; carga máxima 10 ton E5E6 = conjunto de eixos em tandem duplo; carga máxima 17 ton d12, d34, d45 > 2,40 m 1,20 m < d23, d56 ≤ 2,40 m	3J3	85
(bitrem articulado, eixos E1 E2 E3 E4 E5 E6 E7; distâncias d12, d23, d34, d45, d56, d67)	7	57 (59,9) Res. Contran 184/2005 desde que atenda ao critério do comprimento	Bitrem articulado (caminhão trator trucado + dois semirreboques) E1 = eixo simples; carga máxima 6,0 ton E2E3 = conjunto de eixos em tandem duplo; carga máxima 17 ton E4E5 = conjunto de eixos em tandem duplo; carga máxima 17 ton E6E7 = conjunto de eixos em tandem duplo; carga máxima 17 ton d12, d34, d56 > 2,40 m 1,20 m < d23, d45, d67 ≤ 2,40 m	3T4	91

Tab. 4.1 (continuação)

Silhueta	Número de eixos	PBT/CMT máx. (t)	Caracterização	Classe	Código
Caminhão trucado + reboque (E1, E2, E3, E4, E5, E6; d12, d23, d34, d45, d56)	6	50 (52,5)	Caminhão trucado + reboque E1 = eixo simples; carga máxima 6,0 ton E2E3 = conjunto de eixos em tandem duplo; carga máxima 17 ton E4 = eixo duplo; carga máxima 10 ton E5E6 = conjunto de eixos em tandem duplo; carga máxima 17 ton d12, d34, d45 > 2,40 m 1,20 m < d23, d56 ≤ 2,40 m	3C3	79
Romeu e julieta (E1, E2, E3, E4, E5, E6; d12, d23, d34, d45, d56)	6	50 (52,5)	Romeu e julieta (caminhão trucado + reboque) E1 = eixo simples; carga máxima 6,0 ton E2E3 = conjunto de eixos em tandem duplo; carga máxima 17 ton E4 = eixo duplo; carga máxima 10 ton E5E6 = conjunto de eixos em tandem duplo; carga máxima 17 ton d12, d34, d45 > 2,40 m 1,20 m < d23, d56 ≤ 2,40 m	3D3	90
Romeu e julieta (E1...E7; d12, d23, d34, d45, d56, d67)	7	57 (59,9)	Romeu e julieta (caminhão trucado + reboque) E1 = eixo simples; carga máxima 6,0 ton E2E3 = conjunto de eixos em tandem duplo; carga máxima 17 ton E4E5 = conjunto de eixos em tandem duplo; carga máxima 17 ton E6E7 = conjunto de eixos em tandem duplo; carga máxima 17 ton d12, d34, d56 > 2,40 m 1,20 m < d23, d45, d67 ≤ 2,40 m	3D4	88
Treminhão (E1...E7; d12, d23, d34, d45, d56, d67)	7	63 (66,2)	Treminhão (caminhão trucado + dois reboques) E1 = eixo simples; carga máxima 6,0 ton E2E3 = conjunto de eixos em tandem duplo; carga máxima 17 ton E4 = eixo duplo; carga máxima 10 ton E5 = eixo duplo; carga máxima 10 ton E6 = eixo duplo; carga máxima 10 ton E7 = eixo duplo; carga máxima 10 ton d12, d34, d56, d67 > 2,40 m 1,20 m < d23 ≤ 2,40 m	3Q4	92
Tritrem (E1...E9; d12, d23, d34, d45, d56, d67, d78, d89)	9	74 (77,7)	Tritrem (caminhão trator trucado + três semirreboques) E1 = eixo simples; carga máxima 6,0 ton E2E3 = conjunto de eixos em tandem duplo; carga máxima 17 ton E4E5 = conjunto de eixos em tandem duplo; carga máxima 17 ton E6E7 = conjunto de eixos em tandem duplo; carga máxima 17 ton E8E9 = conjunto de eixos em tandem duplo; carga máxima 17 ton d12, d34, d56, d78 > 2,40 m 1,20 m < d23, d45, d67, d89 ≤ 2,40 m	3T6	93
Rodotrem (E1...E9; d12, d23, d34, d45, d56, d67, d78, d89)	9	74 (77,7)	Rodotrem (caminhão trator trucado + dois semirreboques com *dolly*) E1 = eixo simples; carga máxima 6,0 ton E2E3 = conjunto de eixos em tandem duplo; carga máxima 17 ton E4E5 = conjunto de eixos em tandem duplo; carga máxima 17 ton E6E7 = conjunto de eixos em tandem duplo; carga máxima 17 ton E8E9 = conjunto de eixos em tandem duplo; carga máxima 17 ton d12, d34, d56, d78 > 2,40 m 1,20 m < d23, d45, d67, d89 ≤ 2,40 m	3T6	93

Tab. 4.1 (continuação)

Silhueta	Número de eixos	PBT/CMT máx. (t)	Caracterização	Classe	Código
	9	74 (77,7)	Treminhão de nove eixos (caminhão trucado + dois reboques) E1 = eixo simples; carga máxima 6,0 ton E2E3 = conjunto de eixos em tandem duplo; carga máxima 17 ton E4E5E6 = eixo triplo; carga máxima 25,5 ton E7E8E9 = eixo triplo; carga máxima 25,5 ton	3Q6	89
	9	80 (84)	Romeu e julieta de nove eixos (caminhão trucado + reboque) E1 = eixo simples; carga máxima 6,0 ton E2E3 = conjunto de eixos em tandem duplo; carga máxima 17 ton E4 = eixo simples; carga máxima 10 ton E5 = eixo simples; carga máxima 10 ton E6E7 = conjunto de eixos em tandem duplo; carga máxima 17 ton E8 = eixo simples; carga máxima 10 ton E9 = eixo simples; carga máxima 10 ton	3D6	94
		> 45	Necessita AET	X	88

Tab. 4.2 Especificações de ônibus segundo o DNIT

Silhueta	Número de eixos	PBT/CMT máx. (t)	Caracterização	Classe	Código
	2	16 (16,8)	Ônibus E1 = eixo simples; carga máxima 6,0 ton ou a capacidade declarada pela fabricante do pneumático E2 = eixo duplo; carga máxima 10 ton d12 ≤ 3,50 m	2C	65 ou 66
	3	19,5 (20,5)	Ônibus trucado E1 = eixo simples; carga máxima 6,0 ton E2E3 = conjunto de eixos em tandem duplo com seis pneumáticos; carga máxima 13,5 ton d12 > 2,40 m 1,20 m < d23 ≤ 2,40 m	3CB	86
	4	25,5 (26,8)	Ônibus duplo direcional trucado E1E2 = conjunto de eixos direcionais; carga máxima 12 ton E3E4 = conjunto de eixos em tandem duplo com seis pneumáticos; carga máxima 13,5 ton 1,20 m < d34 ≤ 2,40 m	4CB	87
	3	26 (27,3)	Ônibus urbano articulado E1 = eixo simples; carga máxima 6,0 ton E2 = eixo duplo; carga máxima 10 ton E3 = eixo duplo; carga máxima 10 ton d12, d23 > 2,40 m	2S1	68
	4	36 (37,8)	Ônibus urbano biarticulado E1 = eixo simples; carga máxima 6,0 ton E2 = eixo duplo; carga máxima 10 ton E3 = eixo duplo; carga máxima 10 ton E4 = eixo duplo; carga máxima 10 ton d12, d23, d34 > 2,40 m	2I2	80

Com relação a essa classificação do DNIT, há casos que precisam ter as geometrias e as cargas do veículo devidamente aferidas junto ao manual do equipamento, como os de caminhões-betoneira e caminhões-pipa (Fig. 4.4).

Os eixos tandem duplo e triplo, por possuírem mais rodas, promovem maior área de contato das rodas com a superfície do pavimento, em detrimento dos eixos simples, que dispõem apenas de uma roda em cada extremidade.

Cargas dinâmicas aplicadas por veículos pesados exigem muito do pavimento no que se refere à resistência à tensão de tração e à fadiga. E, com o tempo, pavimentos flexíveis tendem a apresentar deformações e danos mais proeminentes se comparados com a mesma situação de solicitação sobre pavimentos rígidos de concreto armado.

Todo caminhão, carreta e contêiner deve receber em sua carroceria uma placa com a indicação de seus valores de peso. No caso da Fig. 4.5, tem-se a placa de um contêiner cujas letras seguem a norma internacional e significam:

- R (weight rating): equivale à sigla PBT e indica o peso bruto total;

Fig. 4.2 (A) Caminhão de classe 3C e (B) caminhão de classe 4C transportando contêineres e *skids*, respectivamente

Fig. 4.3 Caminhão trator + semirreboque de classe 2S3 dotado de eixo em tandem triplo transportando contêineres

Fig. 4.4 (A) Caminhão-betoneira de eixo tandem triplo trafegando sobre pavimento rígido e prestes a passar pela tampa de aço de uma canaleta de concreto e (B) caminhão-pipa de eixo tandem duplo trafegando sobre pavimento flexível asfáltico eivado de deformações

- T (tare weight): equivale à sigla T e indica a tara, ou seja, o peso total do contêiner vazio;
- P (payload ou netweight): equivale à sigla L e indica a lotação, ou seja, o peso líquido da carga.

O contêiner transfere tensões para o pavimento e, consequentemente, o maciço do solo através de um sistema de *skids* em forma de grelha montado em sua base. Assim, o contêiner não apoia sua base retangular, como uma placa, diretamente sobre o pavimento, e sim por meio de pequenas vigas que constituem o *skid*. Nesse caso, o engenheiro deve considerar a área da base da viga para espraiamento da carga, e não a área de toda a base do contêiner.

Há modelos de caminhões que não constam nas tabelas do DNIT, como a carreta-prancha mostrada na Fig. 4.6, cuja atuação é muito comum em áreas industriais. Não há limite de carga a ser transportada por esse tipo de veículo, visto que ele é adaptado para as mais variadas situações de transporte de carregamento. Assim, essa carreta transporta máquinas, geradores, equipamentos náuticos, como hélices de navio, equipamentos de árvores de Natal para plataformas e os mais variados tipos de carga que se possa imaginar.

Com esse dado em mente, o profissional deve fazer um trabalho de investigação a respeito dos carregamentos mais solicitados a serem transportados por carretas-pranchas, quando elas fizerem parte do escopo do trabalho envolvendo o dimensionamento de um pavimento.

O comprimento de suas carrocerias, inclusive, é ajustado mediante o tamanho da carga a ser transportada, com verdadeiras vigas vencendo o vão de sua seção longitudinal de prancha.

É possível notar na Fig. 4.6 a presença do eixo tandem triplo na parte extrema da prancha do caminhão. No material complementar do Cap. 4, disponível na página do livro na internet (www.lojaofitexto.com.br/pavimentos-industriais-concreto/p), apresentam-se outros exemplos de caminhões no Canadá.

Como visto até aqui, tanto pela variedade de eixos cadastrados pelo DNIT quanto pela variedade de veículos vistos nas fotos, no Brasil e no Canadá há uma diversidade enorme de tipos de eixo, com suas geometrias padronizadas para cada país. E, além do eixo, deve-se sempre atentar para o tipo e a massa de carga a ser transportada.

Fig. 4.5 Contêiner e sua placa de capacidade de carga

Fig. 4.6 Carreta-prancha

TRENS-TIPOS, PATOLAS E ESTEIRAS

Assim, por exemplo, num cálculo de pavimento intertravado, o engenheiro comete um grave erro quando dimensiona a espessura dos blocos, bem como as espessuras e os materiais constituintes de cada camada para um condomínio, levando em conta apenas os automóveis conforme a planta de arquitetura. Isso porque, numa situação simples como essa, nada impede de um caminhão-pipa (tanque) ou suga-tudo adentrar nas instalações do condomínio de tempos em tempos. Devido à sua carga elevada e dinâmica, esse veículo fatalmente provocará afundamentos localizados ao longo do pavimento flexível, além de afundamentos do tipo trilha de rodas. A dor de cabeça gerada será enorme para os moradores.

Considerando esse mesmo exemplo, que retrata uma situação que ocorre com certa frequência no Brasil, e majorando as cargas e os tipos de veículo para uma rodovia constituída de asfalto ou para uma área industrial concebida de pavimentos rígidos de concreto armado, conclui-se que o prejuízo seria inimaginável no caso de haver uma falha de projeto proveniente da consideração errônea dos dados, ou seja, dos tipos de veículo trafegando na estrada ou no pátio de manobras.

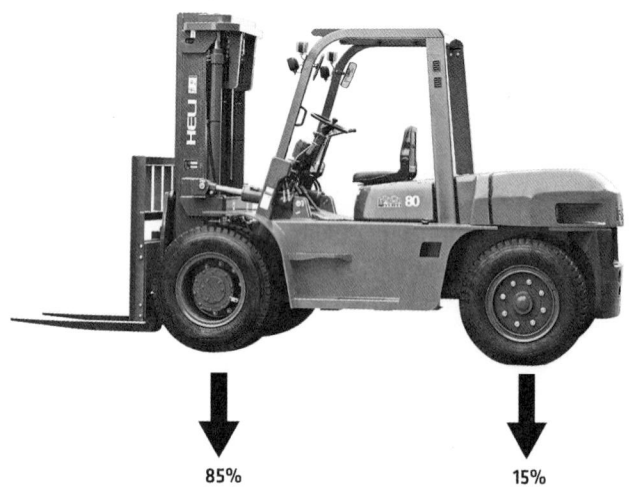

Fig. 4.7 Distribuição de carga por eixo – empilhadeira do tipo HELI CPCD80

4.3 Carga por eixo aplicada a empilhadeiras

Na maioria dos catálogos, raramente se encontram os dados referentes às cargas efetivamente aplicadas nos eixos dianteiro e traseiro das empilhadeiras. Como esses equipamentos possuem geometria assimétrica, ao entrarem em carga, naturalmente a maior parte da carga (peso próprio + capacidade máxima de carga) será transmitida para o eixo dianteiro, e a menor parcela, para o eixo traseiro.

Pela média de dados apurados para empilhadeiras, normalmente se considera uma parcela de 85% da carga total (peso próprio + capacidade máxima de carga) aplicada no eixo dianteiro e de 15% aplicada no eixo traseiro (Fig. 4.7). Ou seja, essa parcela a ser aplicada no eixo dianteiro é que servirá para o cálculo e o dimensionamento do pavimento.

O profissional pode considerar no cálculo 100% da capacidade de carga de uma empilhadeira como aplicada no eixo dianteiro, de modo a guarnecer a segurança de seu projeto. Para empilhadeiras com capacidade de carga superior a 10 tf, este autor recomenda que seja aplicada no eixo dianteiro uma carga referente a 90% da carga total. No caso da Fig. 4.8, cerca de 80% do peso total levantado está sendo aplicado no eixo dianteiro.

Os dados geométricos e de carga por eixo para empilhadeiras com capacidade de carga de 4 tf a 10 tf são apresentados nas tabelas completas disponíveis no material complementar do Cap. 4, na página do livro na internet (www.lojaofitexto.com.br/pavimentos-industriais-concreto/p). Essas tabelas foram gentilmente fornecidas pelo representante da fabricante de empilhadeiras Heli e, por serem bem completas e elucidativas, foram escolhidas para esclarecer e auxiliar o leitor em seus estudos e projetos.

Na Fig. 4.9 têm-se as vistas de uma empilhadeira com capacidade de carga de 7,5 tf sendo utilizada num galpão cuja fundação é constituída de radier. Essa fundação foi defendida como radier pelo autor, mesmo diante da pre-

Fig. 4.8 Empilhadeira manobrando no pátio – notar a roda traseira virando

sença de um maciço de solo com baixo valor de N, em torno de 3 (sondagem à percussão – SPT), o que equivale a uma carga admissível de solo de 0,6 kgf/cm².

Para obter a tensão admissível do solo em função do número N, deve-se dividir o número N por 5, chegando ao resultado em kgf/cm². Naturalmente, apenas o número N não é suficiente, e o engenheiro precisa verificar a deformação do maciço de solo perante as cargas aplicadas pelo tipo de fundação adotada. Nesse caso, o radier é tido como última solução entre as fundações do tipo rasa e, por ser uma placa semelhante às usadas em pavimentos rígidos de concreto armado, transfere baixa tensão solicitante para o terreno abaixo dele. Daí a defesa dessa fundação como radier mesmo para uma situação de cargas dinâmicas, onde ele resiste muito bem desde a data de sua execução, em 2007, até os dias atuais.

Na Fig. 4.10, note-se a presença de eixo dianteiro do tipo duplo para empilhadeira com elevada capacidade de carga. Nessa situação, o projetista pode considerar 85% da capacidade de carga total atuando no eixo dianteiro ou mesmo 100%, o que estaria a favor da segurança.

Em seus projetos, este autor costuma considerar o eixo dianteiro como do tipo simples para efeito de capacidade de carga, o que deixa o projeto a favor da segurança, pelo fato de uma única roda de um eixo simples possuir menor área de contato com a superfície do que as duas rodas constituintes de seu eixo duplo original.

O engenheiro deve conceber os critérios de cálculo para cada situação de projeto, a fim de garantir maior segurança, desde que essa majoração de carga também não seja de todo exagerada.

Fig. 4.9 Empilhadeira com capacidade de carga de 7,5 tf

Fig. 4.10 (A) Eixo simples e (B) eixo duplo para empilhadeira com capacidade de carga de 7,5 tf

Os dados que normalmente vêm inseridos nas plaquetas das empilhadeiras são os seguintes:
- *service weight*, que é o peso próprio ou a tara;
- *rated capacity* ou *capacity*, que é a capacidade de carga da empilhadeira.

É comum encontrar um tipo de plaqueta anexada ao veículo que traz o gráfico de capacidade × centro de carga, muito útil ao operador, pois mostra, em função da localização da carga ao longo do garfo, a capacidade de carga da empilhadeira. Nesse gráfico, é possível observar que a capacidade de carga diminui à medida que aumenta a distância da carga localizada no garfo em relação ao centro de giro do veículo.

A plaqueta exibida na Fig. 4.11 se refere a uma empilhadeira do tipo CPQD 25 e traz a indicação de capacidade residual de carga (isto é, capacidade de carga com os garfos totalmente elevados) de 2.500 kg.

4.4 Carga por eixo aplicada a guindastes hidráulicos pneumáticos

4.4.1 Carga máxima por eixo para qualquer tipo de guindaste sem contrapeso acoplado

Com relação a guindastes, para sua translação em rodovias do Brasil, há um limite de 12 tf por eixo que deve ser respeitado e cumprido. Para que essa carga seja atendida, as placas que constituem o contrapeso do guindaste devem ser transportadas à parte em outras carretas. Assim, por exemplo, a configuração de cargas por eixo para um guindaste do tipo LTM-1250, da fabricante Liebherr, é a mostrada na Fig. 4.12. A mesma configuração de cargas de 12 tf por eixo se aplica também a todos os demais guindastes hidráulicos pneumáticos.

Esse é um estudo gentilmente fornecido pelos engenheiros Heron Gayean e César Schmidt, da empresa Liebherr do Brasil.

4.4.2 Carga máxima por eixo para guindaste LTM-1250 com contrapeso acoplado

Porém, em casos aplicados a bases industriais ou canteiros de obras, por exemplo, existe a possibilidade de translação do guindaste com seu contrapeso acoplado. No guindaste hidráulico LTM-1250, o contrapeso possui massa total equivalente a 97,50 tf. Assim, nesse caso a carga por eixo deve variar de acordo com o ângulo da lança, com a condição ótima (com ângulo de lança entre 66° e 73°) acarretando uma carga por eixo de 29 tf a 31 tf para os quatro primeiros eixos e uma carga por eixo de 38 tf para os dois últimos eixos. Desse modo, procura-se adotar uma carga por eixo de 38 tf para o guindaste LTM-1250, se ele estiver munido de todo o seu contrapeso de 97,50 tf (Tab. 4.3).

4.4.3 Carga máxima de içamento de guindaste

De acordo com as normas internacionais, a carga máxima de içamento de um guindaste deve ser limitada a 75% de sua capacidade máxima de içamento. Dessa maneira, por

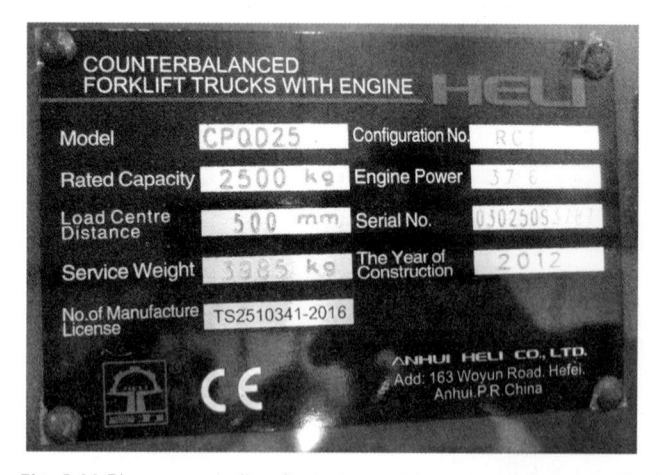

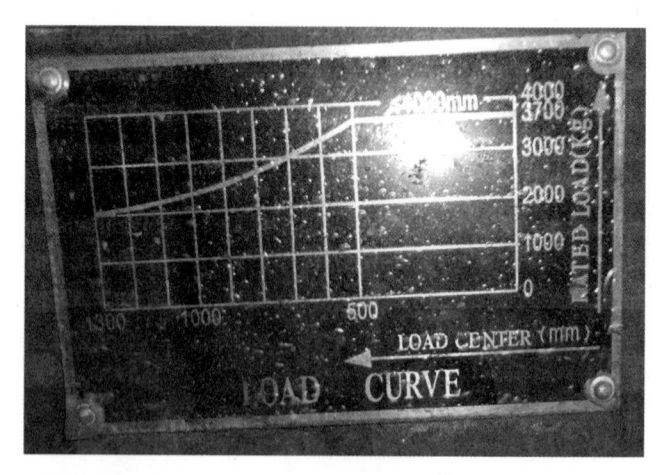

Fig. 4.11 Placas com indicação de geometrias e cargas para empilhadeira CPQD 25

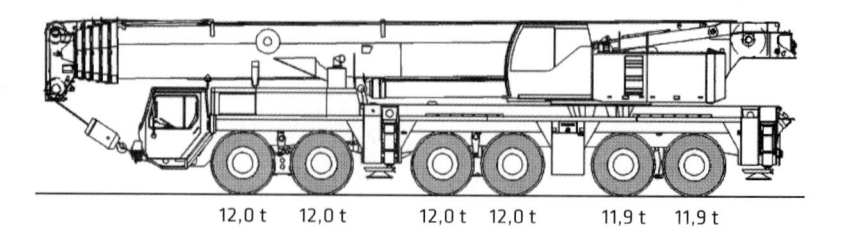

Fig. 4.12 Carga máxima por eixo para guindaste LTM-1250

Tab. 4.3 Carga por eixo para guindaste LTM-1250-6.1 com contrapeso total de 97,50 tf acoplado

445/95 R 25	10 bar
525/80 R 25	8 bar

Sentido da lança para trás					
Ponta abatível (m)	Contrapeso (tf)	Ângulo da lança telescópica em relação à horizontal (α)	Largura de apoio (m)	Carga máxima sobre eixo por eixo (1 a 4, em tf)	Carga máxima sobre eixo por eixo (5 a 6, em tf)
Sem	97,5	15° a 83°	5,59	31	38
Sem	97,5	66° a 73°	5,59	29	29

exemplo, para o caso do guindaste LTM-1250, cuja capacidade máxima de içamento é de 250 tf, obedecendo ao teto-limite de 75%, a carga máxima içada passa a ser de 0,75 × 250 tf = 187,5 tf. Esse limite existe por uma questão de segurança para os operadores de guindaste.

4.4.4 Reação máxima aplicada pela patola do guindaste LTM-1250

Os guindastes também perfazem operações de içamento de cargas sobre pavimentos rígidos de concreto armado de vias e pátios de bases, áreas portuárias etc. Nesses casos, os pavimentos devem ser dimensionados à carga dinâmica por eixo de 38 tf e também à carga concentrada máxima aplicada na patola mais solicitada.

Quando o guindaste se movimenta, sua lança deve estar devidamente recolhida e seu gancho, naturalmente preso a um olhal. Para entrar em operação de carga, o guindaste é estacionado, suas patolas são rebaixadas, e ele é então erguido a certa altura de modo que seus pneus não mais tenham contato com o pavimento. A partir desse momento, as patolas exercem a função de estabilização para que o guindaste possa içar verticalmente uma carga e girá-la horizontalmente para uma determinada posição (Fig. 4.13).

Desse modo, quando uma determinada carga é içada, a lança do guindaste perfaz um giro a fim de locá-la na posição requisitada do pátio de manobras. Com isso, cada uma das quatro patolas que servem de estabilização para o devido içamento recebe uma magnitude de carga solicitante diferente. Uma dessas patolas, sob determinado ângulo horizontal de giro da lança, recebe a máxima carga possível. Essa carga máxima deve ser usada para dimensionar o pavimento à punção.

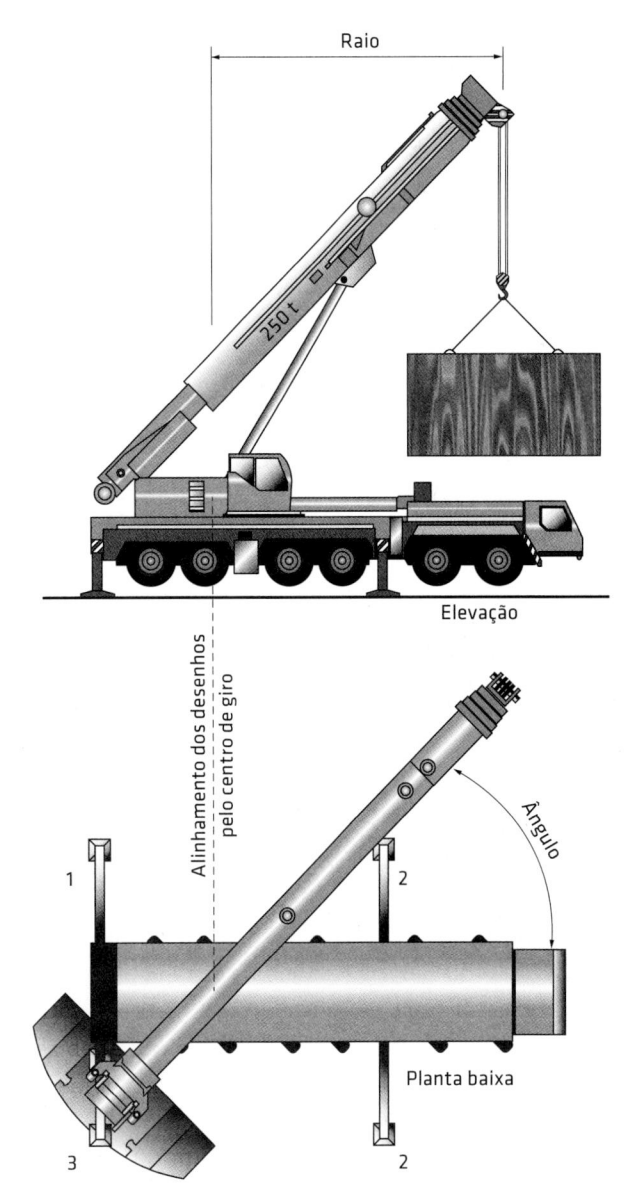

Fig. 4.13 Translação vertical da lança do guindaste, seu giro horizontal e posicionamento das patolas

Este autor já observou, em uma memória de cálculo, a divisão da carga total do guindaste (de içamento + peso próprio) por quatro patolas. Essa consideração é errada e não deve ser realizada. O cálculo da patola mais solicitada é bem mais complexo do que isso, e o modelo correto é mostrado a seguir.

Exemplo de cálculo da patola mais solicitada

Com base no desenho de planta baixa e de elevação do guindaste LTM-1250 (Fig. 4.14), retirado do catálogo da fabricante, procurou-se filtrar (isolar) os dados geométricos que serão utilizados nesta seção.

Nesse desenho simplificado, destacam-se o valor do raio mínimo de operação de 3 m (visto na Fig. 4.15) em relação ao centro de giro (C.G.), para trabalho com capacidade máxima de içamento de 250 tf, e o valor simplificado da distância do contrapeso de 3,15 m em relação ao C.G.

O valor de 3,15 m corresponde à distância da face interna do contrapeso ao C.G. Cabe notar que o correto seria

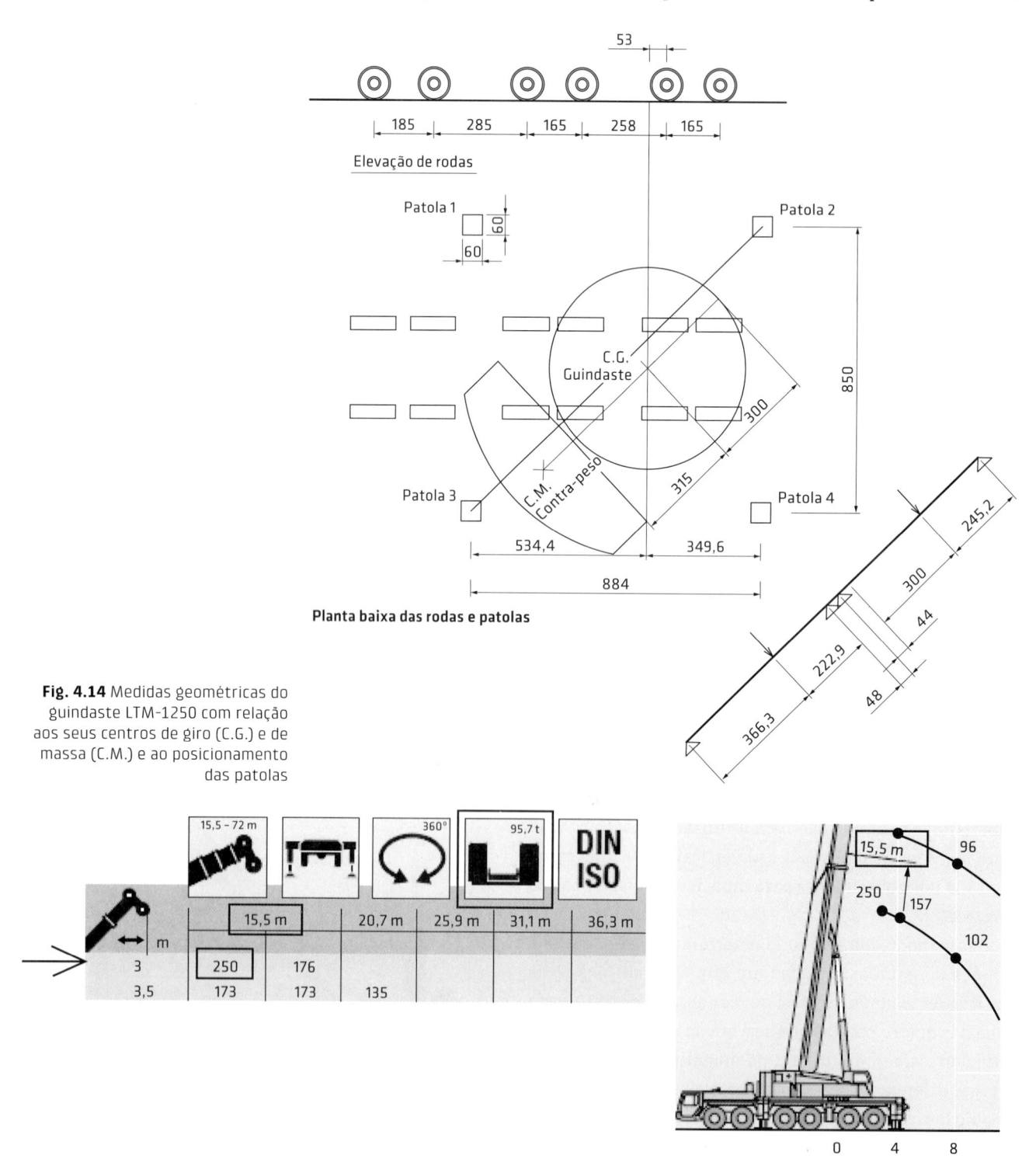

Fig. 4.14 Medidas geométricas do guindaste LTM-1250 com relação aos seus centros de giro (C.G.) e de massa (C.M.) e ao posicionamento das patolas

Fig. 4.15 Carga máxima de içamento do guindaste LTM-1250

utilizar o valor da distância do centro de massa (C.M.) do contrapeso ao C.G. do guindaste, mas, como não foi possível obtê-lo do catálogo, foi adotado um valor menor e mais simplificado, a favor da segurança por reduzir o valor da parcela de momento resistente referente ao contrapeso.

A seguir, será calculado o valor da carga vertical máxima com base em três valores: capacidade máxima, contrapeso máximo e peso operacional do guindaste.

a) Cálculo da carga vertical máxima

Para isso, deve-se levar em consideração a carga máxima a ser içada (ou a carga máxima de içamento do guindaste) + a massa do contrapeso do guindaste (correspondente à carga máxima a ser içada ou à carga máxima de içamento) + a massa do guindaste.

Para a massa do guindaste, pode-se considerar como regra geral a massa de 12 tf por eixo. Ou seja, se o guindaste possuir seis eixos, sua massa própria será de 6 × 12 tf = 72 tf.

Carga vertical total máxima
= carga máxima de içamento do guindaste
+ massa do contrapeso máxima + massa do guindaste

Carga vertical total máxima = 250 tf + 97,50 tf + (72 tf/4)
= 365,50 tf

Aqui, o autor divide a massa do guindaste sobre os quatro eixos traseiros.

b) Cálculo da distância do C.G. do guindaste ao C.M. do contrapeso

Essa distância pode ser determinada graficamente com base no desenho do corpo do guindaste e do contrapeso apresentado na especificação técnica de sua fabricante. Em último caso, pode-se utilizar a distância da face interna do contrapeso ao C.G. do guindaste, o que gerará uma distância menor, um momento resistente menor e um momento resultante um pouco maior, favorecendo a segurança.

O valor do raio de operação correspondente ao valor da carga de içamento pode ser obtido de uma tabela ou um gráfico da especificação técnica da fabricante.

c) Cálculo do momento resultante

Agora, com base nos valores geométricos de raio de operação e de distância (simplificada) do C.G. do guindaste ao C.M. do contrapeso, pode-se obter o valor do momento fletor resultante, que equivale a:

Momento fletor resultante
= (carga de içamento × raio de operação correspondente)
− (carga de contrapeso × distância do C.M. do contrapeso ao C.G. do guindaste)

Momento fletor resultante = (250 tf × 3 m) − (97,50 tf × 3,15 m)
= 442,88 tf · m

Nota-se que o valor simplificado e reduzido de 3,15 m, no final, conduz a um valor de momento fletor resultante um pouco maior do que seria possível obter utilizando o valor correto da distância do C.G. do guindaste ao C.M. do contrapeso, favorecendo, assim, a segurança.

O binário é o resultado da razão entre o momento resultante e a distância entre as patolas 2 e 3 (ou 1 e 4) em diagonal.

Distância entre patolas 2 e 3 (ou 1 e 4) = $\sqrt{(884\ cm)^2 + (850\ cm)^2}$
= 1.226 cm
= 12,26 m

Binário = momento resultante/distância entre patolas 2 e 3 (ou 1 e 4) = (442,88 tf · m)/12,26 m = 36,12 tf

Com a carga vertical máxima e o valor do binário, encontram-se os valores máximos e mínimos de reações atuantes nas patolas sob operação máxima de carga, como será visto a seguir.

d) Cálculo da reação máxima da patola

A reação máxima ocorre em uma das quatro patolas durante um determinado momento da operação de giro horizontal da lança do guindaste e é obtida do seguinte modo:

Reação máxima
= (carga vertical máxima/2 patolas dispostas em diagonal)
± binário

O maior valor corresponde à reação máxima.

A tensão a ser aplicada na superfície é calculada considerando-se o valor da reação máxima dividido pela área espraiada da base da patola à linha neutra da placa.

Com a carga vertical máxima e o valor do binário, encontram-se os valores de reações máximos e mínimos atuantes nas patolas sob operação máxima de carga.

Reação na patola = $\left[\left(\dfrac{\text{carga vertical máxima}}{2}\right) \pm \text{binário}\right]$ ⇒

Reação na patola = $\left[\left(\dfrac{365{,}50\ tf}{2}\right) \pm 36{,}12\ tf\right]$
= 218,87 tf e 146,63 tf

Com a reação máxima de uma patola e as dimensões dela, pormenorizadas nas Figs. 4.16 e 4.17, é possível obter a tensão máxima aplicada diretamente na superfície do pavimento e a tensão máxima aplicada na superfície situada na altura da linha neutra do pavimento, sendo que esta última corresponde à tensão máxima espraiada.

A tensão máxima aplicada na superfície do pavimento é dada por:

$T_{máx}$ = reação na patola/dimensões da patola
= 218,87 tf/(0,80 m × 0,80 m) = 341,98 tf/m²

$T_{mín}$ = reação na patola/dimensões da patola
= 146,63 tf/(0,80 m × 0,80 m) = 229,11 tf/m²

E a tensão máxima aplicada na linha neutra do pavimento (espraiamento), por:

Fig. 4.16 Patola do guindaste operando sobre uma chapa de aço para melhor distribuir a tensão sobre a placa de pavimento rígido de concreto armado

$T_{máx}$ = reação na patola/dimensões da patola
= 218,87 tf/(1,05 m × 1,05 m) = 198,52 tf/m²

$T_{mín}$ = reação na patola/dimensões da patola
= 146,63 tf/(1,05 m × 1,05 m) = 133,00 tf/m²

Como visto na Fig. 4.17, as dimensões da patola espraiada são:

Largura da patola espraiada até a linha neutra =
12,50 cm + 80 cm + 12,50 cm = 105,00 cm

Dimensões da patola espraiada até a linha neutra =
105 cm × 105 cm

Deve-se lembrar que a patola do guindaste, pelo catálogo, possui dimensões de 60 cm × 60 cm, mas que no pavimento em questão, com esses guindastes em específico, sempre se adotam placas de aço com dimensões mínimas de 80 cm × 80 cm. Daí o fato de utilizar as dimensões de 80 cm × 80 cm em vez de 60 cm × 60 cm para a patola.

Nesta seção, portanto, encontrou-se o valor da tensão máxima aplicada na linha neutra do pavimento, que será empregado mais adiante para o dimensionamento do pavimento à punção.

Cabe observar que, à época, pela falta de referências bibliográficas aplicadas a pavimentos rígidos sob operação de guindastes, o autor considerava para a carga de içamento o valor máximo indicado pela fabricante, que, no caso do guindaste LTM-1250, equivale a 250 tf. Porém, dado o limite internacional de içamento fixado em 75%, recomenda-se que o profissional considere em seu cálculo não o valor da carga máxima de içamento de 250 tf,

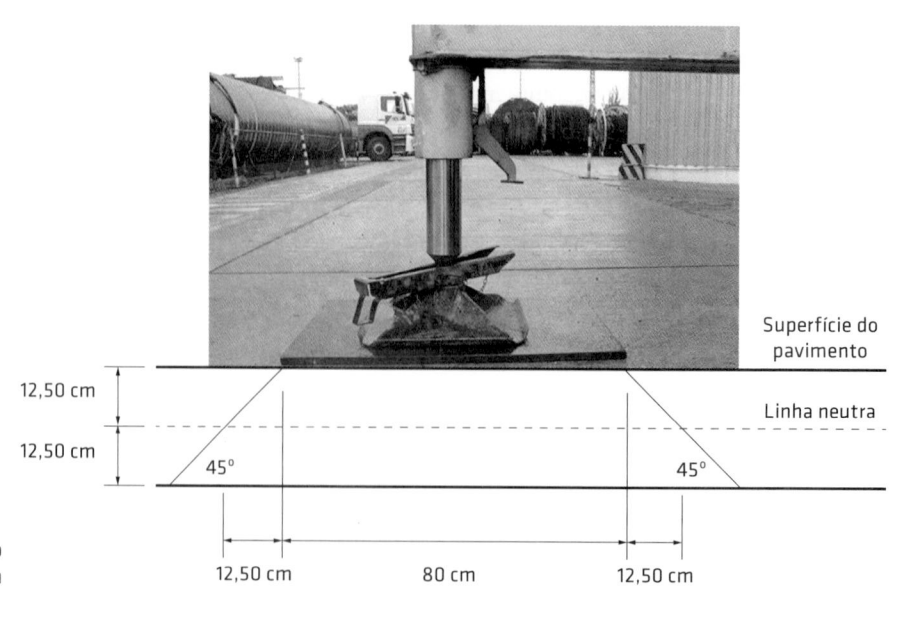

Fig. 4.17 Espraiamento da largura e do comprimento da patola até a linha neutra

como feito nesse caso, mas sim de 80% de 250 tf, que é igual a 200 tf.

Salienta-se que, para guindastes hidráulicos pneumáticos dotados de patolas, a capacidade de carga deve ser limitada a 75% de sua capacidade máxima de içamento. Já para guindastes de esteiras de aço, o limite de içamento de carga deve ser de 80%.

4.4.5 Reação máxima da patola do guindaste LTM-1250 calculada pelo *software* da fabricante Liebherr do Brasil

Cada guindaste é acompanhado por um tipo de *software*, com o qual é possível encontrar, por exemplo, o valor da maior reação aplicada na patola mais solicitada sob a carga de içamento em estudo.

Para o caso do guindaste LTM-1250, foi gentilmente cedido a este autor um estudo feito com o *software* específico para esse guindaste. Na Fig. 4.18, verifica-se que, em qualquer uma das diagonais (ângulos de giro de 45°, 135°, 225° e 315°), o maior esforço aplicado na patola mais solicitada não passa de 155 tf.

A simulação com giro pinado a 0° resulta num valor de reação máxima na patola de 151 tf, conforme mostrado na Fig. 4.19.

Vale notar que, por meio desse estudo via *software*, os valores apresentados já levam em consideração a norma europeia EN 13000 (CEN, 2010), que rege a tabela de carga do equipamento, em que a maior carga de operação não deve ultrapassar 75% da capacidade máxima de içamento do guindaste. Esse tipo de estudo pode vir a ser solicitado à empresa fabricante do guindaste.

Observe-se que a reação máxima aplicada pela patola do guindaste LTM-1250, calculada por meio do *software* especial da própria Liebherr do Brasil, foi de 155 tf, considerando a carga máxima de içamento permitida de 187,50 tf, que equivale ao limite internacional de içamento de 75% tomado como base no ano de 2013. Esse limite de içamento de 75% é o permitido pela norma canadense hoje, por exemplo. Assim, por segurança, este autor recomenda que se adote no cálculo um limite de 80% da carga de içamento.

Em um cálculo desenvolvido pelo autor na época de seu primeiro dimensionamento de pavimento rígido, em 2007, chegou-se à reação máxima de 218,87 tf, considerando a carga de içamento de 250 tf, sem percentual máximo de segurança de 70% ou 75%. Desse modo, caso se refaça o cálculo indicado na seção anterior para uma carga máxima de içamento de 75% de 250 tf, que equivale a 187,5 tf, o método de dimensionamento resulta num valor de 173,33 tf, com uma diferença de 11,83% em relação ao cálculo feito pelo *software*.

Refazendo o cálculo da reação da patola com uma carga máxima de içamento limitada a 75% × 250 tf = 187,50 tf, os valores passam a ser de:
- carga vertical máxima = 303 tf;
- momento fletor resultante = 255,38 tf · m;
- binário = 20,83 tf;
- reação na patola = 172,33 tf.

Caso se retire a ação do binário de 20,83 tf, que contribui para a reação na patola, a reação máxima calculada manualmente passa a ser de 151,5 tf. No entanto, este autor recomenda manter a contribuição do binário na reação da patola.

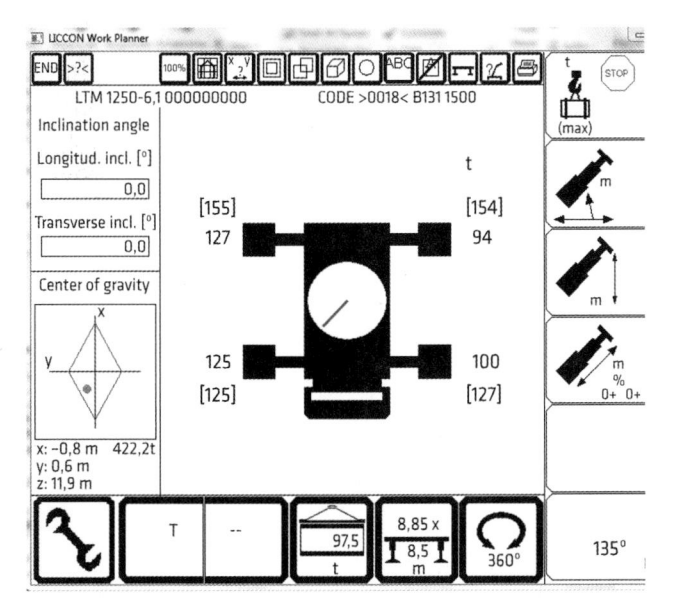

Fig. 4.18 Reação máxima na patola do guindaste LTM-1250-6.1 sob todos os ângulos de giro

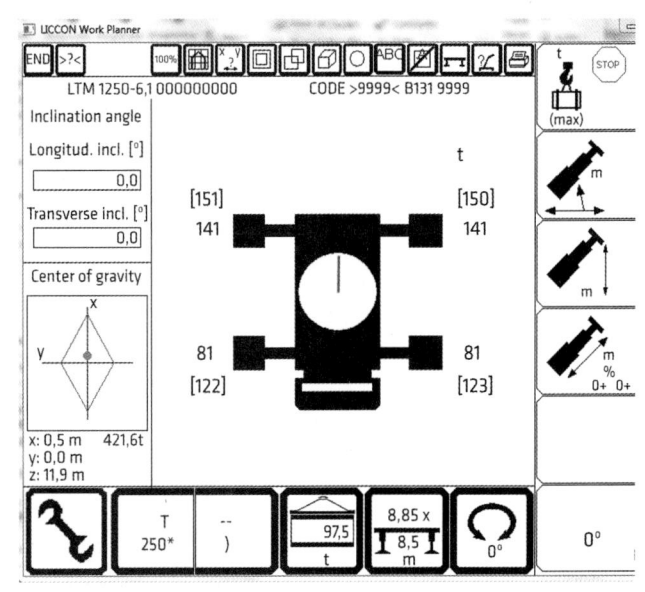

Fig. 4.19 Reação máxima na patola do guindaste LTM-1250-6.1 sob o ângulo de giro de 0°

Com isso, o profissional pode usar o método desenvolvido pelo autor e mostrado na seção anterior. Mas deve-se sempre consultar a fabricante também.

4.4.6 Contrapeso de guindaste

Na Fig. 4.20, observa-se um guindaste com capacidade de içamento de 70 tf que transita pelas vias de uma base industrial com seu contrapeso acoplado e que também perfaz operações de içamento de cargas no pátio de manobras dessa mesma base. Esse exemplo corrobora o fato de que numa base industrial é permitido ao guindaste transladar com seu contrapeso acoplado.

Na Fig. 4.21, num dia chuvoso, notam-se as anomalias presentes ao longo desse pavimento de concreto simples (sem armação) e de placas de geometria quadrada.

Como será visto no decorrer dos projetos apresentados, para as placas de concreto, recomenda-se uma razão comprimento/largura entre 1,20 e 1,80, e não de 1,0, que equivale à placa quadrada. Isso porque a placa quadrada é submetida a esforços maiores do que a placa retangular. Além disso, o concreto simples nunca deve ser usado. Em seu lugar, deve-se sempre empregar concreto armado, com armaduras nas camadas superior e inferior, além de barras de transferência entre as placas.

Quando transita numa base industrial sem seu contrapeso acoplado, o guindaste pode estar vindo de uma pista urbana ou rodovia (Fig. 4.22A); ao estacionar, o contrapeso é acoplado em sua parte traseira (Fig. 4.22B).

4.5 Área de contato de um pneu

O cálculo da largura e do comprimento de contato de um pneu com a superfície de um pavimento, e de sua respectiva área de contato, deve ser efetuado no início de qualquer dimensionamento de pavimento.

A área de contato de um pneu com uma determinada superfície de pavimento é dada pela seguinte equação:

$$A = \frac{P_R}{q} \qquad (4.1)$$

em que:

A é a área de contato do pneu (m²);

Fig. 4.20 (A) Guindaste hidráulico pneumático com capacidade de 70 tf e (B) detalhe de seu bloco com gancho de içamento

Fig. 4.21 Guindaste em operação no pátio de manobras

Fig. 4.22 (A) Guindaste hidráulico Zoomlion transitando sem seu contrapeso acoplado na parte traseira e (B) detalhe de seu bloco com gancho de içamento

P_R é a carga atuante em um pneu, ou seja, a carga por eixo dividida pelo número de pneus (N);
q é a pressão de enchimento dos pneus, normalmente considerada com o valor de $0{,}70 \times 10^6$ Pa.

Outra equação possível é:

$$A = L \cdot w \quad (4.2)$$

em que:
L é o comprimento de contato do pneu (m);
w é a largura de contato do pneu (m).

Sendo:

$$L = \sqrt{\frac{A}{0{,}5227}} \quad (4.3)$$

$$w = 0{,}60 \cdot L \quad (4.4)$$

▸ Exemplo 1
Seja o caso de um ônibus cuja carga máxima para o eixo dianteiro é de 6 tf, como dado na tabela do DNIT, e que é provido de eixo simples com duas rodas simples, uma de cada lado.

$$P_R = \frac{60 \text{ kN}}{2 \text{ rodas}} = 30 \text{ kN}$$

$$A = \frac{30 \text{ kN}}{0{,}70 \text{ MPa}} = \frac{30.000 \text{ N}}{0{,}70 \times 10^6 \text{ N}/\text{m}^2} = 0{,}0429 \text{ m}^2$$

$$L = \sqrt{\frac{0{,}0429 \text{ m}^2}{0{,}5227}} = 0{,}286 \text{ m}$$

$$w = 0{,}60 \cdot L = 0{,}60 \cdot 0{,}286 \text{ m} = 0{,}172 \text{ m}$$

Assim, para efeito de cálculo, deve-se considerar uma área de pneu equivalente a 0,0429 m², uma largura de contato de pneu de 0,172 m e um comprimento de contato de pneu de 0,286 m.

▸ Exemplo 2
Seja o caso de um guindaste LTM-1250 dotado de eixo simples com duas rodas simples, uma de cada lado, com carga aplicada em cada eixo equivalente a 12 tf. É considerado o valor de 12 tf para o guindaste LTM-1250 sem placas de contrapeso acopladas ao equipamento.

$$P_R = \frac{120 \text{ kN}}{2 \text{ rodas}} = 60 \text{ kN}$$

$$A = \frac{60 \text{ kN}}{0{,}70 \text{ MPa}} = \frac{60.000 \text{ N}}{0{,}70 \times 10^6 \text{ N}/\text{m}^2} = 0{,}0857 \text{ m}^2$$

$$L = \sqrt{\frac{0{,}0857 \text{ m}^2}{0{,}5227}} = 0{,}405 \text{ m}$$

$$w = 0{,}60 \cdot L = 0{,}60 \cdot 0{,}45 \text{ m} = 0{,}243 \text{ m}$$

Assim, para efeito de cálculo, deve-se considerar uma área de pneu equivalente a 0,0857 m², uma largura de contato de pneu de 0,243 m e um comprimento de contato de pneu de 0,405 m.

▸ Exemplo 3
Considere-se que o guindaste LTM-1250 do exemplo anterior está se movimentando em uma base portuária com seu contrapeso total de 97,50 tf acoplado, o que resulta numa carga de 38 tf aplicada em cada um de seus eixos simples de rodagem simples.

$$P_R = \frac{380 \text{ kN}}{2 \text{ rodas}} = 190 \text{ kN}$$

$$A = \frac{190 \text{ kN}}{0{,}70 \text{ MPa}} = \frac{190.000 \text{ N}}{0{,}70 \times 10^6 \text{ N}/\text{m}^2} = 0{,}271 \text{ m}^2$$

$$L = \sqrt{\frac{0{,}271 \text{ m}^2}{0{,}5227}} = 0{,}720 \text{ m}$$

$$w = 0{,}60 \cdot L = 0{,}60 \cdot 0{,}720 \text{ m} = 0{,}432 \text{ m}$$

Assim, para efeito de cálculo, deve-se considerar uma área de pneu equivalente a 0,271 m², uma largura de contato de pneu de 0,432 m e um comprimento de contato de pneu de 0,720 m.

Por meio desses exemplos, conclui-se que, para uma mesma pressão de pneu adotada de $q = 0{,}70 \times 10^6$ Pa, quanto maior for a carga aplicada, maior deverá ser a área de contato do pneu e, consequentemente, sua largura e seu comprimento.

Essas larguras e comprimentos de contato não são espraiados até a linha neutra, restringindo-se à superfície.

4.6 Área de contato de uma esteira

Além dos guindastes hidráulicos, dotados de pneus e de patolas, há também os guindastes de esteiras de aço. Esses guindastes utilizam as esteiras tanto para se locomoverem como para se estabilizarem mediante as operações de carga envolvendo içamento e giro com determinado braço de alavanca.

Nesse caso, como medida de segurança, o limite operacional de içamento de carga deve ser de 85% de sua capacidade total de içamento. Assim, não é exagero o engenheiro considerar no dimensionamento do pavimento uma aplicação de carga máxima de içamento referente a 90% ou mesmo 100%, dependendo das circunstâncias de riscos envolvidos.

Para esses guindastes, deve-se atentar para dois tipos de hipótese principais:
- cálculo da tensão máxima considerando a lança paralela à esteira durante a operação de carga;
- cálculo da tensão máxima considerando a lança perpendicular à esteira durante a operação de carga.

Mediante a aplicação dessas duas hipóteses, determina-se a tensão máxima aplicada pelo guindaste sobre o pavimento em função da área espraiada da esteira até a linha neutra do pavimento.

As esteiras de aço, por sua vez, provocam mais desgaste sobre o pavimento do que os pneus e as patolas utilizados pelos guindastes pneumáticos. Ou seja, mesmo com revestimento antiabrasivo, a superfície do concreto sofrerá desgaste causado pela fricção da esteira de aço diretamente sobre o concreto. Esse desgaste acontece principalmente nas esquinas em que os guindastes de esteiras giram para mudar de direção, ou mesmo nos pátios abertos, onde os giros das esteiras fazem parte das operações.

Caso um guindaste de esteira se translade para frente e para trás apenas, o desgaste é extremamente minimizado, mas isso é difícil de ocorrer em face da necessidade de manobra dos operadores de guindaste. Desse modo, não se recomenda o dimensionamento de pavimentos rígidos de concreto armado para o tráfego de guindastes dotados de esteiras de aço.

Mesmo assim, no Cap. 5 do e-book *Cinco projetos de pavimentos rígidos*, disponível na página do livro na internet (www.lojaofitexto.com.br/pavimentos-industriais-concreto/p), é trazida a memória de cálculo completa aplicada a esse tipo de guindaste, diante da falta de alternativas encontradas na época, numa dada região portuária.

Em substituição aos guindastes de esteiras, recomendam-se os guindastes sobre trilhos, por exemplo.

Na Fig. 4.23A apresenta-se um guindaste com seu contrapeso alinhado de forma paralela às esteiras de aço, enquanto na Fig. 4.23B vê-se outro guindaste com seus sistemas de contrapeso posicionados de modo perpendicular às esteiras de aço.

Essa variação da posição do contrapeso e de sua lança articulada para promover o içamento de carga é devidamente calculada pelo operador durante as operações e oferece ao guindaste de esteira maior ou menor estabilidade e, consequentemente, maior ou menor capacidade de içamento de carga, a depender da posição escolhida – paralela, perpendicular ou mesmo em diagonal em relação às esteiras.

Outro fato que influencia a estabilidade desse guindaste é o perfeito nivelamento da esteira com o pavimento, sendo que um declive no pavimento que promova uma inclinação de 3° na lança, por exemplo, pode provocar uma redução de cerca de 30% de sua capacidade de carga.

Fig. 4.23 Guindaste de esteira Zoomlion com capacidade de 260 tf: (A) contrapeso paralelo às esteiras de aço e (B) contrapeso perpendicular às esteiras de aço

Tanto para o guindaste de esteira como para o guindaste hidráulico pneumático, a capacidade de içamento de carga pode ser afetada por diversos outros fatores, tais como condições de vento, posição do quadrante no momento de giro da lança, velocidade de giro, velocidade de içamento, paragem do gancho de içamento etc. O operador do guindaste é o maior responsável pelas operações, e só ele deve dar a palavra final sobre a continuidade ou a paralisação do serviço.

As Figs. 4.24 e 4.25 apresentam mais detalhes de guindastes de esteiras sobre pavimentos flexíveis e rígidos, respectivamente.

4.7 Ábacos

Há diversos tipos de ábaco aplicados a cada circunstância, em função do tipo de eixo (simples, duplo ou triplo) e de rodagem (simples ou dupla). Esses ábacos podem ser encontrados, por exemplo, na Especificação Técnica ET-52 (Carvalho; Pitta, 1989).

A título de recapitulação, os guindastes hidráulicos apresentam eixo simples de rodagem simples ou eixo duplo de rodagem dupla, enquanto os ônibus possuem eixo simples de rodagem simples na parte dianteira e eixo duplo na parte traseira. As empilhadeiras para grandes capacidades de carga de içamento são dotadas de eixo duplo na parte dianteira, onde recebem a maior parcela de carga (ver Fig. 4.1), e de eixo simples de rodagem simples na parte traseira, onde recebem a menor parcela de carga. Existem ábacos específicos para empilhadeiras e para eixos duplos. Por fim, os caminhões, as carretas e as carretas-pranchas abrangem todo o leque de opções de tipos de eixo e de rodagem.

De forma simplificada e estando a favor da segurança, este autor sempre procurou aplicar, para todos os tipos de veículo, o ábaco de eixo simples de rodagem simples (Fig. 4.26).

Nesse ábaco, é necessário entrar com o valor da distância corrigida entre centros de pneus (d') no eixo das abscissas. Prolonga-se, então, uma linha vertical e perpendicular a esse eixo até interceptar a curva com o respectivo valor de L'. A partir desse ponto de intersecção entre d' e L', estende-se uma linha paralela ao eixo das abscissas até o eixo das ordenadas, de modo a encontrar o valor do número de blocos contidos na área de influência, que é o

Fig. 4.24 (A) Esteira do guindaste Zoomlion sobre pavimento flexível de paralelepípedo e (B) seu detalhe

Fig. 4.25 (A) Contrapeso total acoplado na parte traseira do guindaste Zoomlion e (B) sua esteira sobre pavimento rígido de concreto armado

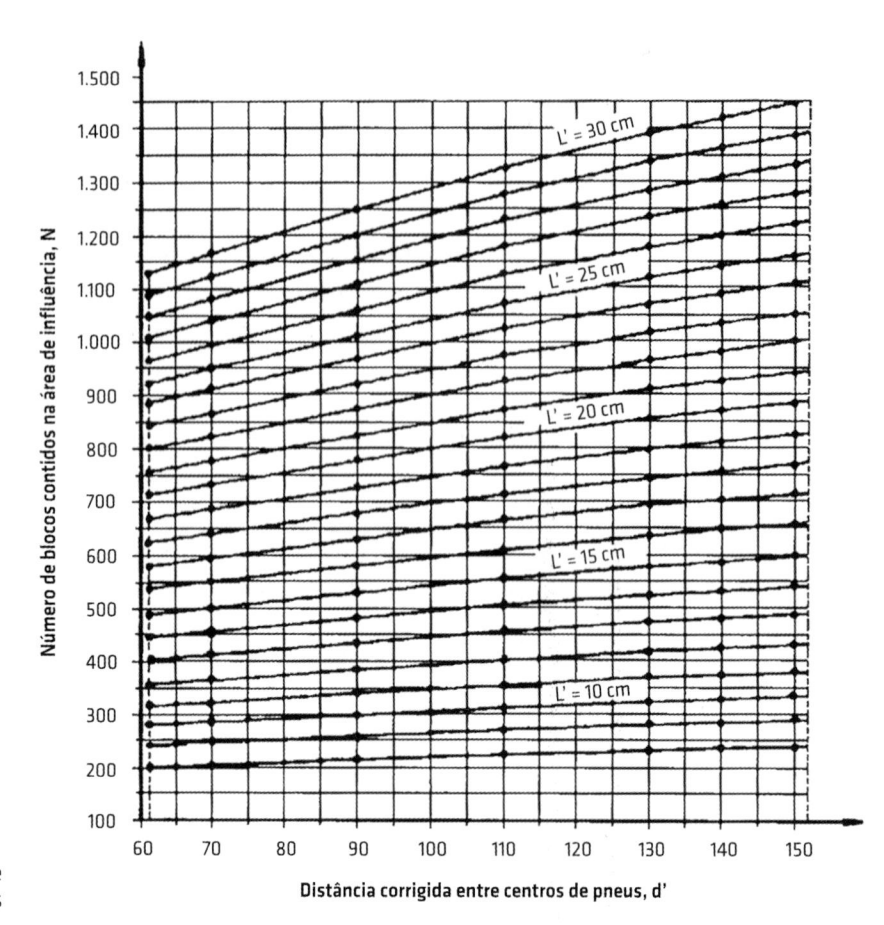

Fig. 4.26 Número N para eixo simples de rodagem simples

Distância corrigida entre centros de pneus, d'

famoso número N, o qual irá reger as tensões e os momentos fletores solicitantes aplicados no pavimento.

Assim, esse cálculo inicial que antecede o dimensionamento pelos métodos que serão apresentados no Cap. 6 é crucial e deve ser feito com toda a atenção devida. A leitura do ábaco é simples, mas exige atenção para o número N não ser interpretado erroneamente e, assim, deixar o pavimento subdimensionado ou superdimensionado.

4.8 Matting

As peças de madeira ou as placas de aço utilizadas sob as patolas de um guindaste a fim de reduzir a tensão que será transmitida para o solo são denominadas *mats*.

Muitos acidentes com operações de guindastes ocorrem devido a um grau de resistência insuficiente do solo perante as cargas solicitantes do guindaste durante as operações.

Por essa preocupação latente é que serão mostrados dois tipos de dimensionamento nesta seção: um aplicado a um sistema de barrotes de madeira e outro aplicado a uma chapa de aço.

4.8.1 Estudo de *matting* com o uso de barrotes de madeira

Seja, por exemplo, uma situação em que há patolas de guindaste com dimensões de 60 cm × 60 cm, uma carga aplicada na patola mais solicitada equivalente a 20 tf e um solo com tensão admissível de 2,50 kgf/cm². Será analisado um *matting* com o uso de quatro peças de madeira, cuja área equivale a 4 peças × 0,15 m × 1,50 m = 0,90 m².

A tensão transmitida pelo *matting* em estudo para o solo é dada por:

$$\sigma = \frac{P}{A} = \frac{20 \text{ tf}}{0,90 \text{ m}^2} = 22,22 \text{ tf/m}^2 \leq \sigma_{solo}$$
$$= 2,50 \text{ kgf/cm}^2 \text{ (satisfaz)}$$

em que:
σ é a tensão solicitante do sistema de *matting* (kgf/cm² ou tf/m²);
P é a reação da patola do guindaste aplicada sobre o sistema de *matting* (kgf ou tf);
A é a área do sistema de *matting* (cm² ou m²).

A tensão transmitida para o solo através do *matting* adotado é de 22,22 tf/m², sendo, assim, inferior à tensão admissível do solo de 2,50 kgf/cm² = 25 tf/m². Portanto, esse cenário é satisfatório.

No caso de madeiras, a tensão normal permitida é de 1.500 psi, que é igual a 1.034,21 tf/m², e a tensão cisalhante horizontal permitida é de 125 psi, que equivale a 86,18 tf/m².

Como já abordado a respeito das condições físicas que interferem na operação de um guindaste, nas Figs. 4.27 e 4.28 é mostrado um caso em que o vento promoveu a deformação dos cabos de içamento, obrigando o operador do guindaste a parar a operação.

A tensão solicitante normal na madeira é calculada por meio de:

$$f = \frac{3 \cdot q \cdot a^2}{d^2} = \frac{3 \times (25 \text{ tf}/\text{m}^2) \times (0,45 \text{ m})^2}{(0,15 \text{ m})^2} = 675 \text{ tf}/\text{m}^2$$

em que:
f é a tensão solicitante normal aplicada na peça de madeira (tf/m²);
q é a tensão admissível do solo (tf/m²);
a é o comprimento total do balanço da peça de madeira (m), dado por (comprimento do barrote de madeira – comprimento da patola)/2 = (1,50 m – 0,60 m)/2 = 0,45 m;
d é a altura da peça de madeira (m).

Como a tensão solicitante normal aplicada na madeira, de 675 tf/m², é inferior à tensão normal admissível, de 1.034,21 tf/m², o cálculo satisfaz.

A tensão solicitante cisalhante horizontal na madeira é obtida por meio de:

$$V = \frac{1,5 \cdot q \cdot a}{d} = \frac{1,5 \times (25 \text{ tf}/\text{m}^2) \times (0,45 \text{ m})}{(0,15 \text{ m})} = 112,5 \text{ tf}/\text{m}^2$$

em que:
V é a tensão solicitante cisalhante horizontal aplicada na madeira (tf/m²).

Como a tensão cisalhante horizontal aplicada no sistema de *matting*, de 112,5 tf/m², é superior à tensão cisalhante permitida, de 86,18 tf/m², para o caso de uso de madeira, o sistema de *matting* adotado não satisfaz. Nesse caso pode-se, por exemplo, adotar peças de madeira com altura de 20 cm, o que resultaria numa tensão solicitante de 84,38 tf/m², sendo, portanto, inferior à tensão admissível de 86,18 tf/m², conforme evidenciado a seguir:

$$V = \frac{1,5 \cdot q \cdot a}{d} = \frac{1,5 \times (25 \text{ tf}/\text{m}^2) \times (0,45 \text{ m})}{(0,20 \text{ m})} = 84,38 \text{ tf}/\text{m}^2$$

Portanto, para uma situação de solo com tensão admissível de 2,5 kgf/cm² e sistema de *matting* constituído de quatro barrotes de madeira com dimensões de 20 cm × 20 cm × 150 cm cada um resistindo à reação de 20 tf proveniente da patola do guindaste, não haverá problema de recalque diferencial durante a operação de carga.

Para finalizar, a Fig. 4.29 apresenta uma operação de patolamento sobre pavimento flexível asfáltico e com *matting* formado por barrotes de madeira.

4.8.2 Estudo de *matting* com o uso de placa de aço

Agora será analisada a situação em questão com o uso de placa de aço, cujas dimensões são indicadas na Fig. 4.30.

Supondo que essa placa de aço esteja apoiada não sobre uma placa de pavimento rígido, como evidenciado na figura, mas sim diretamente sobre o solo, cuja tensão admissível seja de 8 kgf/cm², com uma reação na patola atuante de 50 tf, a tensão solicitante será definida por:

Fig. 4.27 Guindaste patolando sobre sistema de *matting* constituído de barrotes de madeira

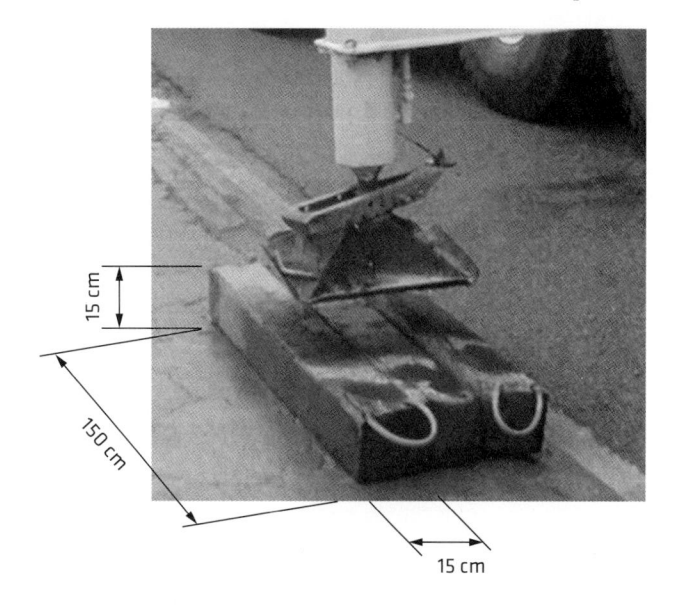

Fig. 4.28 Patola de guindaste em aproximação com o sistema de *matting*

$$\sigma = \frac{P}{A} = \frac{50 \text{ tf}}{0,64 \text{ m}^2} = 78,13 \text{ tf}/\text{m}^2 \leq \sigma_{solo}$$

$$= 8,00 \text{ kgf}/\text{cm}^2 \text{ (satisfaz)}$$

$$A = 0,80 \text{ m} \times 0,80 \text{ m} = 0,64 \text{ m}^2$$

Para determinar a espessura mínima de chapa de aço capaz de transmitir esse esforço para o solo, usa-se a seguinte fórmula:

$$t = \sqrt{\frac{3 \cdot q \cdot a^2}{F_y}} = \sqrt{\frac{3 \times (80 \text{ tf}/\text{m}^2) \times (0,10 \text{ m})^2}{(16.547,42 \text{ tf}/\text{m}^2)}} \Rightarrow$$

$$t = 0,01204 \text{ m} = 12,0 \text{ mm}$$

em que:
t é a espessura da chapa de aço (mm);
q é a tensão admissível do solo (tf/m²);
a é o comprimento total do balanço da chapa de aço (m), dado por (comprimento da chapa de aço − comprimento da patola)/2 = (0,80 m − 0,60 m)/2 = 0,10 m;

Fig. 4.29 Guindaste patolando sobre pavimento flexível asfáltico eivado de deformações verticais e com *matting* formado por barrotes de madeira

F_y é a tensão admissível do aço (tf/m²), equivalente a 24 ksi (*kilopound per square inch*) = 16.547,42 tf/m².

Como t = 12,0 mm, pode-se adotar uma chapa de aço com espessura comercial de 1/2", que equivale a 12,70 mm.

Portanto, para uma situação de solo com tensão admissível de 8,0 kgf/cm² e sistema de placa de aço com dimensões de 1/2" × 80 cm × 80 cm resistindo à reação de 50 tf proveniente da patola do guindaste, não haverá problema de recalque diferencial no terreno no ato da operação.

Cabe notar que aqui foi ignorada a presença do pavimento de concreto, que distribuiria essa carga de modo uniforme sobre o terreno, com uma tensão muito inferior, desde que a placa de concreto fosse devidamente dimensionada para resistir à punção.

A Fig. 4.31 ilustra uma operação de patolamento realizada sobre pavimento rígido de concreto armado calcu-

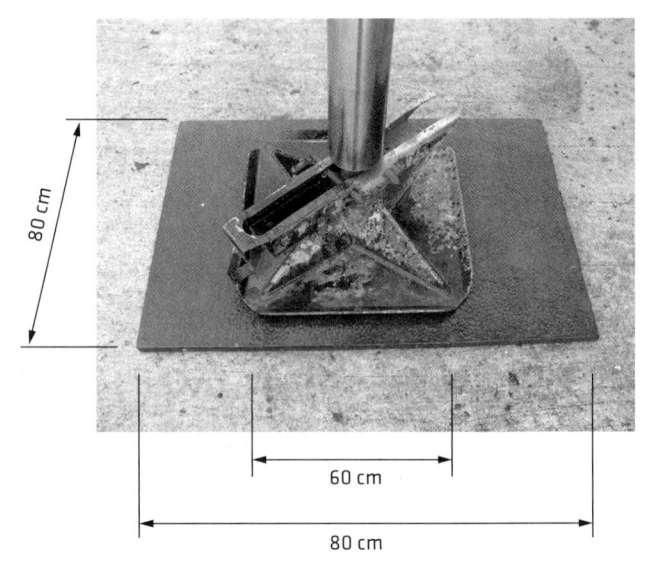

Fig. 4.30 Patola de guindaste em operação apoiada sobre placa de aço

Fig. 4.31 (A) Guindaste LTM-1250-6.1 antes de entrar em operação, com os pneus ainda em contato com a superfície do pavimento, e (B) após entrar em operação, com os pneus não mais em contato com a superfície do pavimento, com *matting* formado por placa de aço

lado e dimensionado pelo autor e com *matting* formado por placa de aço.

4.9 Outros tipos de veículo

Além dos veículos classificados pelo DNIT, há uma variedade imensa de outros equipamentos comuns em meio urbano e cujos manuais devem ser estudados com relação a suas cargas e geometrias, como é o caso dos já citados caminhões-betoneira e caminhões-pipa (tanque), assim como dos caminhões suga-tudo, basculantes de lixo etc.

Existe ainda um leque enorme de outros equipamentos usados em pátios de operações e destinados às mais variadas tarefas. Um exemplo é o manipulador de garras operando numa área de sucata, conforme mostrado na Fig. 4.32. Nesse caso, por haver um braço articulado com uma garra em sua extremidade própria para agarrar objetos e içá-los, é necessário um estudo de momentos e reações a serem distribuídos através de suas rodas ou patolas.

Na Fig. 4.33, observa-se uma lança telescópica (*boom*) totalmente estendida, em cuja extremidade está acoplada uma continuidade treliçada denominada *jib* treliçado. Cabe notar a presença dos cones em volta do guindaste, com uma distância segura de trabalho estabelecida em seu entorno. Todo esse trabalho de segurança constitui o denominado plano de Rigging, que deve ser estudado antes de qualquer operação de carga e descarga.

O guindaste da Fig. 4.34 é do tipo todo terreno, constituído de duas cabines, uma para o motorista e outra para o operador, e com ampla visibilidade dos arredores. Mesmo com a lança toda estendida numa operação como essa, é sempre prudente utilizar placas de aço entre as patolas e o pavimento, que nesse caso é do tipo flexível asfáltico.

Fig. 4.32 Manipulador dotado de garra

Fig. 4.33 Guindaste operando numa área de condomínio no Canadá

Fig. 4.34 (A) Vigas de apoio estendidas, com os cilindros de patolamento (ou estabilizadores) em cores alternadas, e (B) patola apoiada sobre uma placa de aço e sobre o asfalto

TENSÕES TRANSMITIDAS PARA O SUBSOLO

5

No dia a dia frenético dos escritórios, invariavelmente o engenheiro se depara com o problema de calcular a tensão aplicada numa determinada profundidade do maciço do solo em função de uma carga aplicada na superfície. A definição dessa tensão em tal profundidade auxilia o profissional no dimensionamento da caixa enterrada, do envelope de concreto, da tubulação de drenagem e assim por diante.

Para essa finalidade, há métodos que assumem o solo como um semiespaço homogêneo, linear e elástico, em que é possível utilizar a teoria da elasticidade. Apesar de não analisarem o comportamento envolvendo a variável de tensão-deformação do solo, esses métodos lineares fornecem resultados satisfatórios de variações de tensões. O engenheiro só não deve usá-los para o cômputo das deformações inerentes a essas cargas.

Assim, de modo prático e eficaz, neste capítulo serão mostrados esses métodos por meio de exemplos extraídos de projetos reais.

5.1 Ábaco de Fadum para tensões transmitidas através de placas quadradas ou retangulares

Nos projetos de pavimentos, nos quais sempre se têm situações de placas quadradas (não recomendadas) e/ou retangulares, pode-se aplicar o ábaco de Fadum (1948), que permite determinar as tensões em qualquer ponto do subsolo existente sob a projeção da placa retangular ou mesmo fora dela. Esse método pode ser empregado no estudo de tensões aplicadas por uma fundação rasa e direta do tipo sapata, por exemplo.

Nesse método, é necessário conhecer as dimensões a e b da placa sobre a qual serão aplicadas as cargas do veículo, assim como a profundidade z na qual se deseja conhecer o valor da tensão aplicada (Fig. 5.1). De posse dessas medidas, adentra-se no ábaco de Fadum, apresentado

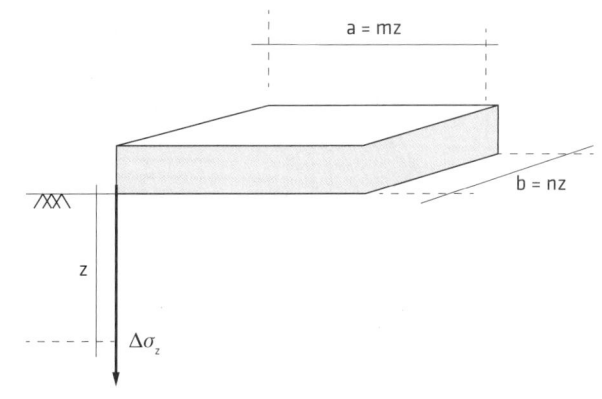

Fig. 5.1 Fundação retangular
Fonte: Fadum (1948).

na Fig. 5.2, e retiram-se os valores de m e n para, enfim, calcular o valor da tensão vertical (σ_V) aplicada na localização desejada do subsolo.

Uma vez que é possível, por meio desse ábaco, determinar o valor da tensão vertical aplicada sob a quina, e não sob o centro da placa, usa-se o artifício de dividir a placa em quatro partes iguais, encontrar o valor da tensão aplicada sob a quina de uma dessas partes e, por fim, multiplicar o valor da tensão vertical por 4, a fim de obter o valor da tensão total aplicada sob o centro da placa.

A seguir, serão mostrados dois exemplos extraídos de projetos reais.

5.1.1 Caso de ônibus transitando sobre uma placa de concreto com tubulação de drenagem abaixo dela

Na situação em análise, um grupo de veículos bem definido, constituído apenas de carros, *vans* e ônibus, trafegará sobre uma via a ser construída acima do sistema de dutos mostrado na Fig. 5.3, em que o veículo mais pesado, naturalmente, é o ônibus.

Na Fig. 5.4 ilustra-se a planta baixa do projeto de pavimento em questão, enquanto na Fig. 5.5 apresenta-se o sistema de tubulação sendo implantado e sobre o qual será executado o pavimento rígido de concreto armado com altura total de 15 cm, cujos detalhes de projeto serão mostrados mais adiante. A profundidade de –1,20 m observada nessa figura é medida do topo do pavimento rígido de concreto a construir à geratriz superior do duto.

De acordo com a tabela do DNIT, um ônibus de classe 2C possui peso bruto total (PBT) de 16 tf, sendo 6 tf aplicadas pelo eixo dianteiro do tipo simples (E_1) e 10 tf aplicadas pelo eixo traseiro do tipo duplo (E_2). A distância entre os eixos dianteiro e traseiro é equivalente a d_{12} = 3,50 m (Fig. 5.6).

Nota-se que ambos os eixos tocam a placa, cujas dimensões são de 2,50 m × 4,00 m, quando de sua passagem por ela. Assim, no caso de um único ônibus trafegando sobre uma placa, ele transferirá um PBT de 16 tf. Por sua vez, analisando o pior cenário, com dois ônibus transitando concomitantemente, em fila, têm-se o eixo traseiro do ônibus da frente e o eixo dianteiro do ônibus de trás tocando a placa no mesmo momento, o que resulta na mesma carga final de 16 tf (Fig. 5.7).

Com os dados mencionados, é possível encontrar o valor da carga aplicada na profundidade de –1,20 m. Deve-se assegurar que a tensão transmitida a esse duto na profundidade em questão seja muito pequena e capaz de ser resistida pelo próprio duto. Caso essa tensão permaneça elevada, será necessário projetar uma caixa de concreto, por exemplo, para proteger a tubulação.

Para analisar a transferência das cargas para as camadas de subsolo, considere-se o trânsito de um ônibus sobre uma placa de concreto armado isolada com os seguintes dados geométricos:

- largura da placa (a) = 2,50 m;
- comprimento da placa (b) = 4,00 m;

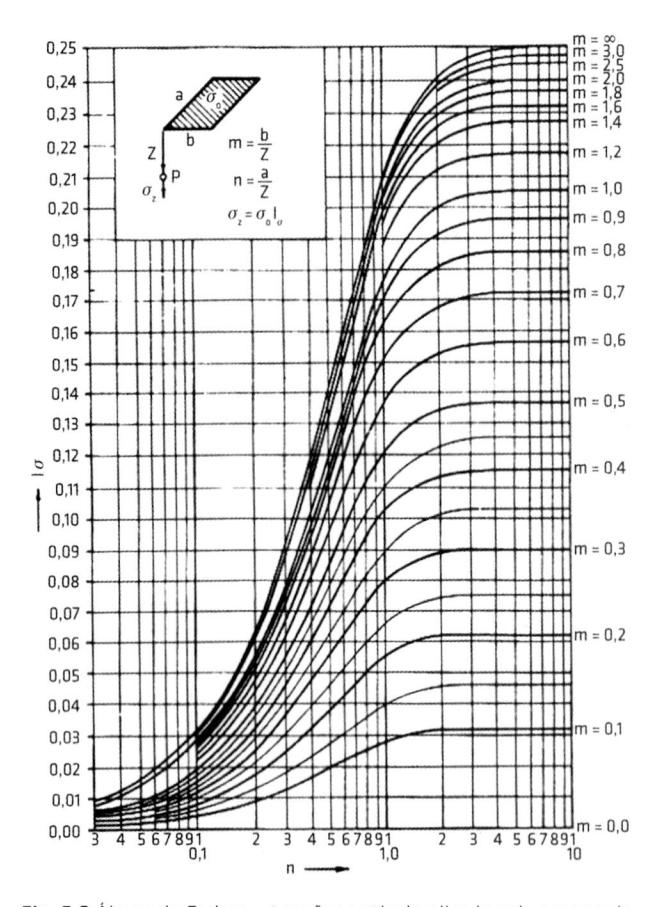

Fig. 5.2 Ábaco de Fadum – tensão vertical aplicada sob o canto de carga retangular uniforme
Fonte: Fadum (1948).

Fig. 5.3 Trecho da via onde está sendo instalado o sistema de tubulação

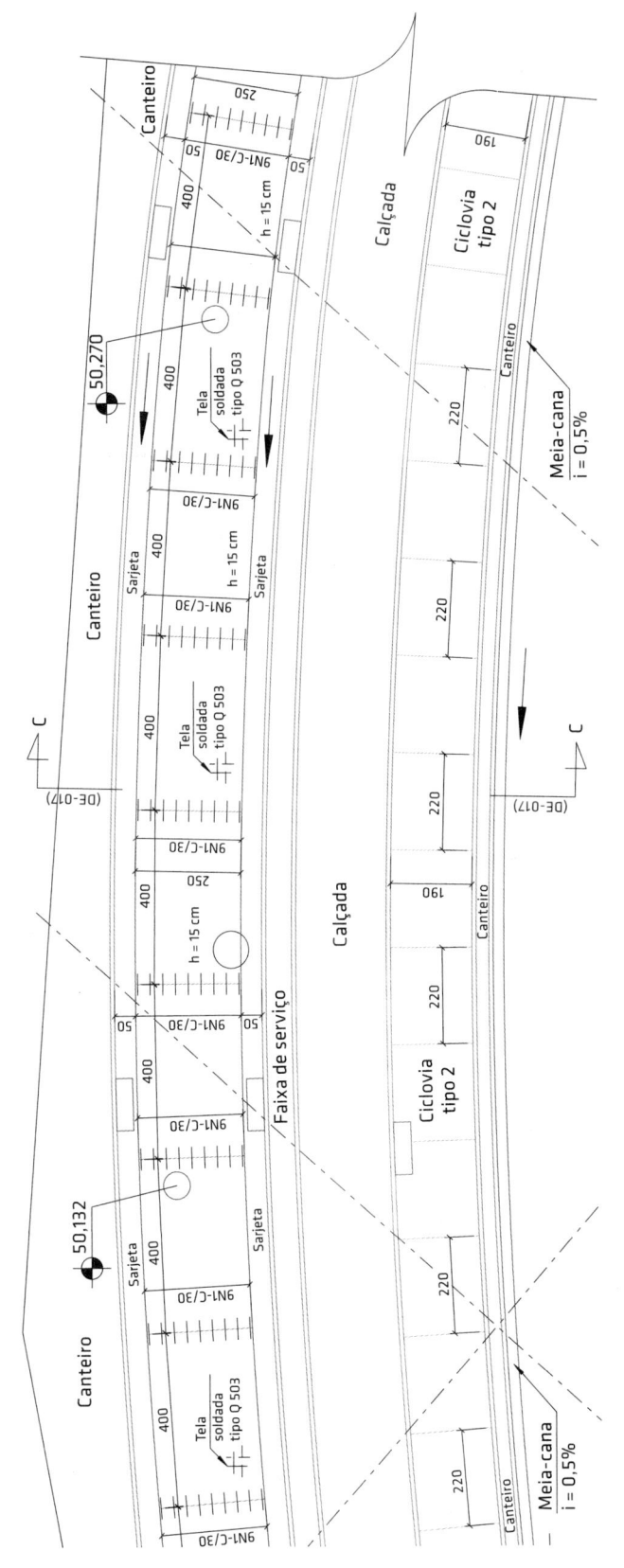

Fig. 5.4 Trecho de pavimento destinado à travessia de carros, vans e ônibus

- profundidade de instalação da tubulação (h) = –1,20 m do topo do pavimento à geratriz superior do duto.

Os dados de carregamento são os seguintes:
- carga vertical total aplicada = 6 tf + 10 tf = 16 tf;
- carga distribuída aplicada imediatamente sob a placa = 16 tf/(2,50 m × 4,00 m) = 1,60 tf/m².

Como essa carga de 1,60 tf/m² é aplicada diretamente na superfície, resta descobrir as tensões aplicadas ao longo das camadas de subsolo até a região de interesse, que nesse caso equivale à profundidade de –1,20 m, correspondente à geratriz da tubulação.

De modo padronizado, deve-se calcular a tensão aplicada no subsolo a espaços regulares, como a cada 50 cm, para ter uma ideia do quanto essa tensão decresce ao longo da profundidade.

Ao dividir o valor de a = 2,50 m por 2, desmembra-se a placa em duas partes nessa direção, cada qual com 1,25 m de largura. Ao realizar o mesmo procedimento com o valor de b = 4,00 m, passa-se a ter nessa direção duas placas com 2,00 m de comprimento cada. Assim, uma placa de 2,50 m × 4,00 m equivale a quatro placas com dimensões de 1,25 m × 2,00 m, conforme mostrado na Fig. 5.8.

Esse é um artifício para calcular a tensão no centro da placa, em seu ponto referenciado pela letra E. Ao dividir a placa em quatro partes, continua-se a respeitar o ábaco de Fadum e passa-se a calcular a tensão no ponto imaginário D, indicado na Fig. 5.8B, pertencente a uma placa menor de 1,25 m × 2,00 m. Ao multiplicar a tensão encontrada no ponto D por 4, obtém-se efetivamente a tensão aplicada no centro da placa, indicado pelo ponto E na Fig. 5.8A.

Os valores de m e n para adentrar no gráfico, associados à largura a e ao comprimento b, respectivamente, são calculados por meio de:

$$m = a/z \qquad (5.1)$$

e

$$n = b/z \qquad (5.2)$$

em que:
z é o valor da profundidade a analisar, que nesse caso é de –0,50 m.

Assim:

$$m = a/z \Rightarrow m = \left[(2,50\ \text{m})/2\right]/0,50\ \text{m} = 2,50$$

$$n = b/z \Rightarrow n = \left[(4,00\ \text{m})/2\right]/0,50\ \text{m} = 4,00$$

Fig. 5.5 Sistema de tubulação de água

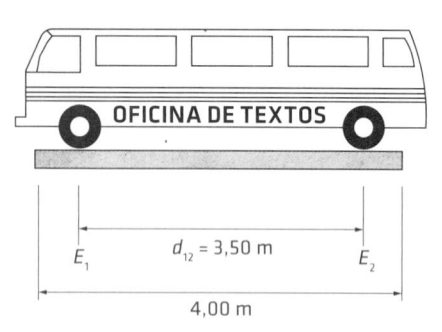

Fig. 5.6 Distância entre os eixos do ônibus e comprimento da placa de concreto

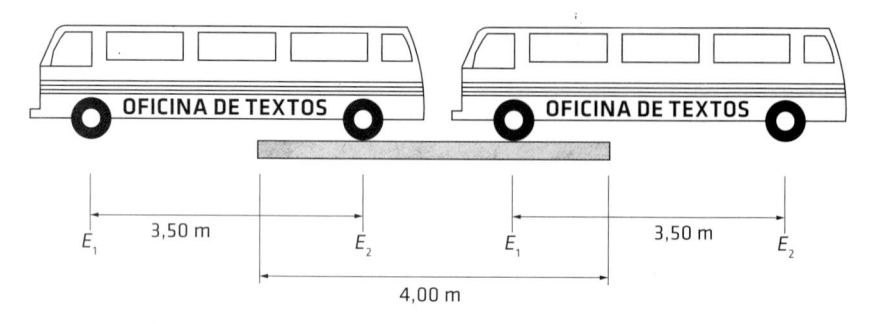

Fig. 5.7 Dois ônibus transitando sobre a mesma placa

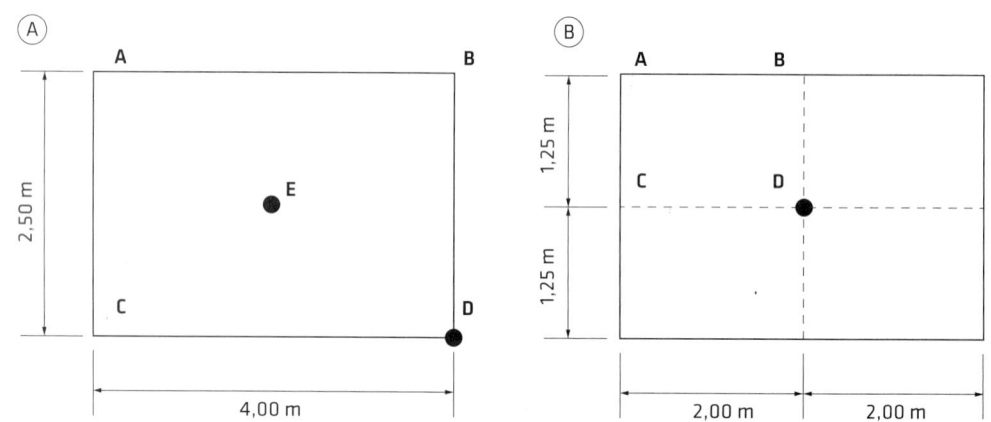

Fig. 5.8 (A) Placa de concreto e (B) seu esquema de divisão em quatro partes iguais

De posse desses valores, adentra-se no ábaco de Fadum. Ao inserir o valor de $n = 4,00$ no eixo das ordenadas e de $m = 2,50$ no eixo das abscissas, obtém-se o valor final de $f(m, n) = 0,245$.

Para encontrar o valor da tensão aplicada a –50 cm de profundidade, multiplica-se o valor final de $f(m, n) = 0,245$ pela carga total de 1,60 tf/m² aplicada na superfície da placa:

$$\text{Carga de canto} = f(m,n) \times \text{carga total} \quad (5.3)$$

$$\text{Carga de canto} = 0,245 \times \left(1,60 \text{ tf}/\text{m}^2\right) = 0,39 \text{ tf}/\text{m}^2$$

Como esse valor de 0,39 tf/m² equivale à tensão aplicada sob a quina da placa menor de 1,25 m × 2,00 m, proveniente da divisão em quatro partes, resta utilizar o artifício de multiplicá-lo por 4 para encontrar o valor da tensão final a –50 cm de profundidade sob o eixo central da placa:

$$\text{Carga de centro} = f(m,n) \times \text{carga total}$$
$$\times 4 \text{ partes iguais} \quad (5.4)$$

$$\text{Carga de centro} = 0,245 \times \left(1,60 \text{ tf}/\text{m}^2\right) \times 4 = 1,57 \text{ tf}/\text{m}^2$$

Pode-se adotar essa metodologia de uso do ábaco de Fadum e esse artifício de dividir a placa em quatro partes iguais para calcular as tensões aplicadas nas profundidades de –1,00 m e –1,50 m e na profundidade de interesse de –1,20 m, como visto a seguir.

Para a profundidade de z = –1,00 m:

$$m = a/z \Rightarrow m = \left[(2,50 \text{ m})/2\right]/1,00 \text{ m} = 1,25$$

$$n = b/z \Rightarrow n = \left[(4,00 \text{ m})/2\right]/1,00 \text{ m} = 2,00$$

Como $n = 2,00$ e $m = 1,25 \Rightarrow f(m, n) = 0,215$:

$$\text{Carga de canto} = 0,215 \times \left(1,60 \text{ tf/m}^2\right) = 0,34 \text{ tf/m}^2$$

$$\text{Carga de centro} = 0,215 \times \left(1,60 \text{ tf/m}^2\right) \times 4 = 1,38 \text{ tf/m}^2$$

Para a profundidade de z = –1,20 m:

$$m = a/z \Rightarrow m = \left[(2,50 \text{ m})/2\right]/1,20 \text{ m} = 1,04$$

$$n = b/z \Rightarrow n = \left[(4,00 \text{ m})/2\right]/1,20 \text{ m} = 1,67$$

Como $n = 1,67$ e $m = 1,04 \Rightarrow f(m, n) = 0,206$:

$$\text{Carga de canto} = 0,206 \times \left(1,60 \text{ tf/m}^2\right) = 0,33 \text{ tf/m}^2$$

$$\text{Carga de centro} = 0,206 \times \left(1,60 \text{ tf/m}^2\right) \times 4 = 1,32 \text{ tf/m}^2$$

Para a profundidade de z = –1,50 m:

$$m = a/z \Rightarrow m = \left[(2,50 \text{ m})/2\right]/1,50 \text{ m} = 0,83$$

$$n = b/z \Rightarrow n = \left[(4,00 \text{ m})/2\right]/1,50 \text{ m} = 1,33$$

Como $n = 1,33$ e $m = 0,83 \Rightarrow f(m, n) = 0,187$:

$$\text{Carga de canto} = 0,187 \times \left(1,60 \text{ tf/m}^2\right) = 0,30 \text{ tf/m}^2$$

$$\text{Carga de centro} = 0,187 \times \left(1,60 \text{ tf/m}^2\right) \times 4 = 1,20 \text{ tf/m}^2$$

Como resumo dos esforços solicitantes aplicados sob o centro da placa de concreto e transferidos às camadas de subsolo, têm-se:
- para z = –0,50 m: σ_{sol} = 1,57 tf/m²;
- para z = –1,00 m: σ_{sol} = 1,38 tf/m²;
- para z = –1,20 m: σ_{sol} = 1,32 tf/m²;
- para z = –1,50 m: σ_{sol} = 1,20 tf/m².

Nota-se que as tensões decrescem à medida que a profundidade aumenta, o que faz sentido e mostra que o cálculo está coerente.

De posse dessas tensões solicitantes, é possível compará-las com as tensões resistentes do solo com base no estudo de um relatório de sondagem efetuado na área.

Na Fig. 5.9 é mostrado o trecho de um relatório de sondagem realizado nessa área de interesse de pavimentação. Cabe mencionar que todo relatório de sondagem apresenta valores de tensões admissíveis do solo a partir da profundidade de –1 m, uma vez que essa primeira faixa de

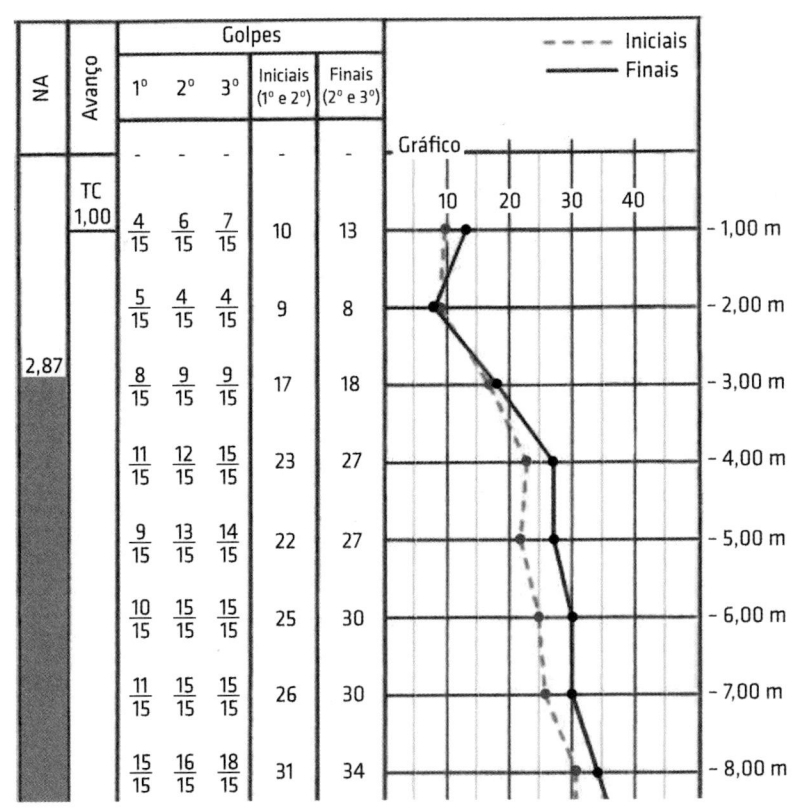

Fig. 5.9 Detalhe do relatório de sondagem 1

1 m não é usada na engenharia, sendo de interesse apenas para a agricultura.

Na coluna de "golpes finais", constam as tensões admissíveis do solo para cada 1 m. Caso se deseje obter o valor de N correspondente a uma fração menor que 1 m, basta retirá-lo da curva em linha cheia traçada à direita, que representa o valor de golpes finais.

Por exemplo, para –1 m de profundidade, o valor de N equivalente aos golpes finais é de 13, e, para –2 m de profundidade, é de 8. Como a tubulação se encontra a uma profundidade de –1,20 m, é necessária a leitura da curva em linha cheia do gráfico à direita, que fornece o valor de N igual a 12.

Com esses valores de N obtidos do relatório de sondagem, basta dividi-los por 5 para encontrar seu valor final em kgf/cm²:

- para $z = -1,00$ m: $\sigma_{adm\,solo} = N/5 = 13/5 = 2,60$ kgf/cm² = 26 tf/m²;
- para $z = -1,20$ m: $\sigma_{adm\,solo} = N/5 = 12/5 = 2,40$ kgf/cm² = 24 tf/m²;
- para $z = -1,50$ m: $\sigma_{adm\,solo} = N/5 = 10,5/5 = 2,10$ kgf/cm² = 21 tf/m²;
- para $z = -2,00$ m: $\sigma_{adm\,solo} = N/5 = 8/5 = 1,60$ kgf/cm² = 16 tf/m².

Recomenda-se que todo aluno ou profissional sempre efetue passo a passo a transformação de uma unidade para a outra, sem o uso de regras prontas. Sendo assim, por exemplo, para converter 2,60 kgf/cm² em tf/m²:

2,60 kgf/cm² $\Rightarrow$ (de cm² para m², efetua-se a divisão por 1×10^{-4}, passando para o numerador o valor de 1×10^4) $\Rightarrow$ $2,60 \times 10^4$ kgf/m² $\Rightarrow$ (e, de kgf para tf, realiza-se a divisão por 1×10^3) $\Rightarrow$ 26 tf/m²

Sabe-se que 1 kgf = 9,81 N. Porém, ao longo deste livro adota-se a simplificação 1 kgf = 10 N.

A síntese apresentada na Tab. 5.1 possibilita uma melhor análise dos dados obtidos. Observa-se que todas as tensões aplicadas no subsolo sob o centro da placa são inferiores às tensões admissíveis do solo para as respectivas profundidades até –1,20 m, onde a geratriz superior do duto se encontra posicionada. Com isso, o solo resiste aos esforços solicitantes.

Nesse caso, a tensão de 1,32 tf/m² (ou 0,132 kgf/cm²) aplicada na geratriz superior do duto deve ser informada à fabricante, a fim de aferir se sua resistência e sua profundidade mínima de instalação estão adequadas.

5.1.2 Caso de caminhões, carretas e guindastes transitando sobre uma placa de concreto com tubulação de drenagem abaixo dela

Seja, agora, o caso real de uma via de passagem em que se fez necessário executar uma placa de concreto com dimensões de 2,50 m × 3,00 m com o objetivo de proteger as instalações hidráulicas que atravessariam a rua exatamente nessa faixa, a –1,60 m de profundidade.

Ao pesquisar os tipos de veículo existentes nesse trecho, foram observados caminhões e carretas de eixos e pesos brutos aleatórios, assim como guindastes.

Para o caso dos caminhões e das carretas, pela tabela do DNIT, vê-se que a carga máxima aplicada por eixo equivale a cerca de 30 tf (com tolerância de 7,5%), com o tipo de eixo variando entre simples de rodagem simples, simples de rodagem dupla, tandem duplo de rodagem dupla e tandem triplo de rodagem dupla. Assim, a carga máxima permitida pelo DNIT é de 27.420 kg (com tolerância de 7,5%), relativa ao eixo tandem triplo de rodagem dupla.

Entre as carretas, há ainda as carretas-pranchas, cujas cargas por eixo não são indicadas nas tabelas em questão, restando ao projetista averiguar suas condições geométricas de carga.

Tab. 5.1 Tensões solicitantes e admissíveis do solo em diferentes profundidades

z (m)	n	m	f(m, n)	Canto $\Delta\sigma_z$ (tf/m²)	Centro $\Delta\sigma_z$ (tf/m²)	Solo σ_{adm} (tf/m²)	Condição
–0	–	–	–	–	–	–	–
–0,50	4,00	2,50	0,245	0,39	1,57	–	–
–1,00	2,00	1,25	0,215	0,34	1,38	26,00	Satisfaz
–1,20	1,67	1,04	0,206	0,33	1,32	24,00	Satisfaz
–1,50	1,33	0,83	0,187	0,30	1,20	21,00	Satisfaz

em que z é a profundidade a partir do topo da placa do pavimento (m); "canto" se refere à tensão solicitante aplicada no solo sob o canto da placa do pavimento (tf/m²); "centro" se refere à tensão solicitante aplicada no solo sob o centro da placa do pavimento (tf/m²); e "solo" se refere à tensão admissível do solo (tf/m²).

Para os guindastes, foi considerado o modelo LTM-1250, da fabricante Liebherr, como o de maior peso bruto a trafegar por esse trecho. Por se tratar de uma base industrial, é permitido que esses veículos trafeguem com sua carga máxima de contrapeso acoplada, caso em que cada eixo simples transfere uma carga equivalente a 38 tf; todos os eixos desse tipo de guindaste são do tipo simples.

Portanto, para esse projeto, foi considerada a carga transmitida pelos guindastes como a mais crítica, com a condição de 38 tf por eixo simples de rodagem simples, ou seja, 19 tf por roda simples.

Deve-se observar que, no caso do veículo de maior peso bruto por rodagem apresentado na tabela do DNIT, a carga de 27,42 tf é distribuída por 12 rodas (seis de cada lado), que constituem o eixo tandem triplo de rodagem dupla, o que reduz sobremaneira a transferência de carga para o pavimento.

Desse modo, pela geometria do guindaste, a condição mais crítica de aplicação de carga ocorre quando se têm dois eixos posicionados sobre uma única placa de 2,50 m × 3,00 m, resultando na aplicação de uma carga total equivalente a 2 × 38 tf (Fig. 5.10).

Com os dados mencionados, sumarizados na sequência, é possível encontrar o valor da carga aplicada na profundidade de –1,60 m, onde será instalada a tubulação de água.

Os dados geométricos são os seguintes:
- largura da placa (a) = 2,50 m;
- comprimento da placa (b) = 3,00 m;
- profundidade de instalação da tubulação (h) = –1,60 m do topo do pavimento à geratriz superior do duto.

Por sua vez, os dados de carregamento são:
- carga vertical total aplicada = 2 × 38 tf = 76 tf;
- carga distribuída aplicada imediatamente sob a placa = 76 tf/(2,50 m × 3,00 m) = 10,13 tf/m².

Deve-se calcular o valor da tensão vertical aplicada em profundidades de 25 cm em 25 cm ao longo do subsolo para obter uma análise mais apurada.

Tal como procedido no exemplo anterior, utiliza-se o artifício de dividir a placa de 2,50 m × 3,00 m em quatro partes iguais, uma vez que o ábaco de Fadum fornece apenas tensões aplicadas em quinas de placas quadradas ou retangulares.

Para a profundidade de $z = -0,25$ m:

$$m = a/z, \text{ sendo } a = 2,50 \text{ m}/2$$

$$n = b/z, \text{ sendo } b = 3,00 \text{ m}/2$$

$$m = a/z \Rightarrow m = \left[(2,50 \text{ m})/2\right]/0,25 \text{ m} = 5,00$$

$$n = b/z \Rightarrow n = \left[(3,00 \text{ m})/2\right]/0,25 \text{ m} = 6,00$$

Como $n = 6,00$ e $m = 5,00 \Rightarrow f(m, n) = 0,250$:

$$\text{Carga de canto} = 0,250 \times \left(10,13 \text{ tf}/\text{m}^2\right) = 2,53 \text{ tf}/\text{m}^2$$

$$\text{Carga de centro} = 0,250 \times \left(10,13 \text{ tf}/\text{m}^2\right) \times 4 = 10,13 \text{ tf}/\text{m}^2$$

Para a profundidade de $z = -0,50$ m:

$$m = a/z \Rightarrow m = \left[(2,50 \text{ m})/2\right]/0,50 \text{ m} = 2,50$$

$$n = b/z \Rightarrow n = \left[(3,00 \text{ m})/2\right]/0,50 \text{ m} = 3,00$$

Como $n = 3,00$ e $m = 2,50 \Rightarrow f(m, n) = 0,242$:

$$\text{Carga de canto} = 0,242 \times \left(10,13 \text{ tf}/\text{m}^2\right) = 2,45 \text{ tf}/\text{m}^2$$

$$\text{Carga de centro} = 0,242 \times \left(10,13 \text{ tf}/\text{m}^2\right) \times 4 = 9,81 \text{ tf}/\text{m}^2$$

Para a profundidade de $z = -0,75$ m:

$$m = a/z \Rightarrow m = \left[(2,50 \text{ m})/2\right]/0,75 \text{ m} = 1,67$$

$$n = b/z \Rightarrow n = \left[(3,00 \text{ m})/2\right]/0,75 \text{ m} = 2,00$$

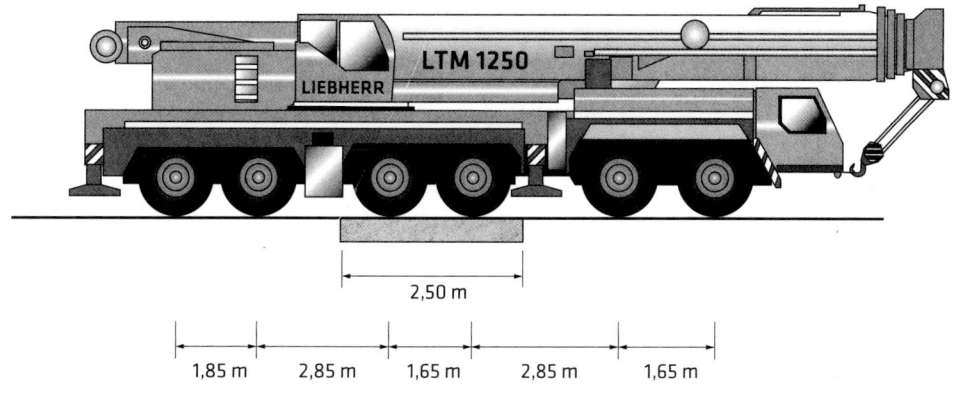

Fig. 5.10 Posicionamento dos eixos do guindaste hidráulico LTM-1250--6.1 sobre a placa de concreto

Como $n = 2{,}00$ e $m = 1{,}67 \Rightarrow f(m, n) = 0{,}227$:

Carga de canto $= 0{,}227 \times \left(10{,}13 \text{ tf}/\text{m}^2\right) = 2{,}30 \text{ tf}/\text{m}^2$

Carga de centro $= 0{,}227 \times \left(10{,}13 \text{ tf}/\text{m}^2\right) \times 4 = 9{,}20 \text{ tf}/\text{m}^2$

Para a profundidade de $z = -1{,}00$ m:

$m = a/z \Rightarrow m = \left[(2{,}50 \text{ m})/2\right]/1{,}00 \text{ m} = 1{,}25$

$n = b/z \Rightarrow n = \left[(3{,}00 \text{ m})/2\right]/1{,}00 \text{ m} = 1{,}50$

Como $n = 1{,}50$ e $m = 1{,}25 \Rightarrow f(m, n) = 0{,}206$:

Carga de canto $= 0{,}206 \times \left(10{,}13 \text{ tf}/\text{m}^2\right) = 2{,}09 \text{ tf}/\text{m}^2$

Carga de centro $= 0{,}206 \times \left(10{,}13 \text{ tf}/\text{m}^2\right) \times 4 = 8{,}35 \text{ tf}/\text{m}^2$

Para a profundidade de $z = -1{,}25$ m:

$m = a/z \Rightarrow m = \left[(2{,}50 \text{ m})/2\right]/1{,}25 \text{ m} = 1{,}00$

$n = b/z \Rightarrow n = \left[(3{,}00 \text{ m})/2\right]/1{,}25 \text{ m} = 1{,}20$

Como $n = 1{,}20$ e $m = 1{,}00 \Rightarrow f(m, n) = 0{,}187$:

Carga de canto $= 0{,}187 \times \left(10{,}13 \text{ tf}/\text{m}^2\right) = 1{,}89 \text{ tf}/\text{m}^2$

Carga de centro $= 0{,}187 \times \left(10{,}13 \text{ tf}/\text{m}^2\right) \times 4 = 7{,}58 \text{ tf}/\text{m}^2$

Para a profundidade de $z = -1{,}50$ m:

$m = a/z \Rightarrow m = \left[(2{,}50 \text{ m})/2\right]/1{,}50 \text{ m} = 0{,}83$

$n = b/z \Rightarrow n = \left[(3{,}00 \text{ m})/2\right]/1{,}50 \text{ m} = 1{,}00$

Como $n = 0{,}83$ e $m = 1{,}00 \Rightarrow f(m, n) = 0{,}163$:

Carga de canto $= 0{,}163 \times \left(10{,}13 \text{ tf}/\text{m}^2\right) = 1{,}65 \text{ tf}/\text{m}^2$

Carga de centro $= 0{,}163 \times \left(10{,}13 \text{ tf}/\text{m}^2\right) \times 4 = 6{,}61 \text{ tf}/\text{m}^2$

Para a profundidade de $z = -1{,}75$ m:

$m = a/z \Rightarrow m = \left[(2{,}50 \text{ m})/2\right]/1{,}75 \text{ m} = 0{,}71$

$n = b/z \Rightarrow n = \left[(3{,}00 \text{ m})/2\right]/1{,}75 \text{ m} = 0{,}86$

Como $n = 0{,}86$ e $m = 0{,}71 \Rightarrow f(m, n) = 0{,}144$:

Carga de canto $= 0{,}144 \times \left(10{,}13 \text{ tf}/\text{m}^2\right) = 1{,}46 \text{ tf}/\text{m}^2$

Carga de centro $= 0{,}144 \times \left(10{,}13 \text{ tf}/\text{m}^2\right) \times 4 = 5{,}84 \text{ tf}/\text{m}^2$

Para a profundidade de $z = -2{,}00$ m:

$m = a/z \Rightarrow m = \left[(2{,}50 \text{ m})/2\right]/2{,}00 \text{ m} = 0{,}63$

$n = b/z \Rightarrow n = \left[(3{,}00 \text{ m})/2\right]/2{,}00 \text{ m} = 0{,}75$

Como $n = 0{,}75$ e $m = 0{,}63 \Rightarrow f(m, n) = 0{,}125$:

Carga de canto $= 0{,}125 \times \left(10{,}13 \text{ tf}/\text{m}^2\right) = 1{,}27 \text{ tf}/\text{m}^2$

Carga de centro $= 0{,}125 \times \left(10{,}13 \text{ tf}/\text{m}^2\right) \times 4 = 5{,}07 \text{ tf}/\text{m}^2$

Com isso, foram obtidos todos os valores de tensões solicitantes transmitidas às camadas de subsolo nas profundidades de interesse até $-2{,}00$ m. Agora resta compará-los com aqueles de tensões admissíveis a serem extraídos do relatório de sondagem.

Pelo detalhe da planta de locação original dos furos (Fig. 5.11), é possível observar que há quatro deles no entorno da região onde será executado o pavimento de concreto para proteger a tubulação de água, cujos números são SP-09, SP-10, SP-13 e SP-14, em que SP significa sondagem à percussão.

Sempre que houver mais de dois estudos de sondagem para uma região de interesse, recomenda-se que sejam estudados todos os furos disponíveis e que seja tomado

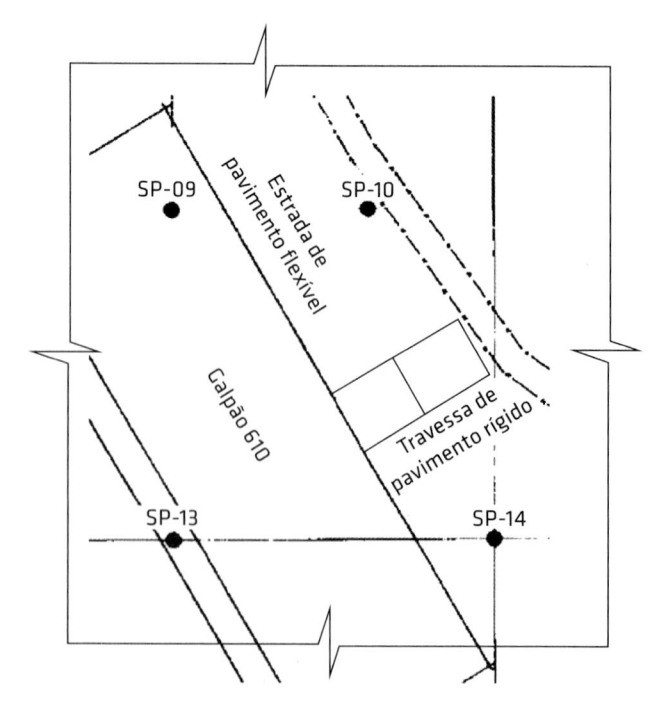

Fig. 5.11 Locação dos furos de sondagem existentes na região e do trecho de travessia em pavimento rígido de concreto armado

como base para o projeto aquele que exibir os menores valores de tensões admissíveis para o solo, ficando a favor da segurança. Nesse caso, dos quatro furos analisados, o que mostrou os valores mais baixos foi o de número SP-10.

Num relatório de estudo de sondagem à percussão (SPT; Fig. 5.12), as duas primeiras colunas apresentam, respectivamente, o número de golpes para a realização da 1ª e 2ª penetrações e para a realização da 2ª e 3ª penetrações. Na avaliação das tensões admissíveis, deve-se tomar como base os valores referentes à coluna de 2ª e 3ª penetrações, que são os seguintes: 12, 14, 7, 8, 10, 5, 6, 3, 5 e impenetrável ao trépano.

Na terceira coluna sempre será mostrado o gráfico de consistência, que é de onde se extraem os valores indicados para os golpes de 1ª e 2ª penetrações, representados pelos círculos de cor preta, e os golpes de 2ª e 3ª penetrações, assinalados pelos círculos de cor branca.

Como os valores das duas primeiras colunas (de número de golpes) são indicados a cada 1 m de profundidade, torna-se útil analisar o gráfico sempre que a região de interesse estiver a uma profundidade com valor fracionado, como –1,50 m, –1,75 m, –2,30 m etc., pois nem sempre fundações de construções ou regiões de instalação de elementos enterrados estarão em cotas inteiras.

Na quarta coluna é apresentado o nível d'água; na quinta coluna, uma legenda referente a cada tipo de material encontrado em cada camada; na sexta coluna, a cota referente ao início e ao término de cada faixa de material; e, na sétima coluna, a descrição do material encontrado, do ponto de vista geológico.

Anotam-se os valores dos números N encontrados ao longo da coluna relativa aos golpes de 2ª e 3ª penetrações a cada 0,25 m.

Particularmente, este autor gosta de lançar o relatório de estudo de sondagem no AutoCAD, no CorelDRAW ou em outro *software* gráfico que ofereça ferramentas para estender várias linhas a fim de facilitar a extração de dados do relatório; por exemplo, linhas vermelhas para níveis dispostos a cada 0,50 m, linhas azuis para níveis dispostos a cada 0,25 m e uma linha verde para o nível de interesse, obtendo-se com maior clareza, assim, os valores de N gerados para cada camada do subsolo.

A primeira camada de solo vista no estudo de sondagem deve ser sempre desprezada para fins estruturais, iniciando-se o estudo do solo a partir da cota de –1,00 m.

Para obter o valor da tensão admissível do solo em kgf/cm², basta dividi-lo por 5:

- para z = –1,00 m: $\sigma_{adm\,solo}$ = N/5 = 12/5 = 2,40 kgf/cm² = 24 tf/m²;
- para z = –1,25 m: $\sigma_{adm\,solo}$ = N/5 = 12/5 = 2,40 kgf/cm² = 24 tf/m²;
- para z = –1,50 m: $\sigma_{adm\,solo}$ = N/5 = 12/5 = 2,40 kgf/cm² = 24 tf/m²;

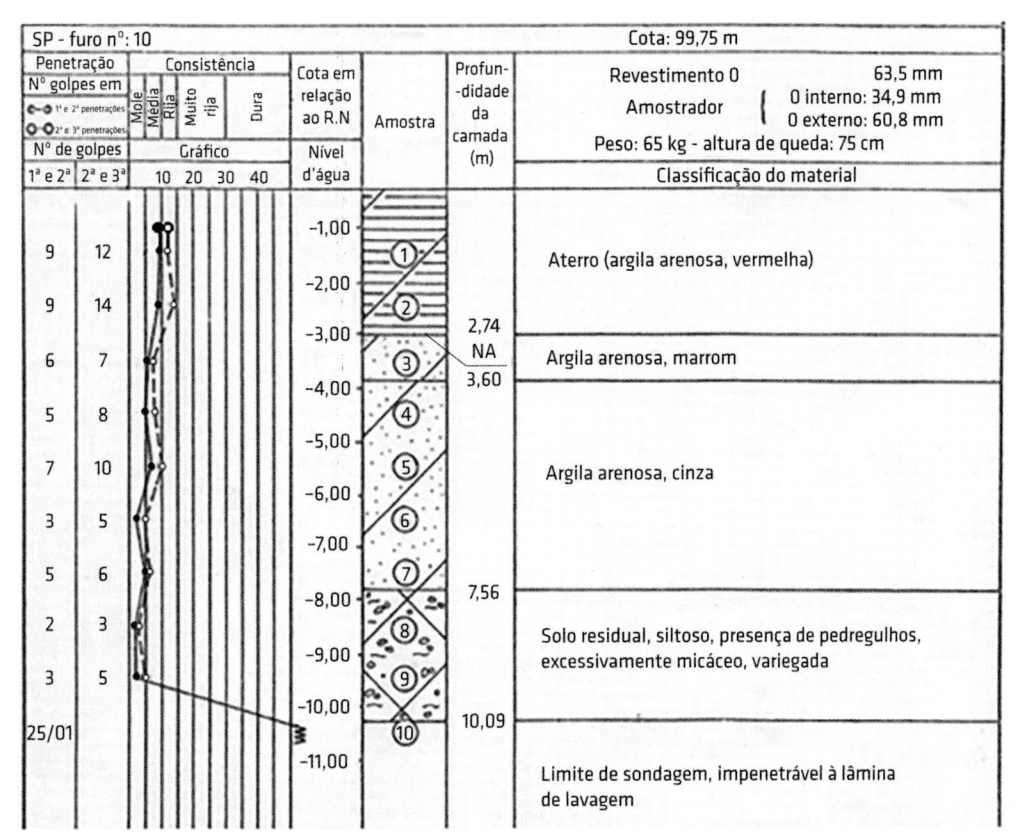

Fig. 5.12 Relatório de sondagem SP-10 datado de 1984

- para $z = -1{,}60$ m: $\sigma_{adm\,solo} = N/5 = 13/5 = 2{,}60$ kgf/cm² $= 26$ tf/m²;
- para $z = -1{,}75$ m: $\sigma_{adm\,solo} = N/5 = 13{,}50/5 = 2{,}70$ kgf/cm² $= 27$ tf/m²;
- para $z = -2{,}00$ m: $\sigma_{adm\,solo} = N/5 = 14/5 = 2{,}80$ kgf/cm² $= 28$ tf/m².

Na Tab. 5.2 encontra-se um resumo das tensões encontradas.

Nas Figs. 5.13 a 5.15 são mostrados a planta baixa, a seção transversal e os detalhes desse trecho específico de pavimento rígido de concreto armado projetado apenas para a proteção do duto hidráulico, de elevada importância para as instalações dessa base.

5.2 Teoria de Boussinesq para cargas transmitidas através de rodas (cargas pontuais)

O estudo de Boussinesq (1885) baseia-se na teoria da elasticidade linear e é adotado na determinação de variações de tensões aplicadas no subsolo decorrentes de carregamentos realizados na superfície. Para um

Tab. 5.2 Tensões solicitantes e admissíveis do solo em diferentes profundidades

z (m)	n	m	f (m, n)	Canto $\Delta\sigma_z$ (tf/m²)	Centro $\Delta\sigma_z$ (tf/m²)	Solo σ_{adm} (tf/m²)	Condição
–0	-	-	-	-	-	-	-
–0,25	5,00	6,00	0,25	2,53	10,13	-	-
–0,50	2,50	3,00	0,242	2,45	9,81	-	-
–0,75	2,30	2,92	0,227	2,30	9,20	-	-
–1,00	1,25	1,50	0,206	2,09	8,35	24	Satisfaz
–1,25	1,20	1,00	0,187	1,89	7,58	24	Satisfaz
–1,50	1,00	0,83	0,163	1,65	6,61	24	Satisfaz
–1,60	0,94	0,78	0,157	1,59	6,36	26	Satisfaz
–1,75	0,86	0,71	0,144	1,46	5,84	27	Satisfaz
–2,00	0,75	0,63	0,125	1,27	5,07	28	Satisfaz

em que z é a profundidade a partir do topo da placa do pavimento (m); "canto" se refere à tensão solicitante aplicada no solo sob o canto da placa do pavimento (tf/m²); "centro" se refere à tensão solicitante aplicada no solo sob o centro da placa do pavimento (tf/m²); e "solo" se refere à tensão admissível do solo (tf/m²).

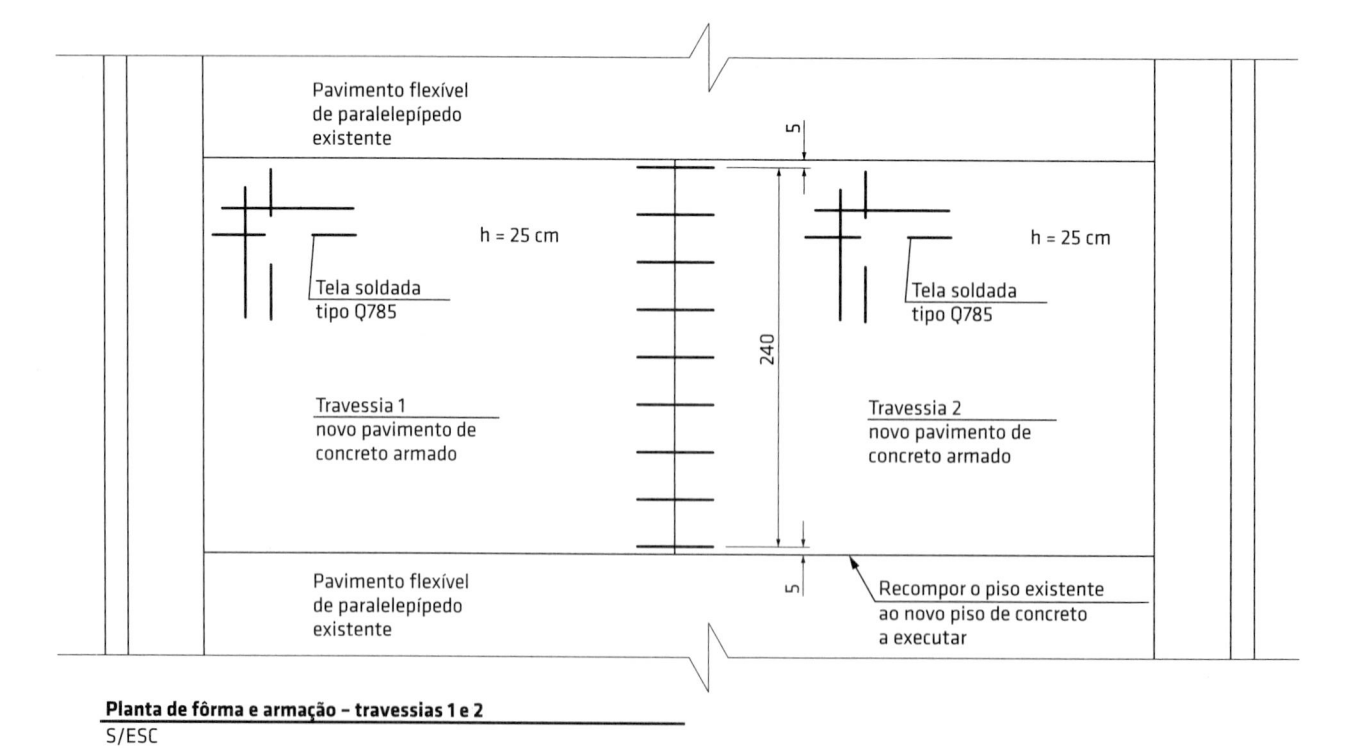

Fig. 5.13 Planta de armação do trecho de pavimento rígido

Seção transversal – travessia 1 e 2
S/ESC

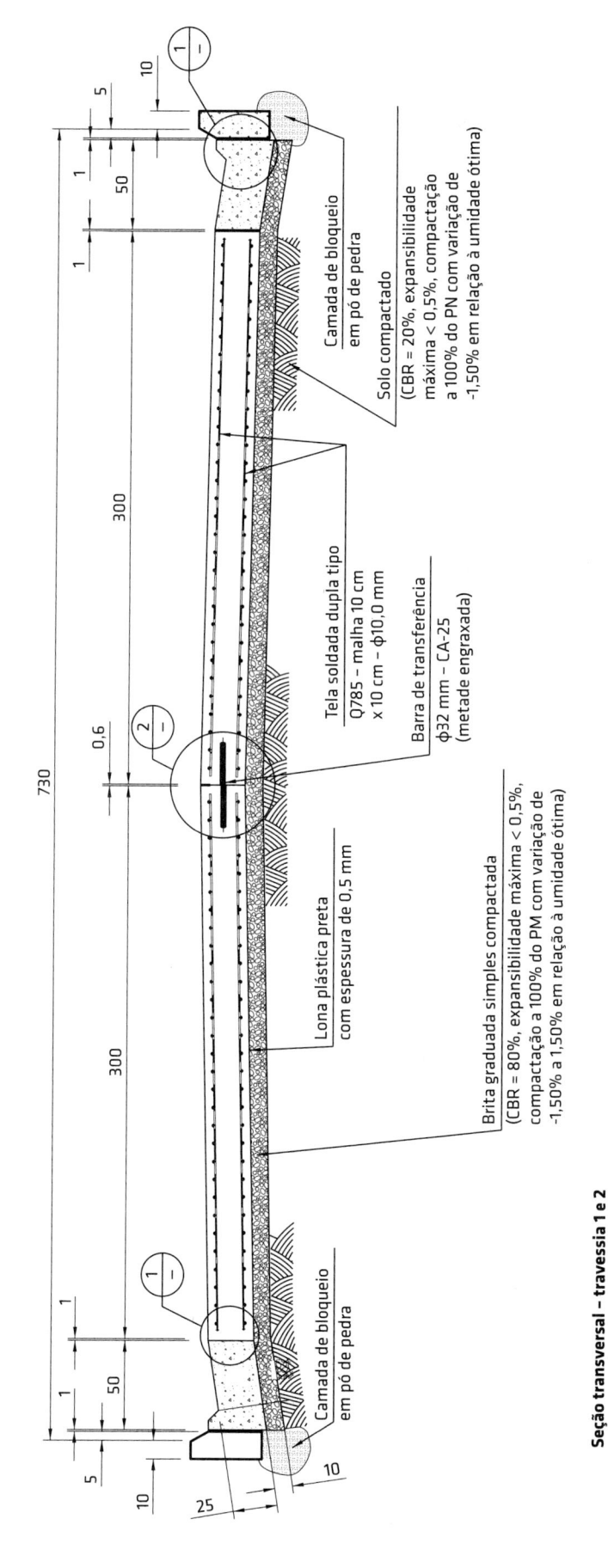

Fig. 5.14 Seção transversal do trecho de pavimento rígido

Camada de bloqueio em pó de pedra

Solo compactado (CBR = 20%, expansibilidade máxima < 0,5%, compactação a 100% do PN com variação de -1,50% em relação à umidade ótima)

Tela soldada dupla tipo Q785 – malha 10 cm x 10 cm – φ10,0 mm

Barra de transferência φ32 mm – CA-25 (metade engraxada)

Lona plástica preta com espessura de 0,5 mm

Brita graduada simples compactada (CBR = 80%, expansibilidade máxima < 0,5%, compactação a 100% do PM com variação de -1,50% a 1,50% em relação à umidade ótima)

Camada de bloqueio em pó de pedra

TENSÕES TRANSMITIDAS PARA O SUBSOLO

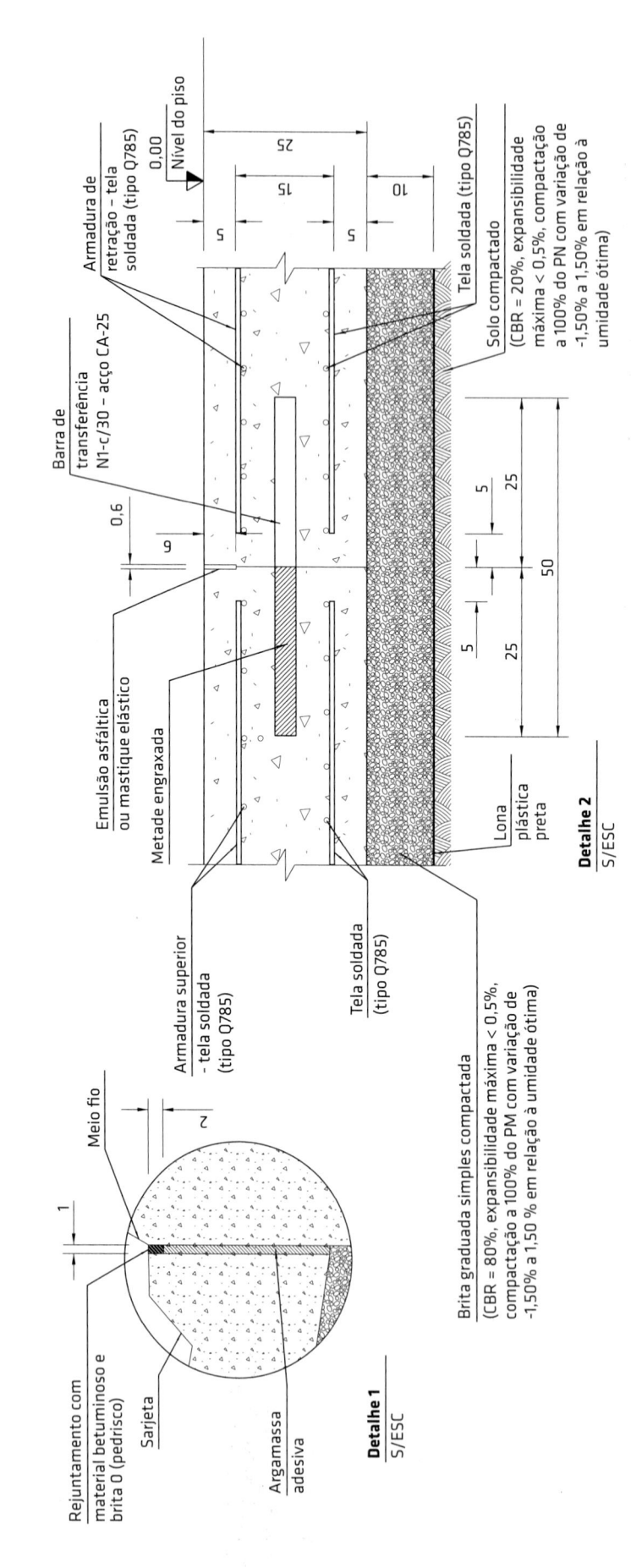

Fig. 5.15 Detalhes do pavimento rígido

estudo mais completo, sugere-se consultar Poulos e Davis (1974).

A equação geral de Boussinesq é dada por:

$$\Delta\sigma_z = \frac{3 \cdot Q \cdot z^3}{2 \cdot \pi \cdot R^5} \qquad (5.5)$$

em que:
$\Delta\sigma_z$ é a variação de tensão numa determinada profundidade z (kPa ou tf/m²);
Q é a carga aplicada na superfície (N ou tf);
z é a profundidade do ponto de interesse (m);
R é a distância em diagonal (hipotenusa) até o ponto de interesse (m) (Fig. 5.16);
r é a distância horizontal até o ponto de interesse (m) (Fig. 5.16).

Para o melhor entendimento da aplicação dessa fórmula, um problema extraído de um caso real será abordado na sequência. Nesse estudo de caso, constam envelopes de concreto, a uma profundidade de –1,20 m, num trecho de via asfáltica. Esse pavimento asfáltico é classificado como flexível e, como tal, as cargas devem ser tratadas como pontuais, não sendo possível utilizar o gráfico de Fadum adotado para placas quadradas e retangulares, ao contrário do mostrado na seção anterior.

5.2.1 Caso de guindastes LTM-1250 transitando sobre um trecho de pavimento asfáltico

Esse caso foi extraído de um projeto em que era necessário instalar envelopes de concreto armado a uma profundidade de –1,20 m, correspondente à distância do topo do envelope à superfície do pavimento asfáltico. As cargas aplicadas pelas rodas do guindaste LTM-1250 são indicadas na Fig. 5.17.

Tensão solicitante aplicada no ponto A
O ponto A se localiza a uma profundidade z = –1,20 m e a uma distância horizontal r = 1,306 m. Assim, o valor da hipotenusa R é dado por:

$$R = \sqrt{z^2 + r^2} = \sqrt{(1,20 \text{ m})^2 + (1,306 \text{ m})^2} \Rightarrow R = 1,774 \text{ m}$$

Com o valor de R obtido em função de z e r, calcula-se a variação de tensão à profundidade z = –1,20 m por meio de:

$$\Delta\sigma_z = \frac{3 \cdot Q \cdot z^3}{2 \cdot \pi \cdot R^5}$$

$$\Delta\sigma_{zA} = \frac{3 \times (190 \text{ kN}) \times (1,20 \text{ m})^3}{2 \cdot \pi \cdot (1,774 \text{ m})^5} \Rightarrow \Delta\sigma_{zA} = 8,92 \text{ kPa}$$

Como o ponto A se encontra entre as duas rodas do veículo, a tensão nele aplicada deve ser multiplicada por 2, obtendo-se:

$$2 \cdot \Delta\sigma_z = 2 \times 8,92 \text{ kPa} = 17,84 \text{ kPa}$$

Dessa maneira, nesse ponto a variação de tensão equivale a $\Delta\sigma_{zA}$ = 17,84 kPa.

Tensão solicitante aplicada no ponto B
O ponto B se localiza a uma profundidade z = –1,20 m e a uma distância horizontal r = 0 m. Assim, o valor da hipotenusa R é dado por:

$$R = \sqrt{z^2 + r^2} = \sqrt{(1,20 \text{ m})^2 + (0 \text{ m})^2} \Rightarrow R = 1,20 \text{ m}$$

Com o valor de R obtido em função de z e r, calcula-se a variação de tensão à profundidade z = –1,20 m por meio de:

$$\Delta\sigma_z = \frac{3 \cdot Q \cdot z^3}{2 \cdot \pi \cdot R^5}$$

$$\Delta\sigma_{zB} = \frac{3 \times (190 \text{ kN}) \times (1,20 \text{ m})^3}{2 \cdot \pi \cdot (1,20 \text{ m})^5} \Rightarrow \Delta\sigma_{zB} = 63,00 \text{ kPa}$$

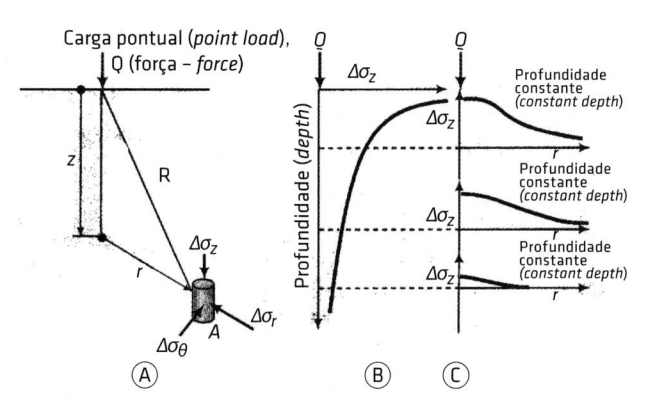

Fig. 5.16 Teoria de Boussinesq (1885)

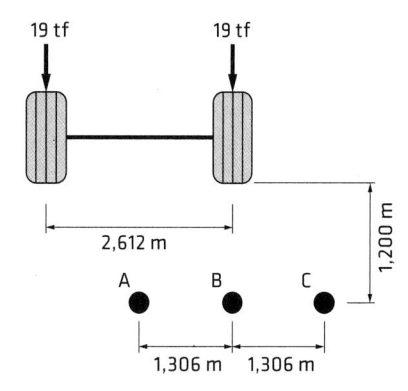

Fig. 5.17 Cargas aplicadas pelas rodas do guindaste LTM-1250

Dessa maneira, no ponto B a variação de tensão equivale a $\Delta\sigma_{zB} = 63,00$ kPa.

Tensão solicitante aplicada no ponto C

O ponto C se localiza a uma profundidade $z = -1,20$ m e a uma distância horizontal $r = 1,306$ m. Assim, o valor da hipotenusa R é dado por:

$$R = \sqrt{z^2 + r^2} = \sqrt{(1,20\text{ m})^2 + (1,306\text{ m})^2} \Rightarrow R = 1,774\text{ m}$$

Com o valor de R obtido em função de z e r, calcula-se a variação de tensão à profundidade $z = -1,20$ m por meio de:

$$\Delta\sigma_z = \frac{3 \cdot Q \cdot z^3}{2 \cdot \pi \cdot R^5}$$

$$\Delta\sigma_{zC} = \frac{3 \times (190\text{ kN}) \times (1,20\text{ m})^3}{2 \cdot \pi \cdot (1,774\text{ m})^5} \Rightarrow \Delta\sigma_{zC} = 8,92\text{ kPa}$$

Dessa maneira, no ponto C a variação de tensão equivale a $\Delta\sigma_{zC} = 8,92$ kPa.

Portanto, como a tensão máxima ocorre numa profundidade imediatamente abaixo da roda, no ponto B, a variação de tensão a ser aplicada no dimensionamento do envelope de concreto armado a uma profundidade de –1,20 m deve ser de 63,00 kPa, ou 6,3 tf/m².

5.3 Ábaco de Newmark para variações de tensões

O ábaco idealizado por Newmark (1942) é utilizado para calcular a variação de tensão numa determinada profundidade do maciço do solo (Fig. 5.18). Esse método considera o maciço como um semiespaço linear, elástico, isotrópico e homogêneo e é útil na determinação de tensões aplicadas na superfície de uma placa ou radier de configuração quadrada, retangular ou poligonal de n lados. A região da placa ou radier na qual se aplica a carga deve estar localizada no centro do ábaco, com a escala tomada como igual àquela da profundidade do maciço na qual se deseja saber a tensão atuante.

Assim, ao desenhar a planta da placa de pavimento ou da fundação de radier sobre o ábaco, demarca-se o ponto de interesse da placa ou do radier sob o qual se deseja saber a tensão aplicada no subsolo e marca-se esse ponto de aplicação da carga como o centro do ábaco. A partir desse centro, inicia-se o desenho da estrutura, tomando a medida de escala indicada no rodapé do ábaco como igual à profundidade do ponto de interesse do maciço e perfazendo o restante do desenho na mesma escala. O desenho pode ser rotacionado e ajustado no ábaco de modo a melhor encaixá-lo em seu espaço limitado.

A variação de tensão numa dada profundidade é obtida por meio de:

$$\Delta\sigma_z = 0,001 \cdot N \cdot \Delta q \quad \text{(5.6)}$$

em que:

$\Delta\sigma_z$ é a variação de tensão numa determinada profundidade z (Pa);
N é o número de blocos que o desenho da placa ou do radier sobre o ábaco possui (adimensional);
Δq é a carga aplicada no ponto de interesse da placa ou do radier (N).

Esse ábaco já foi utilizado por este autor para dimensionar a tensão transmitida por uma solução em fundação de radier até certa profundidade, ocasião em que possuía como referência um relatório de sondagem com um valor de resistência do solo próximo a N = 3 até uma profundidade de cerca de –3 m.

No caso em questão, o cálculo foi feito e a tensão aplicada numa profundidade do maciço foi aferida pelo ábaco e comparada com a tensão resistente do solo mostrada no relatório de sondagem para a mesma profundidade. A solução de radier foi defendida perante a solução em

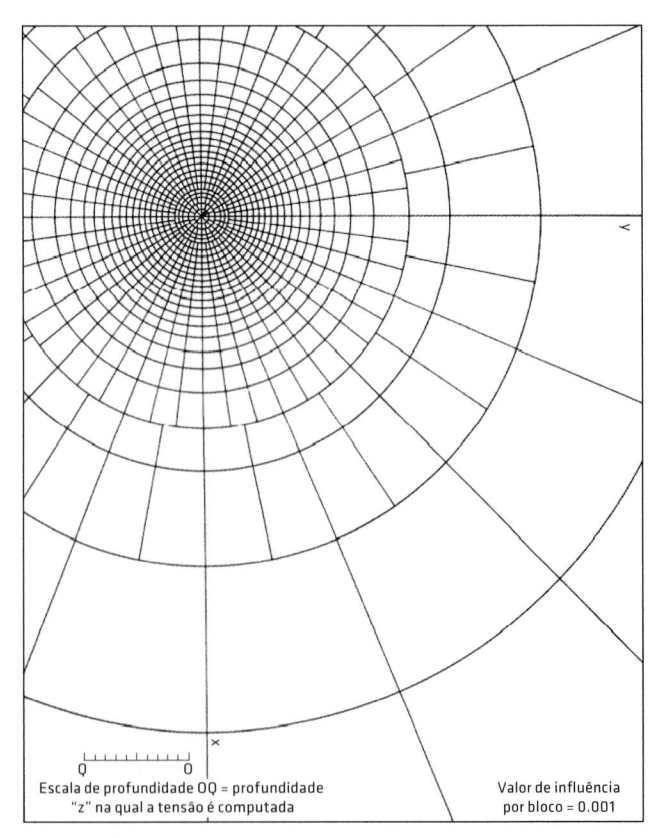

Fig. 5.18 Ábaco de Newmark (1942)

fundações profundas com o uso de estacas por três empresas. Deve-se procurar exaurir as possibilidades de uso de fundação rasa antes de se render ao emprego de fundações profundas.

Na Fig. 5.19 é ilustrado um espaço de radier para o recebimento de caminhões e empilhadeiras, cuja estrutura, construída em 2005, nunca apresentou quaisquer sinais de recalque diferencial.

A discussão sobre o ábaco de Newmark não será aprofundada neste texto, deixando-se aqui apenas uma introdução a essa ferramenta de análise de tensão induzida. Seu emprego traz a constatação de que o profissional deve ter uma base sólida, calcada no conhecimento adquirido na universidade e por meio de livros, pois nenhum *software* substitui a análise técnica do engenheiro.

5.4 Relatórios de sondagem

Nesta seção são trazidos vários tipos de relatórios de sondagem apresentados por empresas competentes e capacitadas na área, a fim de mostrar ao leitor as diferentes vertentes existentes.

O *relatório de sondagem à percussão (SPT) tipo 1* (Fig. 5.20) traz o nível freático, nesse caso demarcado à profundidade de –1,54 m, a caracterização do maciço de solo constituinte de cada camada e um gráfico em que a linha tracejada representa os primeiros golpes e a linha cheia, os últimos golpes.

Nota-se também que há uma coluna indicando as profundidades em metro e outra especificando o número N, que representa o número de golpes finais. Para encontrar o valor de N em kgf/cm², é preciso dividi-lo por 5, como mencionado anteriormente.

É muito comum encontrar valores fracionados nesses relatórios de sondagem, especialmente em solos de pouca resistência, nos quais se bate o amostrador e ele crava

Fig. 5.19 Radier de um galpão com tensões aferidas pelo ábaco de Newmark e sobre o qual se encontra um caminhão

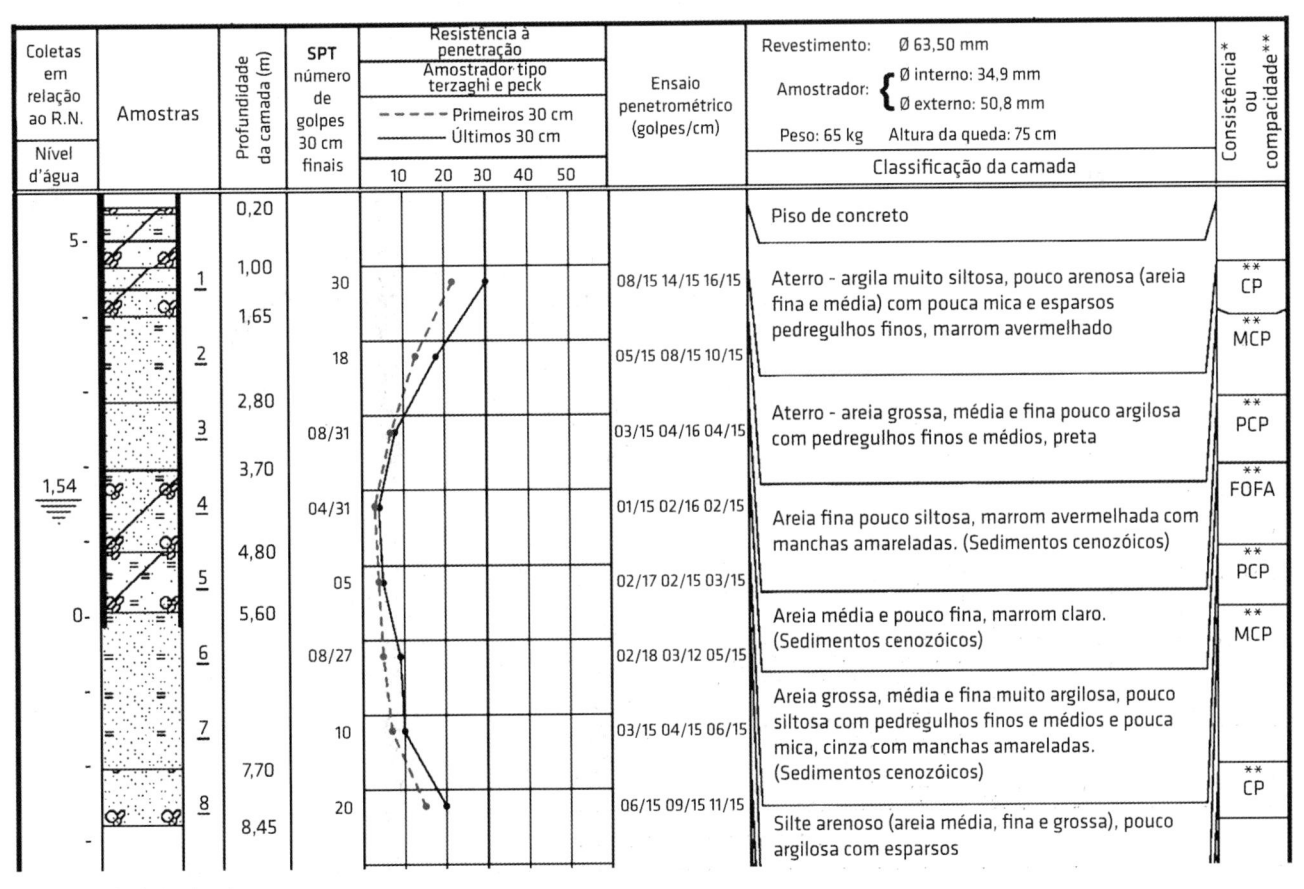

Fig. 5.20 Relatório tipo 1

mais que os 15 cm esperados. Nesse caso, a fração 8/31, por exemplo, significaria oito golpes no amostrador para cravar 31 cm. Em outro exemplo, a fração 3/50 significaria três golpes para cravar 50 cm, e assim por diante para números fracionados.

Para encontrar a resistência desses resultados fracionados, recomenda-se efetuar a interpolação com bastante cautela e considerar o menor valor de cálculo obtido.

No *relatório de sondagem à percussão tipo 2* (Fig. 5.21), além de informações semelhantes às trazidas no relatório anterior, é apresentada outra informação importante, que nesse caso é chamada ao final do ensaio com os seguintes dizeres: "limite de penetração (impenetrável à percussão)".

Isso significa que o ensaio foi finalizado numa cota em que o trépano não pôde mais continuar, ou, em outras palavras, que a sondagem foi finalizada onde ocorreu a situação de impenetrável ao trépano. Essa frase vem inserida de outras formas nos relatórios de hoje em dia, sendo muitas vezes citada alguma norma como justificativa para a paralisação do ensaio. Porém, este autor particularmente prefere que a expressão utilizada seja semelhante à presente na Fig. 5.21 ou mesmo que venha escrito "impenetrável ao trépano".

Um resultado importante trazido por esse relatório se refere ao baixo valor de N, variando em 5, 4 e 6 até a profundidade aproximada de –3 m. Ou seja, até um valor-limite de cerca de $N = 5$, é possível projetar uma fundação do tipo rasa, como o radier, e o uso de pavimento constituído de placas de concreto armado se mostra mais adequado, dada a baixa tensão transmitida ao subsolo tanto pelo radier como pelo pavimento rígido.

Porém, o $N = 5$ é apenas uma referência, e o profissional deve estudar as características das camadas e as deformações verticais, entre outros aspectos, para tomar uma decisão segura. Para valores de N abaixo de 5, não se recomenda a execução de fundações rasas.

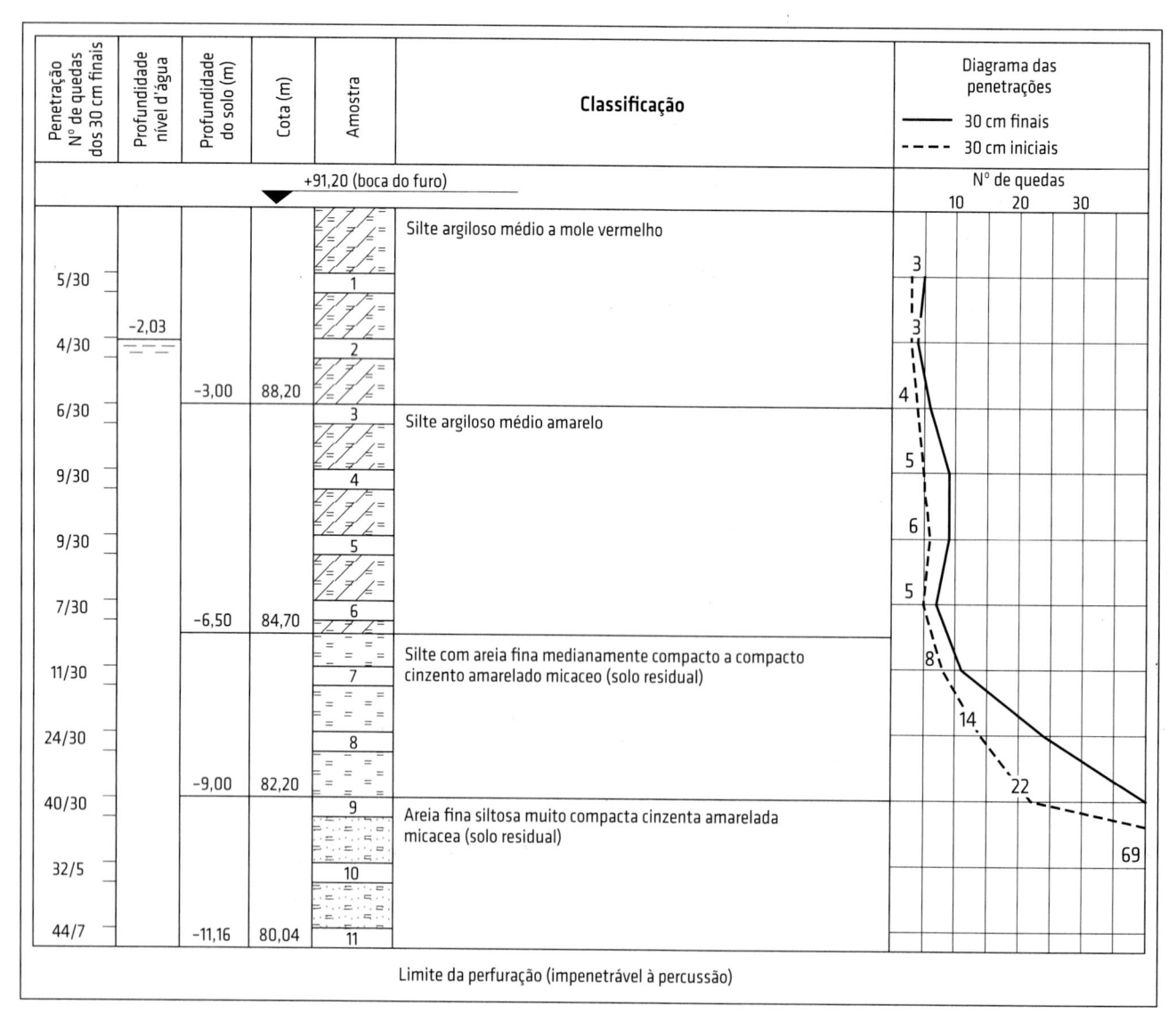

Fig. 5.21 Relatório tipo 2

No exemplo de *relatório de sondagem à percussão tipo 3* mostrado na Fig. 5.22, o ensaio foi interrompido a uma profundidade muito baixa, pois nesse caso atípico havia uma camada de rocha em todo o maciço do morro a uma profundidade de –4 m a –6 m.

Aqui o engenheiro deve ter muito cuidado, pois, se numa dada área apenas um ensaio for interrompido a uma profundidade muito pequena, poderá haver um maciço de rocha de grande extensão ou muito possivelmente apenas um matacão isolado naquele local. Na dúvida, o profissional deverá requisitar mais furos de sondagem.

Por ser um modelo antigo de relatório de sondagem, traz os dizeres "impenetrável ao trépano" na região em que o valor de N dispara para além de 40 e some do gráfico.

No exemplo de *relatório de sondagem à percussão tipo 4* apresentado na Fig. 5.23, a indicação de impenetrável ao trépano é bem sinalizada justamente na região em que N, vindo de um valor baixo, começa a disparar, abaixo de –9 m. A presença de um valor de N bom nas primeiras cotas, de cerca de 15 e 8, mas depois sempre em torno de 3 e 4 até a profundidade de aproximadamente –8 m, é um indício de haver solo bom nas primeiras camadas, mas também de existir solo duvidoso nas camadas subsequentes.

Pelas características do solo em cada camada, nota-se que, onde ocorre N equivalente a 3 ou 4, há a presença de solo de coloração escura a preta e até de solo residual, indícios característicos de baixa resistência.

Assim, como visto até aqui, muita atenção deve ser dada a solos cujos valores de número N se situem abaixo de 5 e, consequentemente, cujas camadas de maciço sejam caracterizadas por solos de coloração escura a preta, como turfa e argila marinha, e sempre deve ser feita uma análise do engenheiro na cota de finalização do ensaio.

A cota de finalização do ensaio merece atenção especial, pois é comum receber relatórios de sondagem especificados por engenheiros requisitando que a sondagem seja feita até determinada cota, como –8 m, –10 m e assim por diante. Isso gera dúvidas quanto à definição de uma solução de engenharia em situações em que o solo mostra valores de N baixos até a cota requisitada pelo cliente ou pelo engenheiro. Desse modo, recomenda-se que o ensaio de relatório de sondagem seja sempre realizado até a profundidade de impenetrável ao trépano.

Em casos atípicos, mas não tão incomuns, a depender da região do Brasil, o autor já se deparou com sondagens efetuadas até a cota de –20 m, que foi o limite estabelecido pelo cliente ou por seu engenheiro, sendo que em todos os relatórios foi observada a existência de argila marinha até a cota requisitada, com um valor de N não superior a 3 ao longo de toda a profundidade.

Por esses e tantos outros exemplos, deve-se seguir as recomendações básicas explicadas nesta seção tanto para a própria segurança como para a segurança do cliente e dos usuários do pavimento ou da edificação a ser concebida.

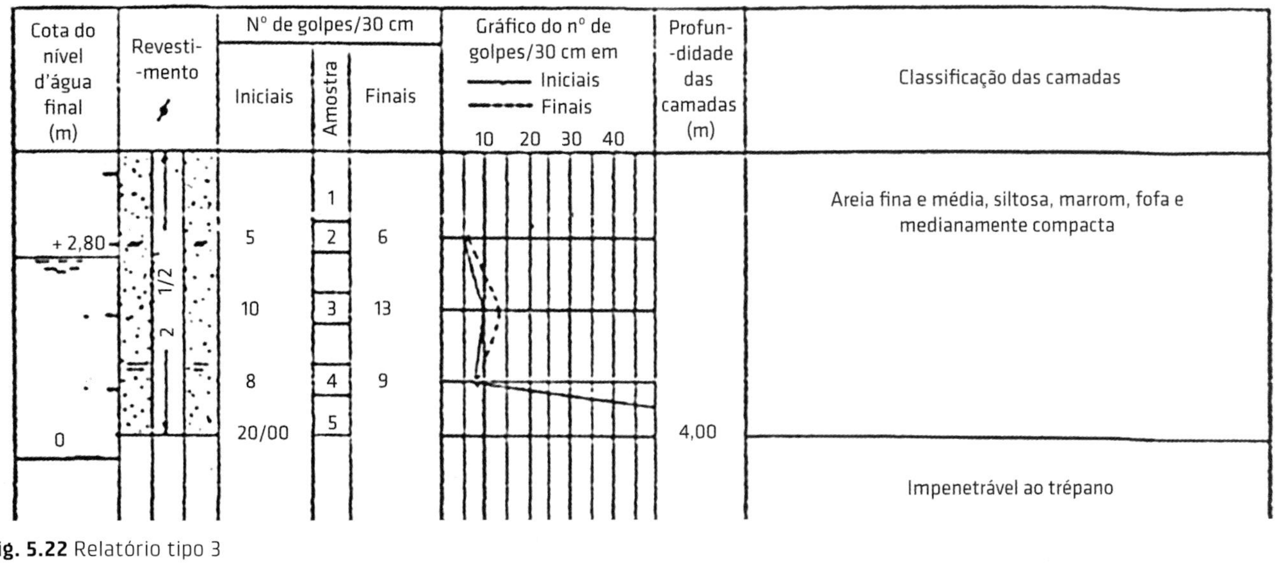

Fig. 5.22 Relatório tipo 3

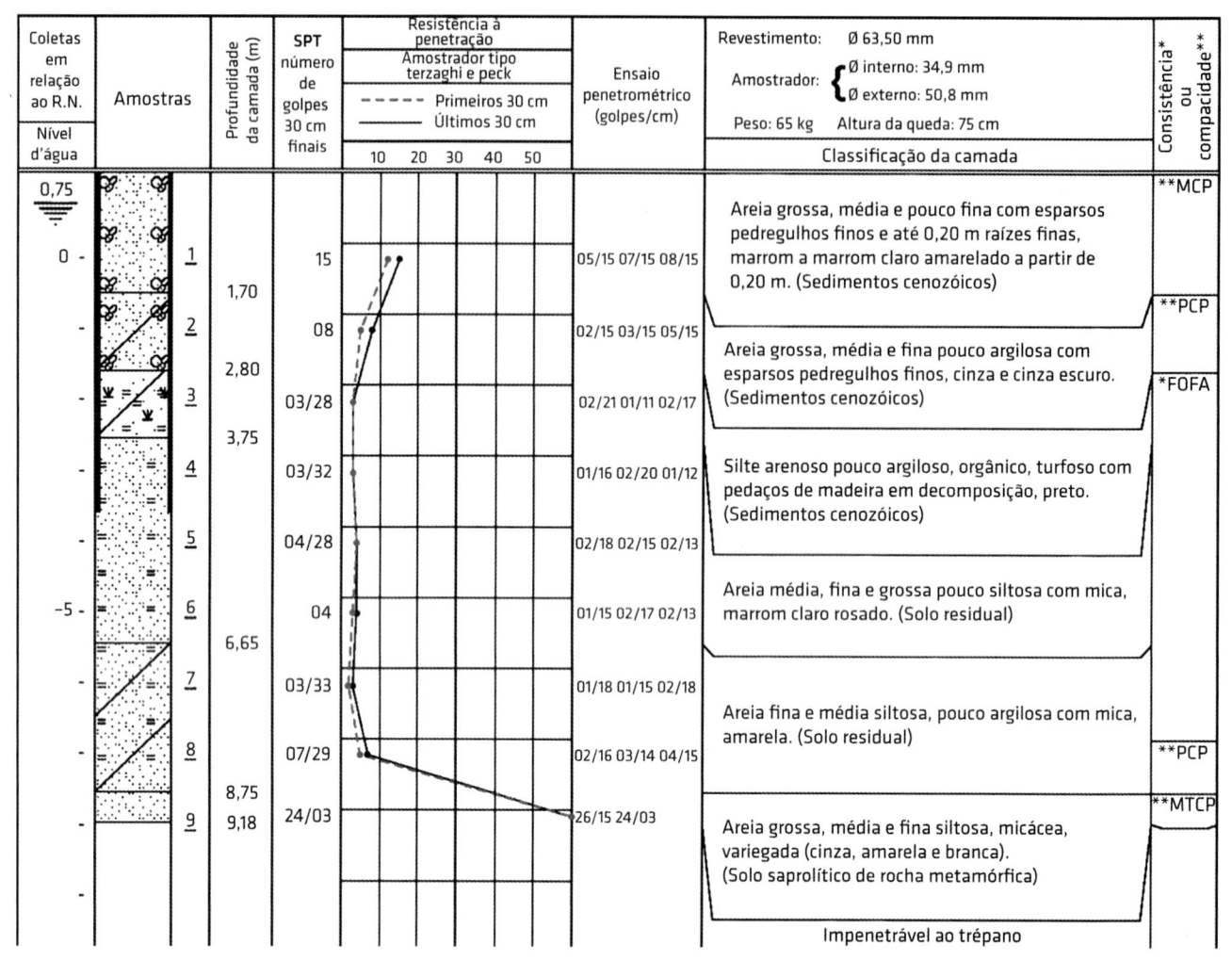

Coletas em relação ao R.N. Nível d'água	Amostras	Profundidade da camada (m)	SPT número de golpes 30 cm finais	Resistência à penetração — Amostrador tipo terzaghi e peck ---- Primeiros 30 cm —— Últimos 30 cm 10 20 30 40 50	Ensaio penetrométrico (golpes/cm)	Revestimento: Ø 63,50 mm Amostrador: { Ø interno: 34,9 mm / Ø externo: 50,8 mm Peso: 65 kg Altura da queda: 75 cm — Classificação da camada	Consistência* ou compacidade**
0,75 ▽ 0	1	1,70	15		05/15 07/15 08/15	Areia grossa, média e pouco fina com esparsos pedregulhos finos e até 0,20 m raízes finas, marrom a marrom claro amarelado a partir de 0,20 m. (Sedimentos cenozóicos)	**MCP
	2	2,80	08		02/15 03/15 05/15	Areia grossa, média e fina pouco argilosa com esparsos pedregulhos finos, cinza e cinza escuro. (Sedimentos cenozóicos)	**PCP
	3	3,75	03/28		02/21 01/11 02/17		*FOFA
	4		03/32		01/16 02/20 01/12	Silte arenoso pouco argiloso, orgânico, turfoso com pedaços de madeira em decomposição, preto. (Sedimentos cenozóicos)	
	5		04/28		02/18 02/15 02/13		
–5	6	6,65	04		01/15 02/17 02/13	Areia média, fina e grossa pouco siltosa com mica, marrom claro rosado. (Solo residual)	
	7		03/33		01/18 01/15 02/18	Areia fina e média siltosa, pouco argilosa com mica, amarela. (Solo residual)	
	8	8,75	07/29		02/16 03/14 04/15		**PCP
	9	9,18	24/03		26/15 24/03	Areia grossa, média e fina siltosa, micácea, variegada (cinza, amarela e branca). (Solo saprolítico de rocha metamórfica)	**MTCP
						Impenetrável ao trépano	

Fig. 5.23 Relatório tipo 4

DIMENSIONAMENTO DE PAVIMENTOS

6

Para o cálculo de esforços solicitantes sobre pavimentos, principalmente do momento fletor, conta-se com um leque de opções de métodos. Como o dimensionamento de placas de concreto sobre bases compactadas envolve uma importante variável da engenharia, o solo, recomenda-se que o engenheiro calculista nunca se prenda a um único método ou equação, buscando explorar todas as metodologias e estudos existentes nessa área antes de chegar a um parecer definitivo.

Entre alguns dos melhores métodos utilizados para o dimensionamento de pavimentos, pode-se citar o método precursor de Westergaard (1926), o método de Rodrigues e Pitta (1997), com o uso das cartas de influência de Pickett e Ray (1951), o método de Meyerhof (1962), o método de Anders Lösberg (1961) e o método de Palmgren-Miner (Palmgren, 1924; Miner, 1945).

Neste capítulo será descrito todo o método de Westergaard. Os demais métodos aqui apresentados serão abordados, passo a passo, nos problemas aplicados a empilhadeiras, ônibus e guindastes (Caps. 7 e 8 deste livro e *e-book Cinco projetos de pavimentos rígidos*, disponível na página do livro na internet – www.lojaofitexto.com.br/pavimentos-industriais-concreto/p), visto que a melhor forma de ensiná-los é por meio de aplicações práticas, com o uso de gráficos e ábacos.

Em um pavimento rígido, diversos esforços solicitantes atuam, tais como tensões, momentos fletores, punção e estresse, e cada método fornece diferentes valores de momentos fletores solicitantes máximos. Diante desse cenário, o profissional deve analisar qual método melhor se aplica à necessidade de seu projeto, uma vez que cada um deles é direcionado a diferentes aplicações de cargas, que podem ser móveis (dinâmicas, provenientes de rodas), distribuídas (estáticas, provenientes de equipamentos etc.; Fig. 6.1) e montantes (de estanterias; Fig. 6.2).

6.1 Parâmetros relacionados
6.1.1 Regiões da placa mais requisitadas aos esforços solicitantes

Considerando a placa de concreto como um todo, há basicamente três regiões de maior interesse, que são a quina (ou canto), o interior e a borda (Fig. 6.3).

As tensões geradas na borda e na quina da placa pelo tráfego de uma carga dinâmica de roda de veículo são maiores do que a tensão gerada em seu interior. Com isso, como se verá no dimensionamento de pavimentos apresentado nos capítulos subsequentes e no *e-book Cinco projetos de pavimentos rígidos*, o momento fletor solicitante gerado no interior da placa é menor do que aquele atuante na borda e na quina.

6.1.2 Raio de rigidez relativa

O subleito oferece certo grau de resistência para a deformação vertical da placa de concreto. Essa deformação vertical depende de sua resistência à flexão, que, por sua vez, é função da espessura (h) e das características de resistência do pavimento rígido.

Dessa maneira, o raio de rigidez relativa (*radius of relative stiffness*, ℓ) da placa com relação ao suporte do subleito é dependente das propriedades geométricas e mecânicas da placa e das características de pressão-deformação do material que constitui o subleito.

Pode-se dizer que a deformação da laje, portanto, é diretamente proporcional à magnitude da pressão exercida pelo subleito.

Assim, tem-se:

$$\ell = \left[\frac{E \cdot h^3}{12 \cdot k \cdot \left(1-\nu^2\right)}\right]^{1/4} \quad (6.1)$$

em que:
ℓ é o raio de rigidez relativa (cm);
E é o módulo de elasticidade do concreto (kg/cm²);
h é a espessura da placa de concreto (cm);
k é o módulo de reação do subleito (kg/cm³);
ν é o coeficiente de Poisson do concreto, tomado como igual a 0,20 pela NBR 6118 (ABNT, 2014), mas que pode variar de 0,11 a 0,21 (adimensional).

Deve-se lembrar que o módulo de rigidez de uma placa é dado por:

$$D = \frac{E \cdot h^3}{12 \cdot \left(1-\nu^2\right)} \quad (6.2)$$

em que:
D é o módulo de rigidez de uma placa (m).

A Eq. 6.1 é a fórmula mais importante aplicada ao estudo de placas, e praticamente todos os métodos de di-

Fig. 6.1 Cargas distribuídas estáticas diversas aplicadas sobre (A) pátio de concreto armado e (B) galpão

Fig. 6.2 Cargas montantes sobre pavimento rígido provenientes de estantes carregadas de equipamentos diversos

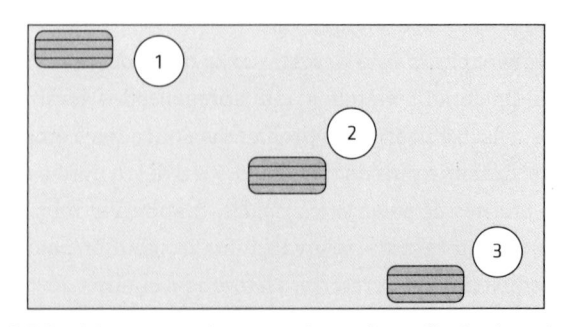

Fig. 6.3 Posicionamento do pneu sobre cada região da placa de concreto, sendo (1) quina, (2) interior e (3) borda

mensionamento de pavimentos rígidos dependem dela. Seu emprego não se restringe às placas de concreto, podendo ser estendido para diversas outras aplicações, como o dimensionamento de placas de aço. O desenvolvimento dessa equação voltado ao universo das placas metálicas é apresentado em Xerez Neto e Cunha (2020).

A influência do módulo de reação do subleito no raio de rigidez relativa é relativamente pequena, enquanto a influência da espessura da placa elevada ao cubo é significativa. O leitor deve ter cuidado ao substituir os valores na Eq. 6.1, principalmente no que se refere às unidades e às potências envolvidas, pois um erro repercute em todo o restante do dimensionamento do pavimento rígido, como será mostrado passo a passo nos Caps. 7 e 8 deste livro e no e-book Cinco projetos de pavimentos rígidos.

6.1.3 Relações geométricas entre comprimento e largura

Deve-se destacar a importância do raio de rigidez relativa, pois é com base nesse parâmetro que se determinam os valores-limites das dimensões das placas de concreto. Assim, em projetos de pavimentos, ao limitar o comprimento da placa a um valor máximo equivalente a $8 \cdot \ell$, por exemplo, ela se torna menos suscetível ao aparecimento de fissuras por retração hidráulica.

Outra relação geométrica importante para as dimensões das placas é a razão comprimento/largura, que, segundo diversos ensaios e estudos, deve ser mantida dentro do intervalo de 1,20 a 1,80. Não se deve utilizar a razão comprimento/largura de 1,00, equivalente a dimensões quadradas, que era recomendada antigamente. No passado este autor adotava o intervalo entre 1,20 e 1,60, que também pode ser usado de modo mais conservador.

6.2 Métodos de dimensionamento
6.2.1 Método de Westergaard

O método de Westergaard é o precursor de todos os outros e teve seu primeiro desenvolvimento em 1926, de modo teórico-empírico. Ele considera a área de atuação de um único carregamento de forma circular, de onde o momento fletor se irradia em todas as direções, além de conceber a placa de concreto como um elemento homogêneo e esbelto e o subleito como um meio líquido denso, com reação vertical proporcional à deformação vertical. Essa análise é baseada na teoria elástica das placas desenvolvida por Kirchhoff e Poisson e, sendo um modelo linear, não leva em conta os efeitos dinâmicos nem os esforços de cisalhamento.

Destaca-se a visão mecanística desse método, ao considerar a relação entre o módulo de reação do subleito e a deformação vertical. Assim, por meio dele é possível calcular tanto as tensões como as deformações nas três regiões de interesse da placa: interior, borda e quina.

Tensões aplicadas nas regiões de interior, borda e quina da placa

Westergaard desenvolveu equações para o cálculo do estresse de carga de roda sobre três posições da placa, o interior, a borda e a quina.

A tensão de carregamento aplicada no interior da placa é dada por:

$$\sigma_i = \left(\frac{0{,}316 \cdot P}{h^2}\right) \cdot \left[4 \cdot \log_{10}\left(\frac{\ell}{b}\right) + 1{,}069\right] \quad \textbf{(6.3)}$$

A tensão de carregamento aplicada na borda da placa, por sua vez, é obtida por:

$$\sigma_b = \left(\frac{0{,}572 \cdot P}{h^2}\right) \cdot \left[4 \cdot \log_{10}\left(\frac{\ell}{b}\right) + 0{,}359\right] \quad \textbf{(6.4)}$$

Já a tensão de carregamento aplicada na quina da placa é calculada por:

$$\sigma_q = \left(\frac{3 \cdot P}{h^2}\right) \cdot \left[1 - \left(\frac{a \cdot \sqrt{2}}{\ell}\right)^{0{,}6}\right] \quad \textbf{(6.5)}$$

em que:

σ_i é a tensão de carregamento aplicada no interior da placa (kg/cm²);
σ_b é a tensão de carregamento aplicada na borda da placa (kg/cm²);
σ_q é a tensão de carregamento aplicada na quina da placa (kg/cm²);
P é a carga da roda (kg/cm²);
h é a espessura da laje (da placa) (cm);
ℓ é o raio de rigidez relativa (cm);
b é o raio da seção resistente (cm);
a é o raio de área circular equivalente de contato (cm).

Devido à carga de quina, a tensão de tração é desenvolvida na superfície de topo do pavimento através da bissetriz da quina ou da diagonal, se a carga de quina exceder a tensão de flexão.

A tensão máxima produzida por uma carga de roda acontece a uma distância X ao longo da diagonal em vez de ocorrer ao redor da carga. Essa distância X é dada por:

$$X = 2{,}58 \cdot \sqrt{(a \cdot \ell)} \quad \textbf{(6.6)}$$

em que:

X é a distância do ápice da quina da laje à seção de tensão máxima ao longo da bissetriz da quina ou da diagonal (cm).

Parâmetros considerados como premissas principais

Verifica-se que o método de Westergaard depende do módulo de reação do subleito e do raio de rigidez relativa, já definidos anteriormente, além do raio de área circular equivalente de contato e do raio equivalente da seção resistente, discutidos a seguir.

a) Raio de área circular equivalente de contato

Na análise de Westergaard, a área de contato da roda é considerada de forma circular (Fig. 6.4), sendo dada por:

$$A = \pi \cdot a^2 \cdot p \Rightarrow a = \sqrt{\frac{P}{p \cdot \pi}} \quad (6.7)$$

em que:
A é a área de contato da roda, tomada como de forma circular (cm²);
a é o raio de área circular equivalente de contato (cm);
p é a pressão de contato (kg/cm²).

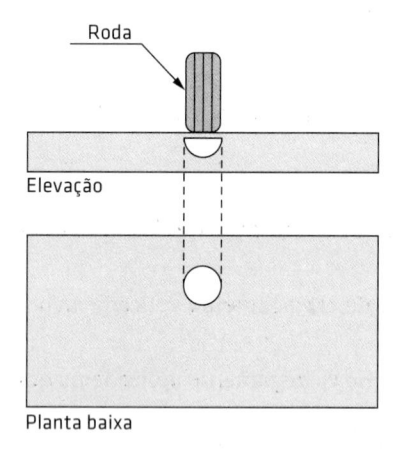

Fig. 6.4 Área de carregamento de roda sobre a placa, considerada de forma geométrica circular nos estudos de Westergaard

b) Raio equivalente da seção resistente

Quando a carga concentrada da roda, considerada de forma geométrica circular por Westergaard, é aplicada sobre a superfície do pavimento, uma parte dele resiste ao momento fletor solicitante, que tende, por sua vez, a surgir de forma radial em todas as direções da placa a partir dessa pequena área circular de atuação da roda. A placa pode ser considerada de dimensões infinitas em face da pequena área de aplicação da roda.

De acordo com Westergaard, o raio equivalente da seção circular resistente da placa é dado de forma aproximada por:

$$b = \sqrt{\left[\left(1{,}6 \cdot a^2\right) + h^2\right]} - 0{,}675 \cdot h \quad (6.8)$$

em que:

b é o raio equivalente da seção resistente (cm);
h é a espessura da placa (cm).

Quando $a < 1{,}724 \cdot h$, pode-se utilizar o valor de b como mostrado na Eq. 6.8. Porém, quando $a > 1{,}724 \cdot h$, deve-se considerar $b = a$.

c) Exemplos

▸ Exemplo 1

Calcule-se o raio equivalente da seção resistente de uma placa com 20 cm de espessura, dado que o raio de contato da área de roda é de 15 cm.

Ao fazer a relação $(a/h) = (15 \text{ cm}/20 \text{ cm}) = 0{,}75 \therefore a = 0{,}75 \cdot h$, obtém-se que $a < 1{,}724 \cdot h$. Então, uma vez satisfeita essa condição, a Eq. 6.8 pode ser utilizada:

$$b = \sqrt{\left[\left(1{,}6 \times 15^2\right) + 20^2\right]} - 0{,}675 \times 20 \Rightarrow b = 14{,}07 \text{ cm}$$

Deve-se considerar $b = a$, no caso de a outra condição $a > 1{,}724 \cdot h$ ser satisfeita em detrimento da primeira.

▸ Exemplo 2

Calcule-se a tensão de carregamento de roda nas regiões de interior, borda e quina da placa usando o método de Westergaard, além do possível local em que a fissura ou a trinca tenderá a se desenvolver na quina. Os dados a considerar são os seguintes: P = 5.100 kgf; E = 3 × 10⁵ kg/cm²; h = 18 cm; ν = 0,15; k = 6 kgf/cm²; e a = 13 cm.

O raio de rigidez relativa é dado por:

$$\ell = \left[\frac{E \cdot h^3}{12 \cdot k \cdot \left(1-\nu^2\right)}\right]^{1/4} = \left[\frac{3 \times 10^5 \times 18^3}{12 \times 6 \times \left(1-0{,}15^2\right)}\right]^{1/4} \Rightarrow$$

$$\ell = 70{,}6 \text{ cm}$$

Tem-se que $(a/h) = (15 \text{ cm}/18 \text{ cm}) = 0{,}833$. Como $0{,}833 < 1{,}74$, a fórmula do raio equivalente da seção resistente pode ser usada. Assim:

$$b = \sqrt{\left(1{,}6 \cdot a^2\right) + h^2} - 0{,}675 \cdot h$$

$$b = \sqrt{\left(1{,}6 \times 15^2\right) + 18^2} - 0{,}675 \times 18 \Rightarrow b = 14 \text{ cm}$$

De posse do valor de b e dos dados fornecidos no problema, calculam-se as tensões aplicadas nas posições de interior, borda e quina da placa.

A tensão no interior da placa é calculada por:

$$\sigma_i = \left(\frac{0{,}316 \cdot P}{h^2}\right) \cdot \left[4 \cdot \log_{10}\left(\frac{\ell}{b}\right) + 1{,}069\right] \Rightarrow$$

$$\sigma_i = \left(\frac{0{,}316 \times 5.100}{18^2}\right) \times \left[4 \cdot \log_{10}\left(\frac{70{,}6}{14}\right) + 1{,}069\right] \Rightarrow$$
$$\sigma_i = 19{,}3 \text{ kg/cm}^2$$

A tensão na borda da placa é dada por:

$$\sigma_b = \left(\frac{0{,}572 \cdot P}{h^2}\right) \cdot \left[4 \cdot \log_{10}\left(\frac{\ell}{b}\right) + 0{,}359\right] \Rightarrow$$
$$\sigma_b = \left(\frac{0{,}572 \times 5.100}{18^2}\right) \times \left[4 \cdot \log_{10}\left(\frac{70{,}6}{14}\right) + 0{,}359\right] \Rightarrow$$
$$\sigma_b = 28{,}54 \text{ kg/cm}^2$$

A tensão na quina da placa é a seguinte:

$$\sigma_q = \left(\frac{3 \cdot P}{h^2}\right) \cdot \left[1 - \left(\frac{a \cdot \sqrt{2}}{\ell}\right)^{0{,}6}\right] \Rightarrow$$
$$\sigma_q = \left(\frac{3 \times 5.100}{18^2}\right) \times \left[1 - \left(\frac{15 \times \sqrt{2}}{70{,}6}\right)^{0{,}6}\right] \Rightarrow \sigma_q = 24{,}27 \text{ kg/cm}^2$$

E, por fim, a distância X é calculada por:

$$X = 2{,}58 \cdot \sqrt{(a \cdot \ell)} = 2{,}58 \times \sqrt{(15 \times 70{,}6)} = 83{,}96 \text{ cm} \cong 84 \text{ cm}$$

Tensões de temperatura

Devido à variação diária ou sazonal de temperatura na laje, tensões são desenvolvidas no pavimento de concreto.

A *variação diária* resulta em um gradiente de temperatura através da espessura da laje e causa tensão de empenamento, com a dilatação da superfície de topo (que recebe a luz do sol) em relação ao fundo (que se mantém frio) do pavimento de concreto. Já a *variação sazonal* resulta na mesma temperatura em toda a laje e provoca tensão de atrito (fricção) devido ao aumento e à diminuição da temperatura na laje.

Na medida em que a tendência de empenamento é resistida pelo peso próprio da laje, tensões de flexão são desenvolvidas no fundo da laje nas regiões de interior e de bordas da placa. Nas quinas, a laje tende a empenar para baixo e, nessa situação, o empenamento é resistido pela camada de subleito, com a tensão de tração sendo desenvolvida no topo da placa.

Assim, essas tensões desenvolvidas em decorrência da diferença de temperatura e pelo fenômeno do empenamento da placa são denominadas tensões de empenamento.

A tensão de empenamento no interior da placa é calculada por:

$$\sigma_{ti} = \left(\frac{E \cdot e \cdot \Delta T}{2}\right) \cdot \left(\frac{C_x + v \cdot C_{xy}}{1 - v^2}\right) \quad \text{(6.9)}$$

Já a tensão de empenamento na borda da placa é dada por:

$$\sigma_{tb} = \left(\frac{C_x \cdot E \cdot e \cdot \Delta T}{2}\right) \text{ou} \left(\frac{C_y \cdot E \cdot e \cdot \Delta T}{2}\right) \quad \text{(6.10)}$$

Por fim, a tensão de empenamento na quina da placa é obtida por:

$$\sigma_{tq} = \left(\frac{E \cdot e \cdot \Delta T}{3 \cdot (1 - v)}\right) \cdot \sqrt{\left(\frac{a}{\ell}\right)} \quad \text{(6.11)}$$

em que:

E é o módulo de elasticidade do concreto (MPa);
e é o coeficiente térmico do concreto por grau Celsius (/°C);
ΔT é o diferencial de temperatura entre o topo e o fundo da placa (°C);
C_x é o coeficiente na direção X que depende da razão (L_x/ℓ);
C_y é o coeficiente na direção Y que depende da razão (L_y/ℓ);
L_x e L_y são o comprimento e a largura da placa nas direções X e Y, respectivamente (m);
v é o coeficiente de Poisson do concreto.

Gráfico de tensão de empenamento de Bradbury

Os valores de C_x e C_y são encontrados por meio do gráfico de tensão de empenamento de Bradbury (1938) (Fig. 6.5). O procedimento consiste em entrar no gráfico com os valores de (L_x/ℓ) e (L_y/ℓ), estender uma linha perpendicular até que ela intercepte a curva do gráfico e, finalmente, estender uma linha paralela ao eixo das abscissas para a esquerda até que ela intercepte o eixo das ordenadas, onde estão localizados os valores de C_x e C_y.

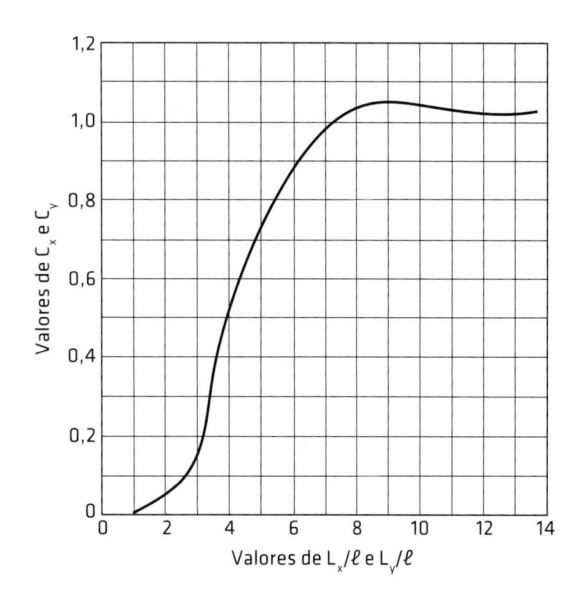

Fig. 6.5 Gráfico de tensão de empenamento de Bradbury

a) Exemplo

Determine-se a tensão de empenamento nas regiões de interior, borda e quina de uma placa de concreto com espessura de 25 cm, em que as juntas transversais se encontram localizadas a cada 5 m e as juntas longitudinais, a cada 3,6 m. O módulo de reação do subleito é de 6,9 kg/cm³ e o raio de área carregada, de 15 cm. Assuma-se um diferencial máximo de temperatura de (0,6 °C/cm de espessura de placa) × 25 cm = 15 °C, durante o dia, para as regiões de interior e de borda, e de (0,4 °C/cm de espessura de placa) × 25 cm = 10 °C, durante a noite, para a quina da placa. Considerem-se ainda os seguintes dados: $E = 3 \times 10^5$ kg/cm²; $e = 10 \times 10^{-6}$/°C; $L_x = 500$ cm; $L_y = 350$ cm; e $\nu = 0,15$.

O raio de rigidez relativa é dado por:

$$\ell = \left[\frac{E \cdot h^3}{12 \cdot k \cdot (1-\nu^2)}\right]^{1/4} = \left[\frac{3 \times 10^5 \times 25^3}{12 \times 6,9 \times (1-0,15^2)}\right]^{1/4} \Rightarrow$$

$$\ell = 87,23 \text{ cm}$$

Chega-se então às seguintes razões:

$L_x/\ell = 500$ cm/$87,23$ cm $= 5,73$ (governa)
$L_y/\ell = 350$ cm/$87,23$ cm $= 4,13$

Como o valor de $L_x/\ell = 5,73$ governa, por ser superior ao valor de $L_y/\ell = 4,13$, utiliza-se $L_x/\ell = 5,73$ para adentrar no gráfico de Bradbury através do eixo das abscissas, estendendo-se uma linha perpendicular até que ela intercepte a curva do gráfico e uma linha paralela ao eixo das abscissas até que ela intercepte o eixo das ordenadas, onde se encontra o valor de $C_x = 0,88$.

A tensão de empenamento na região de interior da placa durante o dia é dada por:

$$\sigma_{ti} = \left(\frac{E \cdot e \cdot \Delta T}{2}\right) \cdot \left(\frac{C_x + \nu \cdot C_{xy}}{1-\nu^2}\right) \Rightarrow$$

$$\sigma_{ti} = \left(\frac{3 \times 10^5 \times 3 \times 10^{-6} \times 15}{2}\right) \times \left(\frac{0,88 + 0,15 \times 0,54}{1-0,15^2}\right) \Rightarrow$$

$$\sigma_{ti} = 22,12 \text{ kgf/cm}^2$$

A tensão de empenamento na região de borda da placa durante o dia é calculada por:

$$\sigma_{tb} = \left(\frac{C_x \cdot E \cdot e \cdot \Delta T}{2}\right) \text{ou} \left(\frac{C_y \cdot E \cdot e \cdot \Delta T}{2}\right) \Rightarrow$$

$$\sigma_{tb} = \left(\frac{0,88 \times 3 \times 10^5 \times 3 \times 10^{-6} \times 15}{2}\right) \Rightarrow \sigma_{tb} = 19,8 \text{ kgf/cm}^2$$

A tensão de empenamento na região de quina da placa durante a noite é a seguinte:

$$\sigma_{tq} = \left(\frac{E \cdot e \cdot \Delta T}{3 \cdot (1-\nu)}\right) \cdot \sqrt{\left(\frac{a}{\ell}\right)} \Rightarrow$$

$$\sigma_{tq} = \left(\frac{3 \times 10^5 \times 3 \times 10^{-6} \times 10}{3 \times (1-0,15)}\right) \times \sqrt{\left(\frac{15}{87,23}\right)} \Rightarrow$$

$$\sigma_{tq} = 4,88 \text{ kgf/cm}^2$$

Tensões de fricção (atrito)

Devido à diferença sazonal de temperatura, ocorrem movimentos de expansão e contração ao longo de toda a placa de concreto. Como o pavimento se apoia sobre a camada de subleito, a placa é contida pelo esforço de fricção que ocorre justamente na interface da placa com a camada de subleito. Essa tensão de fricção é dada por:

$$\sigma_f = \frac{W \cdot L_c \cdot f}{2 \times 10^4} \quad (6.12)$$

em que:

σ_f é a tensão de fricção (kg/m²);
W é o peso específico do concreto, igual a 2.500 kg/m³ (kg/m³);
L_c é o espaçamento entre as juntas de contração, ou seja, o comprimento da placa (m);
f é o coeficiente de fricção do subleito ou o coeficiente de fricção na interface placa-subleito, sendo seu valor máximo correspondente a 1,5 (adimensional).

Combinação de tensões

O efeito cumulativo de diferentes tensões resulta em três casos críticos.

- *Verão, ao meio-dia* – a tensão crítica ocorre na borda da placa e é dada por:

Tensão crítica = tensão de carregamento + tensão de empenamento − tensão de fricção

$$\sigma_{crítico} = \sigma_b + \sigma_{tb} - \sigma_f \quad (6.13)$$

- *Inverno, ao meio-dia* – a tensão crítica ocorre na borda da placa e é dada por:

Tensão crítica = tensão de carregamento + tensão de empenamento + tensão de fricção

$$\sigma_{crítico} = \sigma_b + \sigma_{tb} + \sigma_f \quad (6.14)$$

- *Verão, à meia-noite* – a tensão crítica ocorre na quina da placa e é dada por:

Tensão crítica = tensão de carregamento
+ tensão de empenamento

$$\sigma_{crítico} = \sigma_q + \sigma_{tq} \qquad (6.15)$$

6.2.2 Método de Rodrigues e Pitta

O método de Rodrigues e Pitta (1997) destaca-se por levar em conta o cálculo do número N, em função da pressão nos pneus e das geometrias de pneus e eixos, para a determinação do valor do momento fletor. Nele são utilizadas as cartas de Pickett e Ray (1951), que possuem as vantagens de considerar mais de um ponto de aplicação de carga e permitir o uso de qualquer área de contato entre a roda e a placa.

O número N representa o valor de operações/solicitações causadas por um eixo de veículo sobre um pavimento. O dano provocado pela passagem de cada veículo é de pequena magnitude, mas seu efeito acumulativo repercute na resistência à fadiga do pavimento.

Primeiramente, por esse método são calculadas as áreas de contato (A), o comprimento (L) e a largura (w) do pneu, em função da carga por eixo do veículo, como já visto na seção 4.5 e será demonstrado na prática nos Caps. 7 e 8 deste livro e nos Caps. 1 a 4 do *e-book Cinco projetos de pavimentos rígidos*. De acordo com os valores de L e da distância longitudinal entre eixos do veículo (d), calculam-se os valores corrigidos L' e d', elucidados na Fig. 6.6 e com os quais se adentra no ábaco da Fig. 6.7 para encontrar o valor de N, que representa o número de blocos.

Há diversos tipos de ábaco para o cálculo do valor de N. Este autor sempre considera em seus cálculos que os veículos são dotados de eixos simples de rodagem simples e, portanto, aplica o ábaco da Fig. 6.7 para todos os veículos.

Em função do valor de N, o momento fletor na borda da placa é calculado por:

$$M_b = \frac{N \cdot q \cdot \ell^2}{10.000} \qquad (6.16)$$

Obtém-se então o momento fletor aplicado em seu interior por meio de:

$$M_i = \frac{M_b}{2} \qquad (6.17)$$

em que:

M_b é o momento fletor aplicado na borda da placa (tf · m);
M_i é o momento fletor aplicado no interior da placa (tf · m);

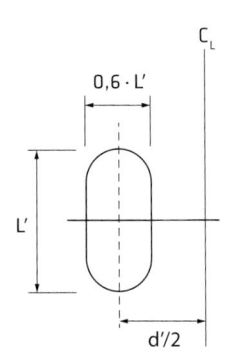

Fig. 6.6 Configuração de eixo simples de rodagem simples

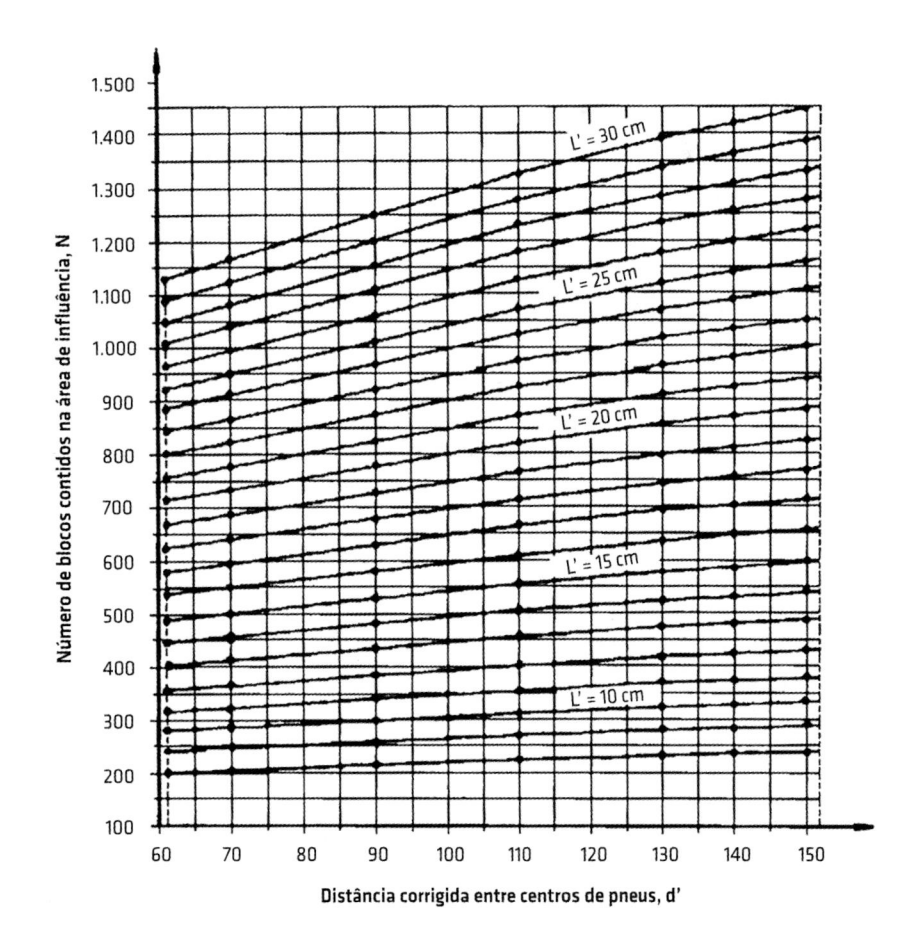

Fig. 6.7 Número de blocos contidos na área de influência (N, adimensional) × distância corrigida entre centros de pneus (rodagem simples) (d', cm), sendo L' o comprimento corrigido da área de contato (cm)

N é o número de blocos contidos na área de influência (adimensional), definido no ábaco da Fig. 6.7;
q é a pressão de contato do pneu, tomada como 0,70 MPa ou 70 tf/m².

Por fim, dimensionam-se as armações para resistirem a esses momentos fletores.

A armadura de retração a ser disposta na parte superior da placa, a fim de combater fissuras por retração, é calculada pela seguinte fórmula:

$$A_s = \frac{f \cdot L \cdot h}{333} \quad \textbf{(6.18)}$$

em que:
A_s é a área da seção transversal do aço (cm²);
f é o coeficiente de atrito, tomado como igual a 1,70;
L é o comprimento da placa (m);
h é a altura total da placa (m).

Assim, ao calcular a armação de retração, deve-se compará-la com a armação encontrada para combater o momento fletor na borda da placa e considerar o maior valor dos dois para o projeto. Deve-se lembrar que a armadura para combater o momento fletor na borda da placa é negativa e deve ser disposta na parte superior e que a armadura de retração também deve ser localizada na parte superior. Na prática, este autor toma o valor da armadura para combater o momento fletor na borda da placa tanto para a parte superior quanto para a parte inferior.

Caso o leitor deseje conhecer os outros ábacos, recomenda-se a leitura da Especificação Técnica ET-52 (Carvalho; Pitta, 1989).

6.2.3 Método de Anders Lösberg

Anders Lösberg é conhecido por seus experimentos aplicados a pavimentos de pista de pouso de aeronaves para o aeroporto de Estocolmo, na Suécia, com apenas 8 cm de altura e elevadas dimensões de comprimento, que chegavam a 50 m, com o emprego de malha quadrada de aço CA-60 com diâmetro de 8 mm e espaçamento de 130 mm localizada apenas na parte inferior.

Pelo método desse autor, datado de 1961, pode-se encontrar os momentos de inércia da seção íntegra e da seção fissurada do pavimento, além de um valor de carga equivalente dado em função da forma de aplicação da carga. Ou seja, como será visto, é possível calcular o momento fletor atuante na placa em virtude da disposição das rodas tanto no sentido longitudinal como no sentido transversal, em função de um raio geométrico tomado com base no valor do raio de rigidez relativa já calculado anteriormente.

A razão entre os momentos de inércia das seções fissurada e íntegra equivale a α. Portanto, tem-se:

$$\alpha = \frac{I_{crítico}}{I_g} \quad \textbf{(6.19)}$$

em que:
$I_{crítico}$ é o momento de inércia da seção fissurada (cm⁴);
I_g é o momento de inércia da seção íntegra (cm⁴).

O valor de α está intrinsecamente ligado ao controle de deformações geradas na placa. Quando se trata de problema relacionado a deformações, a solução empregada reside sempre na taxa de armadura, que contribui, juntamente com a espessura da placa, para o controle das fissuras.

O valor do momento de inércia da seção fissurada é dado por:

$$I_{crítico} = \left(\frac{b \cdot x^3}{3}\right) + n \cdot A_s \cdot (d-x)^2 \quad \textbf{(6.20)}$$

E o valor do momento de inércia da seção íntegra, por:

$$I_g = \left(b \cdot h^3\right)/12 \quad \textbf{(6.21)}$$

em que:
b é a largura da placa, tomada como igual a 1 m ou 100 cm (cm);
x é a altura da seção comprimida, ou seja, equivalente à metade da seção transversal da placa por esta ser simétrica (cm);
n é a relação entre os módulos de elasticidade do aço e do concreto, considerada igual a 7,5;
A_s é a área da seção transversal do aço (cm²);
d é a altura de cálculo da seção, equivalente à altura total (h) subtraída do cobrimento da armadura (d') (cm).

Por fim, calcula-se o raio de rigidez relativa por meio da Eq. 6.1, apenas implementando, no numerador, o valor de α da equação de Anders Lösberg, como mostrado a seguir:

$$\ell_e = \left[\frac{E \cdot h^3 \cdot \alpha}{12 \cdot k \cdot \left(1 - \nu^2\right)}\right]^{1/4} \quad \textbf{(6.22)}$$

Portanto, apenas para esse método, deve-se utilizar o valor do raio de rigidez relativa determinado pela Eq. 6.22, e não pela Eq. 6.1.

Após a aplicação dessas fórmulas, são desenhadas quatro situações com base no valor do raio de rigidez relativa obtido, a fim de encontrar as cargas críticas de rodas, com as quais se deve adentrar no ábaco para momentos fletores aplicados sob carga na junta da placa (Fig. 6.8).

O leitor também pode aplicar o ábaco de carga na borda livre, como ilustrado na Fig. 6.9.

O valor da deformação máxima nas regiões de borda da placa não deve exceder a 0,75 mm, segundo o American Concrete Institute (ACI, 2002).

O uso desses ábacos, bem como dos desenhos dos raios de rigidez para cada situação de seção transversal e seção longitudinal do veículo, será mostrado em detalhes nos Caps. 7 e 8 deste livro e nos Caps. 1 a 4 do e-book *Cinco projetos de pavimentos rígidos*, que envolvem guindastes hidráulicos dotados de rodas. Para o guindaste de esteira mostrado no Cap. 5 do *e-book*, esse método não se aplica.

6.2.4 Método de Meyerhof

O método de Meyerhof (1962) permite encontrar valores de esforços para cargas montantes, distribuídas e móveis, aplicadas em cada situação em separado, no pavimento. Cada situação faz o concreto do pavimento trabalhar sob diferentes variações de esforços de momento fletor.

Por esse método, para o cálculo do momento fletor solicitante, primeiramente se encontra o raio de rigidez relativa conforme a Eq. 6.1.

Em seguida, calcula-se o valor da área de contato da roda por meio da Eq. 4.1, reproduzida a seguir:

$$A_c = \frac{P_R}{q}$$

em que:
A_c é a área de contato do pneu (m²);

P_R é a carga atuante em um pneu, ou seja, a carga por eixo dividida pelo número de pneus (N);
q é a pressão de enchimento dos pneus, normalmente considerada com o valor de 0,70 MPa.

De posse da área de contato, determina-se o valor do raio a, dado por:

$$a = \sqrt{\left(\frac{A_c}{\pi}\right)} \quad (6.23)$$

Tendo os valores da carga atuante em um pneu, do raio a e do raio de rigidez relativa, calcula-se o momento fletor atuante no pavimento.

Caso o veículo apresente eixo simples, utiliza-se a seguinte equação de momento fletor:

$$M = \frac{P_R}{\left\{6 \cdot \left[1 + \left(\frac{2 \cdot a}{\ell}\right)\right]\right\}} \quad (6.24)$$

em que:
M é o momento fletor atuante no pavimento (tf · m ou kN · m).

Para o caso de eixo simples, a carga atuante em um pneu é dada por:

$$P_R = \frac{\text{carga no eixo}}{2 \text{ rodas}} \quad (6.25)$$

Por sua vez, considerando que o veículo seja dotado de eixo duplo (duas rodas em cada lado do eixo), emprega-se a seguinte equação:

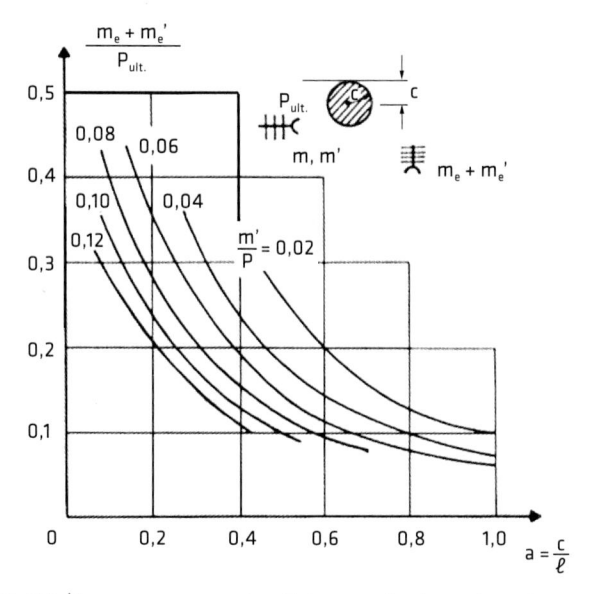

Fig. 6.8 Ábaco para momentos fletores aplicados sob carga na junta da placa

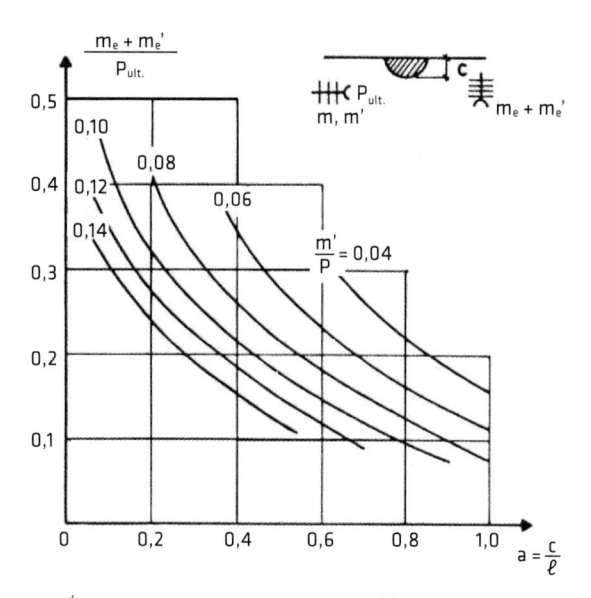

Fig. 6.9 Ábaco para momentos fletores aplicados sob carga na borda livre da placa

$$M = \frac{P_R \cdot \left[1+\left(\frac{2\cdot\ell - S_d}{2\cdot\ell}\right)\right]}{\left\{6\cdot\left[1+\left(\frac{2\cdot a}{\ell}\right)\right]\right\}} \quad (6.26)$$

em que:
S_d é a distância entre as rodas duplas (m) (Fig. 6.10).

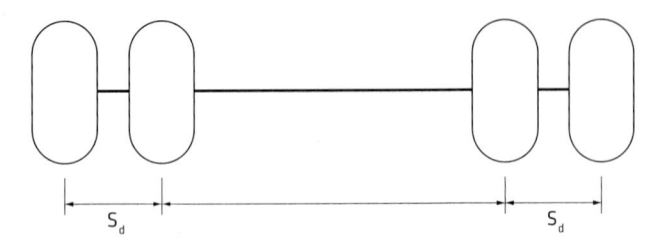

Fig. 6.10 Distância entre rodas duplas

Para o caso de eixo duplo, a carga atuante em um pneu é obtida por:

$$P_R = \frac{\text{carga no eixo}}{4 \text{ rodas}} \quad (6.27)$$

Com o momento fletor definido, dimensiona-se a altura total do pavimento por meio de:

$$h = \sqrt{\left(\frac{6 \cdot M}{\sigma_{adm}}\right)} \quad (6.28)$$

em que:
h é a altura total do pavimento (m ou cm);
σ_{adm} é a tensão admissível (kN/m² ou tf/m²), dada por:

$$\sigma_{adm} = f_{ctm,k}/FS \quad (6.29)$$

em que:
FS é o fator de segurança, considerado igual a 2,0;
$f_{ctm,k}$ é a resistência característica do concreto à tração na flexão (kN/m² ou tf/m²), tomada como igual à resistência característica do concreto à tração (f_{ctk}, kN/m² ou tf/m²), a qual é calculada por:

$$f_{ctk} = 1{,}30 \cdot f_{ct,m} \quad (6.30)$$

em que:
$f_{ct,m}$ é a resistência média do concreto à tração (kN/m² ou tf/m²) e deriva da equação:

$$f_{ct,m} = 0{,}30 \cdot f_{ck}^{(2/3)} \quad (6.31)$$

A resistência característica do concreto (f_{ck}) nunca é adotada como inferior a 30 MPa para pavimentos de concreto armado, a fim de manter um fator água/cimento abaixo de 0,45 e, assim, obter um concreto de menor permeabilidade.

Quanto à escolha entre eixo simples e eixo duplo, este autor sempre considerou todos os veículos constituídos de eixos simples, sejam ônibus, empilhadeiras, caminhões ou guindastes.

No caso de empilhadeiras, todas possuem eixo simples na parte traseira, ao mesmo tempo que apenas as de maiores capacidades de carga apresentam eixo duplo na parte dianteira. Como visto no Cap. 4, o engenheiro pode considerar que 85% ou, se preferir, 100% da carga total é aplicada no eixo dianteiro. Dessa forma, este autor sempre leva em conta que o eixo dianteiro de tipo simples, para efeito de cálculo, recebe de 85% a 100% da carga total.

6.2.5 Método de Palmgren-Miner

Pelo método de Palmgren-Miner (Palmgren, 1924; Miner, 1945), pode-se determinar o valor do momento fletor atuante na placa, em função da capacidade resistente da seção de concreto desprovida de armadura, por meio de:

$$M = \frac{\sigma_{adm} \cdot (b \cdot h^2)}{6} \quad (6.32)$$

em que:
M é o momento fletor atuante na placa (tf · m ou kN · m);
b é a largura da placa, tomada como igual a 1 m;
h é a altura total do pavimento (m);
σ_{adm} é a tensão admissível (kN/m² ou tf/m²), dada por:

$$\sigma_{adm} = f_{ctk}/FS \quad (6.33)$$

em que:
f_{ctk} é a resistência característica do concreto à tração (kN/m² ou tf/m²), calculada pela Eq. 6.30;
FS é o fator de segurança, considerado igual a 1,50.

Por fim, tem-se:

$$f_{ct,m} = 0{,}56 \cdot f_{ck}^{(0,60)} \quad (6.34)$$

em que:
$f_{ct,m}$ é a resistência média do concreto à tração (kN/m² ou tf/m²).

6.2.6 Outros métodos de dimensionamento e observações gerais

Um método muito utilizado, inclusive por grandes empresas, e tomado como único para o dimensionamento do pavimento é o da Portland Cement Association (PCA), de 1984. Recomenda-se que ele não seja adotado como verdade absoluta, e, se o profissional desejar incluí-lo em sua memória de cálculo, que o faça comparando-o com todos os demais métodos apresentados até aqui. Isso porque este autor já se deparou com diversos casos de empresas que fornecem valores de armações e de espessura final de placa inferiores àqueles encontrados pelos métodos descritos.

Outro método muito difundido e que se baseia no modelo empírico-mecanístico é o da American Association of State Highway and Transportation Officials (AASHTO, 2002), elaborado pelo National Cooperative Highway Research Program (NCHRP).

Como já notado ao longo dos outros livros deste autor, e com base em sua vida profissional, recomenda-se que o engenheiro nunca empregue apenas um método, pois cada um deles apresenta finalidade e metodologia diferenciadas, sendo uns aplicados a cargas dinâmicas, outros a cargas estáticas e outros a cargas montantes. Portanto, deve-se sempre dimensionar o pavimento com o uso de todos os métodos mostrados aqui e adotar os maiores valores encontrados no projeto.

Na experiência deste autor, os métodos de Rodrigues e Pitta, Anders Lösberg e Meyerhof foram os que apresentaram valores seguros para todos os projetos entregues até hoje, sem a ocorrência de fissuras nem de trincas. Por esse motivo, esses métodos são aplicados na resolução dos problemas reais apresentados em capítulos posteriores (Caps. 7 e 8 deste livro e e-book Cinco projetos de pavimentos rígidos), selecionados por serem bastante completos e abordarem uma gama muito rica de situações que invariavelmente são encontradas na vida prática de um escritório de cálculo estrutural.

6.3 Dimensionamento de elementos de aço
6.3.1 Nomenclatura

No contexto do concreto armado, antigamente a nomenclatura dos aços possuía o formato "CA-50 A", por exemplo, sendo CA a sigla de concreto armado (e CP, de concreto protendido), o número 50 correspondente à resistência ao escoamento (f_{yk}), nesse caso igual a 5.000 kgf/cm², e A o tipo de aço que apresentava diagrama tensão × deformação bem definido (enquanto o de tipo B, não), segundo uma classificação obsoleta.

Como o aço CA-50 A tinha um limite de k_{md} = 0,318 e o aço CA-50 B, um limite de k_{md} = 0,256, inferior ao do CA-50 A, alguns calculistas dimensionavam o aço como CA-50 B e o projetavam com CA-50 A, pois havia o risco de troca do A pelo B no canteiro de obras.

Hoje em dia, e já há décadas, não se usam mais as nomenclaturas A e B, passando-se a denominar o aço como "CA-50", por exemplo.

Assim, os aços CA-25, CA-32 e CA-40 são de tipo comum, maleáveis, sem problemas referentes à fadiga.

O CA-25 e o CA-32 possuem superfície lisa, sem morsas (saliências), ao passo que, do CA-40 em diante, o aço recebe morsas, que lhe garantem maior aderência ao concreto. Os aços CA-50 e CA-60 são dos tipos comum e especial, respectivamente, e sujeitos ao fenômeno da fadiga. Já os aços CP-85, CP-125 e CP-190, por sua vez, são utilizados para o concreto protendido.

Na construção civil, procura-se adotar o diâmetro de 5 mm como mínimo para estribos e de 8 mm em diante para vigas e colunas.

6.3.2 Aços CA-25, CA-50 e CA-60

O aço CA-25 é maleável (dobra, mas não quebra), liso e grosso. Já o aço CA-50 é pouco maleável (dobra poucas vezes e não quebra), apresenta morsas, que lhe garantem maior aderência ao concreto, e existe em bitolas finas e grossas. Por fim, o aço CA-60 é duro (se dobrar, quebra). Em aberturas de 2º estágio, feitas em lajes para a passagem de equipamentos e depois fechadas, por exemplo, é ideal que se utilizem aços maleáveis.

Por apresentar tais características é que o aço CA-25 é especificado para as barras de transferência, que, como o próprio nome sugere, são responsáveis pela transferência de esforços solicitantes de uma placa de concreto do pavimento para outra (Fig. 6.11).

É importante destacar também o emprego do aço CA-25 em outros campos da construção civil. Por exemplo, em obras de reforma em que é preciso executar uma nova viga de concreto armado interligada a um pilar de concreto armado existente, faz-se necessária a inserção de barras CA-25 nesse pilar para, assim, perfazer a ponte entre o pilar e a nova viga a ser executada, devendo as armações positivas e negativas em aço CA-50 constituintes da viga ser emendadas às barras CA-25 por meio de arame antes da concretagem.

Fig. 6.11 Disposição das barras de transferência em aço CA-25

Para a perfeita ancoragem das barras CA-25 nos pilares, devem ser executados furos no pilar com broca, com diâmetro imediatamente superior ao da barra e cerca de 20 cm de profundidade (comprimento), nos quais devem ser realizados a limpeza dos restos de concreto e poeira, o posterior grauteamento e a inserção da barra CA-25, a fim de garantir perfeita aderência. Com as barras inseridas, efetua-se a montagem das armações positivas e negativas da viga às barras por meio de arame. É importante calcular o comprimento de transpasse da barra CA-25 a permanecer fora do pilar e, portanto, dentro da nova viga.

Abordar essa vertente de uso das barras CA-25 em obras de reforma de concreto armado é pertinente para que o leitor tenha noção da importância dessas barras, pouco citadas em projetos corriqueiros do dia a dia, dada sua maior ductilidade.

Já as telas constituintes das camadas superior e inferior das placas de concreto, responsáveis por resistir aos esforços de momento fletor negativo e positivo, respectivamente, são fabricadas em aço CA-60, e não em aço CA-50. Na Fig. 6.12 são ilustradas essas telas soldadas montadas com o devido espaçamento entre si, conforme especificado em projeto. É fundamental que o engenheiro visite a obra após a montagem das armações e antes da concretagem, para aferir os espaçamentos verticais e entre telas, bem como as distâncias especificadas para o cobrimento do concreto.

Notam-se as barras de transferência em aço CA-25 na Fig. 6.12A,B. Já na Fig. 6.12C, observam-se os espaçadores usados para garantir o espaçamento entre as telas e, na Fig. 6.12D, um espaçador servindo de apoio para a tela inferior a fim de garantir o cobrimento no fundo da placa de concreto.

O empilhamento de telas soldadas sobre uma placa de concreto já executada é apresentado na Fig. 6.13.

Assim, no universo do concreto armado aplicado a pavimentos rígidos, utilizam-se apenas o aço CA-25 para barras de transferência e o aço CA-60 para as telas soldadas.

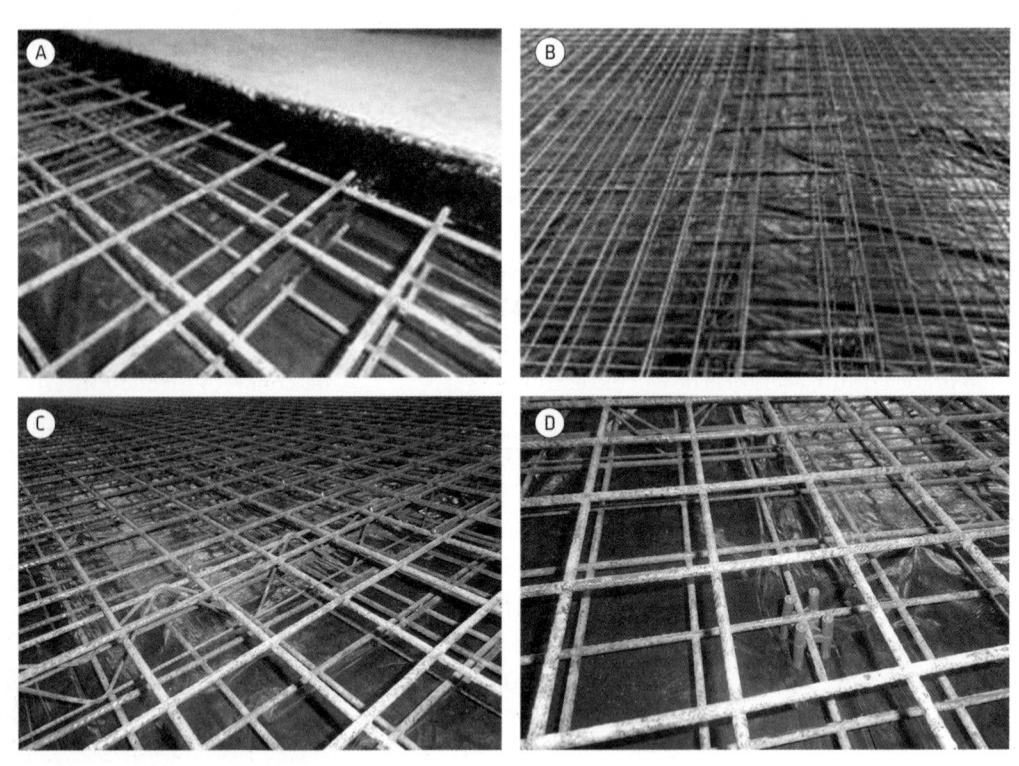

Fig. 6.12 Disposição das telas soldadas em aço CA-60

Fig. 6.13 Armazenamento de telas soldadas em aço CA-60 na obra

6.3.3 Dimensionamento de telas soldadas em aço CA-60

Na Tab. 6.1 são listadas as dimensões de telas soldadas do tipo Q em aço CA-60. A designação Q indica que a malha das telas é do tipo quadrada, e o número que a sucede se refere à sua seção transversal; assim, por exemplo, o número 61 significa que a seção transversal é de 0,61 cm².

Tab. 6.1 Telas soldadas do tipo Q em aço CA-60 – Gerdau (as informações completas são apresentadas no Apêndice)

Designação	Espaçamentos entre fios (cm)		Diâmetro dos fios (mm)		Seção transversal dos fios (cm²)		Largura (m)	Comprimento (m)	Massa (kg/m²)
	Long.	Transv.	Long.	Transv.	Long.	Transv.			
Q 61	15	15	3,4	3,4	0,61	0,61	2,45	6	0,97
Q 75	15	15	3,8	3,8	0,75	0,75	2,45	6	1,21
Q 92	15	15	4,2	4,2	0,92	0,92	2,45	6	1,48
Q 113	10	10	3,8	3,8	1,13	1,13	2,45	6	1,80
Q 138	10	10	4,2	4,2	1,38	1,38	2,45	6	2,20
Q 159	10	10	4,5	4,5	1,59	1,59	2,45	6	2,52
Q 196	10	10	5,0	5,0	1,96	1,96	2,45	6	3,11
Q 246	10	10	5,6	5,6	2,46	2,46	2,45	6	3,91
Q 283	10	10	6,0	6,0	2,83	2,83	2,45	6	4,48
Q 335	15	15	8,0	8,0	3,35	3,35	2,45	6	5,37
Q 396	10	10	7,1	7,1	3,96	3,96	2,45	6	6,28
Q 503	10	10	8,0	8,0	5,03	5,03	2,45	6	7,97
Q 636	10	10	9,0	9,0	6,36	6,36	2,45	6	10,09
Q 785	10	10	10,0	10,0	7,85	7,85	2,45	6	12,46

Como se calcula a pior situação de momento fletor numa direção por meio dos métodos que foram vistos nesta seção e se designa essa armação nas duas direções, costuma-se empregar apenas a tabela de telas quadradas. Desse modo, se o engenheiro seguir essa linha de raciocínio, deve tomar cuidado para não especificar uma tela de outra tabela designada pela simbologia R, que significa retangular, e que lhe proporcionaria espaçamentos diferentes ao longo das direções longitudinal e transversal.

Os fios das telas soldadas possuem um limite de diâmetro comercial de 10 mm. Assim, caso essa especificação de fios de 10 mm espaçados a cada 10 cm não satisfaça ao critério de cálculo, o engenheiro dispõe de alternativas para contornar essa situação, como aumentar a altura do pavimento e modificar o f_{ck} de 30 MPa para 40 MPa. Nesse processo, não se recomenda reduzir o cobrimento da armação a fim de aumentar a altura de cálculo d, pois é indicado um cobrimento de 4 cm a 5 cm para pavimentos rígidos, em virtude de seu contato com líquidos químicos advindos de máquinas e veículos.

O comprimento de transpasse entre telas, que deve ser levado em consideração também no quantitativo de aço, pode ser definido por:

$$\ell_d = 3{,}219 \cdot \frac{A_w \cdot f_y}{S_w \cdot \sqrt{f_{ck}}} \qquad (6.35)$$

em que:
ℓ_d é o comprimento da ancoragem (cm);
A_w é a área da seção transversal de um fio da tela a ser emendada (cm²);
f_y é a tensão de escoamento do aço (MPa);
S_w é o espaçamento entre fios da mesma tela (cm);
f_{ck} é a resistência característica do concreto à compressão (MPa).

O valor final do comprimento de transpasse a ser mantido entre duas telas (Fig. 6.14), dado pela equação a seguir, deve ser igual ou superior a 25 cm.

Comprimento final de transpasse = $1{,}5 \cdot \ell_d \geq 25$ cm **(6.36)**

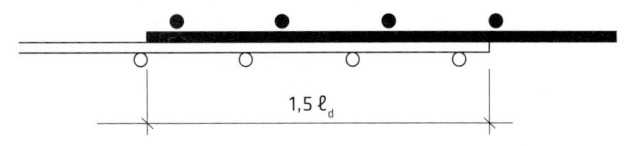

Fig. 6.14 Comprimento de emenda entre telas soldadas

6.3.4 Dimensionamento de barras de transferência

O diâmetro da barra de transferência constituída de aço CA-25 é dado em função da espessura do pavimento, como indicado na Tab. 6.2. O comprimento e o espaçamento dessa barra são constantes.

Tab. 6.2 Barras de transferência em aço CA-25

Altura total da placa (mm)	Barra de transferência		
	Diâmetro (mm)	Comprimento (cm)	Espaçamento (cm)
125	16	50	30
150	20	50	30
200	25	50	30
> 250	32	50	30

Nota: esses dados são indicados para placas constituídas de concreto simples, ou seja, placas em que os esforços solicitantes são combatidos apenas pela resistência à tração na flexão.

6.3.5 Cálculo do k_{md} do aço CA-50

Para o aço, o coeficiente de segurança equivale a $\gamma_s = 1,15$, e, especificamente para o aço CA-50, a resistência ao escoamento é de $f_{yk} = 5.000$ kgf/cm². Assim,

$$f_{yd} = \frac{f_{yk}}{\gamma_s} \quad (6.37)$$

$$f_{yd} = \frac{5.000 \text{ kgf}/\text{cm}^2}{1,15} = 4.347,83 \text{ kgf}/\text{cm}^2 = 4,35 \text{ tf}/\text{cm}^2$$

em que:

f_{yd} é a resistência de projeto do aço ao escoamento;
f_{yk} é a resistência característica do aço ao escoamento.

De posse do limite de elasticidade do aço, igual a 2.100.000 kgf/cm², calcula-se sua deformação específica por meio de:

$$\varepsilon_{yd} = \frac{f_{yd}}{E_s} \quad (6.38)$$

$$\varepsilon_{yd} = \frac{4.347,83 \text{ kgf}/\text{cm}^2}{2.100.000 \text{ kgf}/\text{cm}^2} = 0,00207 \text{ ou } 2,07\text{‰}$$

em que:

ε_{yd} é a deformação específica do aço;
E_s é o limite de elasticidade do aço.

Seus valores para k_x, k_z e k_{md} são definidos por:

$$k_x = \varepsilon_c/(\varepsilon_c + \varepsilon_s) \quad (6.39)$$

$$k_x = (3,50\text{‰})/(3,50\text{‰} + 2,07\text{‰}) = 0,628$$

$$k_z = 1 - (0,4 \cdot k_x) \quad (6.40)$$
$$k_z = 1 - (0,4 \times 0,628) = 0,749$$

$$k_{md} = 0,68 \cdot k_x \cdot k_z \quad (6.41)$$

$$k_{md} = 0,68 \times 0,628 \times 0,749 = 0,319$$

em que:

ε_c é o limite de deformação do concreto, igual a 3,5‰;
ε_s é o limite de deformação do aço, igual a 10‰, mas que deve permanecer restrito a 3,5‰, correspondente ao limite de deformação do concreto.

Este autor utiliza um valor de k_{md} ligeiramente mais baixo de 0,317, a favor da segurança, ao arredondar k_x para 0,63 e considerar apenas duas casas decimais de k_z, ou seja, 0,74, sem arredondamento. Assim, pode-se usar 0,317, a favor da segurança, o valor arredondado de 0,32 ou o valor médio entre o valor precisamente correto de 0,319 e o valor a favor da segurança de 0,317, que resulta em 0,318.

O valor de k_{md} estabelece o limite para que o aço não rompa por ruptura frágil. Ou seja, sempre que esse valor resultar igual ou inferior a 0,318, o aço estará seguro em seu Domínio III, que é aquele com o qual se trabalha no concreto armado e que naturalmente também é estabelecido para o dimensionamento de pavimentos rígidos de concreto armado. O Domínio III é aplicado a peças normalmente armadas, em que o aço e o concreto demonstram máximo proveito. Não há como definir o tipo de ruptura nesse domínio.

No Domínio II, caso haja ruptura, ela se dá de modo dúctil, ou seja, por insuficiência de aço, com um caso de peça subarmada. O Domínio IV representa o concreto em seu limite máximo de deformação e o aço com folga de deformação. Nesse domínio, caso haja ruptura, ela ocorre de modo frágil, correspondendo, assim, a peças superarmadas.

Nesse sentido, de modo algum deve ser permitido que o valor de k_{md} tenha seu limite de 0,318 ultrapassado para o aço CA-50, para que a peça não atinja o limite IV e o concreto não fique sujeito à ruptura frágil.

6.4 Dimensionamento da espessura de juntas

A principal função das juntas é delimitar o comprimento das placas, de modo a respeitar a razão-limite de comprimento/largura entre placas de 1,20 a 1,80 e o comprimento de placa não superior a $8 \cdot \ell$ (ver Eq. 6.1).

O corte efetuado na face superior do pavimento para a criação da junta serrada induz o surgimento de uma fissura por baixo desse corte e que não afeta o pavimento (Fig. 6.15). Essa fissura é chamada de induzida e tem o propósito de canalizar outras fissuras que porventura surjam apenas para a região abaixo dela. Ou seja, caso se executem placas maiores do que o limite recomendado de $8 \cdot \ell$ e sem o artifício das juntas, podem ocorrer fissuras ou trincas ao longo da seção transversal do pavimento. Esses limites de placa também ajudam no controle de fissuras por retração.

Para evidenciar a influência da espessura da junta de construção ou serrada, apresenta-se o exemplo a seguir.

Fig. 6.15 Corte efetuado numa junta

6.4.1 Exemplo

Seja uma placa de concreto cuja junta serrada possua espessura de 6 mm e barra de transferência em aço CA-25 com diâmetro de 25 mm, projetada para uma carga de roda de 5.000 kgf.

O momento de inércia da barra de seção circular maciça, para esse diâmetro, é definido por:

$$I = \pi \cdot D^4/64 = \pi \cdot (25 \text{ mm})^4/64 = 1,92 \times 10^{-8} \text{ m}^4$$

em que:
I é o momento de inércia da barra de transferência (cm⁴);
D é o diâmetro da barra de transferência (cm).

Nesse dimensionamento é utilizada a fórmula da rigidez da barra, dada por:

$$\beta = \left[\frac{K \cdot D}{4 \cdot E \cdot I}\right]^{1/4}$$

em que:
β é a rigidez da barra de transferência (1/m);
K é o suporte da barra de transferência, cujo valor varia de 0,08 × 10⁶ MPa/m a 8,60 × 10⁶ MPa/m, assumido nesse caso como 0,41 × 10⁶ MPa/m;

E é o módulo de elasticidade do aço, considerado igual a 210 GPa.

Considerando o momento de inércia obtido para a barra maciça e os valores informados, já transformados para m, m⁴ e MPa/m, obtém-se a seguinte expressão:

$$\beta = \left[\frac{\left(0,41 \times 10^6 \text{ MPa/m}\right) \times \left(25 \times 10^{-3} \text{ m}\right)}{4 \times \left(210 \times 10^3 \text{ MPa}\right) \times \left(1,92 \times 10^{-8} \text{ m}^4\right)}\right]^{1/4} \Rightarrow$$

$$\beta = 28,23/\text{m}$$

Agora, aplica-se a fórmula de α, dada por:

$$\alpha = \frac{2 + (z \cdot \beta)}{4 \cdot \beta^3 \cdot E \cdot I}$$

em que:
α é uma constante para o cálculo da abertura da junta (m/N ou m/kgf);
z é a abertura da junta (mm).

O valor de α é dado em função do diâmetro da barra de transferência e da abertura da junta, conforme mostrado na Tab. 6.3 para todas as situações a fim de facilitar a análise.

Tab. 6.3 Valores de *α* para o dimensionamento da espessura de juntas

Diâmetro (mm)	Abertura da junta (mm)							
	2	3	4	6	8	10	15	20
12,5	1,94E⁻⁷	2,03E⁻⁷	2,12E⁻⁷	2,12E⁻⁷	2,20E⁻⁷	2,29E⁻⁷	2,51E⁻⁷	2,73E⁻⁷
16	1,25E⁻⁷	1,30E⁻⁷	1,30E⁻⁷	1,34E⁻⁷	1,39E⁻⁷	1,44E⁻⁷	1,56E⁻⁷	1,68E⁻⁷
20	8,41E⁻⁸	8,68E⁻⁸	8,68E⁻⁸	8,95E⁻⁸	9,22E⁻⁸	9,49E⁻⁸	1,02E⁻⁸	1,09E⁻⁸
25	5,66E⁻⁸	5,74E⁻⁸	5,82E⁻⁸	5,97E⁻⁸	6,13E⁻⁸	6,28E⁻⁸	6,67E⁻⁸	7,06E⁻⁸
32	3,66E⁻⁸	3,70E⁻⁸	3,74E⁻⁸	3,83E⁻⁸	3,91E⁻⁸	3,99E⁻⁸	4,20E⁻⁸	4,41E⁻⁸

Porém, utiliza-se a fórmula anterior para calcular o valor efetivo de α:

$$\alpha = \frac{2 + \left(6 \times 10^{-3}\ \text{m}\right) \times (28,23/\text{m})}{4 \times (28,23/\text{m})^3 \times \left(210 \times 10^9\ \text{N}/\text{m}^2\right) \times \left(1,92 \times 10^{-8}\ \text{m}^4\right)}$$

$$\alpha = 5,978916425 \times 10^{-9}\ \text{m}/\text{N} = 5,98 \times 10^{-8}\ \text{m}/\text{kgf}$$

Consultando a tabela, obtém-se, para o diâmetro de barra de 25 mm e a abertura de junta de 6 mm, o valor tabelado de $5,97 \times 10^{-8}$ m/kgf, próximo ao calculado pela fórmula.

Por fim, ao substituir o valor de α na fórmula a seguir, em função de uma determinada carga solicitante aplicada na junta, encontra-se o valor de sua deformação final.

$$y = P_A \cdot \alpha$$

em que:
y é a deformação vertical da barra (mm);
P_A é a carga aplicada na junta (N ou kgf).

Para uma carga de 5.000 kgf aplicada sobre a junta, sua deformação final será:

$$y = P_A \cdot \alpha = 5.000\ \text{kgf} \times 5,978916425 \times 10^{-9}\ \text{m}/\text{kgf} \Rightarrow$$
$$y = 2,99 \times 10^{-4}\ \text{m}$$

Ou seja, a partir da carga solicitante aplicada e do valor de α, encontrado em função da abertura da junta e do diâmetro da barra utilizada, pode-se determinar o valor da deformação final da barra.

Também se conclui pelas expressões vistas que, quanto menor for a espessura da junta, menor será a deformação vertical da barra.

Recomenda-se o uso de espessura de 6 mm para as juntas serradas e de construção, nos projetos, de modo a evitar o fenômeno de esborcinamento de suas bordas.

6.5 Dimensionamento de estanterias (cargas montantes)

6.5.1 Trabalho de investigação de campo e *checklist*

No caso da adoção de estantes em um galpão, faz-se necessário obter os dados geométricos e de capacidade máxima de carga de cada estante e realizar um estudo para determinar as reações que serão aplicadas diretamente sobre o pavimento de concreto a ser projetado. Nessa etapa, é preciso dispor as estantes em diversas posições da área do piso no projeto para encontrar seu arranjo mais desfavorável de arrumação sobre o pavimento.

Um item que sempre deve ser observado é a área da chapa de base que será usada para cada pé de coluna da estante, em função das especificações da fabricante. Isso porque, para uma mesma reação de apoio, quanto menor a área, maior a tensão aplicada sobre o pavimento. Em certos casos, pode-se especificar uma chapa de aço com uma área maior do que a recomendada pela fabricante para reduzir a tensão aplicada sobre o pavimento, ou ainda aumentar a espessura da placa de concreto nessas regiões de instalação das estantes, projetando capitéis de concreto armado nesses locais.

Também se faz necessário, na fase de projeto, conceber larguras de corredores entre as estantes que permitam à empilhadeira executar manobras com folga. Para a obtenção desse dado, recomenda-se que o engenheiro estude as características geométricas da empilhadeira, inclusive seu raio de manobra, bem como perfaça um trabalho investigativo consultando a fabricante ou um operador da empilhadeira que atuará no galpão, obtendo, assim, os dados teóricos e aqueles vinculados à vida prática do operador, respectivamente.

Por exemplo, no caso de uma empilhadeira do tipo CPC20, este autor perguntou a um operador, em certa ocasião, a distância ideal que deveria haver entre as estantes para que ele pudesse efetuar as manobras. A resposta foi que esse valor deveria ser equivalente à somatória do comprimento total da empilhadeira com o comprimento de seu garfo.

6.5.2 Estudo de geometrias e cargas

Quando se tem o projeto de um galpão cujo piso receberá estantes, as três questões que devem vir à mente do engenheiro são: Qual é a capacidade de carga da estante? Quais são as dimensões de suas chapas de base? Qual é a distância entre as colunas que sustentam a estante (dados geométricos)?

Para uma determinada capacidade de carga, caso haja uma chapa de base de coluna cujas dimensões ofereçam uma carga solicitante de punção superior ao esforço resistente do pavimento (à punção), normalmente se encontram três alternativas:

- aumentar as dimensões da chapa de base da coluna da estante, o que implica avançar no espaço útil do corredor para tráfego de empilhadeiras;
- demolir todo o pavimento existente e reconstruí-lo com espessura e armações adequadas;
- rasgar faixas de piso onde serão instalados os corredores das estantes e reconstruí-las com espessura e armações compatíveis com a carga solicitante, o

que implica restringir o uso da logística de estantes pesadas apenas a essas faixas.

6.5.3 Dimensionamento de pavimentos sujeitos a cargas montantes (de estanterias)

Nesta seção será abordado o passo a passo para o dimensionamento do pavimento para as chamadas cargas montantes referentes às estantes. As cargas montantes correspondem a um dos três tipos de carregamento que devem ser considerados no dimensionamento de um pavimento, sendo os outros dois atribuídos às cargas dinâmicas (veículos) e distribuídas (equipamentos).

Cabe mencionar que, sempre que se tratar de um galpão, invariavelmente haverá a presença de dois elementos: empilhadeiras e estanterias.

A metodologia de dimensionamento será mostrada por meio de dois casos extraídos de projetos reais.

Dimensionamento de um pavimento rígido constituinte de um complexo de três galpões, para cargas montantes

Será apresentado nesta seção o dimensionamento de um pavimento rígido de concreto armado concebido para três galpões contíguos, apenas para resistir às cargas montantes. O dimensionamento completo desse pavimento para as cargas dinâmicas derivadas do tráfego de empilhadeiras será mostrado no Cap. 7 deste livro e no Cap. 1 do e-book *Cinco projetos de pavimentos rígidos*, com todos os detalhes de projetos.

Na Fig. 6.16A, vê-se a disposição construtiva do tipo de estante padrão adotado nesse complexo, com a presença da empilhadeira típica utilizada, de modelo Heli, com capacidade máxima de 4 tf. Cada estante possui três andares, e cada andar apresenta capacidade de armazenamento de carga de até 4.000 kg, como se observa na Fig. 6.16B.

Um detalhe típico da base da estante é apresentado na Fig. 6.16C, em que o pilarete principal se apoia sobre uma chapa de aço fixada diretamente sobre o pavimento por meio de um chumbador mecânico. A chapa de base possui dimensões de 14 cm × 14 cm.

Aqui, cabe uma ressalva advinda das normas de estruturas metálicas, que é utilizar no mínimo dois conectores por ligação para garantir a fixação. Além disso, devido à largura pequena da chapa de base, de apenas 14 cm, mesmo com três orifícios destinados a ela, é preciso atentar para a distância mínima entre eixos de chumbadores mecânicos, que deve ser de 10 × diâmetro do chumbador, e, no caso de chumbadores químicos, de 5 × diâmetro do chumbador. E, não menos importante, é necessário garantir que o pavimento possua espessura suficiente para abrigar o corpo inteiro do chumbador mais uma distância de 10 × diâmetro do chumbador, distando da extremidade dele até o fundo do pavimento. Qualquer valor inferior a esse faz com que o chumbador corra o risco de ser arrancado facilmente pelo efeito de cone no corpo do concreto – para mais detalhes, ver Xerez Neto e Cunha (2020).

A esquematização da estante em planta baixa é dada na Fig. 6.17. Cada módulo da estante é constituído de oito pilares dispostos entre si pelas medidas indicadas na planta baixa, sendo os pilares P1 a P4 responsáveis por resistir às cargas de três andares, com cada andar possuindo capacidade de até 4.000 kgf, mas com limite de uso de 2.000 kgf, conforme confirmação junto ao usuário do galpão. Sendo assim, para três andares, tem-se uma carga total de 3 × 2 tf = 6 tf. Ao dividir esse valor por quatro pilares, chega-se a 1,50 tf por pilar. Para os pilares P5 a P8, é aplicada a mesma metodologia.

Fig. 6.16 (A) Modelos de estante e empilhadeira existentes no galpão, (B) indicação da capacidade de carga de uma prateleira típica e (C) chapa de base

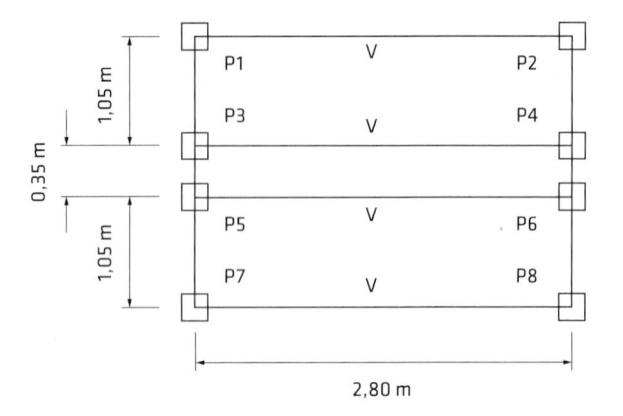

Fig. 6.17 Planta baixa de um módulo da estante

Como as estantes estão montadas de modo contíguo, conforme mostrado na Fig. 6.18, percebe-se que cada um dos pilares centrais – P2 e P4, de um lado, e P6 e P8, do outro – acaba por absorver o dobro da carga em relação aos pilares de periferia. Desse modo, para a situação em foco, os pilares P2, P4, P6 e P8 passam a receber uma carga total equivalente a 2 × 1,50 tf = 3,00 tf cada um.

A espessura total desse pavimento encontrada no cálculo para cargas dinâmicas de empilhadeiras corresponde a 15 cm, como será visto no Cap. 7 deste livro e no Cap. 1 do e-book *Cinco projetos de pavimentos rígidos*. Uma vez que o pavimento é um elemento suficientemente rígido e capaz de resistir à carga da estante, pode-se aumentar a área de contribuição da chapa de base da estante. Para isso, basta estender duas linhas, cada qual formando um ângulo de 45° com a linha horizontal ou vertical, até que elas interceptem a linha neutra do pavimento (Fig. 6.19). Como a altura total do pavimento é de 15 cm, sua linha neutra se situa a 7,50 cm da superfície. Essa técnica é chamada de espraiamento de carga.

Ao espraiar a chapa de base do pilar até a linha neutra do pavimento, passa-se a ter dimensões de placa com valores de 29 cm × 29 cm, e não mais de 14 cm × 14 cm.

Largura da chapa de base da coluna espraiada até a linha neutra do pavimento
= [($h_{pavimento}$/2) + largura da chapa de base da coluna + ($h_{pavimento}$/2)] = [(15 cm/2) + 14 cm + (15 cm/2)] = 29 cm
= 0,29 m

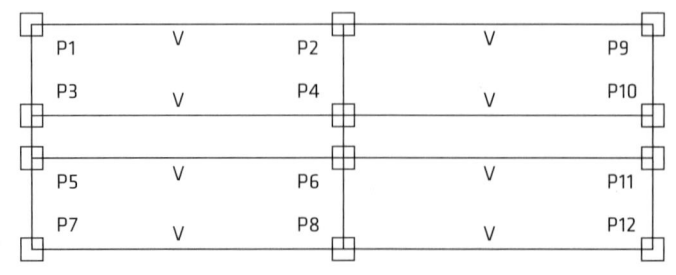

Fig. 6.18 Planta baixa de dois módulos contíguos da estante

Sendo assim, de posse da carga total de 3 tf aplicada no pilar da estante mais solicitado e da dimensão final espraiada, passa-se a ter uma tensão de punção aplicada no pavimento equivalente a:

$$\sigma = P/A = 3{,}00 \text{ tf}/(0{,}29 \text{ m} \times 0{,}29 \text{ m}) \Rightarrow \sigma = 35{,}67 \text{ tf}/\text{m}^2$$

Inicia-se o dimensionamento determinando os dados básicos para o concreto, o aço e o solo.

a) Dados
Pelo fato de o pavimento desse galpão vir a ter contato com óleo e produtos químicos, derivados de lavagem de peças, das empilhadeiras etc., procurou-se adotar um f_{ck} bem elevado, de 40 MPa, junto com um cobrimento de armadura máximo de 5 cm, a fim de proteger muito bem o concreto e as armações de elementos deletérios.

- *Concreto*
  » resistência característica do concreto à compressão (f_{ck}) = 40 MPa;
  » resistência média do concreto à tração ($f_{ct,m}$) = $0{,}30 \cdot f_{ck}^{(2/3)} = 0{,}30 \times (40 \text{ MPa})^{(2/3)}$ = 3,51 MPa;
  » resistência característica do concreto à tração (f_{ctk}) = $1{,}30 \cdot f_{ctm} = 1{,}30 \times (3{,}51 \text{ MPa})$ = 4,56 MPa;
  » coeficiente de Poisson (ν) = 0,20;
  » altura da placa de concreto (h) adotada = 15 cm;
  » cobrimento de concreto (d') = 5 cm;
  » altura de cálculo (d) = h − d' = 15 cm − 5 cm = 10 cm;
  » módulo de elasticidade inicial (E_{ci}) = $5.600 \cdot (f_{ck})^{1/2}$ = $5.600 \times (40 \text{ MPa})^{1/2}$ = 35.417,51 MPa.
- *Aço*
  » tipo de aço para armadura principal = CA-50 (será utilizada tela em aço CA-60, mas, para efeito de cálculo, será adotado aço CA-50);
  » tipo de aço para barras de transferência = CA-25 (não se emprega aço CA-50 ou CA-60 para barras de transferência, e sim CA-25, por possuir propriedades mecânicas mais dúcteis);

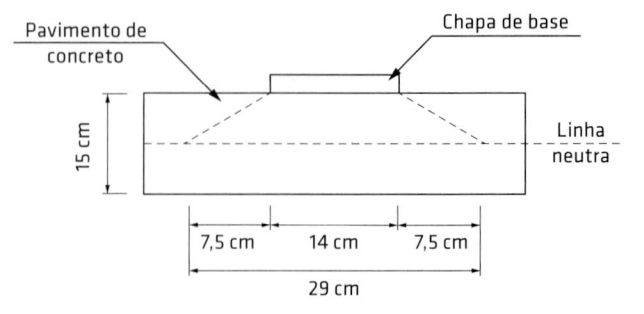

Fig. 6.19 Espraiamento da largura da chapa até a linha neutra do pavimento

» diâmetro da barra principal de aço CA-50 = 8,00 mm;
» diâmetro da barra de retração de aço CA-50 = 6,35 mm;
» diâmetro da barra de aço CA-25 = 20,00 mm;
» módulo de elasticidade do aço ($E_{aço}$) = 205.000,00 MPa.
- Solo
  » índice de suporte Califórnia (CBR, %) = 20,00%.

Na Tab. 3.8 foi visto que, ao optar por sub-base constituída de brita graduada simples (BGS) com espessura de h = 20 cm e CBR = 20%, obtém-se um valor para módulo de reação (k) equivalente a 79 MPa/m.

b) Tensão aplicada pela chapa de base no pavimento de concreto

Verifica-se se a tensão aplicada pela placa é inferior à tensão resistente do concreto do seguinte modo, considerando o fator de segurança (FS) igual a 2,00:

$$\sigma_{adm} = f_{ctm,k}/FS = 4{,}56 \text{ MPa}/2{,}00 = 2{,}28 \text{ MPa}$$
$$= 2{,}28 \times 10^6 \text{ N/m}^2 = 2{,}28 \times 10^5 \text{ kgf/m}^2$$
$$= 2{,}28 \times 10^2 \text{ tf/m}^2 \Rightarrow \sigma_{adm} = 228 \text{ tf/m}^2$$

$$\sigma_{placa} = P_E/A_c \leq 4{,}2 \cdot f_{ctm,k} \Rightarrow \sigma_{placa}$$
$$= (3{,}00 \text{ tf}/(0{,}0196 \text{ m}^2)) \leq 4{,}2 \times 228 \text{ tf/m}^2 \Rightarrow$$
$$\sigma_{placa} = 153{,}06 \text{ tf/m}^2 \leq 957{,}60 \text{ tf/m}^2 \text{ (Satisfaz)}$$

A_c = largura da chapa de base × comprimento da chapa de base = 14 cm × 14 cm = 196 cm² ⇒
A_c = (196/10.000) m² ⇒ A_c = 0,0196 m²

Como a tensão resistente do pavimento de concreto ($4{,}2 \cdot f_{ctm,k}$) é superior à tensão solicitante (σ_{placa}), o pavimento satisfaz à tensão aplicada pela chapa de base do pilar da estante.

c) Raio de rigidez relativa da placa de concreto

$$\ell = \left[\frac{E \cdot h^3}{12 \cdot k \cdot (1-v^2)}\right]^{1/4} = \left[\frac{35.417{,}51 \text{ MPa} \times (0{,}15 \text{ m})^3}{12 \times (79 \text{ MPa/m}) \times (1-0{,}20^2)}\right]^{0{,}25}$$
$$= 0{,}602 \text{ m}$$

d) Valor de a

$$a = \sqrt{\left(\frac{A_c}{\pi}\right)} = \sqrt{\left(\frac{0{,}0196 \text{ m}^2}{\pi}\right)} = 0{,}079 \text{ m}$$

e) Momento fletor

$$M = \frac{P_E}{\left\{6 \cdot \left[1+\left(\frac{2 \cdot a}{\ell}\right)\right]\right\}} = M = \frac{(3{,}00 \text{ tf})}{\left\{6 \times \left[1+\left(\frac{2 \times 0{,}079 \text{ m}}{0{,}602 \text{ m}}\right)\right]\right\}}$$
$$= 0{,}396 \text{ tf} \cdot \text{m}$$

f) Dimensionamento da altura da placa de concreto

$$h = \sqrt{\left(\frac{6 \cdot M}{\sigma_{adm}}\right)} = \sqrt{\left(\frac{6 \times 0{,}396 \text{ tf} \cdot \text{m}}{2{,}28 \times 10^2 \text{ tf/m}^2}\right)} = 0{,}1021 \text{ m}$$
$$= 10{,}21 \text{ cm}$$

A espessura do pavimento de concreto adotada, de 15 cm, satisfaz, pois é superior à altura mínima de pavimento encontrada no cálculo, de 10,21 cm, não se fazendo necessário aumentar o valor da espessura do pavimento para atender ao cálculo visto aqui.

g) Dimensionamento da armação da placa de concreto para momento fletor

Por fim, de posse do momento fletor, de magnitude de 0,396 tf · m, da altura do pavimento de concreto e das especificações do concreto e do aço, pode-se dimensionar a armadura necessária para a placa de concreto.

O momento fletor de projeto equivale a:

$$M_d = \gamma \cdot M_{máx} = 1{,}40 \times 0{,}396 \text{ tf} \cdot \text{m} = 0{,}554 \text{ tf} \cdot \text{m}$$

Os demais cálculos são apresentados a seguir:

$k_{md} = 0{,}019 < k_{md} = 0{,}318$ do aço CA-50 (O concreto não rompe por ruptura frágil)

$$k_z = 0{,}988$$

$A_s = M_{d \, sol}/(k_z \cdot d \cdot f_{yd}) = (0{,}554 \text{ tf} \cdot \text{m})/(0{,}988 \times 0{,}10 \text{ m} \times (4{,}35 \text{ tf/cm}^2)) = 1{,}29 \text{ cm}^2$

$A_{s \, unitária}$ para barra de aço de diâmetro de 8 mm
= $(\pi \cdot D^2)/4 = (\pi \cdot (8 \text{ mm})^2)/4 = 0{,}50 \text{ cm}^2$

$n = A_{s \, total}/A_{s \, unitária} = (1{,}29 \text{ cm}^2)/(0{,}50 \text{ cm}^2)$
= 2,58 barras/m

$S = A_{s \, unitária}/A_{s \, total} = (0{,}50 \text{ cm}^2)/(1{,}29 \text{ cm}^2) = 0{,}39 \text{ m}$
= 39 cm

Como o espaçamento encontrado para as barras de 8 mm de diâmetro é de S = 39 cm, superior ao espaçamento máximo entre duas barras de $2 \cdot d = 2 \times 10$ cm = 20 cm, que é o valor-limite estabelecido por norma para armações de lajes, adota-se um valor de espaçamento igual ou inferior a 20 cm, nesse caso, de 15 cm. Portanto, utiliza-se uma barra de aço de 8 mm de diâmetro a cada 15 cm (1 φ 8 c/15).

Seria possível forçar a adoção de uma barra de aço de diâmetro de 8 mm a cada 20 cm, pois se encontrou um espaçamento máximo de cálculo de 39 cm, porém optou-se por deixar uma folga e foi mantido o espaçamento a cada 15 cm. Ou seja, para um valor de momento fletor máximo de 0,396 tf · m, é preciso introduzir uma barra de 8 mm de diâmetro disposta a cada 15 cm, nas duas direções e nas duas camadas, superior e inferior, da placa de pavimento rígido de concreto armado.

Para cargas aplicadas de grande magnitude, advindas de cargas dinâmicas (veículos), montantes (estanterias) e distribuídas (equipamentos), recomenda-se sempre a adoção de camadas duplas de armaduras nas placas, e nunca de camada simples. Para essa disposição de armaduras, pode-se empregar o tipo de tela Q 335, constituída de 1 φ 8 c/15.

Cabe notar que a tela da Gerdau é concebida em aço CA-60, cuja resistência é superior à do aço CA-50 adotado no cálculo. Assim, tem-se outra folga de resistência pela consideração do aço CA-50 em vez do aço CA-60.

h) Dimensionamento da placa de concreto ao esforço de punção

Os perímetros críticos são dados em função da largura da chapa de base do pilar, de 14 cm.

Fazendo largura espraiada = (15 cm/2) + 14 cm + (15 cm/2) = 29 cm, tem-se:

$$\mu_C = \mu_0 = 2 \cdot \pi \cdot R = 2 \cdot \pi \cdot (29 \text{ cm}/2) = 91,06 \text{ cm}$$

A tensão solicitante de punção é dada por:

$$\sigma = N_{sol}/\text{área} = 3,00 \text{ tf}/(0,29 \text{ m} \times 0,29 \text{ m}) = 33,33 \text{ tf}/\text{m}^2$$

A largura da chapa de base espraiada até a linha neutra do pavimento é de 29 cm = 0,29 m, como calculado anteriormente.

O estudo do contorno C para punção é indicado a seguir:

$$V_{d\,sol} = \gamma \cdot V_{sol} = 1,40 \times (33,33 \text{ tf}) = 46,66 \text{ tf}$$
$$\lambda_{rd2} = 0,27 \cdot \alpha_v \cdot f_{cd} = 0,27 \times 0,84 \times (28,57 \text{ MPa})$$
$$= 6,48 \text{ MPa} = (6,48 \times 10^6 \text{ N})/\text{m}^2 = (6,48 \times 10^5 \text{ kgf})/\text{m}^2$$
$$= (6,48 \times 10^2 \text{ tf})/\text{m}^2 = 648 \text{ tf}/\text{m}^2$$
$$\alpha_v = (1 - (f_{ck}/250)) = (1 - (40 \text{ MPa}/250)) = 0,84$$

$$f_{cd} = f_{ck}/\gamma = (40 \text{ MPa})/1,40 = 28,57 \text{ MPa}$$

$$\gamma = 1,40$$
$$\lambda_{rd2} = F_{sd}/(\mu \cdot d) \Rightarrow (648 \text{ tf}/\text{m}^2)$$
$$= F_{sd}/(91,06 \text{ cm} \times 10 \text{ cm}) \Rightarrow F_{sd} = 59,01 \text{ tf}$$

Como $F_{sd} = 59,01$ tf > $V_{d\,sol} = 46,66$ tf, a verificação do esforço de punção ao longo do contorno C satisfaz.

Assim, com certa folga em relação ao espaçamento de 15 cm em vez de 20 cm e com o cálculo baseado no aço CA-50 em vez do aço CA-60 constituinte da tela, pode-se adotar pavimento rígido com altura de 15 cm e armação dupla constituída de tela Q 335 (1 φ 8 c/15).

Aqui, cabe a ressalva, já destacada em Xerez Neto e Cunha (2020), de projetar chumbadores (Fig. 6.20) de modo que a distância entre a extremidade de ponta do chumbador e o fundo da placa do pavimento rígido de concreto seja de pelo menos 10 · D, sendo D o diâmetro do chumbador. Caso contrário, pode haver o efeito de arrancamento de cone na área de interface entre chumbador e concreto.

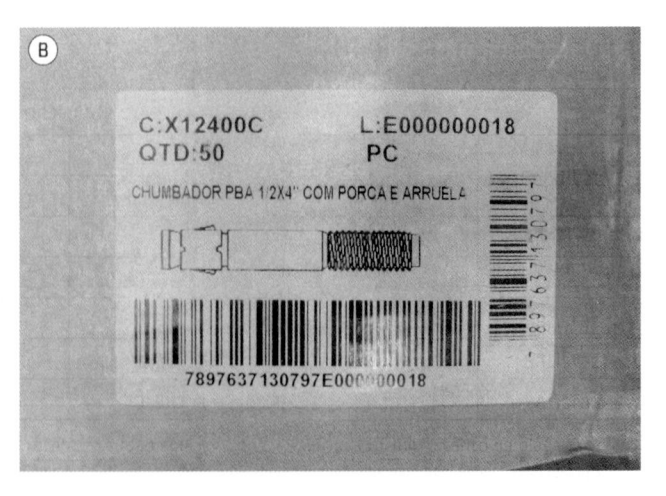

Fig. 6.20 (A) Detalhe do chumbador mecânico e (B) sua nota técnica

Dimensionamento de um pavimento rígido para estantes com seis níveis

Nesse segundo exemplo, será abordado o dimensionamento de um pavimento rígido para o recebimento de estantes com seis níveis (Fig. 6.21A).

Estantes, empilhadeiras e plataformas de trabalho aéreo (PTAs) sempre estão trabalhando em conjunto, e cabe ao engenheiro se resguardar quanto ao levantamento de todos os dados que englobam a edificação, para que nenhuma carga seja esquecida ou ignorada. Essa fase de levantamento de dados merece muita atenção e cautela.

Um elemento que requer cuidado durante o projeto é o espaçamento entre estantes, que deve ser suficientemente largo para permitir a passagem e a manobra de empilhadeiras entre duas torres de estantes, como mostrado na Fig. 6.21B. Se essa largura não é bem projetada, as empilhadeiras perdem mobilidade e a produção deve cair.

As medidas geométricas da chapa de base e da distância entre pilares da estante, bem como a carga máxima por prateleira, constituem os elementos mais importantes do levantamento de dados referentes a estanterias. Também deve ser formalizado num documento se o cliente utilizará a carga indicada em sua plenitude ou apenas parte dela.

A estante objeto de estudo desta seção possui seis níveis, sendo cada um deles capaz de resistir a um carregamento de até 2.500 kgf (Fig. 6.21C). Por sua vez, a chapa de base tem dimensões de 15 cm × 15 cm. Destaca-se a importância de registrar fotos da chapa de base com objetos conhecidos, como é o caso da lapiseira, que servem de referência para medições principalmente de ordens de grandeza (Fig. 6.21D).

Na Fig. 6.22 apresenta-se a planta baixa com as dimensões geométricas de dois módulos desse complexo de estantes.

Assim como mostrado na seção anterior, os pilares P2, P3, P6, P7, P10, P11, P14 e P15 são os centrais e, portanto, os que receberão a maior parcela de carga.

Sabendo que cada nível possui capacidade para 2,5 tf, os seis níveis totalizam uma carga de 6 × 2,5 tf = 15 tf. Ao dividir esse valor por oito pilares, tem-se 1,88 tf por pilar. Desse modo, os pilares centrais devem receber uma carga total equivalente a 2 × 1,88 tf = 3,76 tf.

A fim de projetar um pavimento para essas estantes, a princípio é adotada uma espessura de 15 cm para o pavimento. E, sabendo que a chapa de base possui dimensões de 15 cm × 15 cm, a largura final espraiada corresponde a (Fig. 6.23):

Largura da chapa de base da coluna espraiada até a linha neutra do pavimento

$$= \left(\left(h_{pavimento}/2\right) + \text{largura da chapa de base da coluna} + \left(h_{pavimento}/2\right)\right) = \left(\left(15 \text{ cm}/2\right) + 15 \text{ cm} + \left(15 \text{ cm}/2\right)\right)$$
$$= 30 \text{ cm} = 0{,}30 \text{ m}$$

Fig. 6.21 (A) Estante ao lado de uma plataforma de trabalho aéreo (PTA), (B) seus corredores, (C) capacidade máxima por nível e (D) chapa de base da coluna

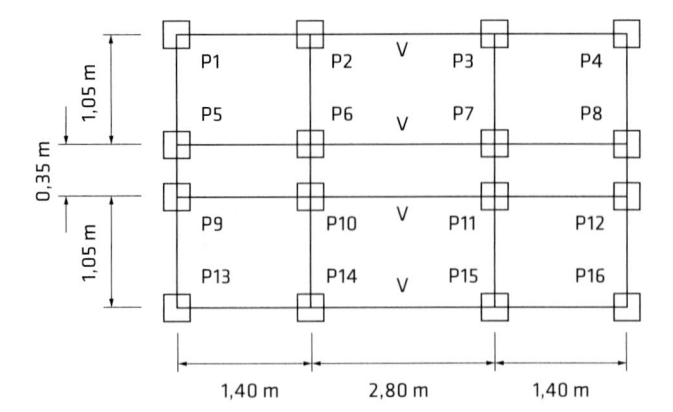

Fig. 6.22 Planta baixa de dois módulos contíguos da estante

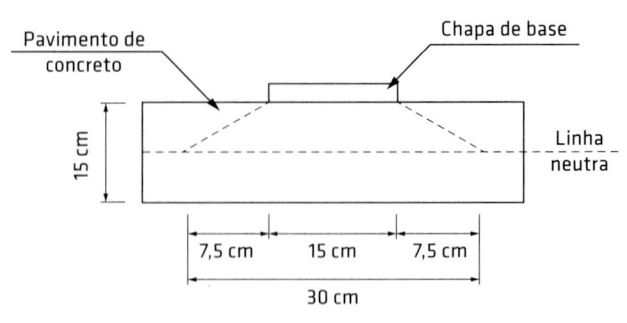

Fig. 6.23 Espraiamento da largura da chapa até a linha neutra do pavimento

Sendo assim, de posse da carga total de 3,76 tf aplicada no pilar da estante mais solicitado e da dimensão final espraiada, passa-se a ter uma tensão de punção aplicada no pavimento equivalente a:

$$\sigma = P/A = 3{,}76 \text{ tf}/(0{,}30 \text{ m} \times 0{,}30 \text{ m}) \Rightarrow \sigma = 41{,}78 \text{ tf}/\text{m}^2$$

Inicia-se o dimensionamento determinando os dados básicos para o concreto, o aço e o solo.

a) Dados

Pelo fato de o pavimento desse galpão vir a ter contato com óleo e produtos químicos, derivados de lavagem de peças, das empilhadeiras etc., procurou-se adotar um f_{ck} bem elevado, de 40 MPa, junto com um cobrimento de armadura máximo de 5 cm, a fim de proteger muito bem o concreto e as armações de elementos deletérios.

- Concreto
  » resistência característica do concreto à compressão (f_{ck}) = 40 MPa;
  » resistência média do concreto à tração ($f_{ct,m}$) = $0{,}30 \cdot f_{ck}^{(2/3)}$ = $0{,}30 \times (40 \text{ MPa})^{(2/3)}$ = 3,51 MPa;
  » resistência característica do concreto à tração (f_{ctk}) = $1{,}30 \cdot f_{ctm}$ = $1{,}30 \times (3{,}51 \text{ MPa})$ = 4,56 MPa;
  » coeficiente de Poisson (v) = 0,20;
  » altura da placa de concreto (h) adotada = 15 cm;
  » cobrimento de concreto (d') = 5 cm;
  » altura de cálculo (d) = $h - d'$ = 15 cm − 5 cm = 10 cm;
  » módulo de elasticidade inicial (E_{ci}) = $5.600 \cdot (f_{ck})^{1/2}$ = $5.600 \times (40 \text{ MPa})^{1/2}$ = 35.417,51 MPa.
- Aço
  » tipo de aço para armadura principal = CA-50 (será utilizada tela em aço CA-60, mas, para efeito de cálculo, será adotado aço CA-50);
  » tipo de aço para barras de transferência = CA-25 (não se emprega aço CA-50 ou CA-60 para barras de transferência, e sim CA-25, por possuir propriedades mecânicas mais dúcteis);
  » diâmetro da barra principal de aço CA-50 = 8,00 mm;
  » diâmetro da barra de retração de aço CA-50 = 6,35 mm;
  » diâmetro da barra de aço CA-25 = 20,00 mm;
  » módulo de elasticidade do aço ($E_{aço}$) = 205.000,00 MPa.
- Solo
  » índice de suporte Califórnia (CBR, %) = 20,00%.

Na Tab. 3.8 foi visto que, ao optar por sub-base constituída de BGS com espessura de h = 20 cm e CBR = 20%, obtém-se um valor para o módulo de reação (k) equivalente a 79 MPa/m.

b) Tensão aplicada pela chapa de base no pavimento de concreto

Verifica-se se a tensão aplicada pela placa é inferior à tensão resistente do concreto do seguinte modo, considerando o fator de segurança (FS) igual a 2,00:

$$\sigma_{adm} = f_{ctm,k}/FS = 4{,}56 \text{ MPa}/2{,}00 = 2{,}28 \text{ MPa}$$
$$= 2{,}28 \times 10^6 \text{ N/m}^2 = 2{,}28 \times 10^5 \text{ kgf/m}^2$$
$$= 2{,}28 \times 10^2 \text{ tf/m}^2 \Rightarrow \sigma_{adm} = 228 \text{ tf/m}^2$$

A_c = largura da chapa de base × comprimento da chapa de base = 15 cm × 15 cm = 225 cm² ⇒ A_c = (225/10.000) m² ⇒ A_c = 0,0225 m²

$$\sigma_{placa} = P_E/A_c \leq 4{,}2 \cdot f_{ctm,k} \Rightarrow \sigma_{placa}$$
$$= 3{,}00 \text{ tf}/(0{,}0225 \text{ m}^2) \leq 4{,}2 \times 228 \text{ tf/m}^2 \Rightarrow$$
$$\sigma_{placa} = 133{,}33 \text{ tf/m}^2 \leq 957{,}60 \text{ tf/m}^2 \text{ (Satisfaz)}$$

Como a tensão resistente do pavimento de concreto ($4{,}2 \cdot f_{ctm,k}$) é superior à tensão solicitante (σ_{placa}), o pavimento satisfaz à tensão aplicada pela chapa de base do pilar da estante.

c) Raio de rigidez relativa da placa de concreto

$$\ell = \left[\frac{E \cdot h^3}{12 \cdot k \cdot (1-\nu^2)}\right]^{1/4} = \left[\frac{35.417{,}51 \text{ MPa} \times (0{,}15 \text{ m})^3}{12 \times (79 \text{ MPa/m}) \times (1-0{,}20^2)}\right]^{0{,}25}$$
$$= 0{,}602 \text{ m}$$

d) Valor de a

$$a = \sqrt{\left(\frac{A_c}{\pi}\right)} = \sqrt{\left(\frac{0{,}0225 \text{ m}^2}{\pi}\right)} = 0{,}085 \text{ m}$$

e) Momento fletor

$$M = \frac{P_R}{\left\{6 \cdot \left[1 + \left(\frac{2 \cdot a}{\ell}\right)\right]\right\}} = M = \frac{(3{,}00 \text{ tf})}{\left\{6 \times \left[1 + \left(\frac{2 \times 0{,}085 \text{ m}}{0{,}602 \text{ m}}\right)\right]\right\}}$$
$$= 0{,}390 \text{ tf} \cdot \text{m}$$

f) Dimensionamento da altura da placa de concreto

$$h = \sqrt{\left(\frac{6 \cdot M}{\sigma_{adm}}\right)} = \sqrt{\left(\frac{6 \times 0{,}390 \text{ tf} \cdot \text{m}}{2{,}28 \times 10^2 \text{ tf/m}^2}\right)} = 0{,}1013 \text{ m} = 10{,}13 \text{ cm}$$

A espessura do pavimento de concreto adotada, de 15 cm, satisfaz, pois é superior à altura mínima de pavimento encontrada no cálculo, de 10,13 cm, não se fazendo necessário aumentar o valor da espessura do pavimento para atender ao cálculo visto aqui.

g) Dimensionamento da armação da placa de concreto para momento fletor

Por fim, de posse do momento fletor, de magnitude de 0,390 tf · m, da altura do pavimento de concreto e das especificações do concreto e do aço, pode-se dimensionar a armadura necessária para a placa de concreto.

O momento fletor de projeto equivale a:

$$M_d = \gamma \cdot M_{máx} = 1{,}40 \times 0{,}390 \text{ tf} \cdot \text{m} = 0{,}546 \text{ tf} \cdot \text{m}$$
$$k_{md} = 0{,}019 < k_{md} = 0{,}318 \text{ do aço CA-50}$$

(O concreto não rompe por ruptura frágil)

$$k_z = 0{,}988$$

$A_s = M_{d\,sol}/(k_z \cdot d \cdot f_{yd}) = (0{,}546 \text{ tf} \cdot \text{m})/(0{,}988 \times 0{,}10 \text{ m} \times (4{,}35 \text{ tf/cm}^2)) = 1{,}27 \text{ cm}^2$

$A_{s\,unitária}$ para barra de aço de diâmetro de 8 mm
$= (\pi \cdot D^2)/4 = (\pi \cdot (8 \text{ mm})^2)/4 = 0{,}50 \text{ cm}^2$

$n = A_{s\,total}/A_{s\,unitária} = (1{,}27 \text{ cm}^2)/(0{,}50 \text{ cm}^2)$
$= 2{,}54 \text{ barras/m}$

$S = A_{s\,unitária}/A_{s\,total} = (0{,}50 \text{ cm}^2)/(1{,}27 \text{ cm}^2) = 0{,}39 \text{ m} = 39 \text{ cm}$

Como o espaçamento encontrado para as barras de 8 mm de diâmetro é de S = 39 cm, superior ao espaçamento máximo entre duas barras de 2 · d = 2 × 10 cm = 20 cm, que é o valor-limite estabelecido por norma para armações de lajes, adota-se um valor de espaçamento igual ou inferior a 20 cm, nesse caso, de 15 cm. Portanto, pode-se utilizar uma barra de aço de 8 mm de diâmetro a cada 15 cm (1 φ 8 c/15).

Seria possível forçar a adoção de uma barra de aço de diâmetro de 8 mm a cada 20 cm, pois se encontrou um espaçamento máximo de cálculo de 39 cm, porém optou-se por deixar uma folga e foi mantido o espaçamento a cada 15 cm. Ou seja, para um valor de momento fletor máximo de 0,390 tf · m, é preciso introduzir uma barra de 8 mm de diâmetro disposta a cada 15 cm, nas duas direções e nas duas camadas, superior e inferior, da placa de pavimento rígido de concreto armado.

Para cargas aplicadas de grande magnitude, advindas de cargas dinâmicas (veículos), montantes (estanterias) e distribuídas (equipamentos), recomenda-se sempre a adoção de camadas duplas de armaduras nas placas, e nunca de camada simples. Para essa disposição de armaduras, pode-se empregar o tipo de tela Q 335, constituída de 1 φ 8 c/15.

Cabe notar que a tela da Gerdau é concebida em aço CA-60, cuja resistência é superior à do aço CA-50 adotado no cálculo. Assim, tem-se outra folga de resistência pela consideração do aço CA-50 em vez do aço CA-60.

h) Dimensionamento da placa de concreto ao esforço de punção

Os perímetros críticos são dados em função da largura da chapa de base do pilar, de 15 cm.

Fazendo largura espraiada = (15 cm/2) + 15 cm + (15 cm/2) = 30 cm, tem-se:

$$\mu_c = \mu_0 = 2 \cdot \pi \cdot R = 2 \cdot \pi \cdot (30 \text{ cm}/2) = 94{,}20 \text{ cm}$$

A tensão solicitante de punção é dada por:

$$\sigma = N_{sol}/\text{área} = 3{,}00 \text{ tf}/(0{,}30 \text{ m} \cdot 0{,}30 \text{ m}) = 33{,}33 \text{ tf/m}^2$$

A largura da chapa de base espraiada até a linha neutra do pavimento é de 30 cm = 0,30 m, como calculado anteriormente.

O estudo do contorno C para punção é indicado a seguir:

$$V_{d\,sol} = \gamma \cdot V_{sol} = 1{,}40 \times (33{,}33 \text{ tf}) = 46{,}66 \text{ tf}$$

$\lambda_{rd2} = 0,27 \cdot \alpha_v \cdot f_{cd} = 0,27 \times 0,84 \times (28,57 \text{ MPa})$
$= 6,48 \text{ MPa} = (6,48 \times 10^6 \text{ N})/\text{m}^2 = (6,48 \times 10^5 \text{ kgf})/\text{m}^2$
$= (6,48 \times 10^2 \text{ tf})/\text{m}^2 = 648 \text{ tf}/\text{m}^2$
$\alpha_v = (1 - (f_{ck}/250)) = (1 - (40 \text{ MPa}/250)) = 0,84$

$f_{cd} = f_{ck}/\gamma = (40 \text{ MPa})/1,40 = 28,57 \text{ MPa}$

$\gamma = 1,40$

$\lambda_{rd2} = F_{sd}/(\mu \cdot d) \Rightarrow (648 \text{ tf}/\text{m}^2)$
$= F_{sd}/(94,20 \text{ cm} \times 10 \text{ cm}) \Rightarrow F_{sd} = 61,04 \text{ tf}$

Como $F_{sd} = 61,04 \text{ tf} > V_{d\,sol} = 46,66 \text{ tf}$, a verificação do esforço de punção ao longo do contorno C satisfaz.

Assim, com certa folga em relação ao espaçamento de 15 cm em vez de 20 cm e com o cálculo baseado no aço CA-50 em vez do aço CA-60 constituinte da tela, pode-se adotar pavimento rígido com altura de 15 cm e armação dupla constituída da tela Q 335 (1 φ 8 c/15).

Estruturas de *skids* que se comportam como cargas montantes

Na Fig. 6.24 tem-se uma situação em que equipamentos *offshore* são armazenados nos pátios. Para isso, os equipamentos são apoiados em *skids*, que servem tanto para facilitar o içamento através de olhais neles instalados como para evitar o contato direto dos equipamentos com a superfície do pavimento.

O *skid* nada mais é do que um conjunto de elementos metálicos soldados em forma de grelha que funciona como suporte para a carga do equipamento. Ao longo de sua periferia, há bases de chapas metálicas montadas que lhe servem de apoio. Assim, no dimensionamento do pavimento para resistir à carga de um *skid*, calcula-se a punção na placa em função da reação máxima aplicada pelo suporte do *skid*.

Com isso, o *skid* é tratado como uma carga montante no universo de pavimentos rígidos, e o dimensionamento do pavimento é feito conforme visto nos dois exemplos anteriores, aplicados a sistemas de estantes instalados em interiores de galpões industriais.

6.6 Dimensionamento de cargas aplicadas por eixos de rodagem dupla, tandem duplo e tandem triplo

Nesta seção será mostrado o cálculo do número N para os demais tipos de eixos que não serão tratados nos capítulos de projetos adiante. Esses eixos não serão abordados porque o autor sempre se deparou com os maiores valores de N como advindos de eixos simples de rodagem simples em seus projetos. Porém, esses estudos são importantes para validar tal afirmação e servir de memória de cálculo para projetos de pavimentos rígidos rodoviários.

Para as explicações a seguir, serão considerados os seguintes dados para o pavimento rígido de concreto armado:
- resistência característica do concreto à compressão (f_{ck}) = 30 MPa;
- módulo de elasticidade inicial (E_{ci}) = $5.600 \cdot (f_{ck})^{1/2}$ = $5.600 \times (30 \text{ MPa})^{1/2}$ = 30.672,46 MPa;
- coeficiente de Poisson (ν) = 0,20;
- altura da placa de concreto (h) adotada = 15 cm;
- espessura da sub-base = 15 cm.

Considerando a sub-base com altura de 15 cm e constituída de BGS e o subleito com CBR baixo, equivalente a 6%, adentra-se com esses valores na Tab. 3.8 e encontra-se um módulo de reação no topo do sistema igual a k = 46 MPa/m.

Com isso, dispõe-se de dados suficientes para calcular o valor do raio de rigidez relativa da placa de concreto, o que é feito por meio de:

$$\ell = \left[\frac{E \cdot h^3}{12 \cdot k \cdot (1-\nu^2)}\right]^{1/4} = \left[\frac{30.672,46 \text{ MPa} \times (0,15 \text{ m})^3}{12 \times (46 \text{ MPa/m}) \times (1-0,20^2)}\right]^{0,25}$$
$= 0,665 \text{ m}$

6.6.1 Eixo simples de rodagem dupla

A geometria do eixo simples de rodagem dupla é apresentada na Fig. 6.25. A área de contato de dois pneus sobre uma determinada superfície de pavimento é dada de modo similar ao calculado para rodas simples.

Nesse caso, têm-se duas rodas duplas (duas de cada lado) em cada eixo, o que totaliza quatro rodas. Considerando que há uma carga de 17 tf por eixo simples de

Fig. 6.24 Equipamentos dispostos sobre sistemas de *skids*

rodagem dupla, calcula-se a carga por roda da seguinte maneira:

$$P_R = \frac{170 \text{ kN por eixo}}{4 \text{ rodas}} = 42,5 \text{ kN}$$

$$A = \frac{42,5 \text{ kN}}{0,70 \text{ MPa}} = \frac{42.500 \text{ N}}{0,70 \times 10^6 \text{ N/m}^2} = 0,061 \text{ m}^2$$

$$L = \sqrt{\frac{0,061 \text{ m}^2}{0,5227}} = 0,341 \text{ m}$$

$$w = 0,60 \cdot L = 0,60 \times 0,341 \text{ m} = 0,204 \text{ m}$$

Esse roteiro de cálculo já foi exposto para o caso de eixo simples de rodagem simples. Se fossem utilizadas as tabelas da Especificação Técnica ET-52 (Carvalho; Pitta, 1989), que consta de 15 ábacos, seria preciso encontrar os valores dos índices a seguir, já mostrados anteriormente:

$$L' = \frac{0,254 \cdot L}{\ell} = \frac{0,254 \times 0,341 \text{ m}}{0,665 \text{ m}} \Rightarrow L' = 0,130 \text{ m} = 13,00 \text{ cm}$$

$$d' = \frac{0,254 \cdot d}{\ell} = \frac{0,254 \times 2,000 \text{ m}}{0,665 \text{ m}} \Rightarrow d' = 0,764 \text{ m} = 76,40 \text{ cm}$$

O valor de d se refere à distância entre eixos, tomada como igual a 2 m.

Os valores de s' e w' utilizados nesses ábacos são dados por:

$$s' = \frac{0,254 \cdot s}{\ell} = \frac{0,254 \times 0,30 \text{ m}}{0,665 \text{ m}} \Rightarrow s' = 0,115 \text{ m} = 11,50 \text{ cm}$$

$$w' = \frac{0,254 \cdot w}{\ell} = \frac{0,254 \times 0,204 \text{ m}}{0,665 \text{ m}} \Rightarrow w' = 0,078 \text{ m}$$
$$= 7,80 \text{ cm}$$

em que:
s é a distância entre rodas duplas, tomada como igual a 30 cm (0,30 m);
w é a largura de contato do pneu (m).

Com isso, ao conhecer os valores de L', d', s' e w', adentra-se no ábaco apropriado em função de cada um deles e encontra-se o valor de N. Porém, como por esse caminho de consulta à ET-52 (Carvalho; Pitta, 1989) há muitos ábacos a serem explicados quanto a seu uso, será mostrado outro modelo de cálculo de N envolvendo um menor número de ábacos, cuja consulta envolve a determinação dos valores de L/ℓ, x/ℓ e d/ℓ.

$$\frac{L}{\ell} = \frac{0,341 \text{ m}}{0,665 \text{ m}} = 0,513$$

em que:
L é o comprimento de contato do pneu (m);
ℓ é o raio de rigidez relativa (m).

Em primeiro lugar, analisam-se as rodas aplicadas no interior da placa (Fig. 6.26). Numeram-se as rodas de um lado do eixo e traçam-se duas coordenadas tomando a roda 1 como coordenada 0,0. Sabe-se que a distância entre rodas duplas é de 30 cm.

Assim, calcula-se x/ℓ para a roda 1:

$$x/\ell = 0 \text{ m}/0,665 \text{ m} = 0$$

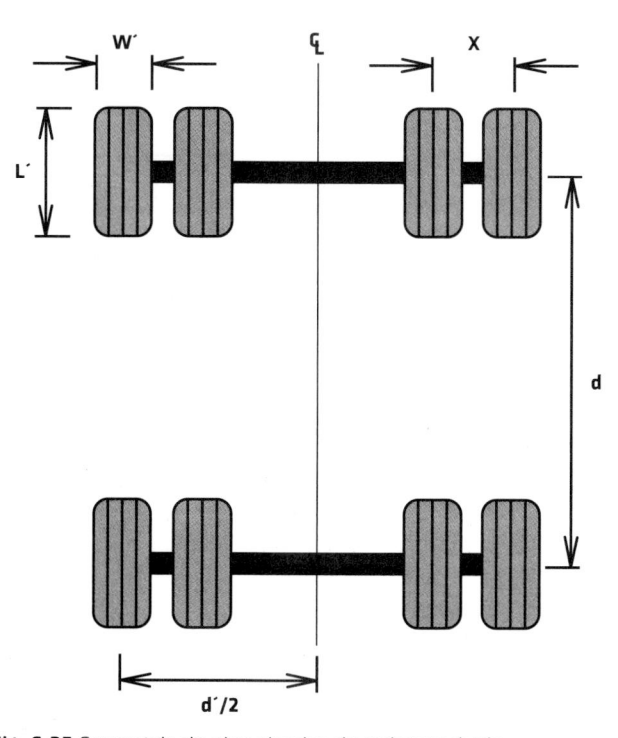

Fig. 6.25 Geometria do eixo simples de rodagem dupla

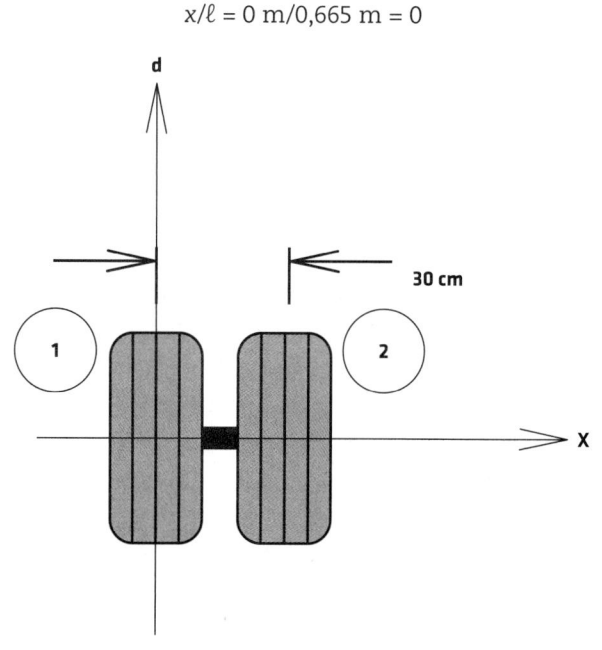

Fig. 6.26 Numeração das rodas em relação ao interior da placa – eixo simples de rodagem dupla

E para a roda 2:

$$x/\ell = 0{,}30 \text{ m}/0{,}665 \text{ m} = 0{,}45$$

Para a roda 1, entra-se na carta de influência 1 que tem o valor de $x/\ell = 0$ (Fig. 6.27). Com $d/\ell = 0$ e $L/\ell = 0{,}513$, obtém-se o valor de $N \cong 295$.

Para a roda 2, entra-se na carta de influência 1 que tem o valor de $x/\ell = 0{,}40$ (Fig. 6.27), que é o valor anterior a $x/\ell = 0{,}45$ encontrado. Com $d/\ell = 0$ e $L/\ell = 0{,}513$, obtém-se o valor de $N \cong 100$.

Desse modo, para o interior da placa, o valor total do número $N \cong 295 + 100 \cong 395$.

Agora, analisam-se as rodas na borda livre da placa (Fig. 6.28). Mantém-se a distância de 30 cm entre as rodas e obtém-se a distância $w/2$, que equivale à distância do eixo da roda externa à borda livre da placa. Pode-se tomar w como a largura da roda, igual a 20 cm, então $w/2 = 20$ cm$/2 = 10$ cm.

Assim, calcula-se d/ℓ para a roda 1:

$$d/\ell = (0{,}20 \text{ m}/2)/0{,}665 \text{ m} = 0{,}15$$

E para a roda 2:

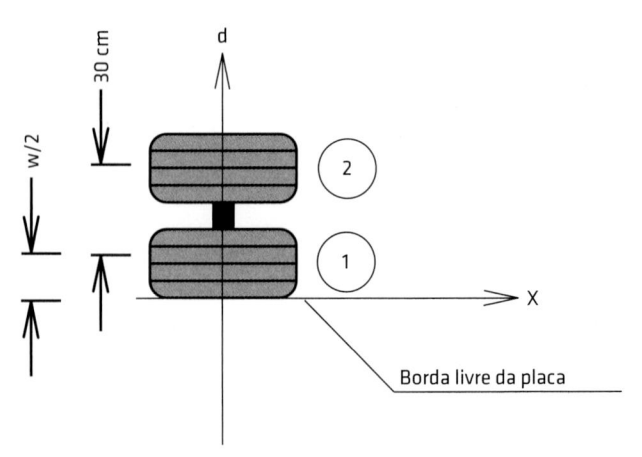

Fig. 6.28 Numeração das rodas em relação à borda livre da placa – eixo simples de rodagem dupla

$$d/\ell = [(0{,}20 \text{ m}/2) + 0{,}30 \text{ m}]/0{,}665 \text{ m} = 0{,}60$$

Para a roda 1, entra-se na carta de influência 2 que tem o valor de $x/\ell = 0$ (Fig. 6.29), que é o valor anterior a $d/\ell = 0{,}15$ encontrado. Com $d/\ell = 0{,}15$ e $L/\ell = 0{,}513$, obtém-se o valor de $N \cong 500$.

Para a roda 2, entra-se na carta de influência 2 que tem o valor de $x/\ell = 0{,}4$ (Fig. 6.29), que é o valor anterior a $d/\ell = 0{,}60$ encontrado. Com $d/\ell = 0{,}60$ e $L/\ell = 0{,}513$, obtém-se o valor de $N \cong 190$.

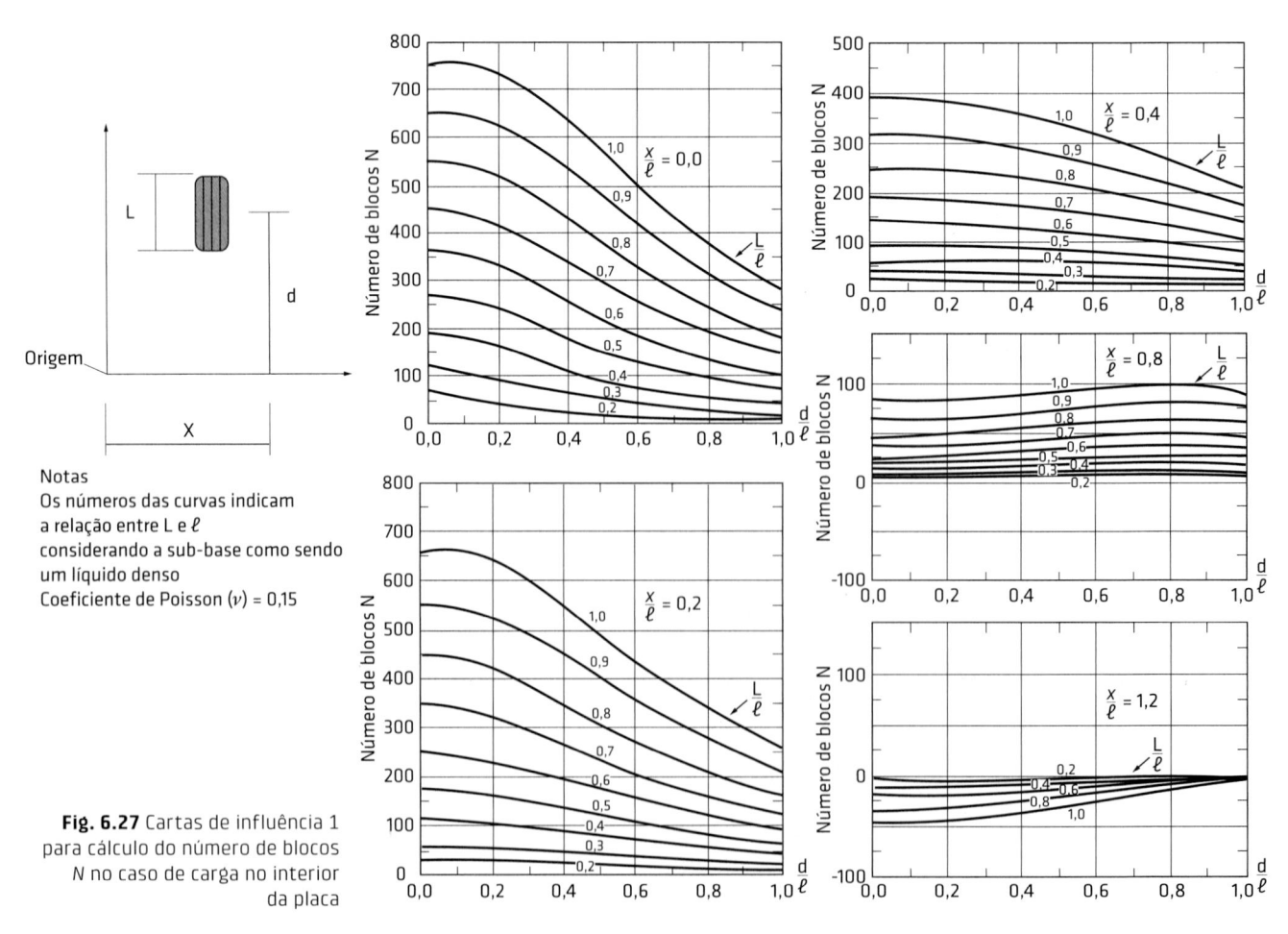

Fig. 6.27 Cartas de influência 1 para cálculo do número de blocos N no caso de carga no interior da placa

Notas
Os números das curvas indicam a relação entre L e ℓ considerando a sub-base como sendo um líquido denso
Coeficiente de Poisson (ν) = 0,15

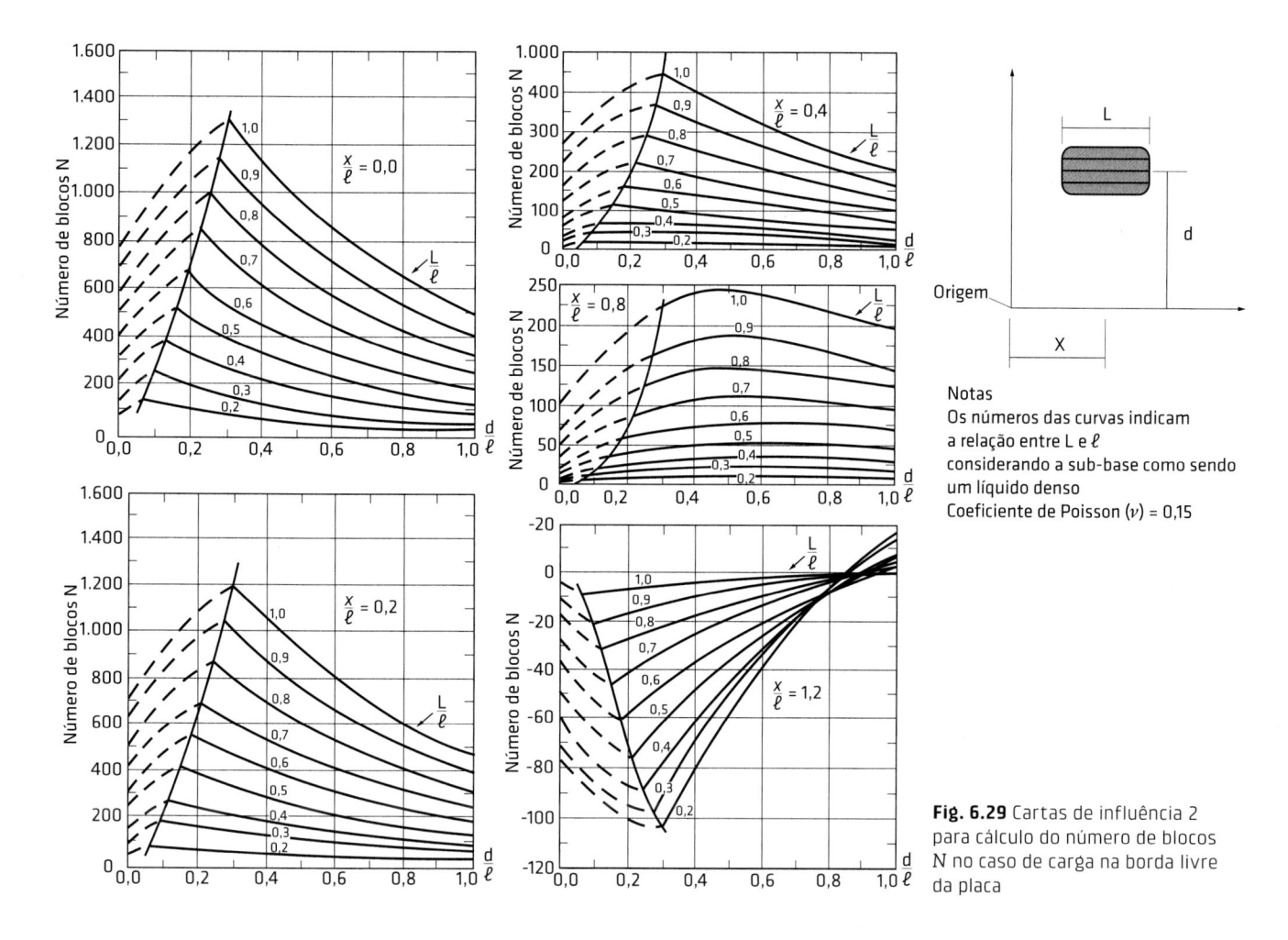

Fig. 6.29 Cartas de influência 2 para cálculo do número de blocos N no caso de carga na borda livre da placa

Desse modo, para a borda livre da placa, o valor total do número $N \cong 500 + 190 \cong 690$.

Para cada valor de N, calculam-se o momento fletor e a armação, como será mostrado nos capítulos de projetos aplicados a casos reais.

Assim, esse é o procedimento para encontrar o valor de N no caso de eixo simples de rodagem dupla.

6.6.2 Eixo tandem duplo

A geometria do eixo tandem duplo é apresentada na Fig. 6.30. A área de contato de quatro pneus sobre uma determinada superfície de pavimento é dada de modo similar ao calculado para rodas simples.

Nesse caso, tem-se um total de oito rodas (quatro de cada lado) em cada eixo. Considerando que há uma carga de 29 tf por eixo tandem duplo, calcula-se a carga por roda da seguinte maneira:

$$P_R = \frac{290 \text{ kN por eixo}}{8 \text{ rodas}} = 36{,}25 \text{ kN}$$

$$A = \frac{36{,}25 \text{ kN}}{0{,}70 \text{ MPa}} = \frac{36.250 \text{ N}}{0{,}70 \times 10^6 \text{ N/m}^2} = 0{,}052 \text{ m}^2$$

$$L = \sqrt{\frac{0{,}052 \text{ m}^2}{0{,}5227}} = 0{,}315 \text{ m}$$

$$w = 0{,}60 \cdot L = 0{,}60 \times 0{,}315 \text{ m} = 0{,}189 \text{ m}$$

Esse roteiro de cálculo já foi exposto para o caso de eixo simples de rodagem simples. Se fossem utilizadas as tabelas da ET-52 (Carvalho; Pitta, 1989), que consta de 15 ábacos, seria preciso encontrar os valores dos índices a seguir, já mostrados anteriormente:

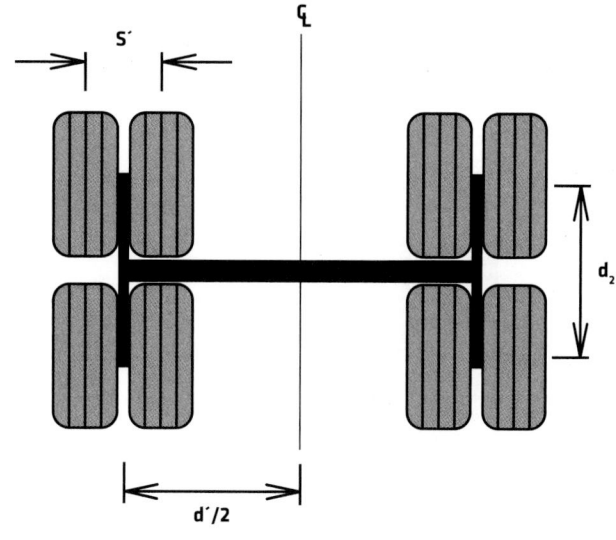

Fig. 6.30 Geometria do eixo tandem duplo

$$L' = \frac{0{,}254 \cdot L}{\ell} = \frac{0{,}254 \times 0{,}315 \text{ m}}{0{,}665 \text{ m}} \Rightarrow L' = 0{,}120 \text{ m} = 12{,}00 \text{ cm}$$

$$d' = \frac{0{,}254 \cdot d}{\ell} = \frac{0{,}254 \times 2{,}000 \text{ m}}{0{,}665 \text{ m}} \Rightarrow d' = 0{,}764 \text{ m} = 76{,}40 \text{ cm}$$

O valor de d se refere à distância entre eixos, tomada como igual a 2 m.

Porém, como serão adotadas as cartas de influência 1 e 2 utilizadas para o cálculo do eixo simples de rodagem dupla mostrado anteriormente (Figs. 6.27 e 6.29), basta encontrar os valores de L/ℓ, x/ℓ e d/ℓ para o novo caso de eixo tandem duplo.

$$\frac{L}{\ell} = \frac{0{,}315 \text{ m}}{0{,}665 \text{ m}} = 0{,}473$$

Em primeiro lugar, analisam-se as rodas aplicadas no interior da placa (Fig. 6.31). Numeram-se as rodas de um lado do eixo e traçam-se duas coordenadas tomando a roda 1 como coordenada 0,0. Sabe-se que a distância entre rodas duplas é de 30 cm.

Assim, calculam-se x/ℓ e d/ℓ para a roda 1:
$$x/\ell = 0 \text{ m}/0{,}665 \text{ m} = 0$$
$$d/\ell = 0 \text{ m}/0{,}665 \text{ m} = 0$$

Para a roda 2:
$$x/\ell = 0{,}30 \text{ m}/0{,}665 \text{ m} = 0{,}45$$
$$d/\ell = 0 \text{ m}/0{,}665 \text{ m} = 0$$

Para a roda 3:
$$x/\ell = 0 \text{ m}/0{,}665 \text{ m} = 0$$
$$d/\ell = 1{,}20 \text{ m}/0{,}665 \text{ m} = 1{,}81$$

E para a roda 4:
$$x/\ell = 0{,}30 \text{ m}/0{,}665 \text{ m} = 0{,}45$$
$$d/\ell = 1{,}20 \text{ m}/0{,}665 \text{ m} = 1{,}81$$

Para a roda 1, entra-se na carta de influência 1 que tem o valor de $x/\ell = 0$. Com $d/\ell = 0$ e $L/\ell = 0{,}473$, obtém-se o valor de $N \cong 280$.

Para a roda 2, entra-se na carta de influência 1 que tem o valor de $x/\ell = 0{,}40$, que é o valor anterior a $x/\ell = 0{,}45$ encontrado. Com $d/\ell = 0$ e $L/\ell = 0{,}473$, obtém-se o valor de $N \cong 90$.

Para a roda 3, entra-se na carta de influência 1 que tem o valor de $x/\ell = 0$. Com $d/\ell = 1{,}81$ e $L/\ell = 0{,}473$, obtém-se o valor de $N \cong 0$, pois o valor de 1,81 é superior ao limite de 1,0 mostrado no eixo d/ℓ de todos os ábacos.

Para a roda 4, entra-se na carta de influência 1 que tem o valor de $x/\ell = 0{,}40$, que é o valor anterior a $x/\ell = 0{,}45$ encontrado. Com $d/\ell = 1{,}81$ e $L/\ell = 0{,}473$, obtém-se o valor de $N \cong 0$, pois o valor de 1,81 é superior ao limite de 1,0 mostrado no eixo d/ℓ de todos os ábacos.

Desse modo, para o interior da placa, o valor total do número $N \cong 280 + 90 \cong 370$.

Agora, analisam-se as rodas na borda livre da placa (Fig. 6.32). Mantém-se a distância de 30 cm entre as rodas e obtém-se distância $w/2$, que equivale à distância do eixo da roda externa à borda livre da placa. Pode-se tomar w como a largura da roda, igual a 20 cm, então $w/2 = 20$ cm$/2 = 10$ cm.

Assim, calculam-se x/ℓ e d/ℓ para a roda 1:
$$x/\ell = 0 \text{ m}/0{,}665 \text{ m} = 0$$
$$d/\ell = (0{,}20 \text{ m}/2)/0{,}665 \text{ m} = 0{,}15$$

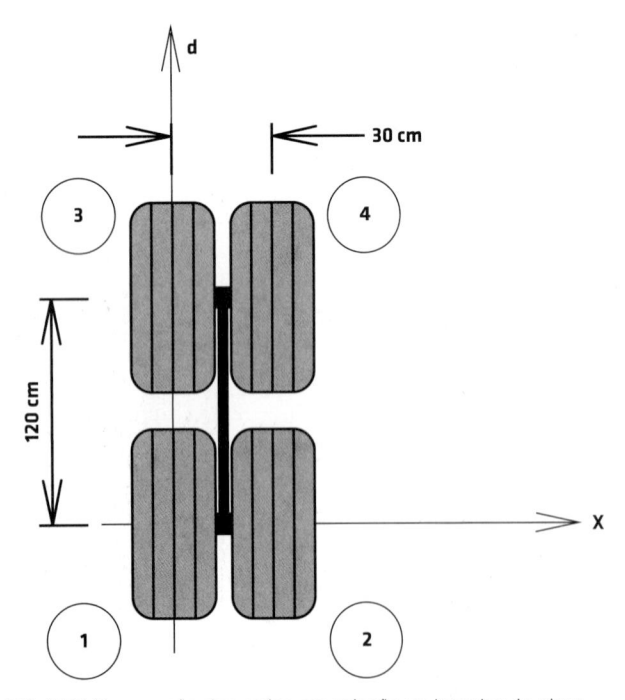

Fig. 6.31 Numeração das rodas em relação ao interior da placa – eixo tandem duplo

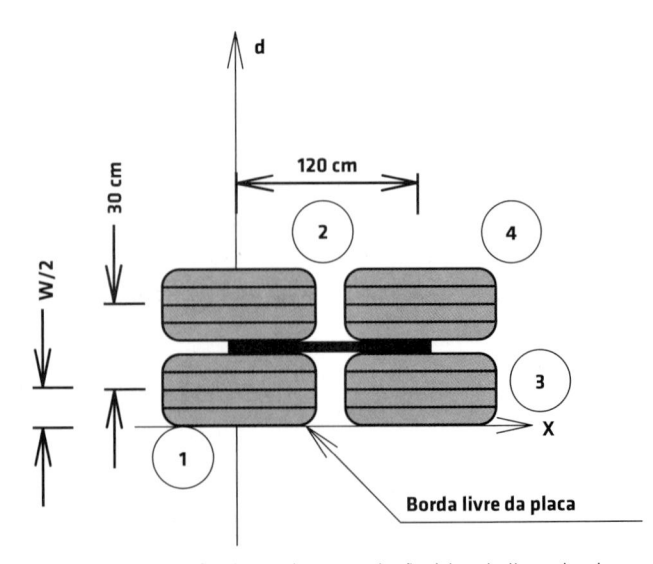

Fig. 6.32 Numeração das rodas em relação à borda livre da placa – eixo tandem duplo

Para a roda 2:
$$x/\ell = 0 \text{ m}/0{,}665 \text{ m} = 0$$
$$d/\ell = [(0{,}20 \text{ m}/2) + 0{,}30 \text{ m}]/0{,}665 \text{ m} = 0{,}60$$
Para a roda 3:
$$x/\ell = 1{,}20 \text{ m}/0{,}665 \text{ m} = 1{,}81$$
$$d/\ell = (0{,}20 \text{ m}/2)/0{,}665 \text{ m} = 0{,}15$$

E para a roda 4:
$$x/\ell = 1{,}20 \text{ m}/0{,}665 \text{ m} = 1{,}81$$
$$d/\ell = [(0{,}20 \text{ m}/2) + 0{,}30 \text{ m}]/0{,}665 \text{ m} = 0{,}60$$

Para a roda 1, entra-se na carta de influência 2 que tem o valor de $x/\ell = 0$. Com $d/\ell = 0{,}15$ e $L/\ell = 0{,}473$, obtém-se o valor de $N \cong 450$.

Para a roda 2, entra-se na carta de influência 2 que tem o valor de $x/\ell = 0$. Com $d/\ell = 0{,}60$ e $L/\ell = 0{,}473$, obtém-se o valor de $N \cong 210$.

Para a roda 3, entra-se na carta de influência 2 que tem o valor de $x/\ell = 1{,}20$, que é o valor anterior a $x/\ell = 1{,}81$ encontrado. Com $d/\ell = 0{,}15$ e $L/\ell = 0{,}473$, obtém-se o valor de $N \cong -60$. Como valores negativos não devem ser aceitos, considera-se $N = 0$ para a roda 3.

Para a roda 4, entra-se na carta de influência 2 que tem o valor de $x/\ell = 1{,}20$, que é o valor anterior a $x/\ell = 1{,}81$ encontrado. Com $d/\ell = 0{,}60$ e $L/\ell = 0{,}473$, obtém-se o valor de $N \cong -28$. Como valores negativos não devem ser aceitos, considera-se $N = 0$ para a roda 4.

Desse modo, para a borda livre da placa, o valor total do número $N \cong 450 + 210 \cong 660$.

Para cada valor de N, calculam-se o momento fletor e a armação, como será mostrado nos capítulos de projetos aplicados a casos reais.

Assim, esse é o procedimento para encontrar o valor de N no caso de eixo tandem duplo.

6.6.3 Eixo tandem triplo

A geometria do eixo tandem triplo é apresentada na Fig. 6.33. A área de contato de seis pneus sobre uma determinada superfície de pavimento é dada de modo similar ao calculado para rodas simples.

Nesse caso, tem-se um total de 12 rodas (seis de cada lado) em cada eixo. Considerando que há uma carga de 36 tf por eixo tandem triplo, calcula-se a carga por roda da seguinte maneira:

$$P_R = \frac{360 \text{ kN por eixo}}{12 \text{ rodas}} = 30{,}00 \text{ kN}$$

$$A = \frac{30{,}00 \text{ kN}}{0{,}70 \text{ MPa}} = \frac{30.000 \text{ N}}{0{,}70 \times 10^6 \text{ N}/\text{m}^2} = 0{,}043 \text{ m}^2$$

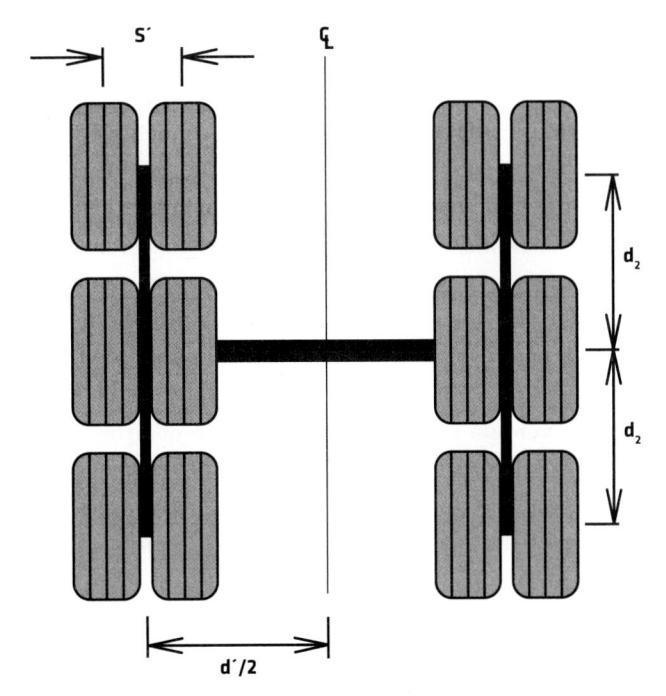

Fig. 6.33 Geometria do eixo tandem triplo

$$L = \sqrt{\frac{0{,}043 \text{ m}^2}{0{,}5227}} = 0{,}286 \text{ m}$$

$$w = 0{,}60 \cdot L = 0{,}60 \times 0{,}286 \text{ m} = 0{,}172 \text{ m}$$

$$\frac{L}{\ell} = \frac{0{,}286 \text{ m}}{0{,}665 \text{ m}} = 0{,}431$$

O procedimento de cálculo do número N com o uso das cartas de influência é similar ao adotado para o caso do eixo tandem duplo.

6.6.4 Análise dos eixos

Cabe notar que o valor da carga total encontrada por roda diminui do eixo simples de rodagem dupla para o eixo tandem triplo. Uma carga menor por roda reflete-se num número de blocos N também menor.

Observa-se também a diferença do número N encontrado no interior e na borda livre das placas. Para o eixo simples de rodagem dupla, o valor de N na borda livre da placa é duas vezes maior que aquele em seu interior. Para os eixos tandem duplo e tandem triplo, o número N total na borda livre da placa equivale a quase duas vezes aquele encontrado em seu interior.

Portanto, essa metodologia de cálculo do número N pode ser utilizada para os eixos simples de rodagem dupla, tandem duplo e tandem triplo. É possível adotar o método de Rodrigues e Pitta (1997) para o cômputo do momento fletor e, de posse desse valor, dimensionar a armação. Assim, passa-se a ter um roteiro para o dimensionamento de pavimentos rodoviários.

6.7 Dimensionamento de fueiros

Os fueiros são elementos verticais dispostos no entorno de uma instalação a fim de "protegê-la" da ação de veículos. Porém, eles não resistem ao impacto de um veículo em alta velocidade, servindo apenas de obstáculo para que o motorista desatento, no ato de uma manobra, perceba que encostou em algo. Em outras palavras, esses elementos são utilizados para impedir que os veículos esbarrem no equipamento a ser protegido, como uma casa de máquinas ou uma instalação de gás. Em bases industriais, é muito comum ver sua instalação para evitar o abalroamento direto de empilhadeiras contra instalações importantes.

Na Fig. 6.34 é mostrado um fueiro localizado numa base portuária e, na Fig. 6.35, fueiros protegendo uma área escolar do acesso de veículos.

Dentro de um bom senso, na fórmula de física de impacto de um veículo contra um determinado objeto, no caso o fueiro, o calculista pode considerar uma velocidade equivalente àquela de manobra do veículo para encontrar a força de impacto, e não a velocidade máxima ou de trânsito. Assim, calcula-se a força de impacto com base na velocidade do veículo de cerca de 5 km/h a 15 km/h contra o fueiro estacionado (0 km/h).

Para a base do fueiro, deve-se dimensionar um bloco de contrapeso que possua um momento fletor resistente superior ao momento fletor solicitante causado pela força de impacto aplicada no topo do fueiro e multiplicada pelo braço de alavanca até o ponto de rotação da base da fundação.

O cálculo do momento resistente é muito simples de ser feito, bastando multiplicar a massa do bloco pela distância do centro do bloco à sua extremidade que servirá de ponto de apoio contra o momento fletor solicitante causado no fueiro. A razão entre os momentos fletores solicitante e resistente deve ser igual ou superior a 2,00 para garantir essa segurança. Desse modo, quanto mais elevada for a velocidade considerada, mais expressivo será o momento fletor solicitante e, consequentemente, maior deverá ser o volume do bloco. Ao mesmo tempo, quanto maior for a profundidade do bloco enterrada, mais elevado será seu momento fletor resistente.

Para a situação mostrada na Fig. 6.36, do ponto de vista conservador de segurança, o ideal é dimensionar cada fueiro para resistir ao impacto do veículo a uma velocidade compatível com a máxima permitida para a pista. Nesse caso, a velocidade-limite é de 50 km/h, portanto é realizado um cálculo para verificar a dimensão de bloco de fundação ideal que resista ao momento fletor solicitante gerado a essa velocidade.

Porém, deve-se considerar a probabilidade de esse bloco se tornar antieconômico, além de o meio-fio apresentar um desnível de aproximadamente 15 cm entre a avenida e a calçada em que se encontra o transformador a ser protegido. Isso tudo deve ser levado em conta no projeto do engenheiro para que o bloco não tenha dimensões muito exageradas para essa função.

Fig. 6.34 Fueiro instalado na interface do pavimento rígido de concreto com o pavimento flexível de asfalto

Fig. 6.35 Sistema de fueiros de estrutura metálica preenchidos com concreto simples, no limite da via de acesso a uma área escolar

Fig. 6.36 Sistema de fueiros no entorno de um transformador, ao lado de uma avenida movimentada num perímetro urbano no Canadá

6.8 Dimensionamento de grades de piso

Em projetos de pavimentos sempre haverá galerias de drenagem, acessadas por grades de piso, com a finalidade de conduzir a água de chuva para evitar alagamentos em áreas de pátios e de vias. Como essas galerias devem ser cobertas por um material que possibilite a passagem de água e, ao mesmo tempo, seja suficientemente resistente para permitir o trânsito de veículos de um trecho para o outro, entram em cena as grades de piso.

Este autor sempre adotou em seus projetos as grades de piso da fabricante Selmec, que invariavelmente atenderam de forma segura e confiável ao quesito estrutural, no qual a grade deve resistir à passagem dinâmica de rodas e ao critério de deformação vertical, devendo este último estar dentro dos limites de normas. Nas Figs. 6.37 e 6.38 são mostradas duas situações de uso de grades Selmec em pátios de manobra.

Na Fig. 6.39A é apresentada a medição da espessura da parede de uma canaleta de concreto, que deve ser muito bem dimensionada como um pilar-parede a fim de receber as cargas dos veículos. Nota-se que há uma folga entre a canaleta e a parede de concreto, projetada para ter um valor máximo de 1 cm no total, ou seja, com cerca de 5 mm de folga em cada lado. Já na Fig. 6.39B é exibida a medição da altura de uma grade, projetada de modo que, após sua instalação, permaneça um desnível

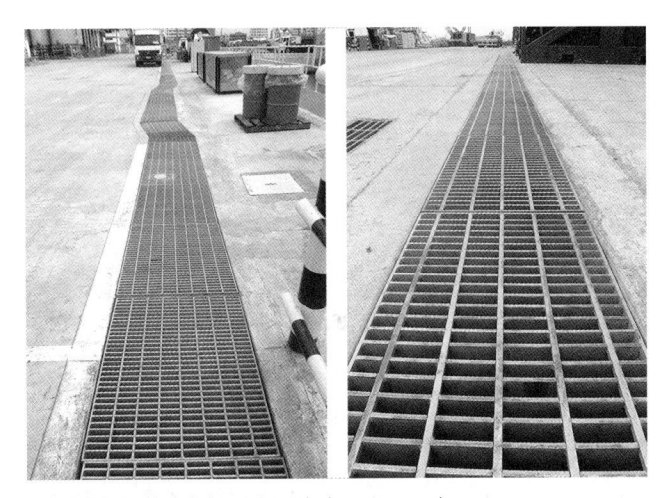

Fig. 6.37 Grades Selmec instaladas num pavimento para área portuária

Fig. 6.38 Grades Selmec para canaletas de formas geométricas diversas, em trechos de divisa de pátios de pavimento de concreto armado

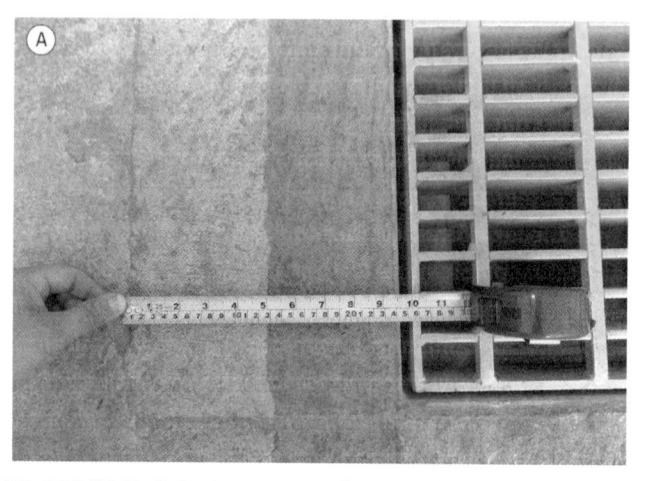

Fig. 6.39 (A) Medição da espessura da parede da canaleta de concreto e (B) medição da altura da grade Selmec

mínimo entre o topo da grade e o topo da parede da canaleta de concreto.

No Cap. 9 será mostrado o detalhe de projeto desse encontro entre a parede, o perfil L instalado com a parede da caixa para receber a grade, e a grade em si, para projetar de forma precisa esse desnível, que deve ser mínimo.

Na Fig. 6.40A são ilustradas as armações duplas que compõem as paredes das canaletas de concreto que devem receber as grades e, na Fig. 6.40B, a grade de piso Selmec sendo instalada juntamente com as armações das paredes das caixas. A Fig. 6.40C apresenta um trecho de armação de canaleta que recebe uma tubulação

Fig. 6.40 (A) Execução de armação para canaleta de concreto armado para recebimento de grade Selmec, (B) grade Selmec de grande capacidade de carga sendo instalada na canaleta e (C) detalhe da armação da canaleta com tubulação de drenagem

em uma de suas faces. Neste caso, o engenheiro deve reforçar o entorno da abertura da caixa para receber a tubulação, uma vez que essa abertura fragiliza qualquer peça de concreto.

Um ensaio de resistência de carga sobre uma grade Selmec é exibido na Fig. 6.41, sendo possível observar que o formato da base da haste que aplica a carga é de geometria circular, o que simula bem a aplicação da força concentrada de uma roda sobre a grade. Essas grades são testadas com muito rigor em laboratórios de altíssima qualidade.

A Fig. 6.42 apresenta casos de especificação de grades incompatíveis com as cargas dinâmicas atuantes no local.

Fig. 6.41 Teste de carga efetuado em grade Selmec

É para evitar essas situações que o engenheiro deve sempre repassar as informações de cargas dinâmicas de seu projeto para a fabricante de grades de piso de sua região. Assim, nesses casos não há falha da grade, mas falha de sua especificação por parte do projetista.

Grades de piso de ferro fundido, também muito capazes de resistir às cargas dinâmicas de rodas, são mostradas na Fig. 6.43. Essas grades resistem por muito tempo ao tráfego de empilhadeiras, guindastes hidráulicos e, inclusive, guindastes dotados de esteiras de aço. Para sua especificação, deve-se requisitar à fabricante o fornecimento de documentos que comprovem sua resistência, respaldada por ensaios efetuados em laboratório.

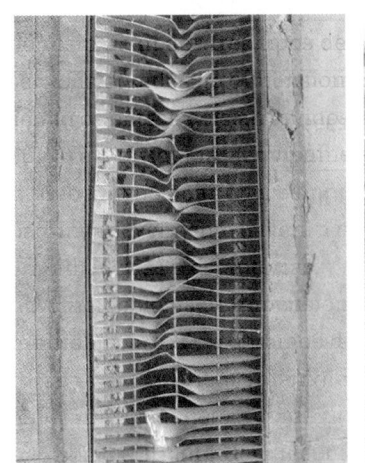

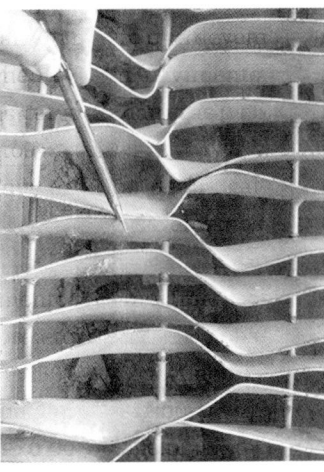

Fig. 6.42 Grades de piso especificadas para carga errada, sofrendo deformações logo nas primeiras passagens de empilhadeiras

Fig. 6.43 Sistema de grades de ferro fundido

PAVIMENTOS RÍGIDOS PARA TRÁFEGO E OPERAÇÕES DE EMPILHADEIRAS E PARA ESTANTERIAS: PROJETO DETALHADO DE GALPÕES

O pavimento constituinte dos três galpões abordados neste capítulo, denominados 416, 417 e 418, foi executado em 2012 e encontra-se em operação desde então, sem a propagação de anomalias como fissuras, trincas e buracos. Esse pavimento atende aos critérios de resistência, durabilidade e funcionalidade, mostrando-se seguro do ponto de vista dos próprios operadores de empilhadeiras entrevistados no local, que o utilizam de modo constante, no dia a dia.

É importante fazer uma investigação no local, conversando com os operadores das empilhadeiras, os mecânicos e o cliente, antes de proceder com o projeto executivo. E, depois de executado o pavimento, é essencial seu acompanhamento periódico pelo engenheiro responsável, a fim de procurar por fissuras, trincas, desgaste precoce da superfície do piso, problemas de exsudação provenientes de má execução do concreto, fissuras de retração decorrentes de cura insuficiente etc. É só dessa forma que os procedimentos, as metodologias e as técnicas podem vir a ser melhorados.

Como geralmente acontece em qualquer galpão, nesse empreendimento também há a presença dos três grupos de cargas – distribuídas, montantes e dinâmicas. Nesse caso, as cargas máximas aplicadas são as seguintes:

- *cargas distribuídas*: levantou-se junto ao cliente o dado de que não passa de 4.000 kg/m² a máxima carga distribuída advinda de seus estoques de equipamentos apoiados sobre o pavimento;
- *cargas dinâmicas*: são desempenhadas pelas empilhadeiras de modelo CPCD 40, com capacidade máxima de carga de 4 tf;
- *cargas montantes*: já foram abordadas no primeiro exemplo da seção 6.5.3.

No que diz respeito às características do projeto original, inicialmente foram adotadas placas com dimensões de 4 m × 4 m, numa época em que as geometrias quadradas eram recomendadas. Porém, quando o projeto voltou à pauta dos empreendimentos a serem executados, surgiu a necessidade de aumentar as dimensões das placas para reduzir o número de barras de transferência entre suas divisas. Com isso, o projeto passou a ter placas com dimensões de 5 m × 10 m, e o valor de f_{ck}, projetado anteriormente com 30 MPa, foi ampliado para 40 MPa. Assim, a equipe de obra passou a ter o desafio de executar placas com maiores dimensões e com um valor de f_{ck} de 40 MPa, o que traz um rigor maior quanto à cura do concreto, principalmente nas primeiras idades.

7.1 Apresentação das plantas

Com relação aos projetos, serão apresentados a seguir todos os detalhes técnicos, desde a planta baixa geral até os detalhes de armações e juntas. Primeiramente serão exibidas as plantas originais, com placas com dimensões de 4 m × 4 m, e, a seguir, a segunda parte das plantas, já com placas de 5 m × 10 m.

Na Fig. 7.1, observe-se a quantidade de placas com dimensões de 4 m × 4 m para vislumbrar o tamanho do empreendimento. Cabe notar também os eixos devidamente indicados de modo a respeitar a planta de arquitetura, as indicações de níveis e as seis rampas de entrada dos galpões. As Figs. 7.2 e 7.3 trazem as ampliações típicas mais importantes referentes à planta de forma geral.

Vale observar, na Fig. 7.2, as indicações de nível de +0,05 e +0,08 para o piso de duas edificações existentes no galpão, bem como as indicações do nível da rua, de –0,27, no ponto mais baixo das rampas. Por sua vez, na Fig. 7.3 vê-se o nível do pavimento acabado, tomado como 0,00, as indicações de canaletas, que seguem em direção ao canal e cortam o pavimento, e as indicações de pilares metálicos treliçados existentes, representados por pequenos quadrados.

Aqui já cabem dois alertas:
- o de limitar a inclinação da rampa em função do limite estabelecido pela fabricante para a empilhadeira com seus garfos abaixados em seu menor nível, pois, do contrário, eles colidirão com a rampa;
- o de atentar para o nível do piso das construções existentes, de modo que haja uma diferença segura entre esse nível e aquele do pavimento acabado, a fim de proteger as edificações de possíveis alagamentos.

Na Fig. 7.4 é mostrada a planta das armações das barras de transferência, com a indicação do número de barras e das dimensões das placas do pavimento, além de cotas entre a última barra e a extremidade de cada placa. Vale observar a hachura presente uma placa sim, outra não, à semelhança de um tabuleiro de xadrez. Isso porque, bem antes de 2012, na época de elaboração desse projeto original, defendia-se a construção de pavimentos em forma de xadrez, ou seja, executando uma placa e pulando outra, com o posterior retorno para construir as placas restantes. Essa solução caiu em desuso por não ser a melhor para a execução de pavimentos.

O detalhe típico das barras de transferência de uma placa é apresentado na Fig. 7.5, com indicações mais claras das barras e dos sistemas de cotas citados anteriormente. Cabe notar a cota de 50 cm, mostrando a distância da última barra à extremidade da placa na direção horizontal, e a cota de 25 cm, com essa mesma informação para a dimensão vertical.

O detalhe da junta serrada (J.S.) típica para todo o projeto é exibido na Fig. 7.6. Observa-se nessa figura que metade da barra é indicada como engraxada e a outra metade, como não engraxada, as telas soldadas duplas são do tipo Q 503, a espessura da junta é de 0,6 cm e o diâmetro da barra de transferência em aço CA-25 é de 25 mm. Além disso, os cobrimentos superior e inferior (neste caso, seguido de lona plástica) do concreto apresentam 5 cm de espessura, a altura total da placa equivale a 20 cm e o solo compactado tem CBR ≥ 80%.

Por se tratar de um galpão existente, não haveria a necessidade de executar camadas de sub-base e de reforço de subleito, e sim apenas garantir um grau de compactação adequado para o solo existente. Dessa maneira, a camada de 5 cm de concreto magro serve mais como camada de proteção para a execução do concreto principal do pavimento do que como sub-base.

Na Fig. 7.7 podem ser vistas as armaduras duplas em telas de aço CA-60. Na Fig. 7.8, por sua vez, é apresentado o sistema de preenchimento das juntas com o uso de uma corda de sisal, normalmente vendida com diâmetro mínimo de 6 mm, seguida do preenchimento com mástique, que é um material elástico próprio para aberturas como essa.

Na Fig. 7.9 é mostrado o detalhe do reforço de armação no entorno dos pilares, com o uso de armaduras duplas, a fim de evitar o surgimento de fissuras induzidas que costumam ocorrer a partir das quinas dos pilares, prosseguindo pelo pavimento depois de executado.

A partir daqui, será descrita a modificação efetuada no projeto original, com o uso de placas com dimensões de 5 m × 10 m.

As indicações de juntas de construção (J.C.) para as divisas entre as faixas de concretagem podem ser observadas na Fig. 7.10. Ou seja, as J.S. são encontradas entre as placas no sentido transversal da placa, enquanto as J.C. são dispostas entre as faixas de concretagem no sentido longitudinal. Já as juntas de encontro (J.E.) localizam-se na periferia do pavimento, entre a placa e um anteparo existente (como uma parede ou uma viga) ou a construir (como uma sarjeta).

As faixas de concretagem indicadas na Fig. 7.11 visam orientar a empresa a executar primeiro uma faixa longitudinal conforme a hachura, depois outra faixa contínua paralela a ela, e assim por diante.

Uma ampliação dos detalhes de todos os tipos de junta (J.S., J.C. e J.E.) que coexistem em um pavimento rígido de

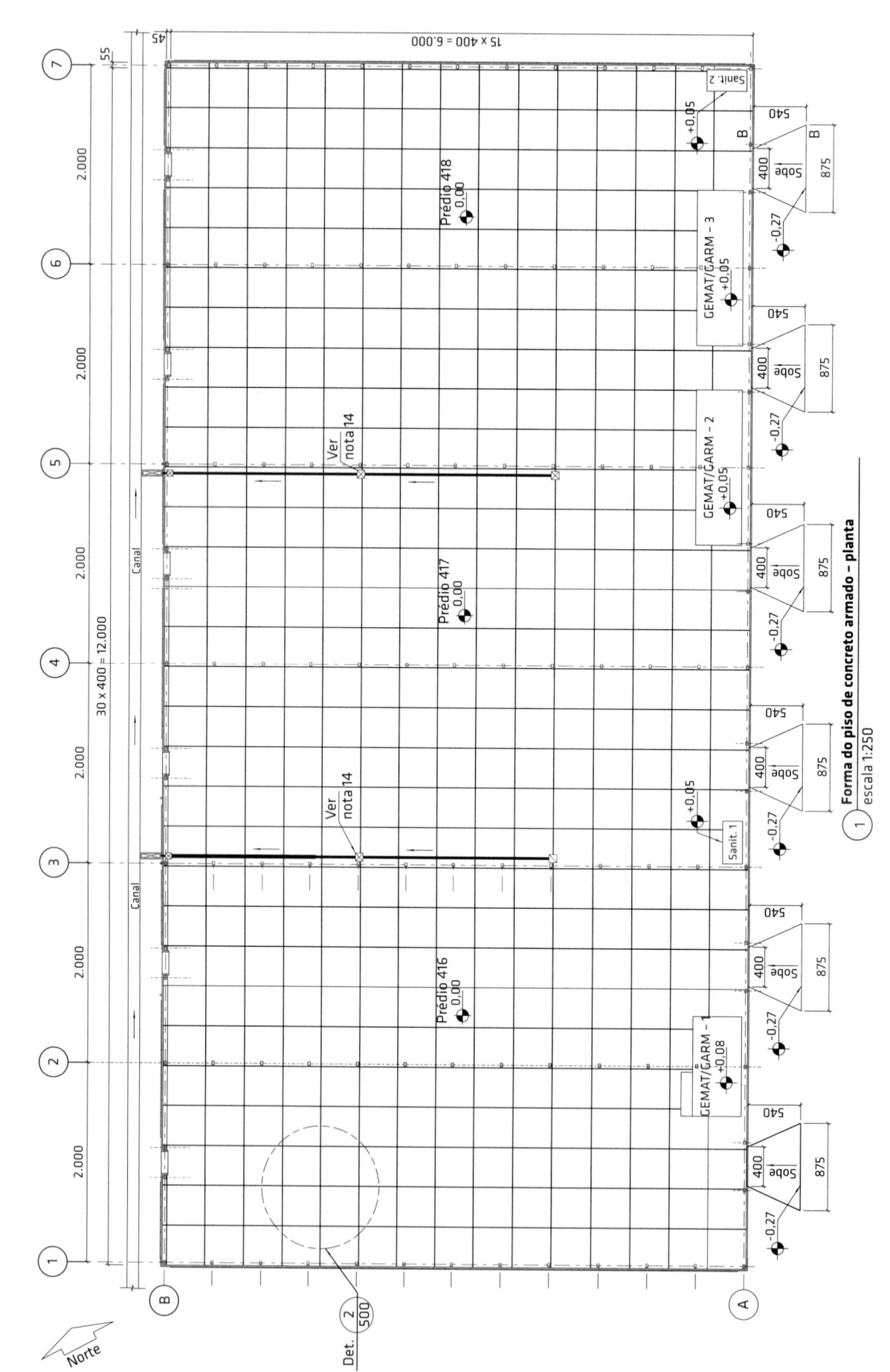

Fig. 7.1 Planta geral dos três galpões, com placas de 4 m × 4 m

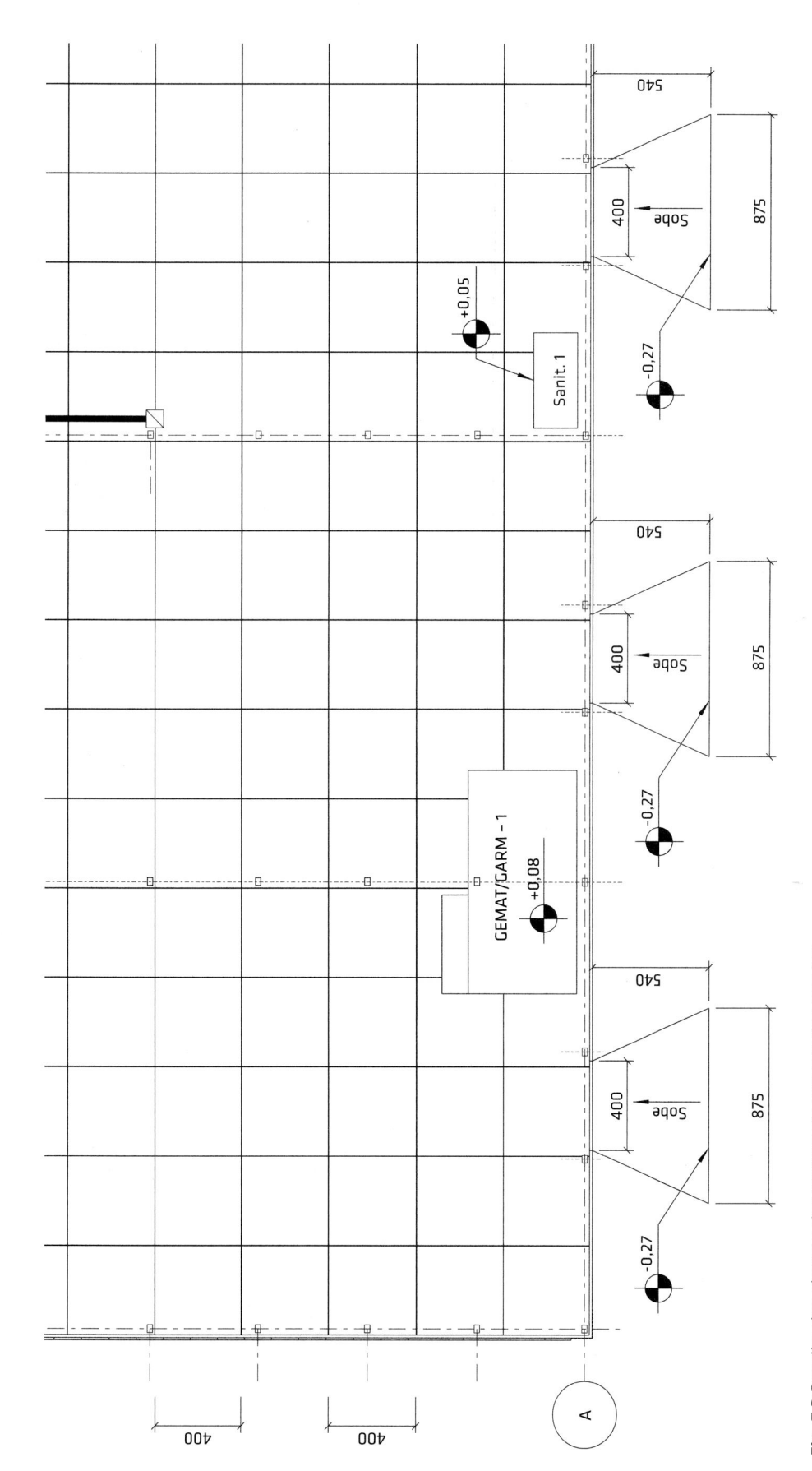

Fig. 7.2 Detalhe das placas e das rampas de entrada dos galpões

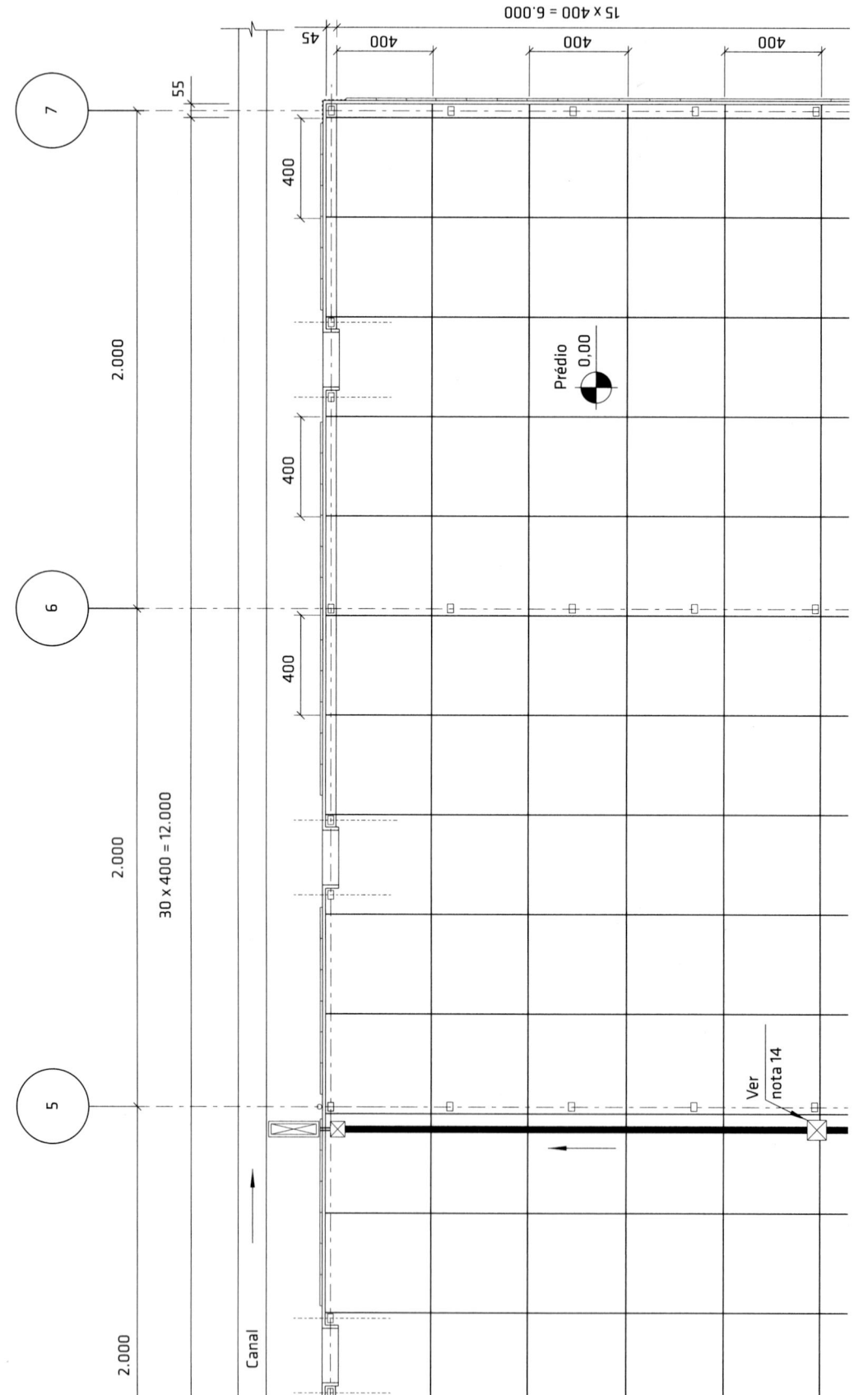

Fig. 7.3 Detalhe das placas e das dimensões totais dos três galpões

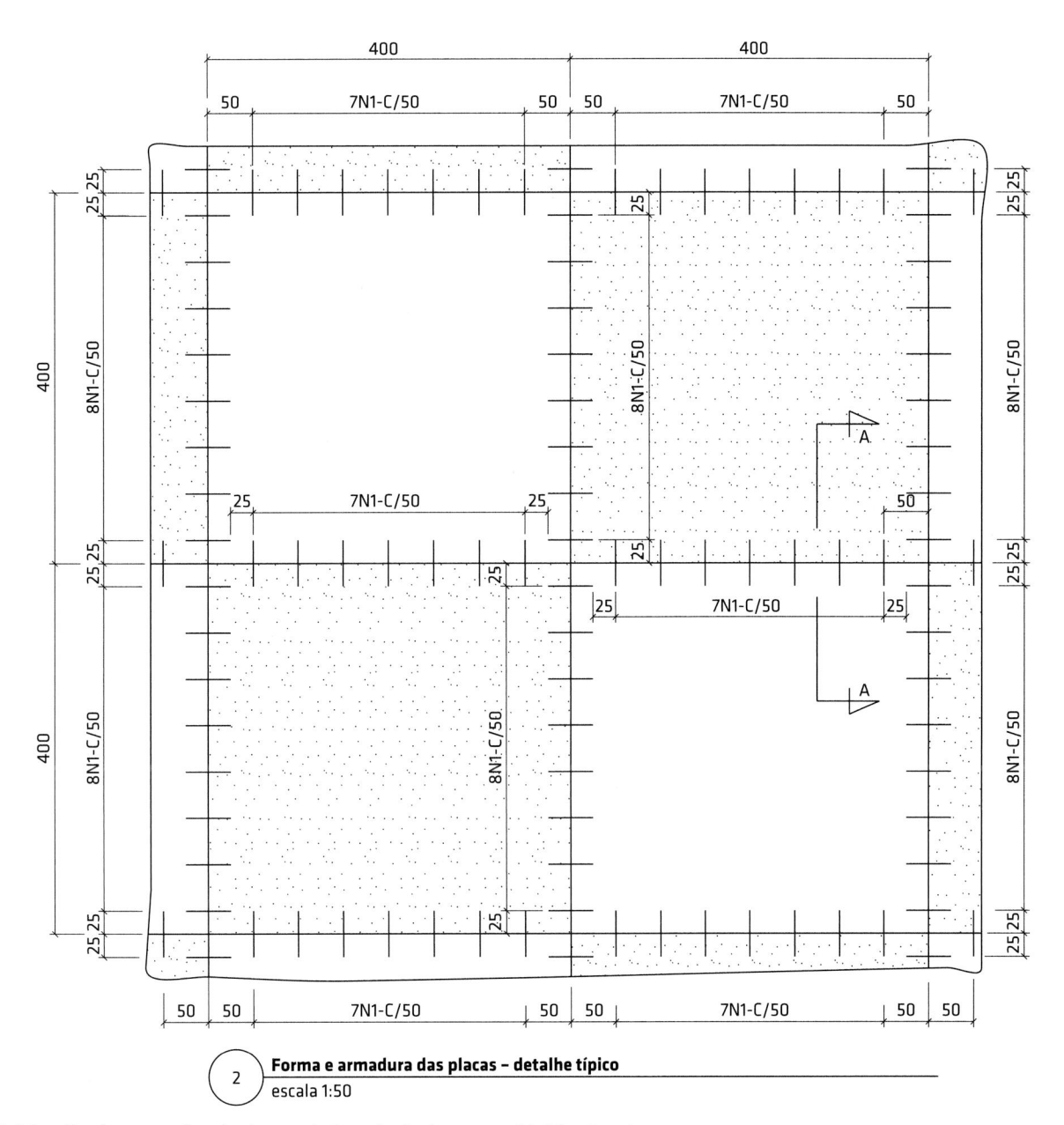

2	**Forma e armadura das placas – detalhe típico**
	escala 1:50

Fig. 7.4 Detalhe das armações das barras de transferência em aço CA-25 entre placas

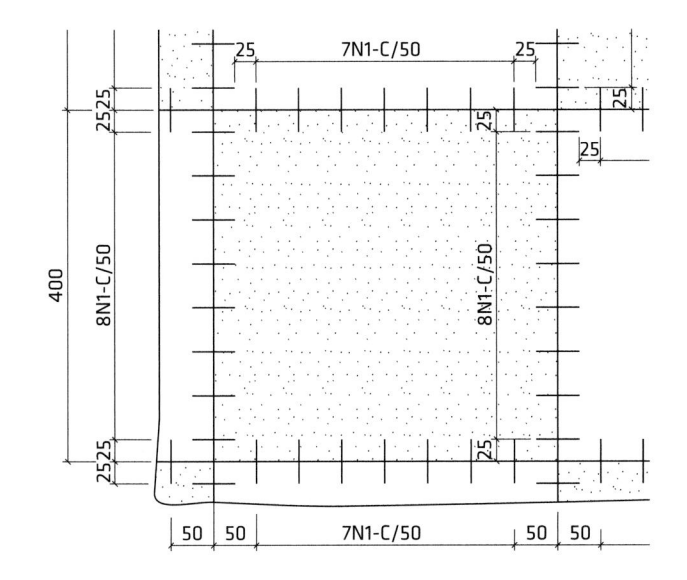

Fig. 7.5 Detalhe típico das barras de transferência de uma placa

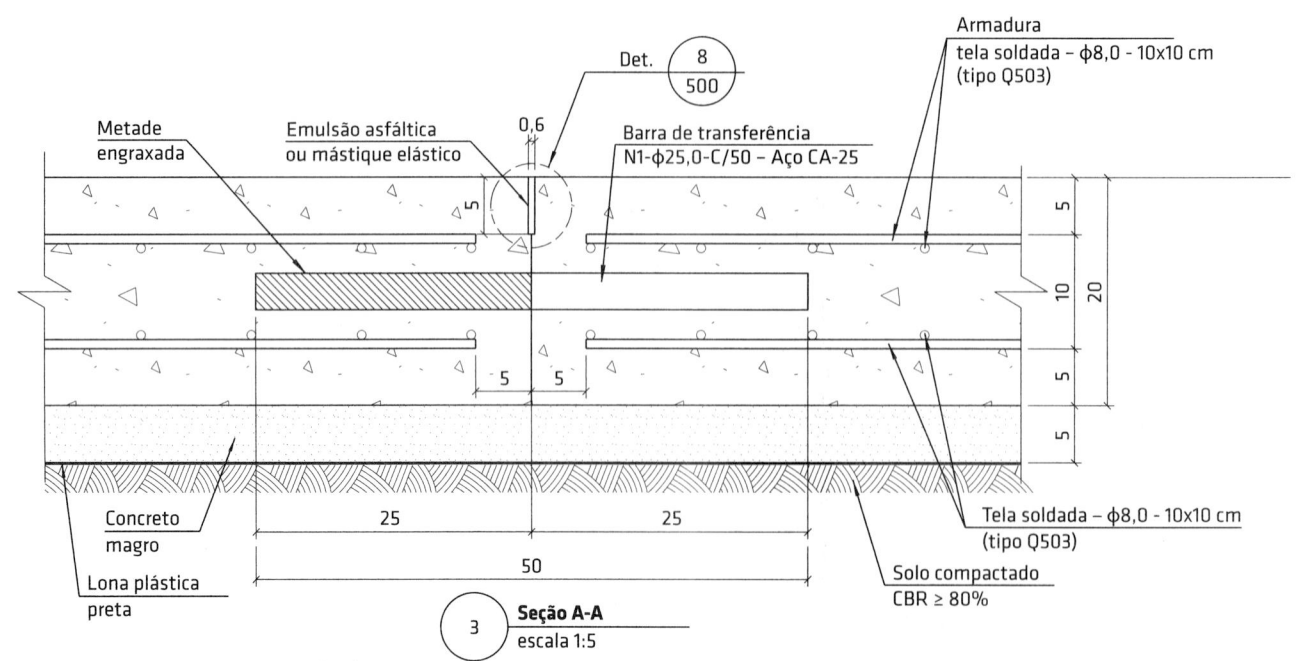

Fig. 7.6 Detalhe da junta serrada (J.S.)

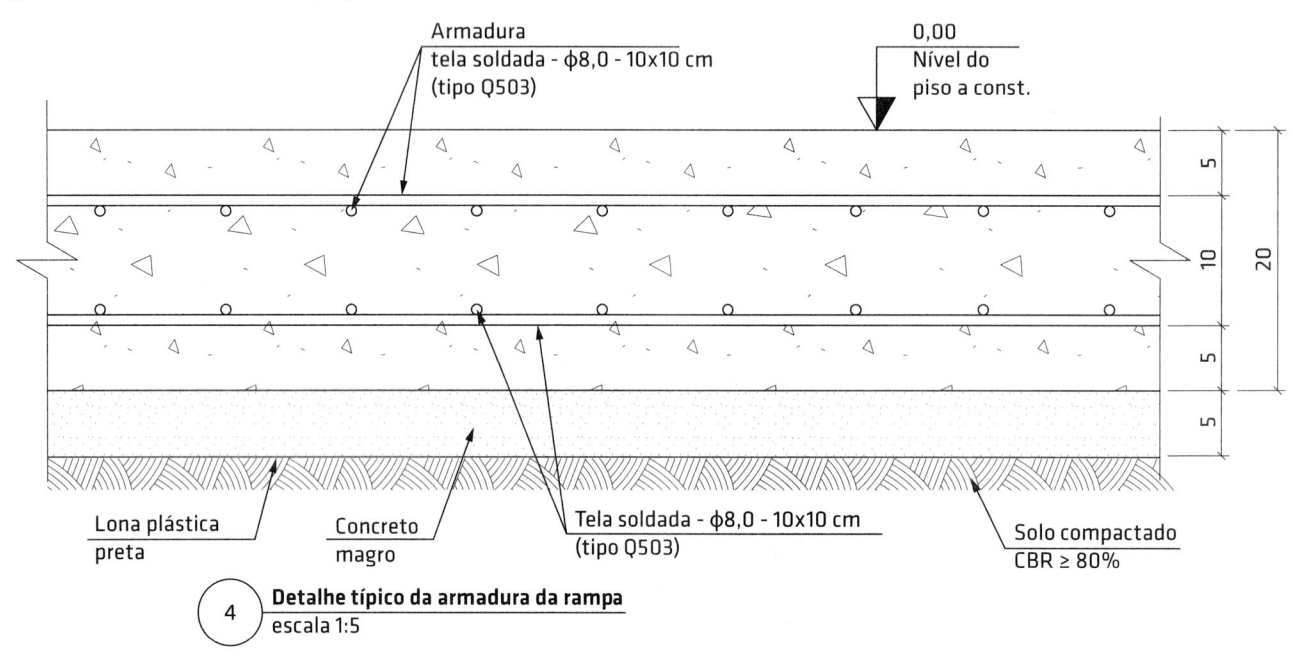

Fig. 7.7 Detalhe das armações duplas em telas de aço CA-60

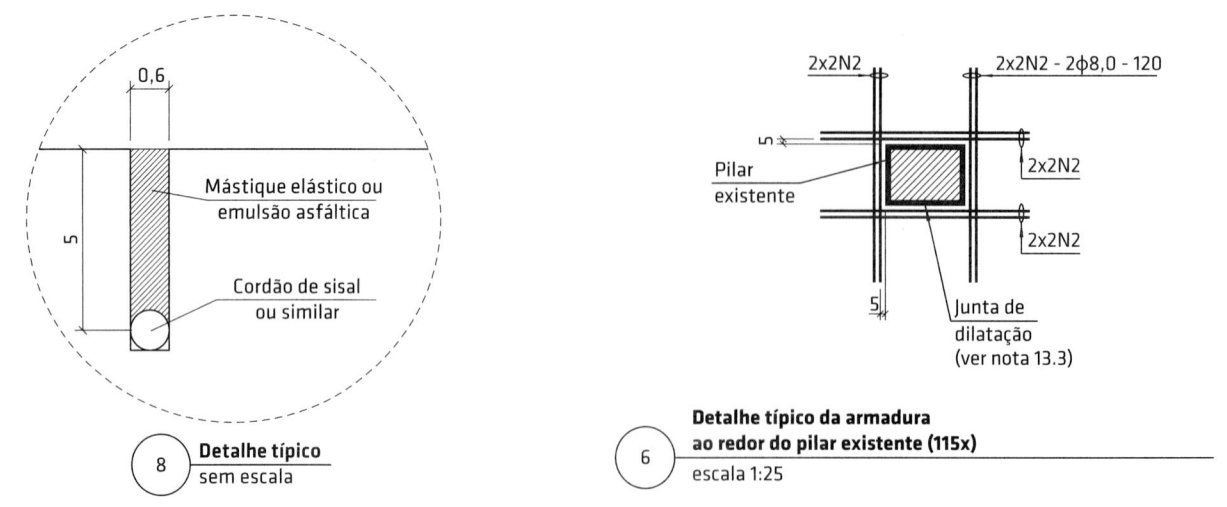

Fig. 7.8 Detalhe do material de preenchimento da junta

Fig. 7.9 Detalhe da armação no entorno dos pilares existentes

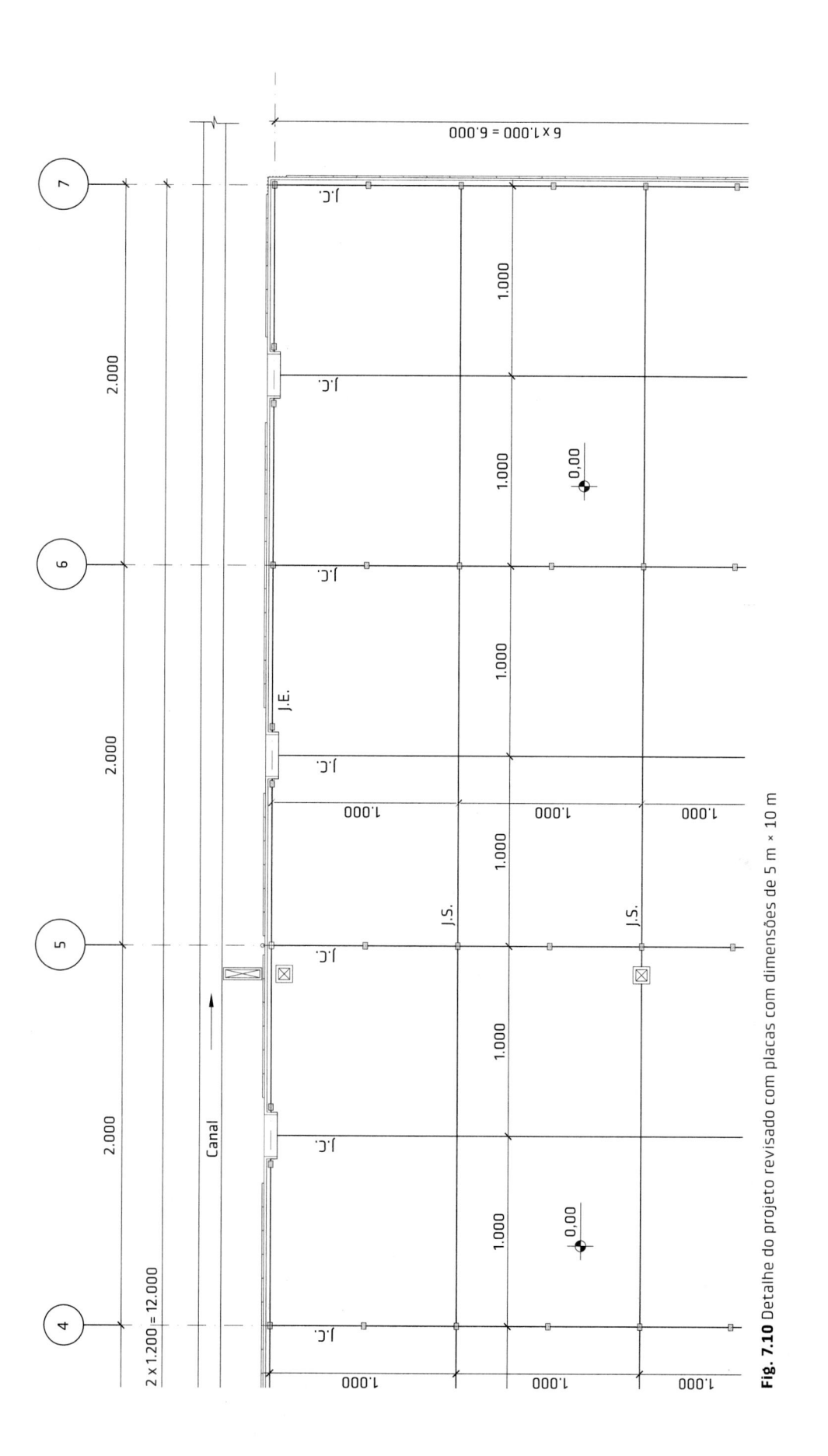

Fig. 7.10 Detalhe do projeto revisado com placas com dimensões de 5 m × 10 m

PAVIMENTOS RÍGIDOS PARA TRÁFEGO E OPERAÇÕES DE EMPILHADEIRAS E PARA ESTANTERIAS: PROJETO DETALHADO DE GALPÕES

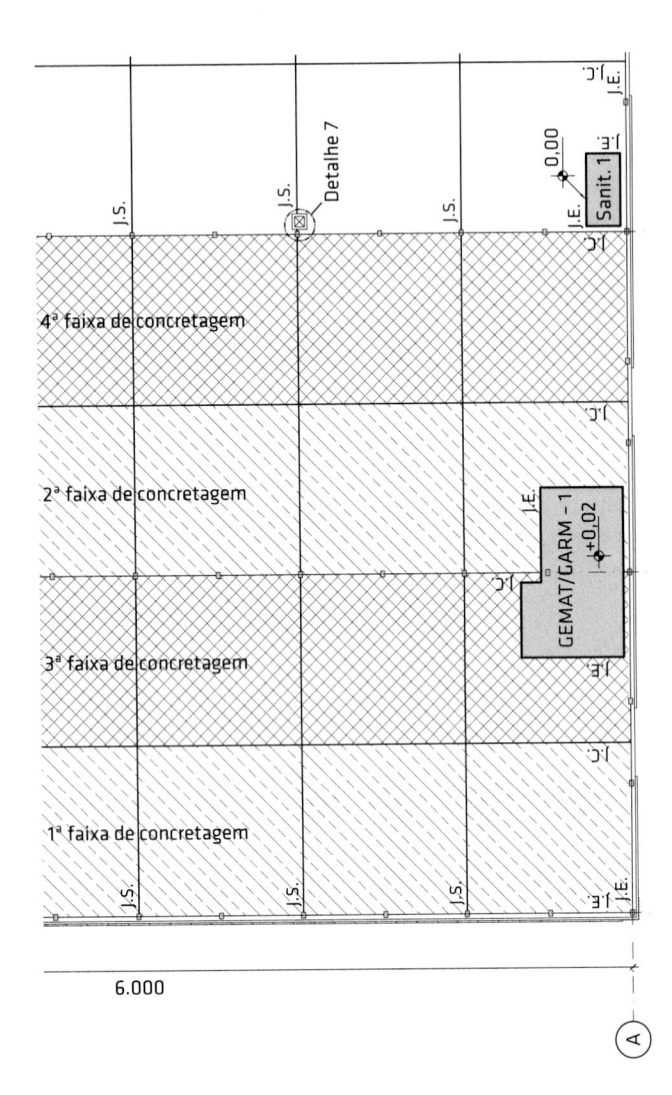

Fig. 7.11 Detalhe da planta de sequências para as faixas de concretagem

concreto é ilustrada na Fig. 7.12, que está representada em outra direção em relação à figura anterior. Tomando como referência o eixo A, pode-se observar as J.S. indicadas transversalmente às placas e as J.C. indicadas longitudinalmente entre as faixas de concretagem.

Na Fig. 7.11 nota-se o nível do piso da edificação existente equivalente a +0,20 m e, na Fig. 7.12, o nível do pavimento igual a 0,00 m. Aqui, o projetista deve ter a devida atenção para não projetar um pavimento cuja altura extrapole aquela da edificação existente ou reduza essa diferença de segurança contra possíveis alagamentos, lavagens de piso etc.

Por fim, na Fig. 7.13 tem-se uma ampliação da planta onde são mostrados os planos de concretagem e uma das rampas de entrada dos galpões.

7.2 Memória de cálculo

Nesta seção será revisto o passo a passo do cálculo e do dimensionamento desse pavimento aplicado ao caso real abordado.

O concreto foi projetado com f_{ck} = 40 MPa, $f_{a/c}$ ≤ 0,35 e espessura de 15 cm, com cobrimento de 5 cm. O valor da carga distribuída máxima a ser aplicada nesse pavimento é de 4,00 tf/m². As empilhadeiras adotadas possuem capacidade de carga máxima de 4 tf. As estantes foram dimensionadas no segundo exemplo da seção 6.5.3.

7.2.1 Dados

Concreto

São definidas as características do concreto com base na classe C40:

- resistência característica do concreto à compressão (f_{ck}) = 40,00 MPa;
- resistência média do concreto à tração (f_{ctm}) = $0{,}30 \cdot f_{ck}^{(2/3)}$ = 0,30 × (40 MPa)$^{(2/3)}$ = 3,51 MPa;
- resistência característica do concreto à tração (f_{ctk}) = $1{,}30 \cdot f_{ctm}$ = 1,30 × (3,51 MPa) = 4,56 MPa;
- coeficiente de Poisson (v) = 0,20;
- módulo de elasticidade inicial (E_{ci}) = $5.600 \cdot (f_{ck})^{1/2}$ = 5.600 × (40 MPa)$^{1/2}$ = 35.417,51 MPa.

Aço

Quanto ao aço das malhas duplas principais, são utilizadas telas soldadas em aço CA-60 e barras de transferência (entre placas) em aço CA-25, mas, para o dimensionamento, é considerado o aço CA-50:

- tipo de aço para armadura principal = CA-50;
- tipo de aço para barras de transferência = CA-25;
- diâmetro da barra principal em aço CA-50 = 8,00 mm;
- diâmetro da barra de retração em aço CA-50 = 6,35 mm;
- diâmetro da barra em aço CA-25 = 20,00 mm (para altura total do pavimento de 15 cm – ver Tab. 6.2);
- módulo de elasticidade do aço ($E_{aço}$) = 205.000,00 MPa.

Solo

- índice de suporte Califórnia (CBR, %) = 20,00%.

Com base na Tab. 3.8, pelo fato de optar-se por base constituída de brita graduada simples (BGS) com h = 20 cm de espessura e CBR = 20%, obtém-se o valor de módulo de reação (k) de 79 MPa/m.

Geometrias do pavimento

A princípio, aqui são adotados:

- altura do pavimento (h) = 15,00 cm;
- cobrimento de concreto (d') = 5 cm;
- altura de cálculo do pavimento (d) = $h - d'$ = 15,00 cm – 5,00 cm = 10 cm.

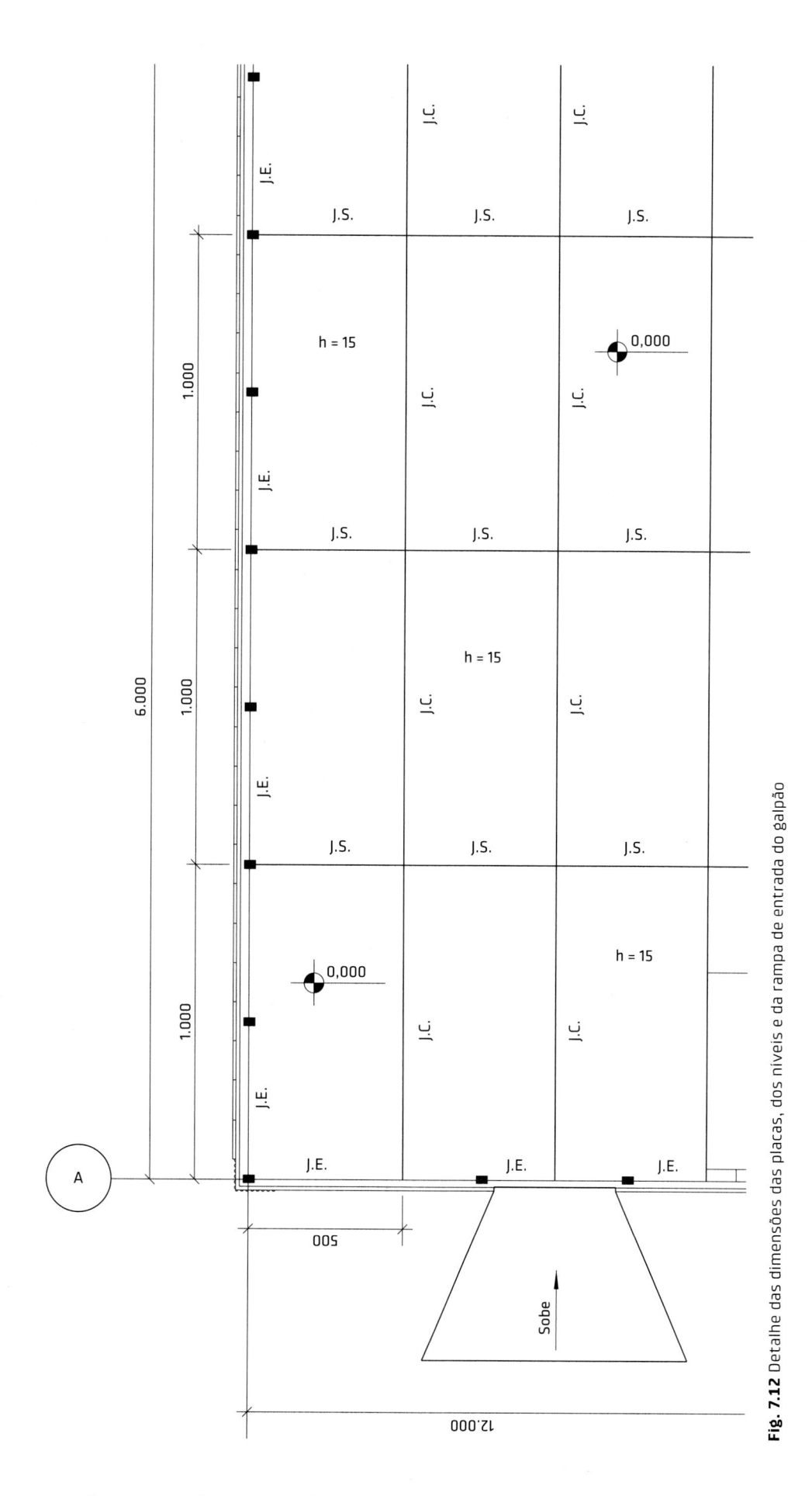

Fig. 7.12 Detalhe das dimensões das placas, dos níveis e da rampa de entrada do galpão

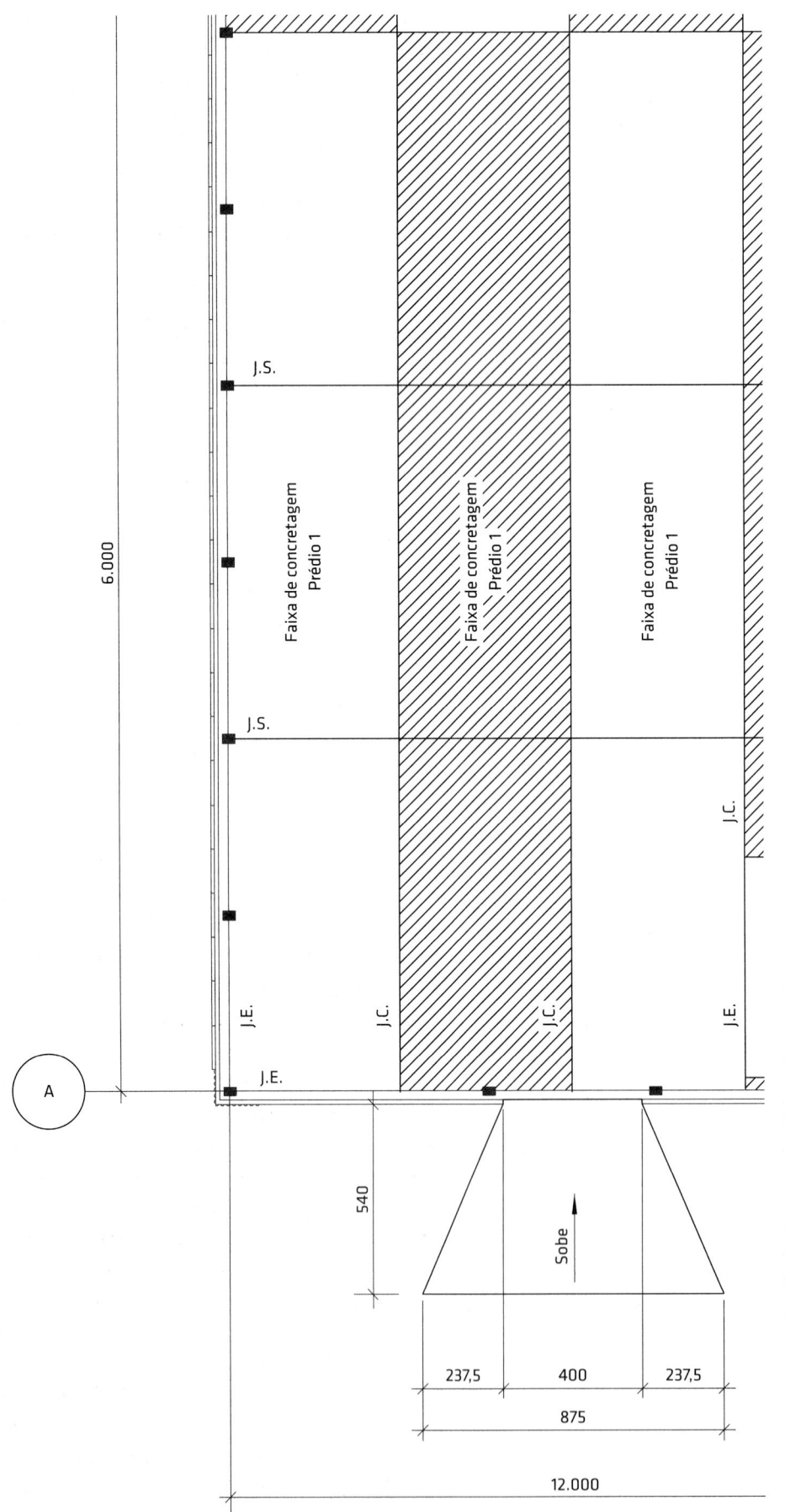

Fig. 7.13 Planta com indicação das juntas e das faixas de concretagem

Para as placas, o ideal é que se utilize uma razão comprimento/largura entre 1,20 e 1,80 e que o comprimento máximo não ultrapasse um valor correspondente a $8 \cdot \ell$ (raio de rigidez relativa).

Nesse projeto, dessa vez, serão empregadas placas com dimensões de 5 m × 10 m, a pedido da equipe de obra, a fim de eliminar cerca de metade das barras de transferência.

Como a razão comprimento/largura será superior a 1,80, será reforçado, no memorial descritivo, o quesito de aplicar processo de cura rigoroso, que deverá se iniciar logo após o início da pega do concreto e se estender até o 28º dia.

Para a placa principal, têm-se então as seguintes dimensões de projeto:

- largura da placa = 5,00 m;
- comprimento da placa = 10,00 m.

Nos projetos estruturais de pavimentos rígidos de concreto armado, este autor não recomenda que sejam adotadas geometrias de placas que infrinjam os limites estabelecidos nesta seção. Porém, os estudos não devem ser interrompidos, de modo que, com os respectivos avanços, cada vez mais seja possível reduzir o número de armações existentes nas placas, na forma de barras de transferência e de telas.

Características do veículo empilhadeira
Heli CPCD 40

Nessa situação abordada, surgiu a oportunidade de trabalhar com uma empilhadeira cuja capacidade máxima de carga é de 4 tf, dotada de rodas pneumáticas. Consultando sua especificação técnica, foram obtidas as informações a seguir no que diz respeito às geometrias (ver Tab. 4.3 do material complementar do Cap. 4 – www.lojaofitexto.com.br/pavimentos-industriais-concreto/p):

- largura do pneu (roda) = ver seção 7.2.2;
- distância entre eixos (*d*) = 2.000 mm (indicada pela letra L na tabela citada).

Quanto às cargas, têm-se (ver Tab. 4.4 do material complementar do Cap. 4):

- peso próprio (*service weight* ou tara) = 6.150 kgf;
- capacidade máxima de carga = 4.000 kgf.

Para o caso de empilhadeiras, pode-se considerar para o eixo dianteiro uma carga equivalente a 85% da carga total (peso próprio + capacidade de carga).

Assim, nesse caso seria obtido:

Carga no eixo dianteiro =
85% × (peso próprio + capacidade máxima de carga) =
85% × (4.000 kgf + 6.150 kgf) = 8.627,50 kgf

Ou seja, para efeito de carga móvel sobre o pavimento, será adotada uma carga de 8.627,50 kgf = 8,63 tf aplicada sobre o eixo simples dianteiro de uma empilhadeira, o que equivale a 8,63 tf/2 = 4,32 tf em cada roda dianteira. Independentemente de a empilhadeira se caracterizar por rodas duplas em seu eixo dianteiro, este autor sempre considera em seus cálculos o eixo dianteiro constituído de rodas simples. Com isso, o engenheiro fica à vontade para retornar ao Cap. 6 e aplicar a fórmula para eixo simples de rodagem dupla (Eq. 6.26) quando for o caso.

Com os dados referentes a geometrias e cargas devidamente obtidos para o caso da empilhadeira em estudo, será dado início aos métodos de cálculo a fim de dimensionar o pavimento.

7.2.2 Método de Rodrigues e Pitta

A empilhadeira será considerada de eixo simples de rodagem simples.

Raio de rigidez relativa

$$\ell = \left[\frac{E \cdot h^3}{12 \cdot k \cdot (1 - v^2)} \right]^{1/4}$$

$$= \left[\frac{35.417{,}51\ \text{MPa} \times (0{,}15\ \text{m})^3}{12 \times (79\ \text{MPa/m}) \times (1 - 0{,}20^2)} \right]^{0{,}25} = 0{,}602\ \text{m}$$

É importante destacar o papel do raio de rigidez relativa, pois, a partir de um valor de comprimento próximo a $8 \cdot \ell$, a placa se torna mais suscetível ao aparecimento de fissuras por retração hidráulica.

No caso em foco, como se tem uma placa cuja dimensão máxima adotada é de 10 m, esse valor excede o valor-limite de $8 \cdot \ell = 8 \times 0{,}602$ m = 4,816 m e, assim, deve-se enfatizar medidas rigorosas no memorial descritivo com relação ao processo de cura, que deverá começar logo após o início da pega do concreto e se estender até o 21º dia, no caso de concreto constituído de cimento com pozolana e de alto-forno, e até o 14º dia, para os demais tipos de cimento.

Área de contato (*A*), comprimento (*L*) e largura (*w*) do pneu

$$A = \frac{P_R}{q} = \frac{\left(\dfrac{P}{2\ \text{rodas}} \right)}{q} = \frac{\left(\dfrac{8{,}63\ \text{tf}}{2\ \text{rodas}} \right)}{0{,}70\ \text{MPa}} = \frac{43.150\ \text{N}}{0{,}70 \times 10^6} \Rightarrow$$

$$A = 0{,}062\ \text{m}^2$$

$$L = \sqrt{\frac{A}{0{,}5227}} = \sqrt{\frac{0{,}062 \text{ m}^2}{0{,}5227}} \Rightarrow L = 0{,}344 \text{ m}$$

$$w = 0{,}60 \cdot L = 0{,}60 \times 0{,}344 \text{ m} \Rightarrow w = 0{,}207 \text{ m}$$

Número N

$$L' = \frac{0{,}254 \cdot L}{\ell} = \frac{0{,}254 \times 0{,}344 \text{ m}}{0{,}602 \text{ m}} \Rightarrow L' = 0{,}1451 \text{ m}$$
$$= 14{,}51 \text{ cm}$$

$$d' = \frac{0{,}254 \cdot d}{\ell} = \frac{0{,}254 \times 2{,}000 \text{ m}}{0{,}602 \text{ m}} \Rightarrow d' = 0{,}84385 \text{ m}$$
$$= 84{,}39 \text{ cm}$$

Entrando com os valores de $d' = 84{,}39$ cm e $L' = 14{,}51$ cm na Fig. 7.14, obtém-se o valor de $N \cong 505$.

Como mencionado no capítulo anterior, o número N representa o valor de operações/solicitações causadas por um eixo de veículo sobre um pavimento. O dano provocado pela passagem de cada veículo é de pequena magnitude, mas seu efeito acumulativo repercute na resistência à fadiga do pavimento.

Esforços solicitantes

a) Momento na borda da placa (M_b)

$$q = 0{,}70 \text{ MPa} = 70 \text{ tf}/\text{m}^2$$

$$M_b = \frac{N \cdot q \cdot \ell^2}{10{.}000} = \frac{505 \times 0{,}70 \text{ MPa} \times (0{,}602 \text{ m})^2}{10{.}000} \Rightarrow$$
$$M_b = 1{,}281 \text{ tf} \cdot \text{m}$$

b) Momento no interior da placa (M_i)

$$M_i = \frac{M_b}{2} = \frac{1{,}281 \text{ tf} \cdot \text{m}}{2} \Rightarrow M_i = 0{,}641 \text{ tf} \cdot \text{m}$$

Armadura de retração

$$A_s = \frac{f \cdot L \cdot h}{333} = \frac{1{,}70 \times 10 \text{ m} \times 15 \text{ cm}}{333} \Rightarrow A_s = 0{,}77 \text{ cm}^2/\text{m}$$

em que:
f é o coeficiente de atrito, tomado como igual a 1,70;
L é o comprimento da placa (m);
h é a altura da placa (cm).

Adotando barras de aço com diâmetro de 6,3 mm, tem-se o seguinte valor para o espaçamento entre barras:

$$S = A_{s,unitária}/A_{s,total} \Rightarrow S = (0{,}316 \text{ cm}^2)/(0{,}77 \text{ cm}^2/\text{m})$$
$$= 0{,}41 \text{ m}$$

Como será adotada armação dupla, com armaduras principais dispostas nas camadas superior e inferior, pode-se descartar o uso de armadura de retração, que deve-

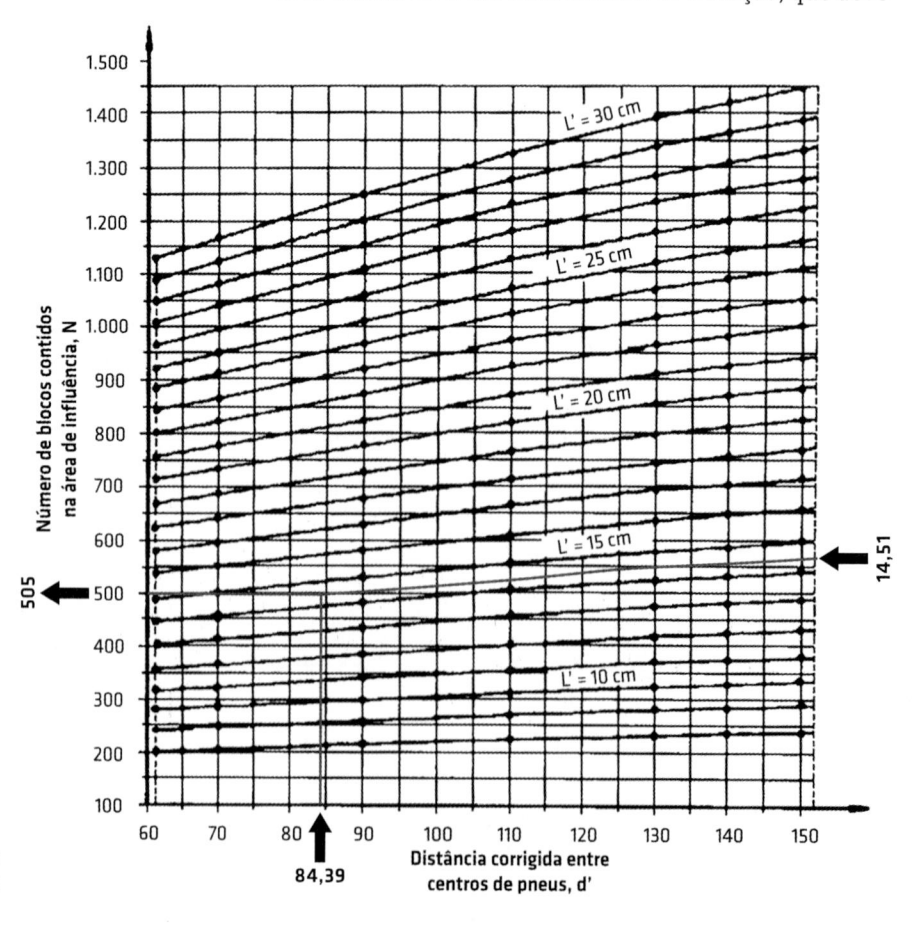

Fig. 7.14 Número N para veículos de eixo simples de rodagem simples

ria ser colocada na camada superior caso não fosse utilizada armação nela.

Armadura das barras de transferência

As barras de transferência devem ser especificadas em projeto com a indicação de seu diâmetro, comprimento e espaçamento entre si.

Para a altura total da placa de concreto adotada de 15 cm, tem-se:

$$h = 15{,}00 \text{ cm} \Rightarrow 1 \varphi 20 \text{ mm c/30 cm} - 50 \text{ cm}$$

O que significa que se deve dispor, no projeto estrutural executivo, uma barra com diâmetro de 20 mm e comprimento de 50 cm (cada) a cada 30 cm.

7.2.3 Método de Meyerhof

Dimensionamento para as cargas móveis

a) Raio de rigidez relativa

Conforme encontrado na seção anterior:

$$\ell = 0{,}602 \text{ m}$$

b) Área de contato dos pneus

Também como encontrado na seção anterior:

$$A_c = 0{,}062 \text{ m}^2$$

c) Valor de a

$$a = \sqrt{\left(\frac{A_c}{\pi}\right)} = \sqrt{\left(\frac{0{,}062 \text{ m}^2}{\pi}\right)} = 0{,}141 \text{ m}$$

d) Momento fletor

$$M = \frac{P_R}{\left\{6 \cdot \left[1 + \left(\frac{2 \cdot a}{\ell}\right)\right]\right\}} = M = \frac{\left(\frac{8{,}63 \text{ tf}}{2 \text{ rodas}}\right)}{\left\{6 \times \left[1 + \left(\frac{2 \times 0{,}141 \text{ m}}{0{,}602 \text{ m}}\right)\right]\right\}}$$
$$= 0{,}49 \text{ tf} \cdot \text{m}$$

e) Espessura da placa

$$\sigma_{adm} = f_{ctk}/FS = (4{,}56 \text{ MPa}/2{,}00) = 2{,}28 \text{ MPa}$$
$$= 2{,}28 \times 10^6 \text{ N/m}^2 = 2{,}28 \times 10^5 \text{ kgf/m}^2$$
$$= 2{,}28 \times 10^2 \text{ tf/m}^2 \text{ (ver seção 7.2.1)}$$

$$h = \sqrt{\left(\frac{6 \cdot M}{\sigma_{adm}}\right)} = \sqrt{\left(\frac{6 \times 0{,}49 \text{ tf} \cdot \text{m}}{2{,}28 \times 10^2 \text{ tf/m}^2}\right)} = 0{,}11355 \text{ m}$$
$$= 11{,}36 \text{ cm}$$

Como 11,36 cm ≤ altura de h = 15 cm adotada, a altura satisfaz.

Dimensionamento para as cargas distribuídas

$$h = \left(\frac{c_{máx}}{1{,}03 \cdot \sigma_{adm}}\right)^2 \cdot \left(\frac{1}{k}\right)$$
$$= \left(\frac{8{,}08 \text{ MPa}}{1{,}03 \times 2{,}28 \text{ MPa}}\right)^2 \times \left(\frac{1}{79 \text{ MPa/m}}\right) = 0{,}1499 \text{ m}$$
$$= 14{,}99 \text{ cm}$$

em que:

$c_{máx}$ é o máximo valor entre a carga distribuída aplicada pelo solo (c), encontrada a seguir, e a carga distribuída, que nesse caso é de 4 tf/m² = 0,40 MPa, conforme indicado na introdução desse exemplo.

$$c = 1{,}03 \cdot \sigma_{adm} \cdot \sqrt{(h \cdot k)}$$
$$= 1{,}03 \times 2{,}28 \text{ MPa} \times \sqrt{(0{,}15 \text{ m} \times (79 \text{ MPa/m}))} \Rightarrow$$
$$c = 8{,}08 \text{ MPa}$$

Sendo assim, o valor de c a ser inserido na fórmula é de 8,08 MPa. E, para CBR = 20% e espessura de sub-base de h = 20 cm, tem-se k = 79 MPa/m (ver Tab. 3.8).

Como 14,99 cm ≤ altura de h = 15 cm adotada, a altura satisfaz.

Dimensionamento para as cargas montantes

Ver o segundo exemplo da seção 6.5.3, que trata do dimensionamento de estantes para esse galpão.

7.2.4 Método de Anders Lösberg

Esforços solicitantes

Calcula-se o momento de inércia da seção íntegra (I_g) por meio de:

$$I_g = \frac{b \cdot h^3}{12} = \frac{1 \text{ m} \times (0{,}15 \text{ m})^3}{12} \Rightarrow I_g = 0{,}00028 \text{ m}^4$$

Os valores dos momentos fletores críticos são obtidos por:

$$f_{ctk} = 4{,}56 \text{ MPa} = 4{,}56 \times 10^6 \text{ N/m}^2 = 4{,}56 \times 10^5 \text{ kgf/m}^2$$
$$= 4{,}56 \times 10^2 \text{ tf/m}^2 \text{ (ver seção 7.2.1)}$$

$$M_{crítico} = \frac{f_{ctk} \cdot I_g}{y_t} = \frac{(4{,}56 \times 10^2 \text{ tf/m}^2) \times (0{,}00028 \text{ m}^4)}{\left(\frac{0{,}15 \text{ m}}{2}\right)}$$

$$\Rightarrow M_{crítico} = 1{,}71 \text{ tf} \cdot \text{m}$$

Tem-se então aplicado na borda da placa:

$$M'_{negativo} = 1,71 \text{ tf} \cdot \text{m}$$

E no interior da placa:

$$M_{positivo} = M'_{negativo}/2 = 1,71 \text{ tf} \cdot \text{m}/2 = 0,86 \text{ tf} \cdot \text{m}$$

A armadura necessária para combater o momento fletor crítico é calculada por:

$$M_{d,crítico} = \gamma \cdot M_{crítico} = 1,40 \times 1,71 \text{ tf} \cdot \text{m} = 2,39 \text{ tf} \cdot \text{m}$$

E, para d = 10 cm e f_{ck} = 40 MPa, obtêm-se:

$k_{md} = 0,084 < k_{md} = 0,318$ do aço CA-50
(o concreto não rompe por ruptura frágil)
$k_z = 0,948$
$A_s = 5,80 \text{ cm}^2$

O momento de inércia da seção fissurada ($I_{crítico}$) é dado por:

$$I_{crítico} = \left(\frac{b \cdot x^3}{3}\right) + n \cdot A_s \cdot (d-x)^2$$

em que:
n é a relação entre os módulos de elasticidade do aço e do concreto, tomada como igual a 7,50.

$$I_{crítico} = \left(\frac{100 \text{ cm} \times \left(\frac{15 \text{ cm}}{2}\right)^3}{3}\right) + 7,50 \times \left(5,80 \text{ cm}^2/\text{m}\right)$$

$$\times \left[10 \text{ cm} - \left(\frac{15 \text{ cm}}{2}\right)\right]^2 \Rightarrow$$

$$I_{crítico} = 14.334,38 \text{ cm}^4$$

Determina-se o valor de α por:

$$\alpha = \left(\frac{I_{crítico}}{I_g}\right) = \left(\frac{14.334,38 \text{ cm}^4}{0,00028 \text{ m}^4}\right) \Rightarrow \alpha = 0,51$$

Calcula-se o raio de rigidez relativa com a inserção do valor de α:

$$\ell_e = \left[\frac{E \cdot h^3 \cdot \alpha}{12 \cdot k \cdot (1-\nu^2)}\right]^{1/4}$$

$$= \left[\frac{35.417,51 \text{ MPa} \times (0,15 \text{ m})^3 \times 0,51}{12 \times (79 \text{ MPa/m}) \times (1-0,20^2)}\right]^{0,25} = 0,509 \text{ m}$$

O cálculo da carga equivalente é dado em função da forma de aplicação da carga.

O raio de influência, com n = 2 (esse valor pode variar de 1 a 2), é obtido por:

$$R_c = n \cdot \ell_e = 2 \times 0,509 \text{ m} = 1,018 \text{ m}$$

Com o valor do raio de rigidez relativa e um valor de n atribuído como 2, estudam-se primeiro os valores de cargas P_1, P_2, ...P_N, aplicadas pelas rodas, com o veículo disposto sobre a placa de concreto. Como a empilhadeira só possui dois eixos, o estudo se restringe à aplicação de cargas P_1 e P_2, que compreendem as duas rodas vistas de lado e de frente, com a simulação da empilhadeira passeando sobre o pavimento de concreto.

Para a situação 1 (Fig. 7.15), ao desenhar o semicírculo com raio de 1,018 m, loca-se a vista longitudinal das rodas no centro do círculo. Então se desenha um triângulo com altura de 1,00, de modo que as extremidades do triângulo coincidam com as do semicírculo. Daí, traça-se uma linha vertical alinhada com o centro da roda, a partir da superfície do pavimento, até que ela intercepte o semicírculo, e mede-se o valor da distância vertical da superfície à linha inclinada do lado do triângulo.

As distâncias verticais obtidas são multiplicadas pelos valores das cargas por roda, que equivalem à carga por eixo dividida por 2, para determinar os valores das cargas concentradas aplicadas pela roda 1 (C_1) e pela roda 2 (C_2) e, consequentemente, o valor total equivalente, chamado de $C_{equivalente}$.

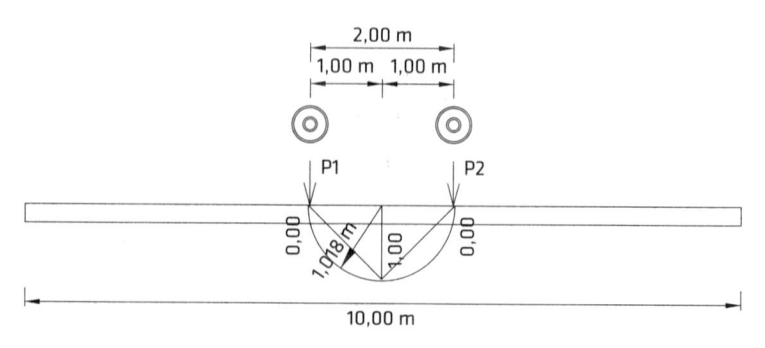

Fig. 7.15 Situação 1

$$C_1 = P_1 \cdot 0,00 = (8,63 \text{ tf}/2) \times 0,00 = 0,00 \text{ tf}$$

$$C_2 = P_2 \cdot 0,00 = (8,63 \text{ tf}/2) \times 0,00 = 0,00 \text{ tf}$$

$$C_{equivalente} = C_1 + C_2 = 0,00 \text{ tf} + 0,00 \text{ tf} = 0,00 \text{ tf}$$

Para a situação 2 (Fig. 7.16), ao alinhar um dos eixos com o centro do semicírculo, obtém-se que o valor da distância máxima a partir da superfície do pavimento até que a linha intercepte o triângulo é de 1,00 para uma roda e de 0,00 para a outra. Assim:

$$C_1 = P_1 \cdot 1,00 = (8,63 \text{ tf}/2) \times 1,00 = 4,32 \text{ tf}$$

$$C_2 = P_2 \cdot 0,00 = (8,63 \text{ tf}/2) \times 0,00 = 0,00 \text{ tf}$$

$$C_{equivalente} = C_1 + C_2 = 4,32 \text{ tf} + 0,00 \text{ tf} = 4,32 \text{ tf}$$

Em seguida, estudam-se os valores das cargas aplicadas pelas rodas com o veículo disposto na seção transversal (de frente). No caso de frente, só são possíveis situações com a locação de duas rodas do veículo.

Para a situação 3 (Fig. 7.17), alinha-se a seção transversal com o semicírculo e medem-se as distâncias desde a superfície do pavimento até os lados do triângulo, de altura igual a 1,00, com cada linha vertical passando pelo centro de cada roda. As medidas verticais obtidas são de 0,42 para cada roda.

De posse desses valores, encontram-se as cargas máximas fazendo:

$$C_1 = P_1 \cdot 0,42 = (8,63 \text{ tf}/2) \times 0,42 = 1,81 \text{ tf}$$

$$C_2 = P_2 \cdot 0,42 = (8,63 \text{ tf}/2) \times 0,42 = 1,81 \text{ tf}$$

$$C_{equivalente} = C_1 + C_2 = 1,81 \text{ tf} + 1,81 \text{ tf} = 3,62 \text{ tf}$$

E, por fim, para a situação 4 (Fig. 7.18), alinha-se um dos eixos da seção transversal com o centro do semicírculo.

$$C_1 = P_1 \cdot 1,00 = (8,63 \text{ tf}/2) \times 1,00 = 4,32 \text{ tf}$$

$$C_2 = P_2 \cdot 0,00 = (8,63 \text{ tf}/2) \times 0,00 = 0,00 \text{ tf}$$

$$C_{equivalente} = C_1 + C_2 = 4,32 \text{ tf} + 0,00 \text{ tf} = 4,32 \text{ tf}$$

A carga equivalente máxima ($C_{equivalente\ máxima}$) é de 4,32 tf. Será utilizado esse valor a seguir, e não o da carga por eixo.

Os valores de coeficientes para adentrar no ábaco de Anders Lösberg são calculados por:

$$(M + M')/P_{última} = ((1,71 \text{ tf} \cdot \text{m}) + (0,86 \text{ tf} \cdot \text{m}))/(4,32 \text{ tf})$$
$$= 0,595$$

Pressão de enchimento dos pneus (q) = 0,70 MPa

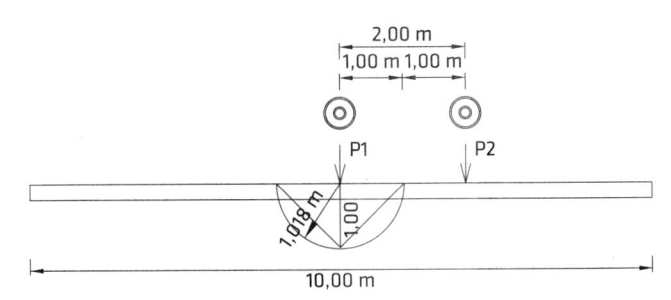

$$A = P_R/q = 4,32 \text{ tf}/(0,70 \text{ MPa}) = 4,32 \text{ tf}/(0,70 \times 10^6 \text{ N/m}^2)$$
$$= 4,32 \text{ tf}/(0,70 \times 10^5 \text{ kgf/m}^2) = 4,32 \text{ tf}/(0,70 \times 10^2 \text{ tf/m}^2)$$
$$= 0,062 \text{ m}^2$$

Fig. 7.16 Situação 2

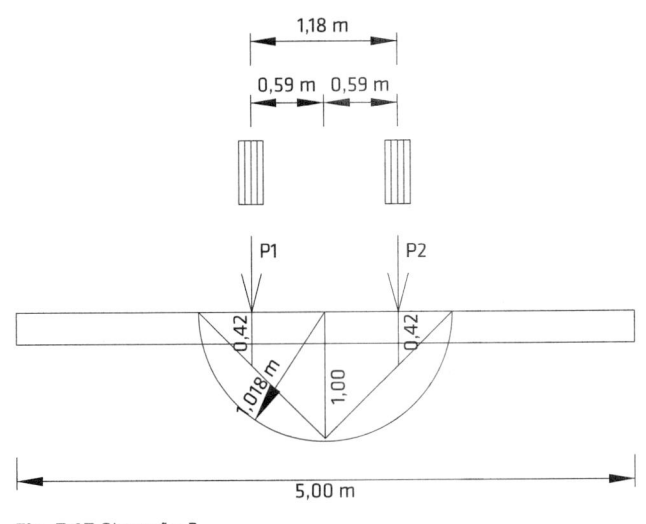

Fig. 7.17 Situação 3

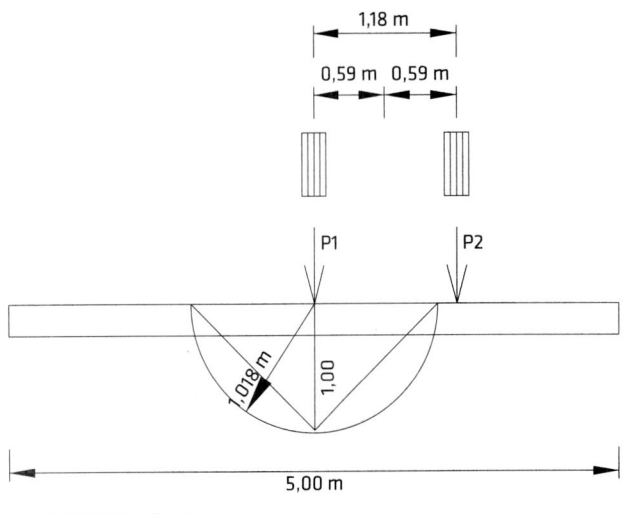

Fig. 7.18 Situação 4

$$A = \pi \cdot R^2 \Rightarrow \left(0{,}062 \text{ m}^2\right) = \pi \cdot R^2 \Rightarrow R = 0{,}141 \text{ m}$$

$$c = R/2 = (0{,}141 \text{ m})/2 = 0{,}071 \text{ m}$$

$$a = c/\ell_e = 0{,}071 \text{ m}/0{,}509 \text{ m} = 0{,}140$$

Entrando com os valores de $(M + M')/P_{última} = 0{,}595$ e de $a = c/\ell_e = 0{,}140$ na Fig. 7.19, obtém-se $M'/P = 0{,}07$. Porém, quando o número interceptado recai num intervalo, que nesse caso seria de 0,06 a 0,08, pode-se adotar o número superior de 0,08, que deixa o cálculo a favor da segurança.

Obtém-se o valor do momento fletor aplicado na borda livre da placa por meio de:

$$M'/P = 0{,}07 \Rightarrow M'/(4{,}32 \text{ tf}) = 0{,}07 \Rightarrow M' = 0{,}30 \text{ tf} \cdot \text{m}$$

7.2.5 Método de Palmgren-Miner
Capacidade resistente da seção de concreto desprovida de armadura

Recomenda-se determinar os valores de f_{ctm} e f_{ctk} para esse método por meio de Bucher e Rodrigues (1983):

$$f_{ctm} = 0{,}56 \cdot f_{ck}^{(0{,}60)} = 0{,}56 \times (40 \text{ MPa})^{(0{,}60)} = 5{,}12 \text{ MPa}$$

$$f_{ctk} = 1{,}30 \cdot f_{ctm} = 1{,}30 \times (5{,}12 \text{ MPa}) = 6{,}66 \text{ MPa}$$

Considerando que FS = 1,50:

$$\sigma_{adm} = f_{ctk}/\text{FS} = 6{,}66 \text{ MPa}/1{,}50 = 4{,}44 \text{ MPa} = 4{,}44 \times 10^6 \text{ N/m}^2$$
$$= 4{,}44 \times 10^5 \text{ kgf/m}^2 = 4{,}44 \times 10^2 \text{ tf/m}^2$$

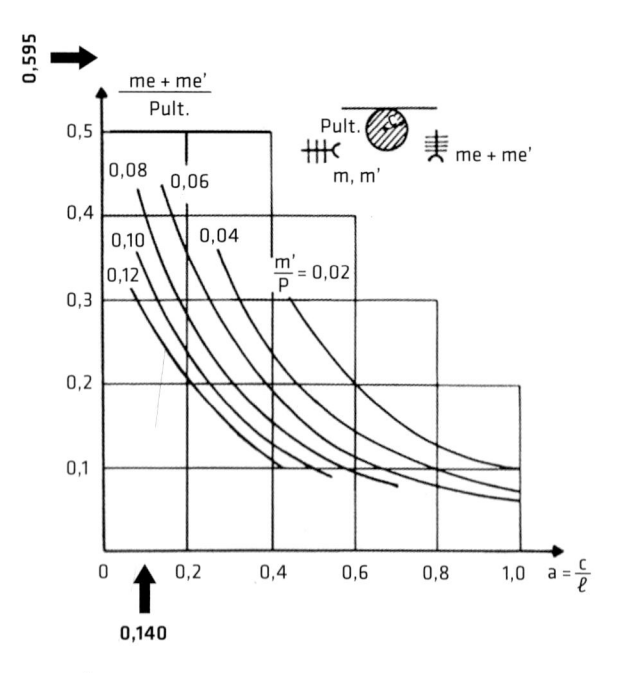

Fig. 7.19 Ábaco de Anders Lösberg

Então:

$$M = \frac{\sigma_{adm} \cdot (b \cdot h^2)}{6}$$
$$= \frac{(4{,}44 \times 10^2 \text{ tf/m}^2) \times \left[1 \text{ m} \times (0{,}15 \text{ m})^2\right]}{6} \Rightarrow$$
$$M = 1{,}67 \text{ tf} \cdot \text{m}$$

7.2.6 Dimensionamento da placa de concreto a momento fletor

De acordo com os métodos estudados, encontraram-se os valores de momentos fletores a seguir.

Pelo método de Rodrigues e Pitta:
- momento fletor aplicado na borda da placa (M_b) = 1,281 tf · m;
- momento fletor aplicado no interior da placa (M_i) = 0,641 tf · m.

Pelo método de Meyerhof:
- momento fletor para as cargas móveis (M) = 0,49 tf · m.

Pelo método de Anders Lösberg:
- momento fletor crítico ($M_{crítico}$) = 1,71 tf · m;
- momento fletor aplicado na borda da placa (M') = 0,30 tf · m.

Pelo método de Palmgren-Miner:
- momento fletor (M) = 1,67 tf · m.

O maior valor obtido para esforço solicitante de momento fletor foi de $M_{máx} = 1{,}71$ tf · m. Sendo assim, deve-se utilizá-lo para o dimensionamento do pavimento de concreto à flexão.

Para dimensionar a placa de concreto do pavimento para esse valor máximo de momento fletor, considera-se o seguinte momento fletor de cálculo:

$$M_d = \gamma \cdot M_{máx} = 1{,}40 \times 1{,}71 \text{ tf} \cdot \text{m} = 2{,}39 \text{ tf} \cdot \text{m}$$

O cálculo do k_{md} é feito por meio de:

$$f_{cd} = f_{ck}/\gamma = 40 \text{ MPa}/1{,}40 = 28{,}57 \text{ MPa} = 28{,}57 \times 10^6 \text{ N/m}^2$$
$$= 28{,}57 \times 10^5 \text{ kgf/m}^2 = 2.857 \text{ tf/m}^2$$

$$k_{md} = \frac{M_{d,sol}}{b_w \cdot d^2 \cdot f_{cd}}$$
$$= \frac{2{,}39 \text{ tf} \cdot \text{m}}{(1 \text{ m}) \times (0{,}10 \text{ m})^2 \times (2.857 \text{ tf/m}^2)} \Rightarrow$$
$$k_{md} = 0{,}084$$

O k_{md} do aço CA-50 adotado é de 0,318. Como o valor do k_{md} = 0,084 encontrado é inferior ao k_{md} = 0,318 do aço CA-50, o concreto não rompe por ruptura frágil.

O valor do k_X é obtido da seguinte maneira:

$$0{,}272 \cdot k_X^2 - 0{,}68 \cdot k_X + 0{,}084 = 0$$

$$\Delta = b^2 - 4 \cdot a \cdot c = \left(-0{,}68^2\right) - \left(4 \times 0{,}272 \times 0{,}084\right) = 0{,}371$$

$$x = \frac{\left(-b \pm \sqrt{\Delta}\right)}{(2 \cdot a)} = \frac{\left[-(-0{,}68) \pm \sqrt{0{,}371}\right]}{(2 \times 0{,}272)} \Rightarrow$$
$$x' = 2{,}370;\ x'' = 0{,}130$$

$$x'_{LN} = x' \cdot h = 2{,}370 \times 15\ \text{m} = 35{,}55\ \text{cm}$$
$$x''_{LN} = x'' \cdot h = 0{,}130 \times 15\ \text{cm} = 1{,}95\ \text{cm}$$

Utiliza-se $x'' = 0{,}130$ pelo fato de o valor final de 1,95 cm permanecer dentro da seção transversal do pavimento com altura de $h = 15$ cm.

Calcula-se o valor do k_Z por meio de:

$$k_Z = 1 - (0{,}4 \cdot k_X) = 1 - (0{,}4 \times 0{,}130) = 0{,}948$$

A armadura é determinada do seguinte modo:

$$A_{s,total} = \frac{M_{d,sol}}{k_z \cdot d \cdot f_{yd}}$$
$$= \frac{2{,}39\ \text{tf} \cdot \text{m}}{(0{,}948) \times (0{,}10\ \text{m}) \times \left(4{,}35\ \text{tf}/\text{cm}^2\right)} \Rightarrow A_{s,total}$$
$$= 5{,}80\ \text{cm}^2$$

$A_{s,unitária}$ para barra de aço com diâmetro de 8 mm
$$= \left(\pi \cdot D^2\right)/4 = \left[\pi \cdot (8\ \text{mm})^2\right]/4 = 0{,}50\ \text{cm}^2$$

$$n = A_{s,total}/A_{s,unitária} = (5{,}80\ \text{cm}^2)/(0{,}50\ \text{cm}^2)$$
$$= 11{,}60\ \text{barras/m}$$

$$S = A_{s,unitária}/A_{s,total} = (0{,}50\ \text{cm}^2)/(5{,}80\ \text{cm}^2)$$
$$= 0{,}086\ \text{m} \cong 8\ \text{cm}$$

Adota-se uma barra de aço com diâmetro de 8 mm a cada 8 cm (1 φ 8 c/8).

Refazendo o cálculo da armação com o uso de aço CA-60, tem-se:

$$f_{yk} = f_{yk}/v = 6.000\ \text{kgf/cm}^2/1{,}15 = 5.217{,}39\ \text{kgf/cm}^2$$
$$= 5{,}22\ \text{tf/cm}^2$$

$$A_S = \frac{M_{d,sol}}{k_z \cdot d \cdot f_{yd}}$$
$$= \frac{2{,}39\ \text{tf} \cdot \text{m}}{(0{,}948) \times (0{,}10\ \text{m}) \times \left(5{,}22\ \text{tf}/\text{cm}^2\right)} \Rightarrow$$
$$A_S = 4{,}83\ \text{cm}^2$$

$$S = A_{s,unitária}/A_{s,total} = (0{,}50\ \text{cm}^2)/(4{,}83\ \text{cm}^2) = 0{,}104\ \text{m}$$
$$= 10{,}40\ \text{cm}$$

Sendo assim, utiliza-se uma barra de aço com diâmetro de 8 mm a cada 10 cm (1 φ 8 c/10). Ou seja, para um valor de momento fletor máximo de 1,71 tf · m, é necessário introduzir uma barra de 8 mm de diâmetro a cada 10 cm, nas duas direções e nas duas camadas, superior e inferior, da placa.

Para cargas aplicadas por veículos, recomenda-se sempre empregar camadas duplas de armadura nas placas, e nunca camada simples. Para essa disposição de armaduras, pode-se adotar a tela Q 503 constituída de 1 φ 8 c/10 disposta nas camadas superior e inferior do pavimento.

Para a altura de pavimento, não é preciso necessariamente usar valores múltiplos de 5 cm. Dessa maneira, o engenheiro pode empregar alturas de 16 cm, 17 cm, 18 cm e assim por diante.

7.2.7 Verificação da placa de concreto a esforço solicitante de punção

Perímetros críticos

Em função da largura do pneu de 20,70 cm, encontrada na seção 7.2.2, faz-se:

$$\text{Largura espraiada} = (15\ \text{cm}/2) + 20{,}70\ \text{cm}$$
$$+ (15\ \text{cm}/2) = 35{,}70\ \text{cm}$$

Tem-se então:

$$\mu_c = \mu_o = 2 \cdot \pi \cdot R = 2 \cdot \pi \cdot (35{,}70\ \text{cm}/2) = 112{,}10\ \text{cm}$$

Tensão solicitante de punção

$$\sigma = N_{sol}/\text{área} = 4{,}32\ \text{tf}/(0{,}36\ \text{m} \times 0{,}36\ \text{m}) = 33{,}33\ \text{tf}/\text{m}^2$$

A largura do pneu espraiada até a linha neutra do pavimento é calculada por:

$$((h_{pavimento}/2) + \text{largura do pneu} + (h_{pavimento}/2)) =$$
$$((15\ \text{cm}/2) + 20{,}70\ \text{cm} + (15\ \text{cm}/2)) = 35{,}70\ \text{cm} = 0{,}36\ \text{m}$$

Estudo do contorno C para punção

Considerando que $\gamma = 1{,}40$ e a reação vertical total do pneu (V_{sol}) = 4,32 tf, tomada como igual ao valor máximo de C nas situações de 1 a 4 da seção 7.2.4:

$$V_{d,sol} = \gamma \cdot V_{sol} = 1{,}40 \times (4{,}32 \text{ tf}) = 6{,}05 \text{ tf}$$

$$\alpha_v = (1 - (f_{ck}/250)) = (1 - (40 \text{ MPa}/250)) = 0{,}84$$

$$f_{cd} = f_{ck}/\gamma = (40 \text{ MPa})/1{,}40 = 28{,}57 \text{ MPa}$$

$$\lambda_{rd2} = 0{,}27 \cdot \alpha_v \cdot f_{cd} = 0{,}27 \times 0{,}84 \times (28{,}57 \text{ MPa})$$
$$= 6{,}48 \text{ MPa} = 6{,}48 \times 10^6 \text{ N/m}^2 = 6{,}48 \times 10^5 \text{ kgf/m}^2$$
$$= 6{,}48 \times 10^2 \text{ tf/m}^2 = 648 \text{ tf/m}^2$$

Levando em conta que a altura de cálculo do pavimento $d = 10$ cm:

$$\lambda_{rd2} = F_{sd}/(\mu \cdot d) \Rightarrow (648 \text{ tf/m}^2) = F_{sd}/(112{,}10 \text{ cm} \times 10 \text{ cm})$$
$$\Rightarrow F_{sd} = 72{,}64 \text{ tf}$$

Como $F_{sd} = 72{,}64$ tf $> V_{d,sol} = 6{,}05$ tf, a verificação do esforço de punção ao longo do contorno C satisfaz.

Nota: essa foi a verificação feita para o esforço de punção advindo da carga máxima aplicada pela roda da empilhadeira. A verificação do pavimento para o esforço de punção decorrente da carga máxima aplicada pela base da estante foi vista no segundo exemplo da seção 6.5.3.

7.3 Fotos do pós-obra

O fato de o galpão ser coberto atenuou sobremaneira o processo de cura. Como a troca das telhas e de parte do sistema estrutural da cobertura estava prevista, só após a conclusão dessa etapa é que se deu início à execução do pavimento. Na Fig. 7.20 é mostrado o pavimento após executado, curado e liberado.

Quando se tem essa situação a favor, o pavimento fica em grande parte protegido dos raios de sol diretamente incidentes e, sobretudo, das ações de vento. O vento em si é um dos principais fatores que contribuem para a retração hidráulica nas primeiras idades de cura do concreto, em que surgem pequenas fissuras aleatórias na direção perpendicular do vento incidente.

Isso não tira o mérito da equipe de executar um pavimento com $f_{ck} = 40$ MPa, que acarreta um concreto com maior massa de cimento por metro cúbico e com maior reação exotérmica (de dentro para fora), que é muito violenta e se dá logo após a hidratação. Por isso, o uso de lona plástica é uma mera indicação de projeto de boas práticas por não haver outro elemento barato para tal função, já que boa parte dessa lona é queimada com o calor liberado da reação exotérmica.

Na Fig. 7.21 observam-se as estantes, as empilhadeiras e os espaçamentos entre estantes de modo a constituírem os corredores. O projetista deve levar em consideração uma largura folgada para o corredor em relação àquela da empilhadeira, nunca a deixando justa ou apertada, pois, do contrário, isso afetará negativamente a operação das empilhadeiras.

O sistema de garfos abaixado de uma empilhadeira e a entrada do galpão com uma rampa de acesso são mostrados na Fig. 7.22. O projetista deve verificar no catálogo da fabricante a inclinação máxima da rampa para atender à empilhadeira com garfos abaixados a certa altura, de modo a evitar a colisão deles com o piso, que provoca o desgaste do concreto e compromete o veículo em razão dos impactos mecânicos.

Na Fig. 7.23, a junta que circunda o pilar deve ser prevista no projeto, com as armações indicadas no detalhe de planta já abordado. Isso porque, depois de executado o pavimento, tendem a ocorrer fissuras induzidas a partir das quinas dos pilares e seguindo em diagonal pela superfície do pavimento.

Fig. 7.20 Pavimento rígido dos galpões após executado, curado e liberado

Fig. 7.21 (A) Galpão já com suas novas estantes sendo montadas, (B) empilhadeira e estantes e (C) corredor entre estantes

Fig. 7.22 Empilhadeira Heli CPCD 25 com seus garfos abaixados

Fig. 7.23 Pilar com junta de entorno coexistindo com a nova estante

Além disso, deve-se ter cuidado quanto à altura do pilar existente. No caso em questão, poderia ter havido o cuidado de deixar o nível da base do pilar elevado de aproximadamente 20 cm em relação ao topo da superfície do pavimento, a fim de evitar o contato de fluidos com a estrutura metálica do pilar. Por se tratar de um galpão, fatalmente ocorrerá a lavagem de máquinas, equipamentos e empilhadeiras, acarretando o despejo de óleos e outros produtos químicos no pavimento.

Via de regra, como visto até aqui, o projetista não deve atentar somente para a parte estrutural numa situação de reforma geral de um galpão, mas também para os sistemas de ventilação e iluminação com vistas ao conforto dos operários que trabalham em seu interior. Quem já trabalhou com vistorias e laudos técnicos sabe muito bem que é impossível permanecer a cerca de 1 m de distância de um fechamento de telha simples por um longo período. Também é de conhecimento comum que, às vezes, os operadores costumam abrir os portões para melhorar um pouco a ventilação e que, em outros casos, quando as telhas translúcidas estão desgastadas pelo intemperismo do meio externo, elas se tornam mais opacas e perdem a translucidez, o que afeta tanto a vista dos operários durante a leitura de seus relatórios e fichas técnicas quanto o conforto visual de modo geral.

Assim, sempre que houver a oportunidade de efetuar um projeto de reforma num galpão como um todo, deve-se lembrar desses e de outros detalhes que também prejudicam o conforto dos usuários e relatá-los para o líder, o arquiteto e a equipe.

Por fim, não se pode esquecer de indicar no cronograma de obra que o pavimento rígido de concreto armado só deve ser liberado para o tráfego de veículos após concluído seu tempo de cura, que é de no mínimo 14 dias a depender do tipo de cimento – nunca se deve especificar cura de apenas 7 dias, como se vê em grande parte dos projetos verificados. É preciso reforçar a cura intensa imediatamente após o início da pega, que ocorre em torno de 2 h após a molhagem do cimento.

PAVIMENTOS RÍGIDOS PARA TRÁFEGO E OPERAÇÕES DE GUINDASTES PNEUMÁTICOS DOTADOS DE PATOLAS: PROJETO DETALHADO DE RETROÁREA

8

A fim de acostumar e estimular o leitor na escrita de memoriais descritivos, especificações técnicas e especificações de serviços, como documentos que devem ser concebidos para complementar um projeto, é trazida a introdução original utilizada no documento de memorial descritivo que serviu de complemento para esse projeto (Boxe 8.1).

Num memorial descritivo, o engenheiro deve descrever como seu projeto foi concebido e quais características precisam ser mantidas. Por exemplo, para um caso

Boxe 8.1 Introdução de memorial descritivo

> O projeto consiste de pavimentos rígidos de concreto armado concebidos para as áreas das vias e dos pátios de toda uma parte do Porto de X, denominada de retroárea, além de bases de postes e fueiros.
>
> Cada placa deve ter geometria constituída de dimensões máximas de 8 m × 10 m, ser constituída de concreto estrutural com 30 cm de espessura total, cobrimento de 5 cm, armadura dupla constituída de barras de aço com diâmetro de 10 mm e espaçadas a cada 10 cm dispostas nas camadas superior e inferior, barras de transferência com diâmetro de 32 mm a serem dispostas a cada 30 cm entre todas as placas, resistência característica do concreto à compressão (f_{ck}) de 40 MPa, fator água/cimento ($f_{a/c}$) ≤ 0,35.
>
> As camadas de concreto armado devem ser executadas sobre lonas plásticas pretas com 0,5 mm de espessura, camada de sub-base constituída de brita graduada simples (BGS) com 20 cm de espessura, camada de reforço de subleito com 40 cm a 80 cm de escavação e recompactação constituída de solo laterítico (ou material equivalente) com baixa expansibilidade.
>
> Entre as placas devem ser executadas juntas serradas, e entre as placas e outras construções existentes devem ser executadas juntas de encontro.
>
> As placas devem ser executadas em faixas, e não em xadrez. Entre as faixas devem ser executadas juntas de construção.
>
> Sobre esses pavimentos está previsto o trânsito dos seguintes modelos de guindastes:
>
> - Liebherr LTM-1090 (capacidade máxima permitida = 90 tf);
> - Manitowoc 10000 (capacidade máxima permitida = 90 tf);
> - Zoomlion QUY 100 (capacidade máxima permitida = 100 tf);
> - Liebherr LTM-1250 (capacidade máxima permitida = 200 tf);
> - Zoomlion QUY 260 (capacidade máxima permitida = 200 tf).

como esse, caracterizam-se os materiais constituintes do pavimento em si, com tais premissas devendo ser seguidas pelas equipes de obra durante sua construção. Por ser um documento, ele tem de ser escrito e revisado, junto à equipe, com muita seriedade. Um descuido pode trazer falhas técnicas ou consequências sérias para a obra.

A introdução do memorial descritivo nada mais é do que uma descrição dos elementos que constituem o projeto. Na introdução da especificação técnica, por sua vez, o profissional deve redigir um texto orientando a empresa contratada sobre quais parâmetros mínimos de qualidade e segurança adotar. Já na introdução da especificação de serviço, deve-se instruir as equipes de obra sobre as melhores práticas de construção a serem seguidas.

Para a camada de reforço de subleito, empregou-se material laterítico, mas foi deixado o termo "ou equivalente" para o caso de a equipe de obra vir a ter dificuldade de encontrar e lidar com solo laterítico, tendo sido mencionados os limites de propriedades mecânicas a serem respeitados, atinentes a índice de expansibilidade, limite de liquidez e índice de plasticidade, entre outros. Assim, se a equipe de obra requisitar o uso de pó de pedra, é necessário rejeitá-lo por não possuir propriedades equivalentes às do solo laterítico. Portanto, nunca se deve adotar o termo "ou similar", pois deixa margem para o emprego de materiais que fogem aos parâmetros de segurança e qualidade requisitados.

Para a camada de sub-base projetada com BGS, o engenheiro pode deixar como opção o concreto compactado a rolo (CCR) ou mesmo a brita graduada tratada com cimento (BGTC), que também apresentam excelentes valores de módulo de resiliência para a função.

Por ser um projeto para área portuária, muitos outros elementos estruturais devem ser concebidos e descritos pelo engenheiro na introdução, como: fundações para elementos de fueiros, que se recomenda que sejam dimensionadas como blocos de concreto, de modo a resistir ao momento fletor solicitante advindo da força de impacto de um veículo a baixa velocidade de estacionamento; fundações para torres de iluminação muito altas (com cerca de 20 m, 30 m, 40 m), que se recomenda que sejam constituídas de blocos de coroamento e estacas cujo momento fletor resistente seja maior que o momento solicitante gerado pela carga de vento atuante ao longo da torre; muros de contenção para o caso de desníveis elevados entre o topo da superfície do pavimento projetado e o nível do terreno adjacente à via existente; soluções de impermeabilização para proteger o concreto de caixas e envelopes da ação de fluidos como água e óleo e de outros elementos deletérios; entre outros.

Outra ressalva já debatida anteriormente se refere ao cuidado redobrado que se deve ter no processo de cura do concreto quando do uso de placas com dimensões grandes, da ordem de 8 m × 10 m, que é o caso desse projeto. Para isso, é importante conversar com a equipe de obra a fim de alinhar as dimensões exequíveis e prepará-la. Para grandes empreendimentos como esse, a equipe de obra pode fazer uma placa de pavimento teste a título de treino no tocante aos processos de cura e eliminação de fissuras de retração hidráulica. Caso contrário, recomenda-se que as dimensões de placas sejam reduzidas para valores mais conservadores, da ordem de 4 m × 6 m, por exemplo.

8.1 Apresentação das plantas

Ao longo desta seção serão mostrados detalhes extraídos dos projetos reais aplicados a esse empreendimento, para que o aluno e o profissional possam vivenciar a realidade da engenharia estrutural de um escritório, em que muito depende de nossas decisões e concepções.

Por meio da Fig. 8.1, tem-se uma noção da grandeza desse empreendimento, com a retroárea representando apenas uma parte de toda a área portuária. Cabe observar os inúmeros tipos de pátios e as ruas entre e ao redor deles, em que cada rua possui dezenas de metros por se tratar de um porto para a movimentação de carga.

Na parte superior da figura, os pequenos traços ao longo de uma linha representam o caimento do terreno em direção ao mar. Na parte inferior, outros traços indicam o caimento do talude de um morro, com uma estrada que dá acesso a ele. Assim, a parte alta do talude é representada por linhas menores entre traços maiores, e a parte baixa, apenas por traços maiores continuados.

A Fig. 8.2 traz a ampliação de uma área onde há uma canaleta de drenagem de água e de óleo com forma curva. Além dela, há pequenos quadrados representando caixas menores existentes que não puderam ser removidas e um quadrado maior indicando o bloco de coroamento para a fundação de uma torre de iluminação, com círculos em seu entorno representando estacas.

Ao longo do caimento foram previstas setas de caimento para os pavimentos de modo alinhado com os projetos de drenagem. Aqui se destaca a comunicação interdisciplinar para que não haja interferência entre disciplinas.

A Fig. 8.3 traz a parte esquerda da planta anterior ampliada, de modo a mostrar as juntas de encontro (J.E.) entre as placas do pavimento e a parede da canaleta curva, que constitui um obstáculo ou paramento. Vale notar a altura do pavimento total de $h = 25$ cm, a tela soldada dupla indicada com sua especificação de Q 785, com suas linhas cheia (tela positiva, inferior) e tracejada (tela negativa, superior), e o caimento de 0,5%, que é o valor mínimo a ser adotado para pavimentos e que atende à disciplina de drenagem.

Na Fig. 8.4 é representada a área central ampliada da Fig. 8.1, com a indicação do comprimento de 7,80 m das placas, além das juntas serradas (J.S.), de construção (J.C.) e de encontro (J.E.) e das linhas de chamada das barras de transferência especificando suas quantidades e o espaçamento de 30 cm.

E, por fim, a Fig. 8.5 ilustra a parte direita extraída da Fig. 8.1, com as dimensões de placas em torno de 6,50 m × 7,80 m. Pode-se observar as caixas existentes que não puderam ser removidas e que, por isso, receberam J.E. em suas quatro bordas de interface com o pavimento, por constituírem um obstáculo. As mesmas J.E. são aplicadas nas interfaces das bordas do bloco de coroamento da torre de iluminação com o pavimento. Cabe mencionar que é sempre importante indicar os níveis de topo do pavimento acabado.

A Fig. 8.6 traz como destaque outro pátio repleto de inúmeras placas a coexistir com diversas caixas e cana-

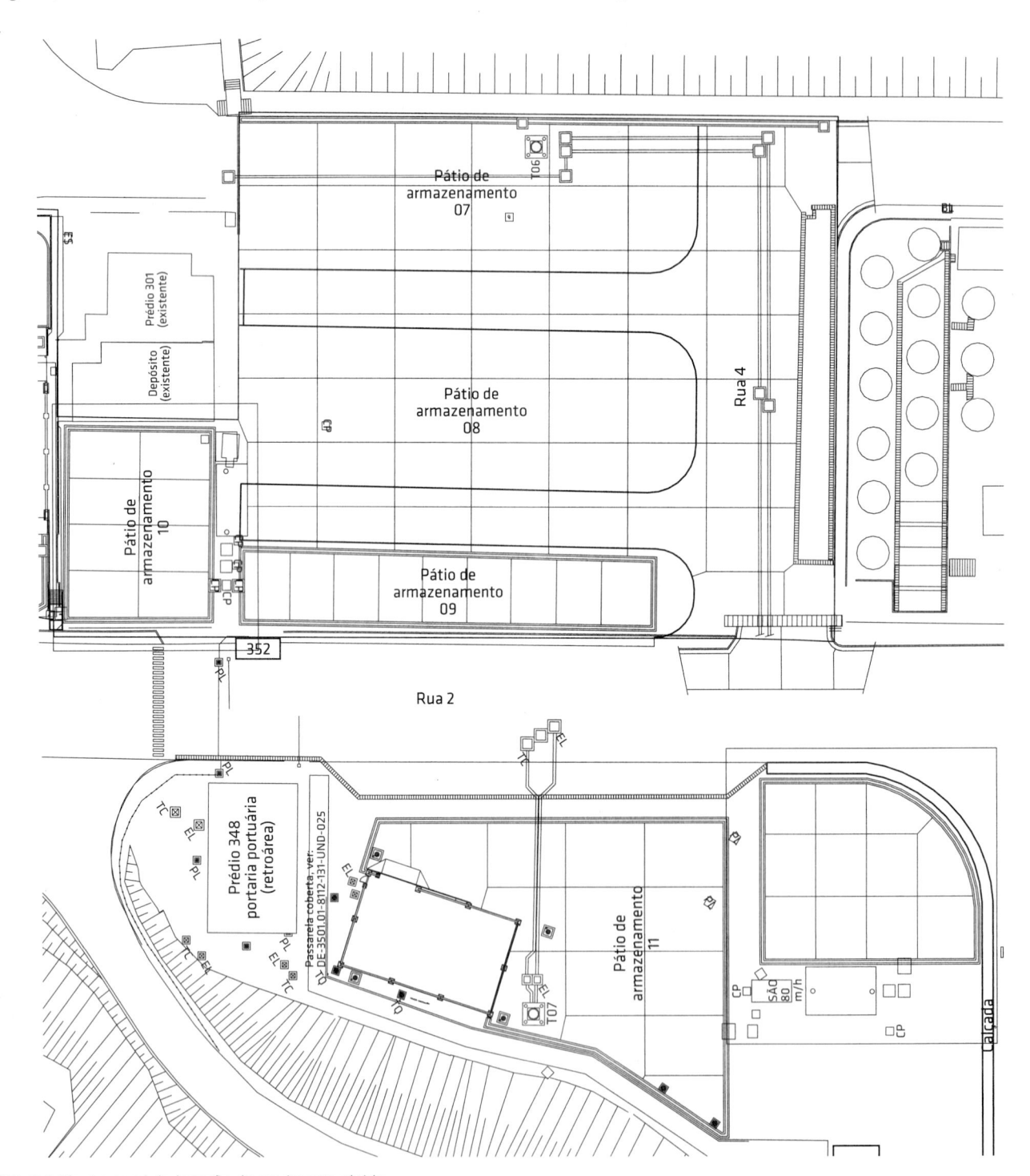

Fig. 8.1 Planta geral de locação do pavimento rígido

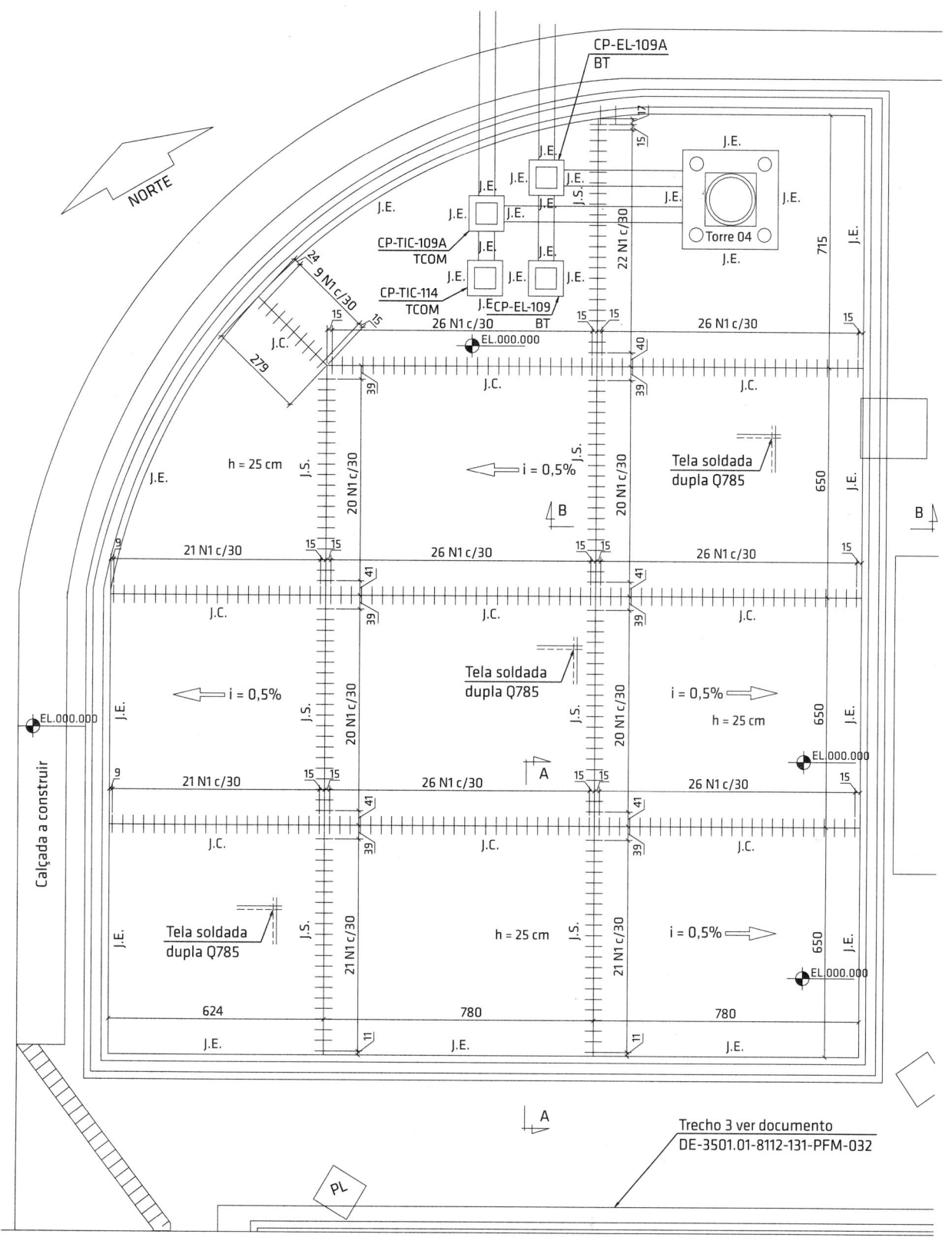

Fig. 8.2 Detalhe extraído e ampliado da planta geral de locação

letas delimitando outras áreas para trabalho com caixas oleosas e outros.

Na Fig. 8.7 tem-se a ampliação da área esquerda da figura anterior, sendo possível observar a canaleta com J.E. e, do outro lado, juntas de dilatação (J.D.) cortando todo o pavimento. Essas J.D. devem ser criadas a cada 30 m no máximo ou conforme o cálculo de seu comprimento máximo para o concreto, levando em conta a variação de temperatura e o coeficiente de dilatação do concreto. Fato é que, para placas com comprimentos acima de 30 m e

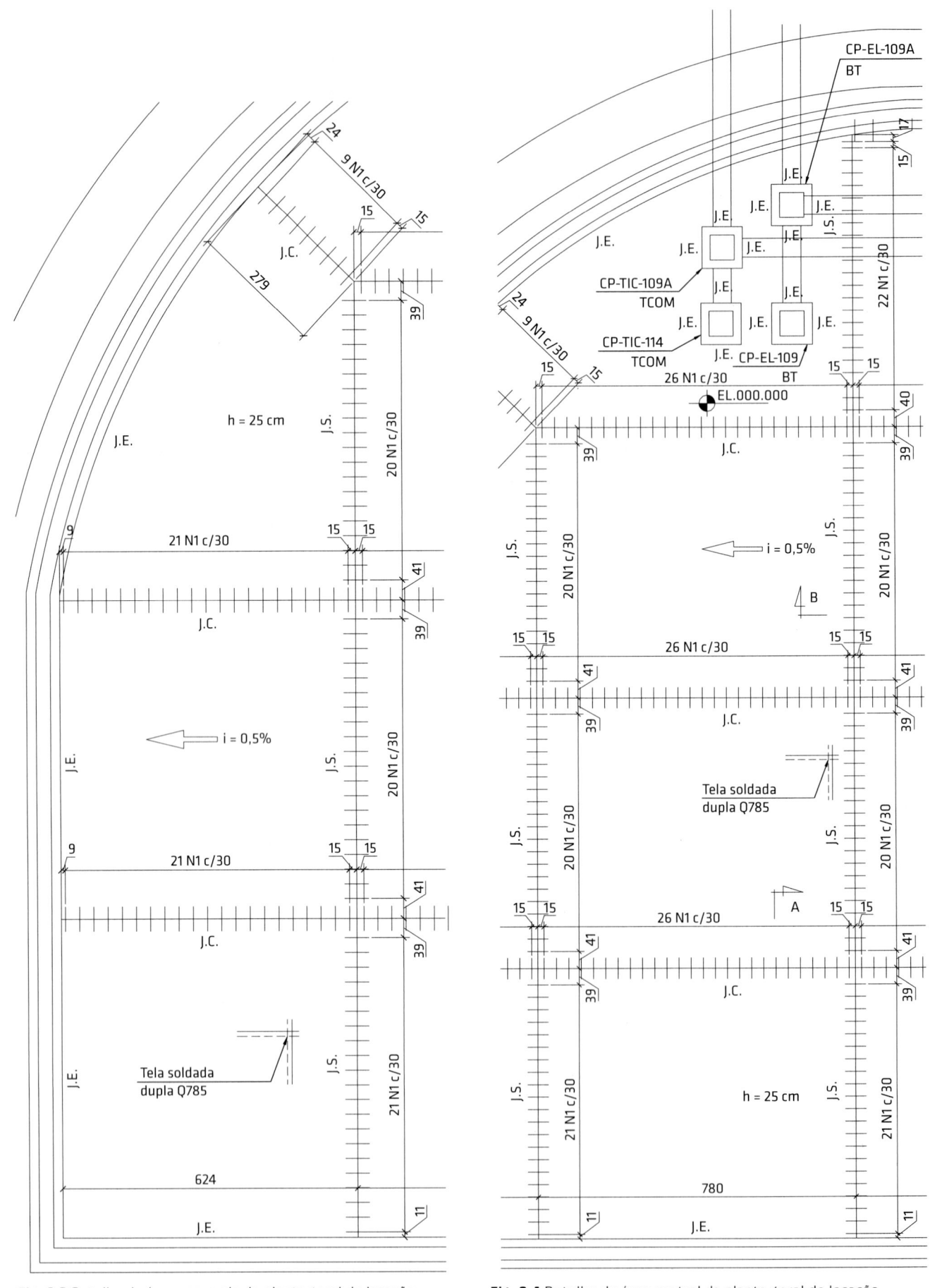

Fig. 8.3 Detalhe da área esquerda da planta geral de locação

Fig. 8.4 Detalhe da área central da planta geral de locação

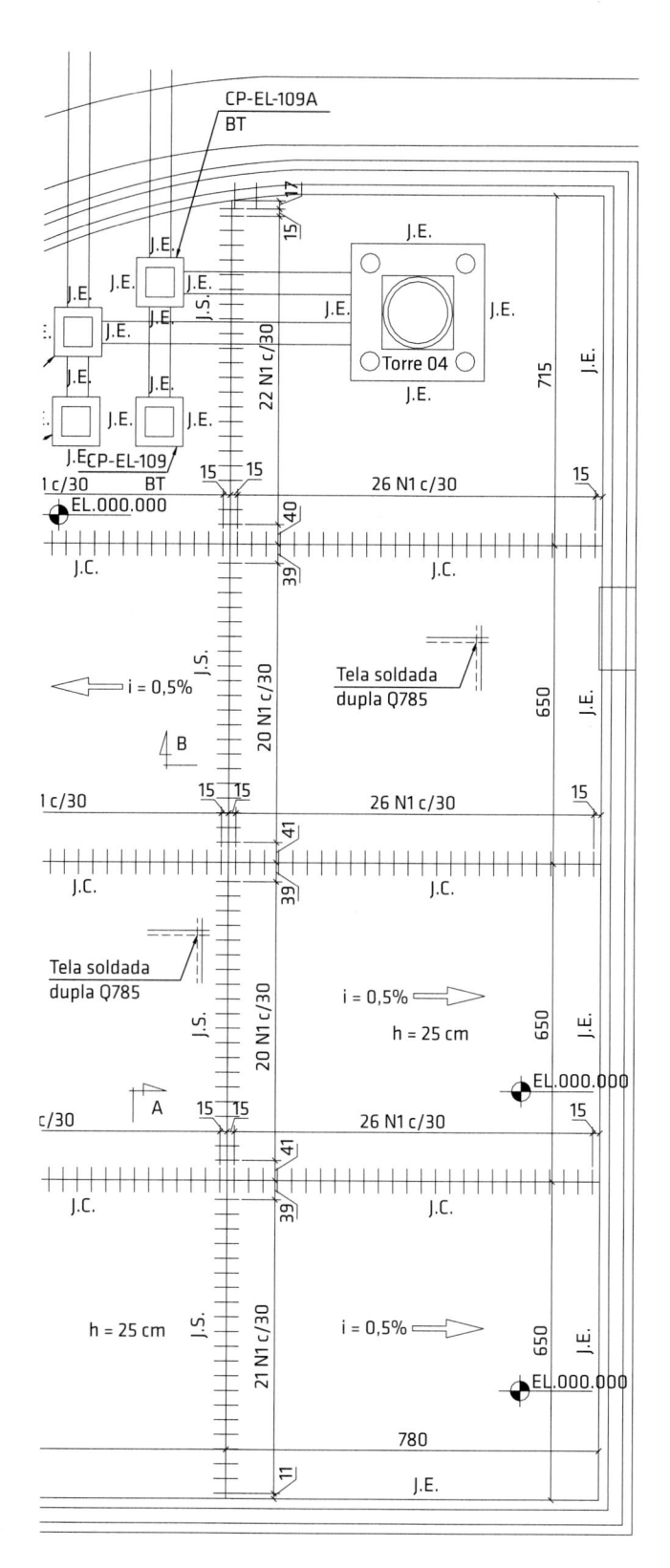

Fig. 8.5 Detalhe da área direita da planta geral de locação

sem J.D., uma fissura ou trinca induzida surgirá cortando todo o pavimento. Portanto, deve-se garantir uma J.D. a cada 30 m no máximo.

A Fig. 8.8, extraída e ampliada da Fig. 8.6, traz as caixas e os sistemas de envelopes que as interligam, em que esses envelopes são enterrados e podem ser apresentados por linhas tracejadas. Nota-se a base da torre de iluminação com uma J.E. em cada uma de suas interfaces com o pavimento, além da J.S. sempre transversal ao comprimento do pavimento e as J.C. sempre longitudinais à via, por delimitarem faixas-limites de concretagem.

Indica-se na Fig. 8.9 outro trecho de pátio de manobra extraído da planta de locação da Fig. 8.1, em que cada retângulo representa uma placa do pavimento. O talude de um morro é ilustrado em um dos lados, com as setas menores em sua face indicando seu topo. Assim, pela simples leitura dessa planta, constata-se que há um caimento do morro em direção ao pátio de manobra, e não o contrário. As linhas maiores devem continuar do topo à base do talude.

Como há o escorrimento de água advindo de chuvas fortes a partir do talude, faz-se necessário o projeto de uma canaleta, como indicado, passando rente ao pé do talude. Entre essa área de pátio e as demais áreas adjacentes que pertencem a outras vias e outros pátios, há a divisão efetuada com o uso de canaleta de drenagem ao longo de toda a linha de divisa do pavimento.

Um detalhe do pátio em questão é apresentado na Fig. 8.10, com a locação da base da fundação da torre de iluminação constituída de bloco de coroamento executado na cabeça de quatro estacas. Observam-se também três caixas que não puderam ser removidas do local, com uma J.E. em cada uma de suas interfaces com o pavimento ao redor. Na parte de baixo da planta, tem-se uma J.E. criada para a divisa do prédio existente, cabendo notar as chapas de base e as colunas em perfis H.

A Fig. 8.11 traz outro trecho extraído da Fig. 8.9 e permite visualizar a quina do prédio coexistindo com o pavimento, com a indicação de J.E. nas interfaces de ambos. Com os caimentos de 0,5% para cada lado, torna-se possível que cada placa que desponta a partir de uma J.S. (nesse caso) ou uma J.C. siga com uma inclinação suave para cada direção, uma oposta à outra. É importante indicar o nível do piso da construção existente, que, nesse caso, permaneceu igual ao do pavimento, devido à entrada e à saída de empilhadeiras do prédio para o pavimento.

Na Fig. 8.12 é mostrado um detalhe da armação de reforço, em planta e em corte, aplicada no entorno de uma caixa que não pôde ser removida, com a existência de J.E. em suas quatro faces. Assim, dispõem-se as armações duas a duas de forma paralela a cada face, reforçando-as com armações duplas em diagonal a partir de cada quina. Essas armações possuem a função de resistir aos esforços solicitantes que despontam a partir da quina do pavimento e que causam fissuras (ou até trincas) induzidas;

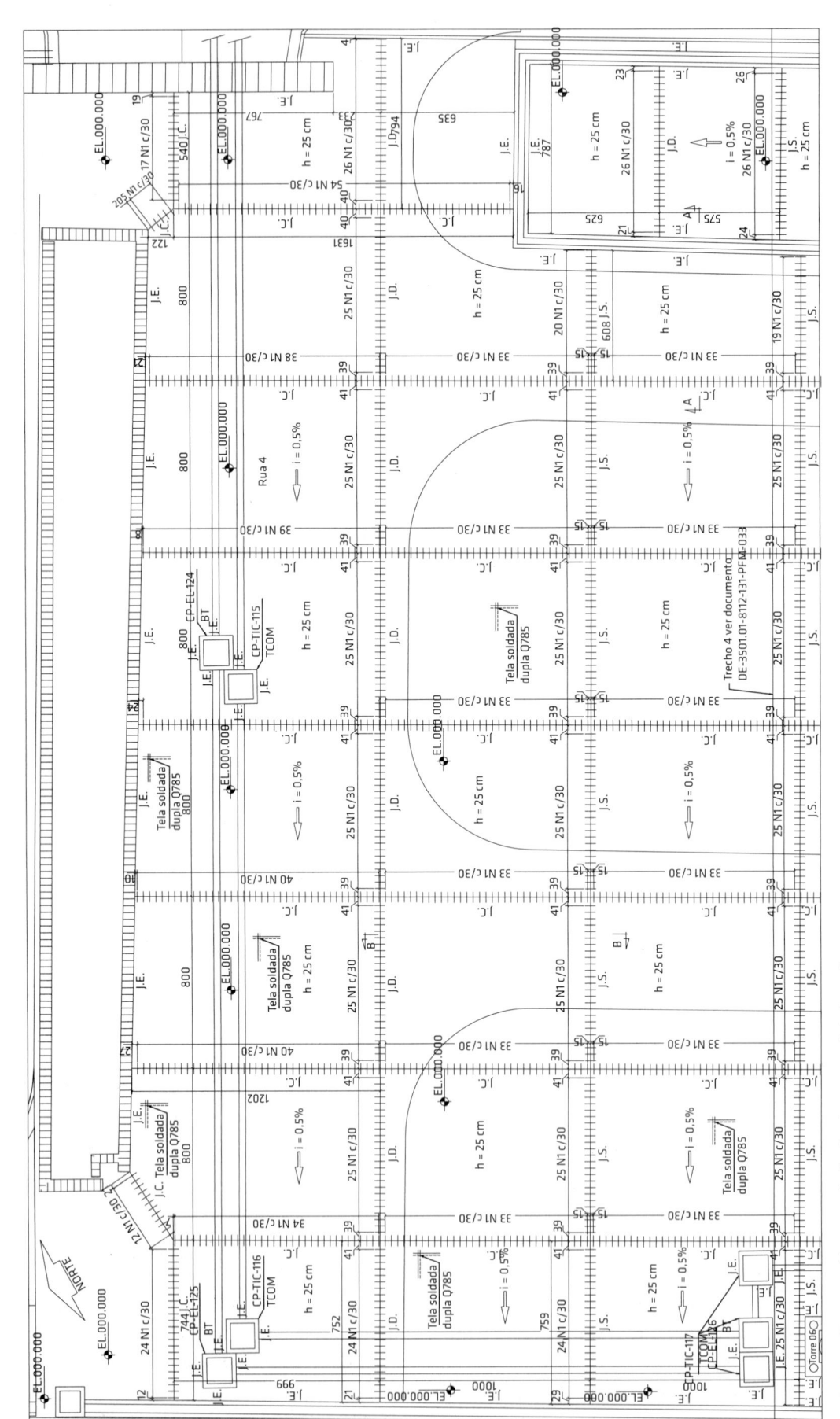

Fig. 8.6 Detalhe extraído e ampliado da planta geral de locação

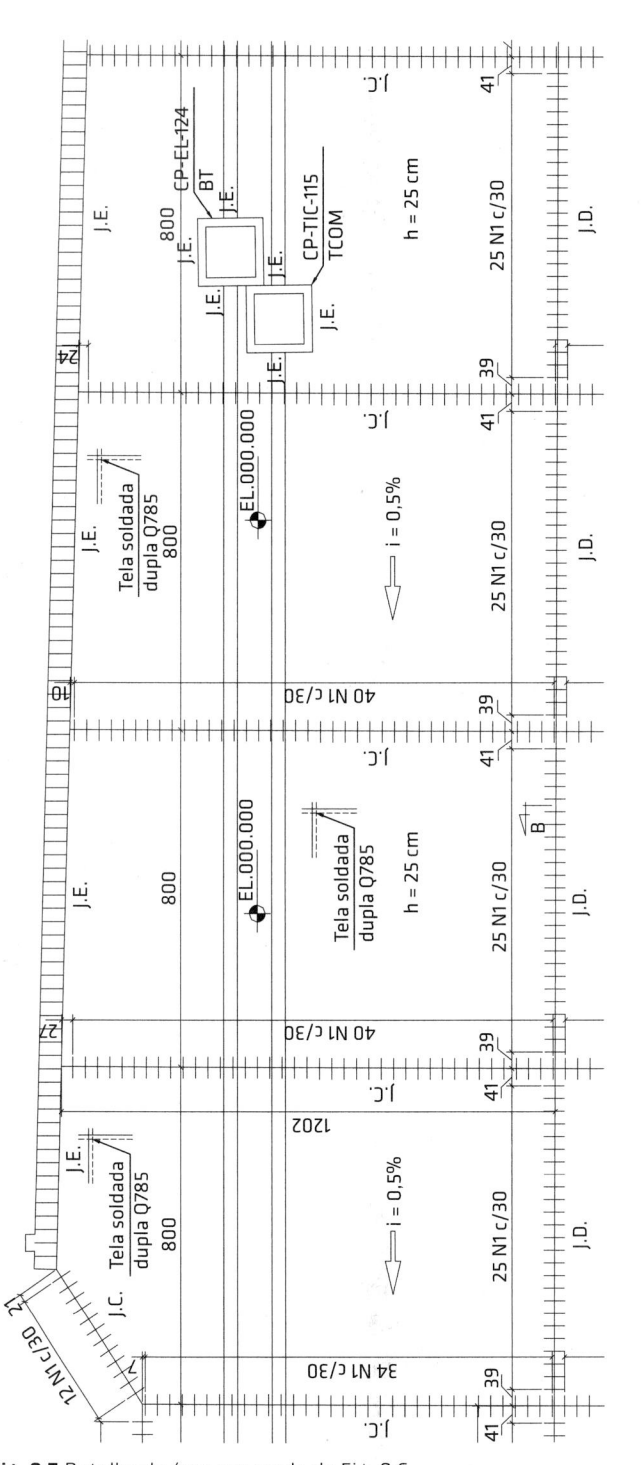

Fig. 8.7 Detalhe da área esquerda da Fig. 8.6

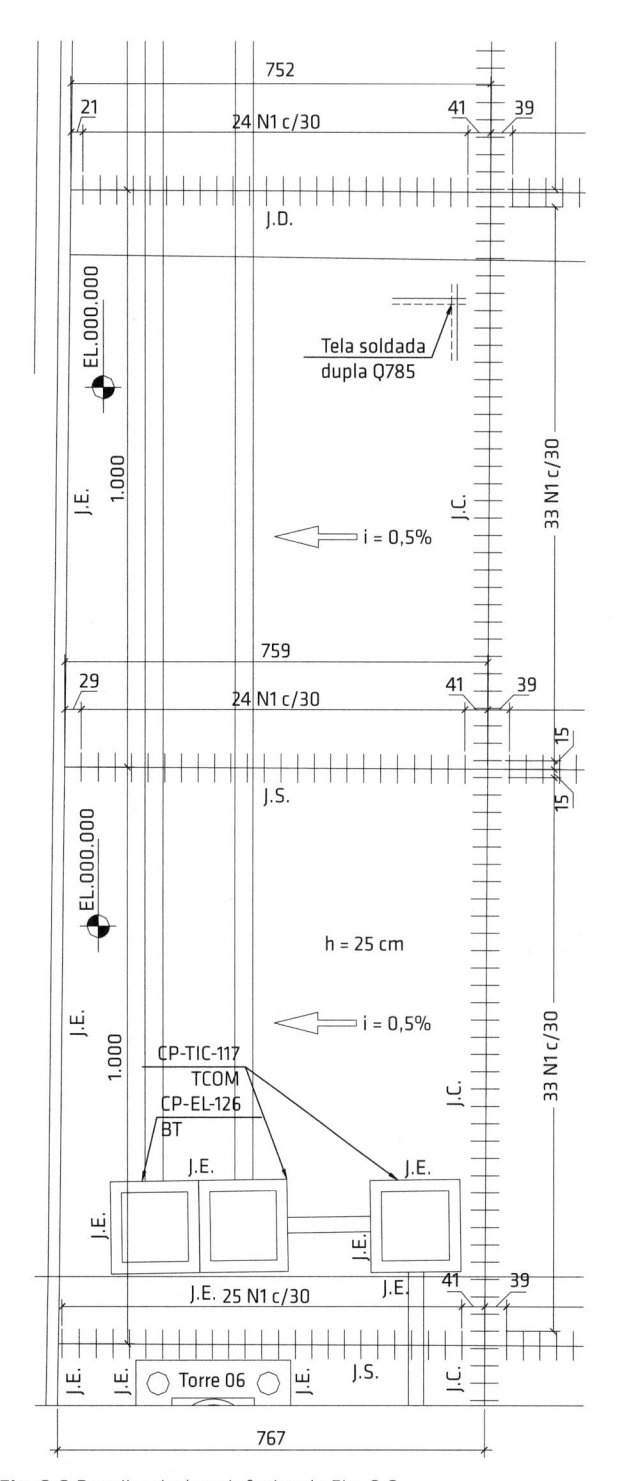

Fig. 8.8 Detalhe da área inferior da Fig. 8.6

essas anomalias sempre nascem a partir das quinas de aberturas no pavimento quando não são previstas armações de reforço desse tipo.

Outra área de pátio de manobra extraída da planta de locação da Fig. 8.1 é ilustrada na Fig. 8.13. Aqui, é interessante notar a existência de uma área menor, no topo da figura, separada do restante do pátio por uma canaleta de drenagem. Exceto por esse obstáculo, todo o pátio se constitui de placas com dimensões aproximadamente regulares de largura e comprimento.

No trecho de pátio indicado na Fig. 8.14, extraído da figura anterior, observa-se a canaleta dividindo as duas áreas de trabalho nesse pátio de forma inclinada ao longo do plano horizontal, o que força todas as placas a permanecerem com dimensões de largura variáveis. Como o ângulo de chegada das J.S. na canaleta é muito próximo a 90°, em torno de 88° ou 89°, não se fez necessário mudar a direção da junta em seu trecho de chegada até o anteparo, como mostrado em vários outros detalhes de projetos vistos até aqui.

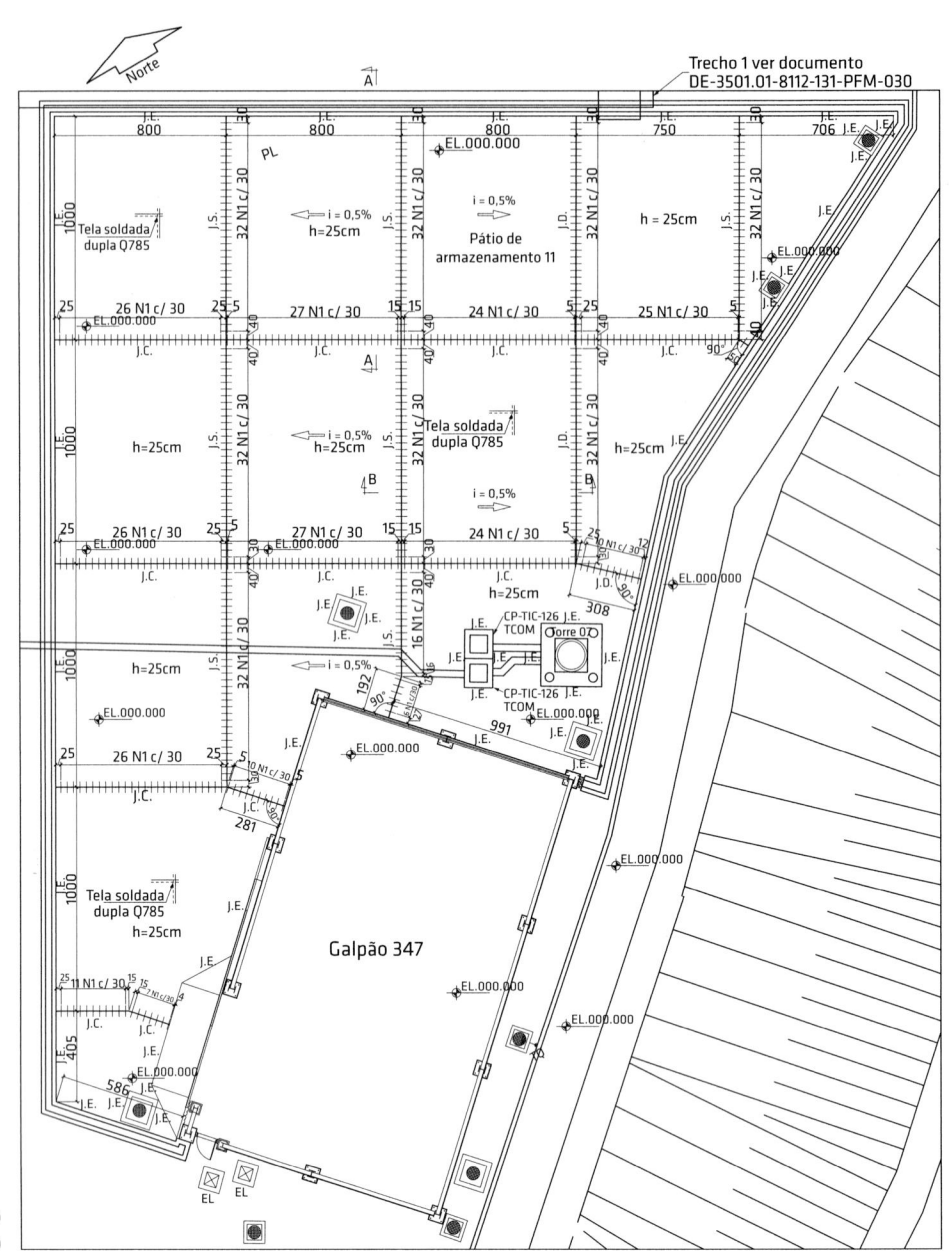

Fig. 8.9 Detalhe extraído e ampliado da planta geral de locação

A Fig. 8.15 apresenta o corte A-A do pavimento da figura anterior abrangendo o detalhe da canaleta de drenagem, com as mesmas informações descritas na Fig. 8.21, em que é trazido o corte B-B. Costuma-se adotar a escala de corte de 1:25 ou 1:50.

O detalhe típico da J.E., com espessura de 6 mm, é mostrado na Fig. 8.16. A utilização de uma junta de periferia com 1 cm de espessura com a finalidade de permitir movimentos de expansão e de contração da placa não é exagerada e pode vir a ocorrer. Deve-se apenas ter o cuidado de adotar um bom selante a fim de evitar o desgaste precoce dele, deixando a junta exposta. Para J.E., este autor já empregou espessuras de até 2 cm no passado, o que não se recomenda, devido à exposição de uma área maior do selante a raios solares, ações do tempo e contato com pneus, submetendo as juntas a uma ação de abrasão mais enérgica e um desgaste por abrasão mais elevado. Sugere-se também o uso de um material compressível na interface do pavimento com o anteparo.

Na Fig. 8.17 tem-se o detalhe da J.C., cuja maior diferença em relação à J.S. mostrada a seguir é a placa não ser monoliticamente unida com a seguinte. Nesse caso, há uma separação das placas, pois a J.C. é usada para dividir faixas de concretagem, em que uma faixa constituída de várias placas de pavimento é executada e devidamente curada antes da execução e da cura da faixa seguinte.

O detalhe típico da J.S. é exibido na Fig. 8.18. Nota-se que o corte efetuado para a junta possui 5 cm de altura, a qual deve estar dentro de um intervalo compreendido entre $h/3$ e $h/4$, sendo h a altura do pavimento. Por exemplo, para $h/4 = 25$ cm$/4 = 6{,}25$ cm, recomenda-se que a junta tenha altura de 6 cm em vez dos 5 cm projetados.

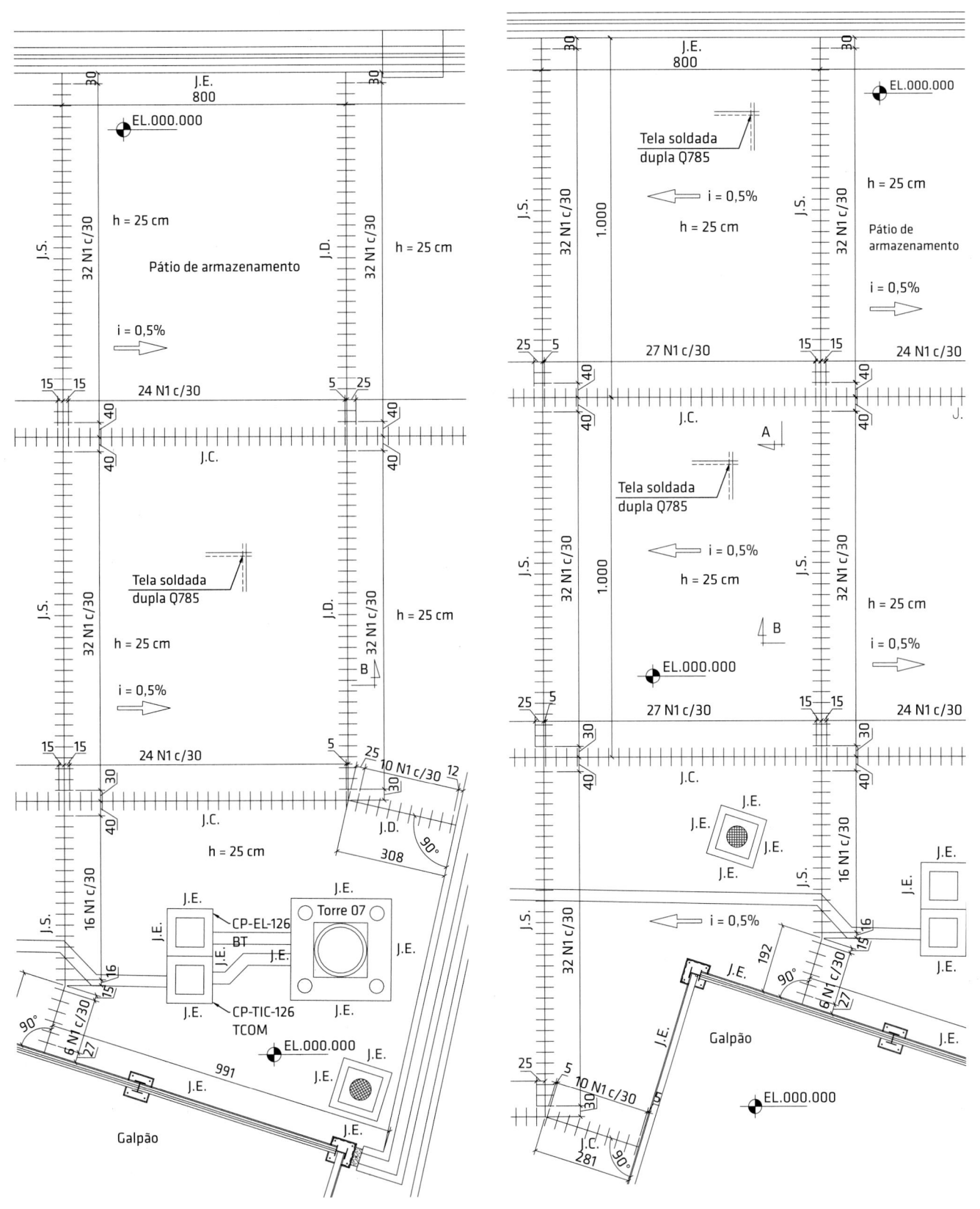

Fig. 8.10 Detalhe da área direita da Fig. 8.9

Fig. 8.11 Detalhe da área central da Fig. 8.9

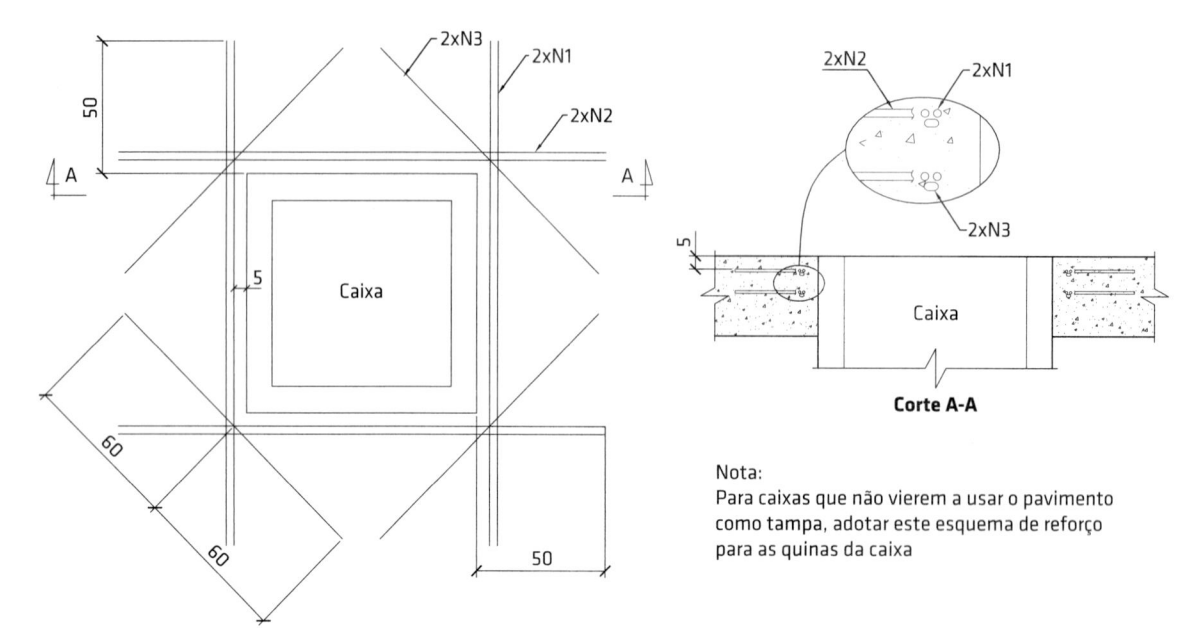

Fig. 8.12 Detalhe de reforço de bordas de caixa existente no local

Nota:
Para caixas que não vierem a usar o pavimento como tampa, adotar este esquema de reforço para as quinas da caixa

Corte A-A

Fig. 8.13 Detalhe extraído e ampliado da planta geral de locação

Fig. 8.14 Detalhe da área superior da Fig. 8.13

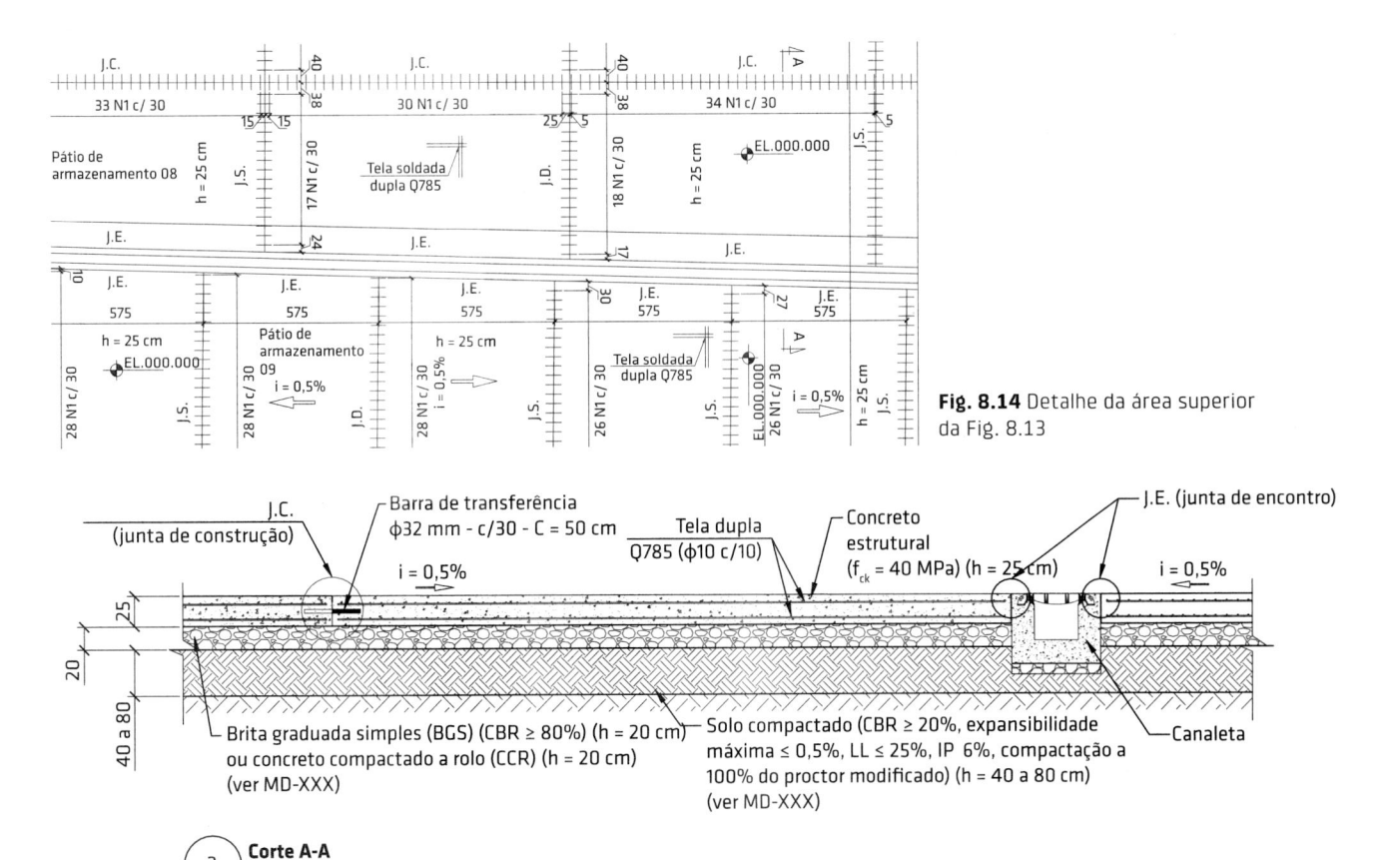

Fig. 8.15 Corte da seção transversal do pavimento indicado na Fig. 8.14

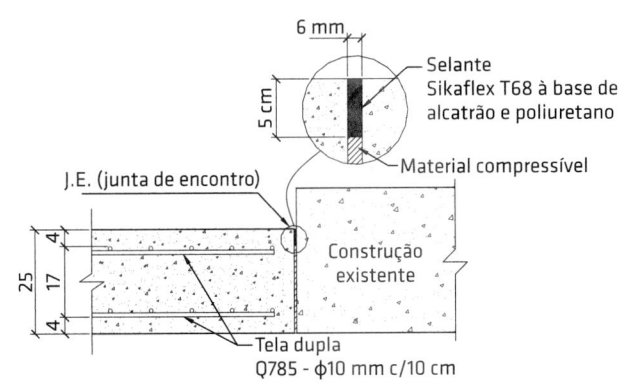

Fig. 8.16 Detalhe típico da J.E.

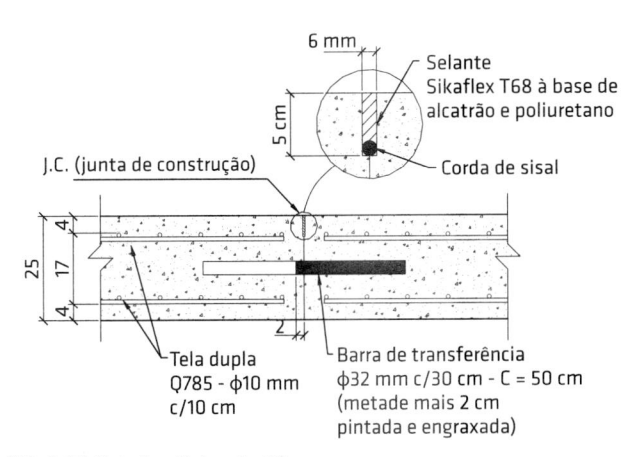

Fig. 8.17 Detalhe típico da J.C.

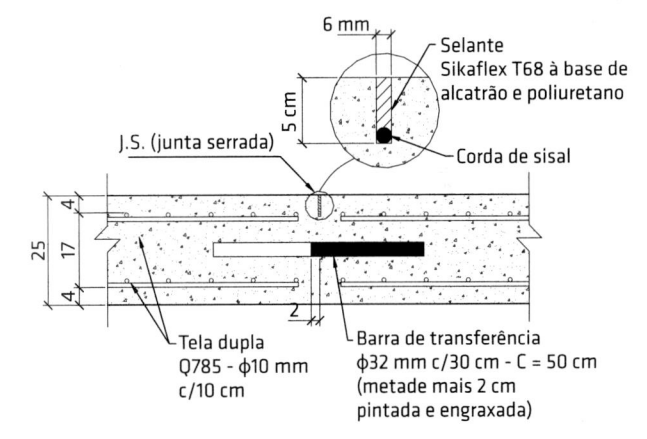

Fig. 8.18 Detalhe típico da J.S.

A espessura mínima da J.S. utilizada em todos os projetos do autor é de 6 mm. Para os cobrimentos do concreto, foram adotadas camadas de 4 cm, sendo recomendado sempre cobrimento mínimo de 4 cm e máximo de 5 cm.

Outra área de pátio de manobra para o tráfego de empilhadeiras e guindastes é apresentada na Fig. 8.19, com a indicação do caimento dos pavimentos a partir do centro do pátio e em direção às canaletas laterais, as quais conduzem os fluidos até caixas localizadas na parte superior da planta.

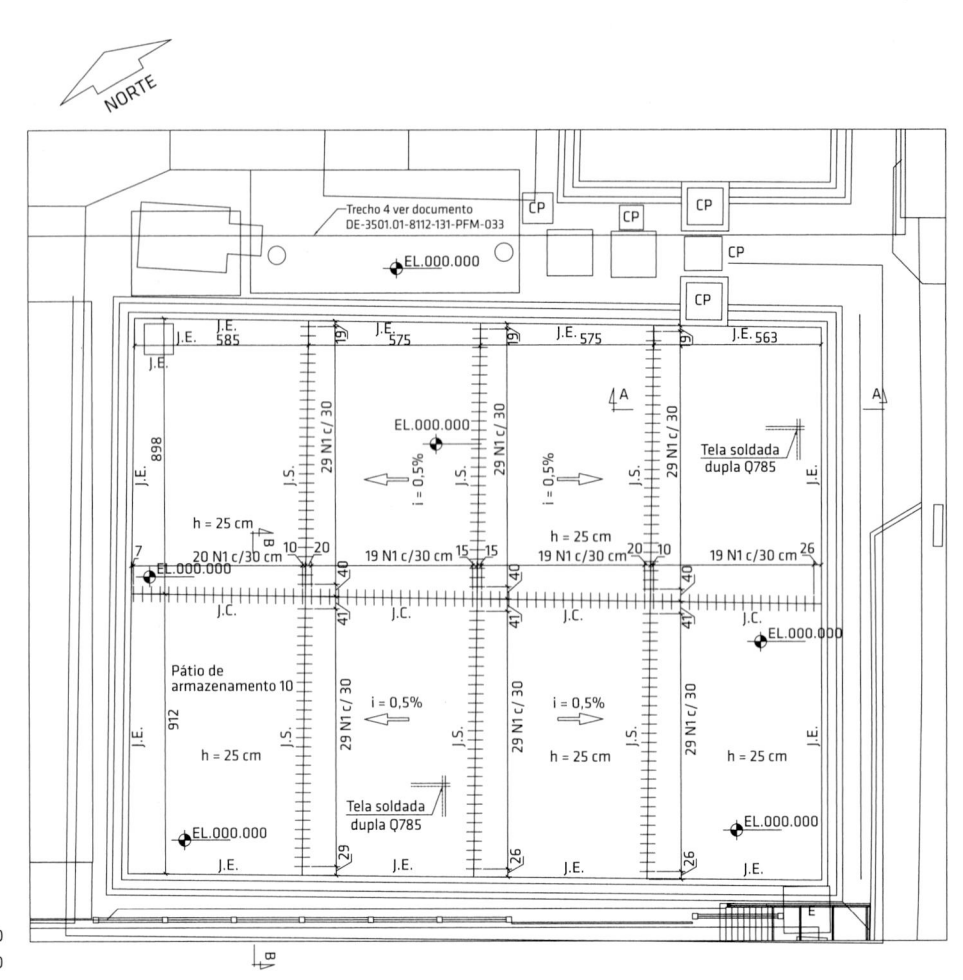

Fig. 8.19 Detalhe extraído e ampliado da planta geral de locação

De uma planta como essa podem ser mostrados dois cortes do pavimento, como feito através dos cortes A-A e B-B, ou até mais cortes, se forem necessários para outras áreas de interesse específico.

As telas soldadas e as alturas dos pavimentos são indicadas em algumas placas de forma aleatória e bem representativa, não sendo preciso mencionar tais informações em todas as placas para não "congestionar" a planta. Cabe também observar as indicações de barras de transferência nessa única planta, que serve para forma e armação.

Os desenhos dos detalhes diversos no entorno do pavimento devem sempre ser locados e devidamente indicados para servir de referência para a equipe de obra.

A Fig. 8.20 traz uma vista ampliada da região inferior da última figura. Notem-se as indicações de níveis, a chamada do corte B-B, as quantidades de barras de transferência de 20 e 19 ao longo das linhas de chamada, com espaçamento sempre de 30 cm, e os comprimentos de placa de até 912 cm.

O cálculo deve estar preparado para uma margem segura de largura × comprimento de placas, a fim de dar liberdade para o projetista delineá-las no projeto. Isso porque projetos de pavimentos são sempre muito irregulares, eivados de obstáculos, ângulos, curvas etc. que não permitem o uso das mesmas dimensões de placa de forma sistemática ao longo de todos os pátios e vias.

Na Fig. 8.21 tem-se um detalhe da seção longitudinal do pavimento da figura anterior. Observem-se as juntas J.C. e J.E. devidamente indicadas, as espessuras da camada do pavimento de 25 cm e da camada de sub-base de 20 cm, em BGS ou CCR, dando liberdade à equipe de obra, e as características descritas para a camada de reforço de subleito, de 40 cm a 80 cm de espessura, a ser constituída de solo laterítico ou de material equivalente (e não similar). Notem-se também as armações de telas soldadas duplas, sendo a armadura negativa na camada superior e positiva na camada inferior. Todas essas informações são cruciais e podem ser consolidadas via corte do pavimento.

8.2 Memória de cálculo

Esse estudo se aplica a um pavimento de concreto armado projetado para o tráfego de guindaste de modelo Liebherr LTM-1250, pneumático e dotado de patolas (Figs. 8.22 a 8.24), com carga total máxima de aplicação correspondente a 366 tf, situado na área do Parque de Tubos, em Imboassica (Macaé, RJ).

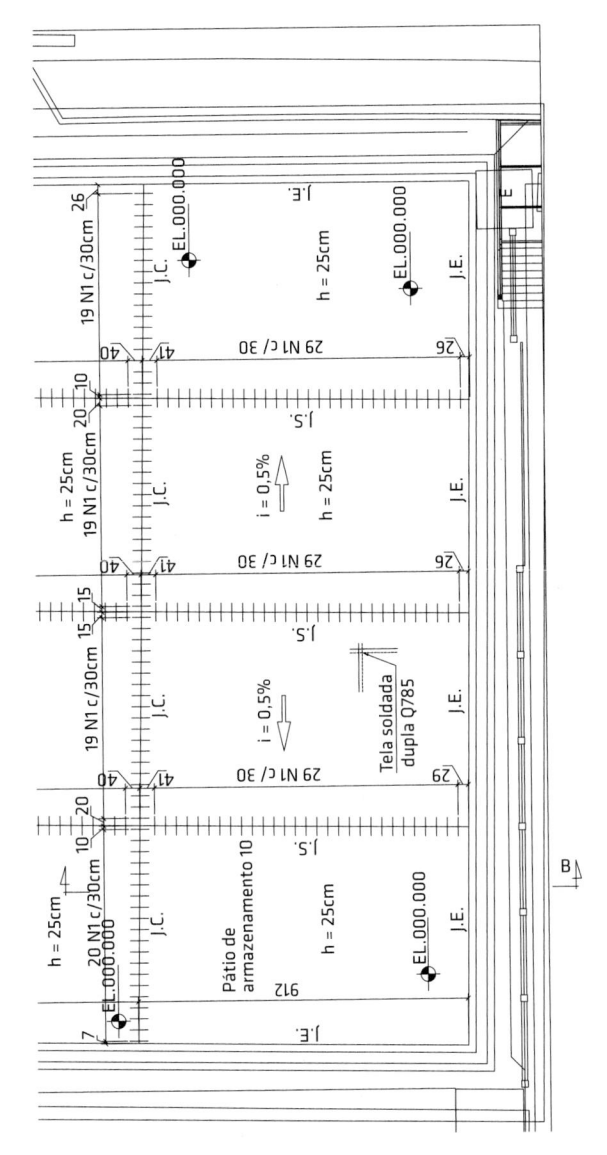

Fig. 8.20 Detalhe da área inferior da Fig. 8.19

Fig. 8.22 Guindaste de modelo LTM-1250
Fonte: cortesia da empresa Liebherr do Brasil.

Guindaste com capacidade de carga de 250 tf em operação no pátio de manobras e de estocagem

Fig. 8.23 Vista da lança hidráulica (*boom*) do guindaste LTM-1250

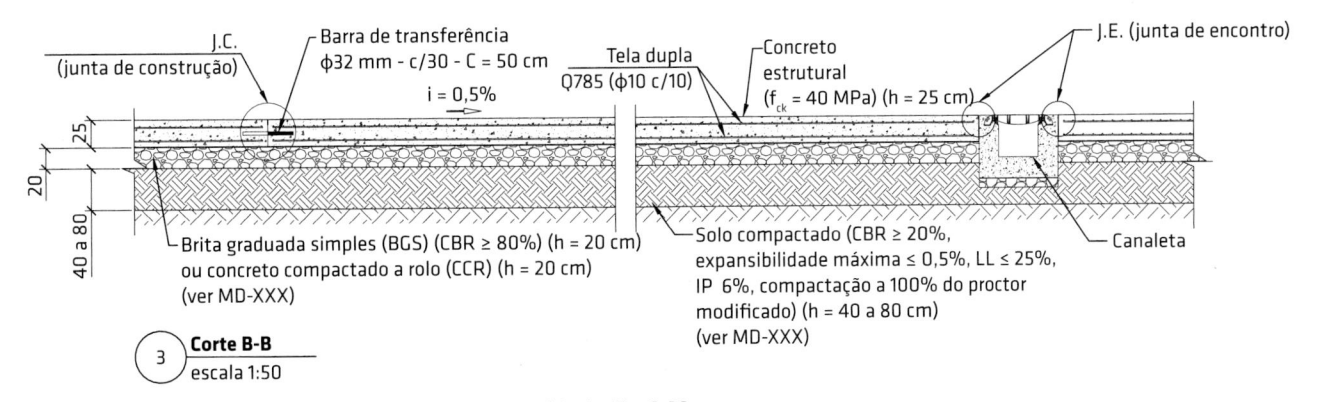

Corte B-B
escala 1:50

Fig. 8.21 Corte da seção longitudinal do pavimento extraído da Fig. 8.20

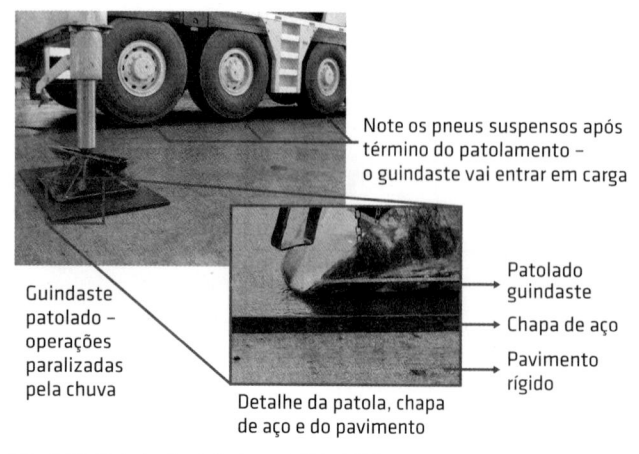

Fig. 8.24 Patola do guindaste LTM-1250 apoiada sobre placa de aço no momento do patolamento

8.2.1 Dados

Concreto

São definidas as características do concreto com base na classe C40:

- resistência característica do concreto à compressão (f_{ck}) = 40,00 MPa;
- resistência média do concreto à tração (f_{ctm}) = $0,30 \cdot f_{ck}^{(2/3)}$ = 0,30 × (40 MPa)$^{(2/3)}$ = 3,51 MPa;
- resistência característica do concreto à tração (f_{ctk}) = $1,30 \cdot f_{ctm}$ = 1,30 × (3,51 MPa) = 4,56 MPa;
- coeficiente de Poisson (ν) = 0,20;
- módulo de elasticidade inicial (E_{ci}) = $5.600 \cdot (f_{ck})^{1/2}$ = 5.600 × (40 MPa)$^{1/2}$ = 35.417,51 MPa.

Aço

Quanto ao aço das malhas duplas principais, são utilizadas telas soldadas em aço CA-60 e barras de transferência (entre placas) em aço CA-25, mas, para o dimensionamento, é considerado o aço CA-50:

- tipo de aço para armadura principal = CA-50;
- tipo de aço para barras de transferência = CA-25;
- diâmetro da barra principal em aço CA-50 = 10,00 mm;
- diâmetro da barra de retração em aço CA-50 = 6,35 mm;
- diâmetro da barra em aço CA-25 = 32,00 mm;
- módulo de elasticidade do aço ($E_{aço}$) = 205.000,00 MPa.

Solo

- índice de suporte Califórnia (CBR, %) = 20,00%.

Com base na Tab. 3.8, para h = 20 cm e CBR = 20%, obtém-se o valor de módulo de reação (k) de 79 MPa/m.

Geometrias do pavimento
A princípio, aqui são adotados:

- altura do pavimento (h) = 25,00 cm;
- cobrimento de concreto (d') = 5,00 cm;
- altura de cálculo do pavimento (d) = h – d' = 25,00 cm – 5,00 cm = 20,00 cm.

Serão empregadas placas com dimensões de 8 m × 10 m, cuja razão comprimento/largura se situa entre 1,20 e 1,80. Mais adiante será visto se seu comprimento está localizado abaixo de um valor-limite a fim de proteger o concreto de anomalias decorrentes do fenômeno da retração hidráulica.

Para a placa principal, têm-se então as seguintes dimensões de projeto:

- largura da placa = 8,00 m;
- comprimento da placa = 10,00 m.

Características do veículo Liebherr LTM-1250
Nessa situação abordada, surgiu a oportunidade de trabalhar com o guindaste de modelo LTM-1250, dotado de pneus e patolas. Consultando sua especificação técnica, foram obtidas as informações a seguir no que diz respeito a suas dimensões (Fig. 8.25):

- largura da roda = (3.000 mm – 2.612 mm) = 388 mm = 38,80 cm;
- distância entre eixos (d) = 2.850 mm (como há cinco distâncias entre eixos nesse ficheiro, nos valores de 1.850 mm, 2.850 mm, 1.650 mm, 2.580 mm e 1.650 mm, optou-se pelo maior valor, favorecendo assim a segurança, como será visto através dos valores);
- dimensões da patola = 800 mm × 800 mm (no ficheiro do guindaste, consta o valor de 600 mm, mas será usado o valor de 800 mm por sempre ser utilizada, nessa área em específico, uma placa de aço com dimensões de 800 mm × 800 mm sob a patola).

Quanto à capacidade de carga com lança telescópica, foram extraídos dados do catálogo referentes à carga de içamento máxima (ver Fig. 4.15).

A capacidade máxima de carga de içamento do guindaste é de 250 tf. Com base nesse valor, obtém-se um valor correspondente de raio mínimo de operação de 3 m a partir de seu centro de giro (C.G.) e um valor de contrapeso máximo de 97,50 tf. O valor de 15,50 m equivale ao comprimento máximo de lança utilizado no tipo de guindaste em questão quando se trabalha com essa capacidade de carga-limite.

Para o peso próprio (operacional) do guindaste, emprega-se o valor de 12 tf por eixo. Como esse guindaste é constituído de seis eixos, tem-se um total de 12 tf × 6 eixos = 72 tf. Para a pressão de enchimento dos pneus (q), é utilizado o valor de 0,70 MPa.

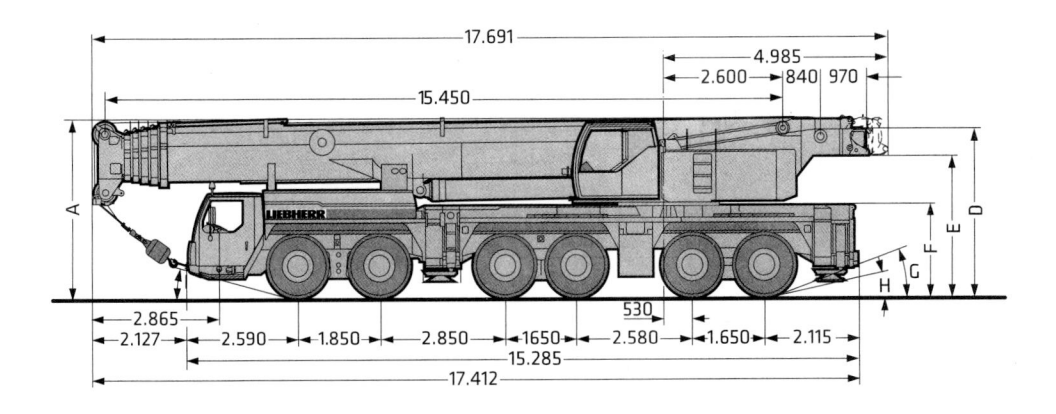

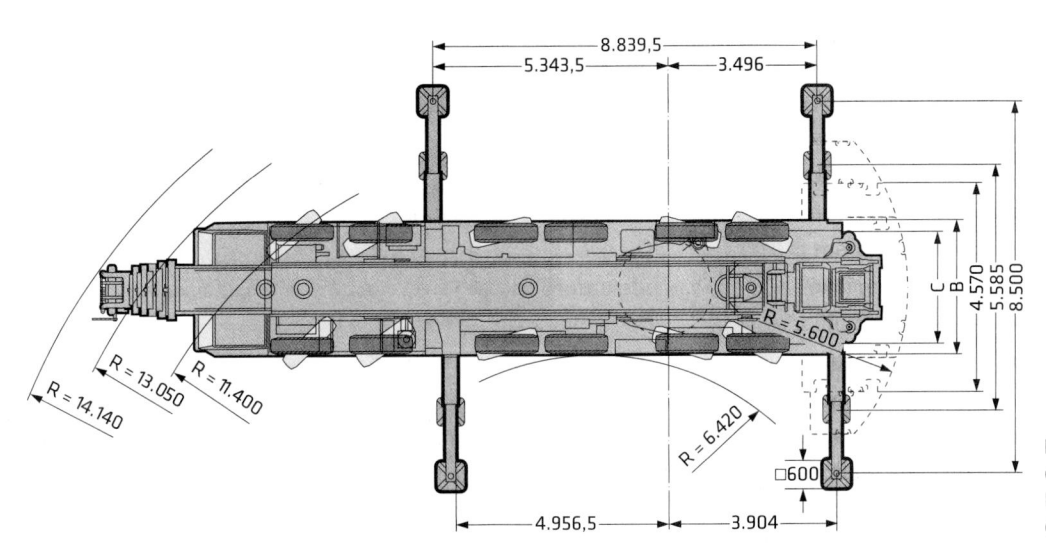

Fig. 8.25 Vistas de elevação e em planta do guindaste LTM-1250, com C = 2.612 mm e B = 3.000 mm

Somando o peso próprio do guindaste a seu contrapeso máximo, obtém-se a carga dinâmica por eixo:

Carga máxima em eixo simples = (contrapeso + peso próprio do guindaste) = (97,50 tf/4 eixos traseiros) + (72 tf/6 eixos) = 36,38 tf

Adota-se o valor de 35 tf/eixo assumindo, de modo aproximado, que o contrapeso se distribui pelos quatro eixos traseiros e que o peso operacional do guindaste se distribui ao longo de seus seis eixos. Esse valor de 35 tf/eixo será utilizado no cálculo e no dimensionamento do pavimento a esforços solicitantes de momento fletor.

Nota: no Cap. 4 foi ensinado, com base nos estudos da fabricante, que a carga máxima por eixo é de 38 tf para o caso de guindaste transitando com seu contrapeso acoplado. Assim, recomenda-se que o leitor siga o valor de 38 tf, uma vez que nesse problema foi usado o valor de 35 tf com base nos estudos do próprio autor numa época em que se dispunha de pouca informação.

Até aqui, foram arbitrados dados de entrada referentes ao concreto e ao aço, bem como obtidos dados relativos ao módulo de reação do solo e dados do guindaste com base em seu catálogo.

Na próxima seção serão efetivamente encontradas as reações máximas do guindaste sobre o pavimento a partir das cargas e das geometrias fornecidas por seu catálogo.

8.2.2 Cálculo da tensão do guindaste sobre o pavimento

Com base no desenho de planta baixa e de elevação do guindaste apresentado no catálogo (Fig. 8.26), procurou-se filtrar (isolar) os dados geométricos que serão utilizados.

No desenho simplificado da Fig. 8.27, destacam-se o valor do raio mínimo de operação de 3 m (extraído da tabela de içamento de carga da fabricante) em relação ao C.G., para trabalho com capacidade máxima de içamento de 250 tf, e o valor simplificado da distância do contrapeso de 3,15 m (indicado no desenho como 315 cm) em relação ao C.G.

O valor de 3,15 m corresponde à distância da face interna do contrapeso ao C.G. Cabe notar que o correto seria utilizar o valor do centro de massa (C.M.) do contrapeso ao C.G. do guindaste, mas, como não foi possível obtê-lo do catálogo, adotou-se um valor menor e mais simplificado, a favor da segurança, por reduzir o valor da parcela de momento resistente referente ao contrapeso.

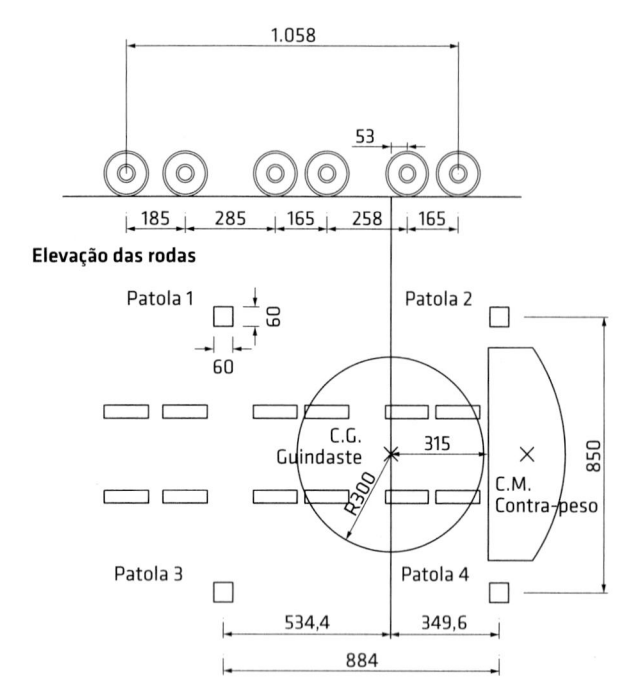

Fig. 8.26 Desenho esquemático de locação das patolas, do C.G. do guindaste e do C.M. do contrapeso, com a lança alinhada com o eixo longitudinal do guindaste

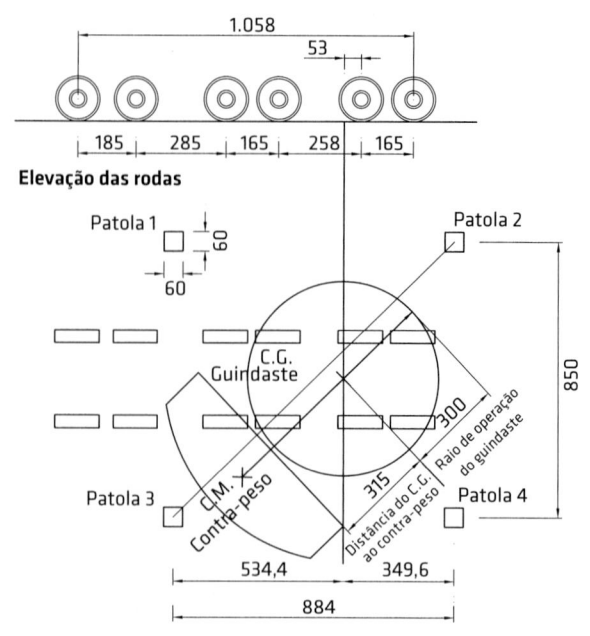

8.2.3 Cálculo da máxima reação na patola

Será calculada a carga vertical máxima com base em três valores: capacidade máxima, contrapeso máximo e peso operacional do guindaste.

$$\text{Carga vertical total máxima} = \text{carga máxima de içamento do guindaste} + \text{massa do contrapeso máximo} + \text{massa do guindaste} = 250 \text{ tf} + 97,50 \text{ tf} + (72 \text{ tf}/4) = 365,50 \text{ tf}$$

Agora, com base nos valores geométricos de raio de operação e de distância (simplificada) do C.G. do veículo ao C.M. do contrapeso, obtém-se o momento fletor resultante.

$$\text{Momento fletor resultante} = (250 \text{ tf} \times 3 \text{ m}) - (97,50 \text{ tf} \times 3,15 \text{ m}) = 442,88 \text{ tf} \cdot \text{m}$$

Cabe notar que o valor de 3 m inserido na primeira parcela da equação se refere ao raio de operação do veículo, indicado por um círculo na planta baixa do equipamento obtida via catálogo. Na segunda parcela, é considerada a distância do C.G. do veículo à face interna das placas de contrapeso, igual a 3,15 m. Essa medida foi tomada graficamente por meio de régua com base no desenho do catálogo.

Porém, o valor correto a ser levado em conta para a segunda parcela da equação seria o obtido do C.G. do veículo ao C.M. do contrapeso, superior a 3,15 m. Assim, ao utilizar

Fig. 8.27 Desenho esquemático de locação das patolas, do C.G. do guindaste e do C.M. do contrapeso, com a lança girada na direção das patolas 2 e 3

o valor de 3,15 m, confortável, seguro e inferior ao valor correto que seria encontrado caso se medisse com precisão a distância do C.G. ao C.M., chega-se a um momento fletor resultante superior e a favor da segurança.

Com o momento fletor resultante e a distância – em diagonal – entre duas patolas, encontra-se o valor do binário correspondente.

Portanto, a favor da segurança, o leitor pode utilizar o valor do raio de operação mínimo tanto para a primeira quanto para a segunda parcela da equação anterior, desde que a segunda parcela resulte acima do valor do raio mínimo, graficamente falando. Deve-se sempre conferir graficamente, por meio de régua (ou escalímetro, que é utilizado apenas para medições) ou do *software* AutoCAD, a distância do C.G. do veículo ao C.M. aproximado do contrapeso.

$$\text{Distância entre patolas 2 e 3} = \sqrt{(884 \text{ cm})^2 + (850 \text{ cm})^2}$$
$$= 1.226,36 \text{ cm} = 12,26$$

$$\text{Binário} = \text{momento resultante/distância entre patolas 2 e 3 (ou 1 e 4)} = (442,88 \text{ tf} \cdot \text{m})/12,26 \text{ m}$$
$$= 36,12 \text{ tf}$$

Com a carga vertical máxima e o valor do binário, encontram-se os valores de reações máximos e mínimos atuantes nas patolas sob operação máxima de carga.

$$\text{Reação na patola} = \left[\left(\frac{\text{carga vertical máxima}}{2}\right) \pm \text{binário}\right] \Rightarrow$$

$$\text{Reação na patola} = \left[\left(\frac{365{,}50 \text{ tf}}{2}\right) \pm 36{,}12 \text{ tf}\right]$$
$$= 218{,}87 \text{ tf e } 146{,}63 \text{ tf}$$

Por meio da reação máxima de uma patola e de suas dimensões, obtêm-se a tensão máxima aplicada diretamente sobre a superfície do pavimento e a tensão aplicada na superfície situada na altura da linha neutra do pavimento, em que esta última corresponde à tensão espraiada.

Considerando o uso de chapa de aço de 80 cm × 80 cm para o *matting* (ver Fig. 4.17), têm-se:

Largura da patola espraiada até a linha neutra
= 12,50 cm + 80 cm + 12,50 cm = 105,00 cm

Dimensões da patola espraiada até a linha neutra
= 105 cm × 105 cm

Deve-se lembrar que a patola do guindaste, pelo catálogo, possui dimensões de 60 cm × 60 cm, mas que nesse pavimento, com esses guindastes em específico, sempre se adotam placas de aço com dimensões mínimas de 80 cm × 80 cm. Daí o fato de serem usadas as dimensões de 80 cm × 80 cm em vez de 60 cm × 60 cm para a patola.

A tensão aplicada na superfície do pavimento é dada por:

$T_{máx}$ = reação na patola/dimensões da patola
= 218,87 tf/(0,80 m × 0,80 m) = 341,98 tf/m²

$T_{mín}$ = reação na patola/dimensões da patola
= 146,63 tf/(0,80 m × 0,80 m) = 229,11 tf/m²

E a tensão aplicada na linha neutra do pavimento (espraiamento), por:

$T_{máx}$ = reação na patola/dimensões da patola
= 218,87 tf/(1,05 m × 1,05 m) = 198,52 tf/m²

$T_{mín}$ = reação na patola/dimensões da patola
= 146,63 tf/(1,05 m × 1,05 m) = 133,00 tf/m²

Nesta seção, portanto, encontrou-se a tensão máxima aplicada na linha neutra do pavimento, que será utilizada mais adiante para o dimensionamento do pavimento à punção.

Agora serão iniciados o cálculo e o dimensionamento do pavimento a esforços de momento fletor.

8.2.4 Método de Rodrigues e Pitta

O guindaste será considerado de eixo simples de rodagem simples.

Raio de rigidez relativa

$$\ell = \left[\frac{E \cdot h^3}{12 \cdot k \cdot (1 - v^2)}\right]^{1/4}$$

$$= \left[\frac{35.417{,}51 \text{ MPa} \times (0{,}25 \text{ m})^3}{12 \times (79 \text{ MPa/m}) \times (1 - 0{,}20^2)}\right]^{0{,}25} = 0{,}883 \text{ m}$$

É importante destacar o papel do raio de rigidez relativa, pois, a partir de um valor de comprimento próximo a $8 \cdot \ell$, a placa se torna mais suscetível ao aparecimento de fissuras por retração hidráulica.

No caso em questão, como se tem uma placa cuja dimensão máxima adotada é de 10 m, esse valor excede o limite de $8 \cdot \ell$ = 8 × 0,883 m = 7,06 m e, assim, o procedimento de cura e de controle tecnológico do concreto deve ser reforçado a fim de evitar anomalias por retração hidráulica.

Outra relação geométrica importante para as dimensões das placas é a razão comprimento/largura, que deve ser mantida dentro do intervalo de 1,20 a 1,80, fruto de estudos nacionais e internacionais.

Área de contato (A), comprimento (L) e largura (w) do pneu

$$A = \frac{P_R}{q} = \frac{\left(\frac{P}{2 \text{ rodas}}\right)}{q} = \frac{\left(\frac{35{,}00 \text{ tf}}{2 \text{ rodas}}\right)}{0{,}70 \text{ MPa}} = \frac{175.000 \text{ N}}{0{,}70 \times 10^6 \text{ N/m}^2} \Rightarrow$$
$$A = 0{,}250 \text{ m}^2$$

$$L = \sqrt{\frac{A}{0{,}5227}} = \sqrt{\frac{0{,}250 \text{ m}^2}{0{,}5227}} \Rightarrow L = 0{,}692 \text{ m}$$
$$w = 0{,}60 \cdot L = 0{,}60 \times 0{,}692 \text{ m} \Rightarrow w = 0{,}415 \text{ m}$$

Número N

$$L' = \frac{0{,}254 \cdot L}{\ell} = \frac{0{,}254 \times 0{,}692 \text{ m}}{0{,}883 \text{ m}} \Rightarrow L' = 0{,}199 \text{ m}$$
$$= 19{,}90 \text{ cm}$$

$$d' = \frac{0{,}254 \cdot d}{\ell} = \frac{0{,}254 \times 2{,}850 \text{ m}}{0{,}883 \text{ m}} \Rightarrow d' = 0{,}820 \text{ m}$$
$$= 82{,}00 \text{ cm}$$

Entrando com os valores de d' = 82,00 m e L' = 19,90 m na Fig. 8.28, obtém-se $N \cong 755$. Será adotado um valor superior de N = 800, por se tratar de um guindaste, de modo a haver uma margem de segurança.

Como já explicado, o número N representa o valor de operações/solicitações causadas por um eixo de veículo

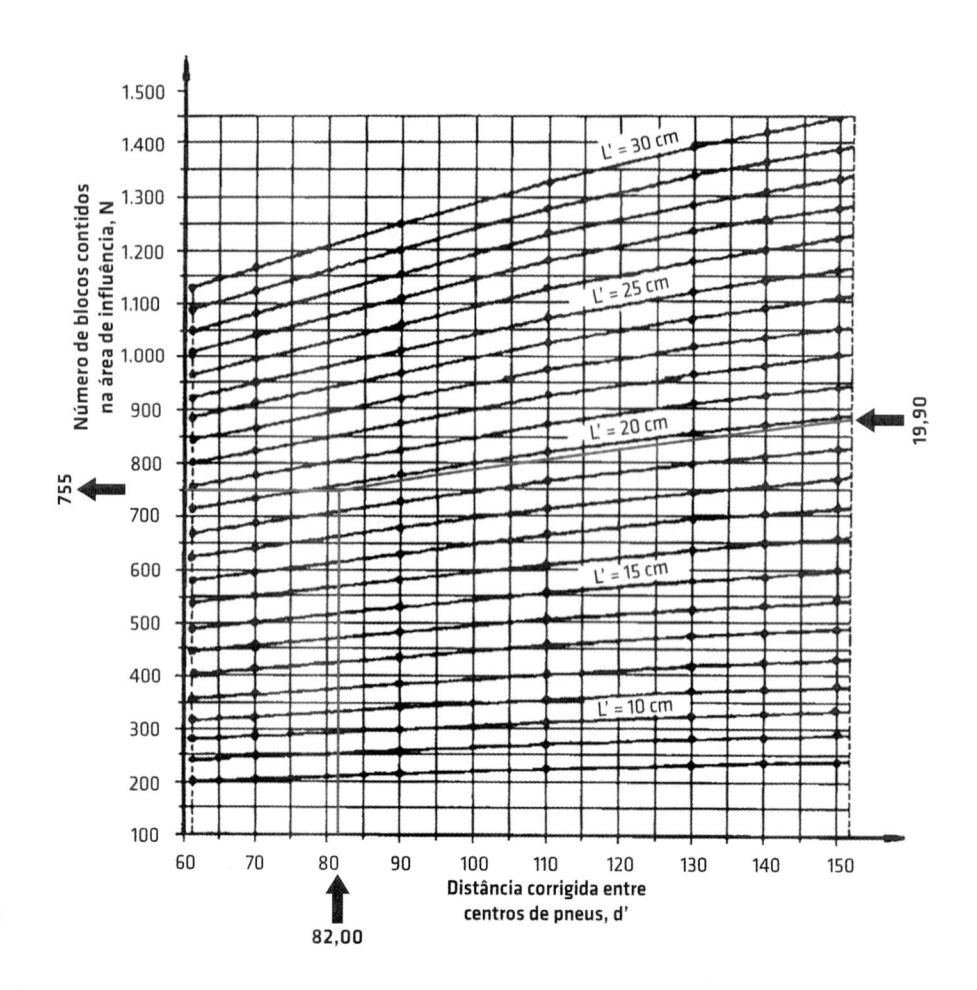

Fig. 8.28 Número de blocos × distância corrigida entre centros de pneus

sobre um pavimento. O dano provocado pela passagem de cada veículo é de pequena magnitude, mas seu efeito acumulativo repercute na resistência à fadiga do pavimento.

Cálculo dos esforços solicitantes

a) Momento na borda da placa (M_b)

$$q = 0{,}70 \text{ MPa} = 70 \text{ tf/m}^2$$

$$M_b = \frac{N \cdot q \cdot \ell^2}{10.000} = \frac{800 \times 0{,}70 \text{ MPa} \times (0{,}883 \text{ m})^2}{10.000} \Rightarrow$$

$$M_b = 4{,}37 \text{ tf} \cdot \text{m}$$

b) Momento no interior da placa (M_i)

$$M_i = \frac{M_b}{2} = \frac{4{,}366 \text{ tf} \cdot \text{m}}{2} \Rightarrow M_i = 2{,}183 \text{ tf} \cdot \text{m}$$

Armadura de retração

$$A_s = \frac{f \cdot L \cdot h}{333} = \frac{1{,}70 \times 10 \text{ m} \times 25 \text{ cm}}{333} \Rightarrow A_s = 1{,}28 \text{ cm}^2/\text{m}$$

em que:
f é o coeficiente de atrito, tomado como igual a 1,70;
L é o comprimento da placa (m);
h é a altura da placa (cm).

Adotando barras de aço com diâmetro de 6,3 mm, tem-se o seguinte valor para o espaçamento entre barras:

$$S = A_{s,unitária}/A_{s,total} \Rightarrow S = (0{,}316 \text{ cm}^2)/(1{,}27 \text{ cm}^2/\text{m}) = 0{,}25 \text{ m}$$

Como será adotada armação dupla, com armaduras principais dispostas nas camadas superior e inferior, pode-se descartar o uso de armadura de retração, que deveria ser colocada na camada superior caso não fosse utilizada armação nela.

Armadura das barras de transferência

As barras de transferência devem ser especificadas em projeto com a indicação de seu diâmetro, comprimento e espaçamento entre si.

Para a altura total da placa de concreto adotada de 25 cm, tem-se:

$$h = 25{,}00 \text{ cm} \Rightarrow 1 \varphi 32 \text{ mm c/30 cm} - 50 \text{ cm}$$

Por esse método foi possível determinar um valor máximo de momento fletor correspondente a 4,37 tf · m.

8.2.5 Método de Meyerhof

Nesse caso envolvendo guindastes, apenas o dimensionamento para as cargas móveis se aplica.

Dimensionamento para as cargas móveis

a) Raio de rigidez relativa

Conforme encontrado na seção anterior:

$$\ell = 0,883 \text{ m}$$

b) Área de contato dos pneus

Também como encontrado na seção anterior:

$$A_c = 0,250 \text{ m}^2$$

c) Área de contato

$$a = \sqrt{\left(\frac{A_c}{\pi}\right)} = \sqrt{\left(\frac{0,250 \text{ m}^2}{\pi}\right)} = 0,282 \text{ m}$$

d) Momento fletor

$$M = \frac{P_R}{\left\{6 \cdot \left[1+\left(\frac{2 \cdot a}{\ell}\right)\right]\right\}} = M = \frac{\left(\frac{35 \text{ tf}}{2 \text{ rodas}}\right)}{\left\{6 \times \left[1+\left(\frac{2 \times 0,282 \text{ m}}{0,883 \text{ m}}\right)\right]\right\}}$$

$$= 1,779 \text{ tf} \cdot \text{m}$$

e) Espessura da placa

$$\sigma_{adm} = f_{ctk}/FS = (4,56 \text{ MPa}/2,00) = 2,28 \text{ MPa}$$
$$= 2,28 \times 10^6 \text{ N/m}^2 = 2,28 \times 10^5 \text{ kgf/m}^2$$
$$= 2,28 \times 10^2 \text{ tf/m}^2$$

$$h = \sqrt{\left(\frac{6 \cdot M}{\sigma_{adm}}\right)} = \sqrt{\left(\frac{6 \times 1,779 \text{ tf} \cdot \text{m}}{2,28 \times 10^2 \text{ tf/m}^2}\right)} = 0,2164 \text{ m}$$
$$= 21,64 \text{ cm}$$

Como 21,64 cm ≤ altura de h = 25 cm adotada, a altura satisfaz.

8.2.6 Método de Anders Lösberg

Esforços solicitantes

Calcula-se o momento de inércia da seção íntegra (I_g) por meio de:

$$I_g = \frac{b \cdot h^3}{12} = \frac{1 \text{ m} \times (0,25 \text{ m})^3}{12} \Rightarrow I_g = 0,0013 \text{ m}^4$$

Os valores dos momentos fletores críticos são obtidos por:

$$f_{ctk} = 4,56 \text{ MPa} = 4,56 \times 10^6 \text{ N/m}^2 = 4,56 \times 10^5 \text{ kgf/m}^2$$
$$= 4,56 \times 10^2 \text{ tf/m}^2 \text{ (ver seção 8.2.1)}$$

$$M_{crítico} = \frac{f_{ctk} \cdot I_g}{y_t} = \frac{(4,56 \times 10^2 \text{ tf/m}^2) \times (0,0013 \text{ m}^4)}{\left(\frac{0,25 \text{ m}}{2}\right)}$$

$$\Rightarrow M_{crítico} = 4,74 \text{ tf} \cdot \text{m}$$

Então $M'_{negativo}$ = 4,74 tf · m e $M_{positivo}$ = $M'_{negativo}/2$ = 2,37 tf · m.

A armadura necessária para combater o momento fletor crítico é calculada por:

$$M_{d,crítico} = \gamma \cdot M_{crítico} = 1,40 \times 4,74 \text{ tf} \cdot \text{m} = 6,64 \text{ tf} \cdot \text{m}$$

E, para d = 20 cm e f_{ck} = 40 MPa, obtêm-se:

$$k_{md} = 0,058 < k_{md} = 0,318 \text{ do aço CA-50}$$
(o concreto não rompe por ruptura frágil)
$$k_z = 0,964$$
$$A_s = 7,92 \text{ cm}^2$$

O momento de inércia da seção fissurada ($I_{crítico}$) é dado por:

$$I_{crítico} = \left(\frac{b \cdot x^3}{3}\right) + n \cdot A_s \cdot (d-x)^2$$

em que:

n é a relação entre os módulos de elasticidade do aço e do concreto, tomada como igual a 7,50.

$$I_{crítico} = \left(\frac{100 \text{ cm} \times \left(\frac{25 \text{ cm}}{2}\right)^3}{3}\right) + 7,50 \times \left(7,92 \text{ cm}^2/\text{m}\right)$$

$$\times \left[20 \text{ cm} - \left(\frac{25 \text{ cm}}{2}\right)\right]^2 \Rightarrow$$

$$I_{crítico} = 68.445,42 \text{ cm}^4$$

Determina-se o valor de α por:

$$\alpha = \left(\frac{I_{crítico}}{I_g}\right) = \left(\frac{68.445,42 \text{ cm}^4}{0,0013 \text{ m}^4}\right) \Rightarrow \alpha = 0,527$$

Calcula-se o raio de rigidez relativa com a inserção do valor de α:

$$\ell_e = \left[\frac{E \cdot h^3 \cdot \alpha}{12 \cdot k \cdot (1-\nu^2)}\right]^{1/4}$$

$$= \left[\frac{35.417,51 \text{ MPa} \times (0,25 \text{ m})^3 \times 0,527}{12 \times (79 \text{ MPa/m}) \times (1-0,20^2)}\right]^{0,25} = 0,752 \text{ m}$$

O cálculo da carga equivalente é dado em função da forma de aplicação da carga.

O raio de influência (R_c), com $n = 2,00$ (esse valor pode variar de 1 a 2), é obtido por:

$$R_c = n \cdot \ell_e = 2 \times 0,752 \text{ m} = 1,504 \text{ m}$$

Com o valor do raio de rigidez relativa e um valor de n atribuído como 2, estudam-se primeiro os valores de cargas P_1, P_2, ...P_n, aplicadas pelas rodas, com o veículo disposto sobre a placa na direção longitudinal (de lado). No caso de lado, é necessário analisar todas as situações possíveis com a locação de todas as seis rodas de um lado do veículo.

Para a situação 1 (Fig. 8.29):

$$C_1 = P_1 \cdot 0,45 = (35 \text{ tf}/2) \times 0,45 = 7,88 \text{ tf}$$

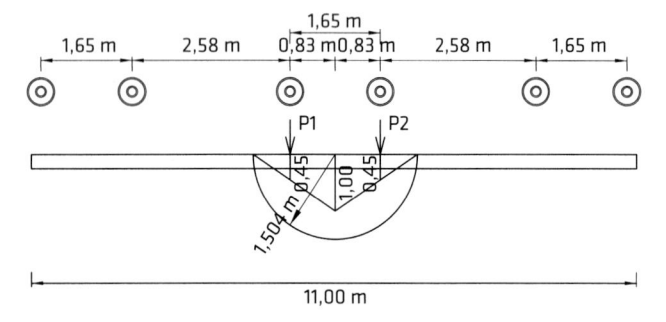

Fig. 8.29 Situação 1 – disposição longitudinal dos eixos

$$C_2 = P_2 \cdot 0,45 = (35 \text{ tf}/2) \times 0,45 = 7,88 \text{ tf}$$

$$C_{equivalente} = C_1 + C_2 = 7,88 \text{ tf} + 7,88 \text{ tf} = 15,76 \text{ tf}$$

Para a situação 2 (Fig. 8.30):

$$C_1 = P_1 \cdot 1,00 = (35 \text{ tf}/2) \times 1,00 = 17,50 \text{ tf}$$

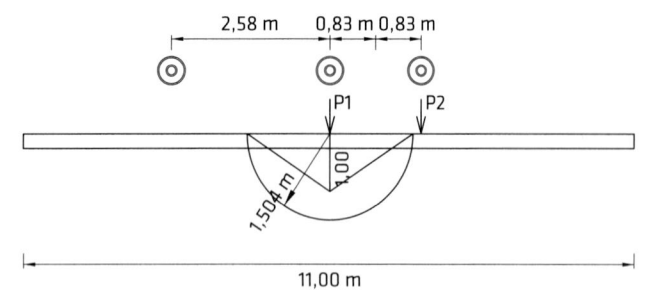

Fig. 8.30 Situação 2 – disposição longitudinal dos eixos

$$C_2 = P_2 \cdot 0,00 = (35 \text{ tf}/2) \times 0,00 = 0,00 \text{ tf}$$

$$C_{equivalente} = C_1 + C_2 = 17,50 \text{ tf} + 0,00 \text{ tf} = 17,50 \text{ tf}$$

Em seguida, estudam-se os valores das cargas aplicadas pelas rodas com o veículo disposto na seção transversal (de frente). No caso de frente, só são possíveis situações com a locação de duas rodas do veículo.

Para a situação 3 (Fig. 8.31):

$$C_1 = P_1 \cdot 0,13 = (35 \text{ tf}/2) \times 0,13 = 2,28 \text{ tf}$$

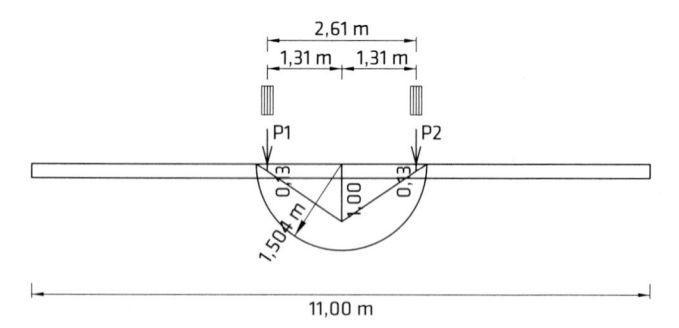

Fig. 8.31 Situação 3 – disposição transversal dos eixos

$$C_2 = P_2 \cdot 0,13 = (35 \text{ tf}/2) \times 0,13 = 2,28 \text{ tf}$$

$$C_{equivalente} = C_1 + C_2 = 2,28 \text{ tf} + 2,28 \text{ tf} = 4,56 \text{ tf}$$

Para a situação 4 (Fig. 8.32):

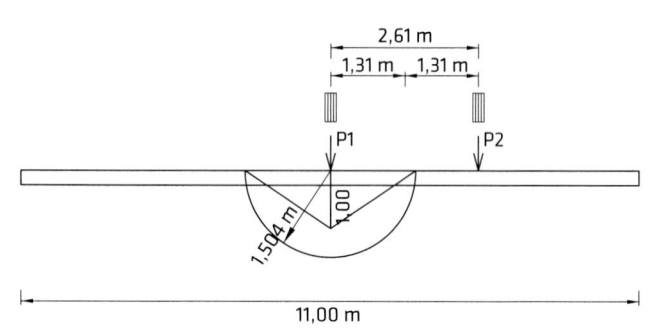

Fig. 8.32 Situação 4 – disposição transversal dos eixos

$$C_1 = P_1 \cdot 1,00 = (35 \text{ tf}/2) \times 1,00 = 17,50 \text{ tf}$$

$$C_{equivalente} = C_1 = 17,50 \text{ tf}$$

A carga equivalente máxima ($C_{equivalente\ máx}$) é de 17,50 tf. Será utilizado esse valor a seguir, e não o da carga por eixo.

Os valores de coeficientes para adentrar no ábaco de Anders Lösberg são calculados por:

$$(M + M')/P_{última} = ((4,74 \text{ tf} \cdot \text{m}) + (2,37 \text{ tf} \cdot \text{m}))/(17,50 \text{ tf})$$
$$= 0,406$$

Pressão de enchimento dos pneus (q) = 0,70 MPa
$$= 70 \text{ tf/m}^2$$

$$A = P_R/q = 17{,}50 \text{ tf}/(0{,}70 \text{ MPa}) = 0{,}250 \text{ m}^2$$

$$A = \pi \cdot R^2 \Rightarrow \left(0{,}250 \text{ m}^2\right) = \pi \cdot R^2 \Rightarrow R = 0{,}282 \text{ m}$$

$$c = R/2 = (0{,}282 \text{ m})/2 = 0{,}141 \text{ m}$$

$$a = c/\ell_e = 0{,}141 \text{ m}/0{,}752 \text{ m} = 0{,}188$$

Entrando com os valores de $(M + M')/P_{última} = 0{,}406$ e de $a = c/\ell_e = 0{,}188$ na Fig. 8.33, obtém-se $M'/P \cong 0{,}06$. Como esse valor de M'/P intercepta um ponto localizado entre uma curva de valor inferior e uma curva de valor superior, este autor sempre considera o valor superior, em vez de obter o valor preciso, o que mantém o momento fletor de borda livre a favor da segurança. Por exemplo, nesse caso, entre 0,04 e 0,06, foi considerado o valor superior de 0,06.

Obtém-se o valor do momento fletor aplicado na borda livre da placa por meio de:

$$M'/P = 0{,}06 \Rightarrow M'/(17{,}50 \text{ tf}) = 0{,}06 \Rightarrow M' = 1{,}05 \text{ tf} \cdot \text{m}$$

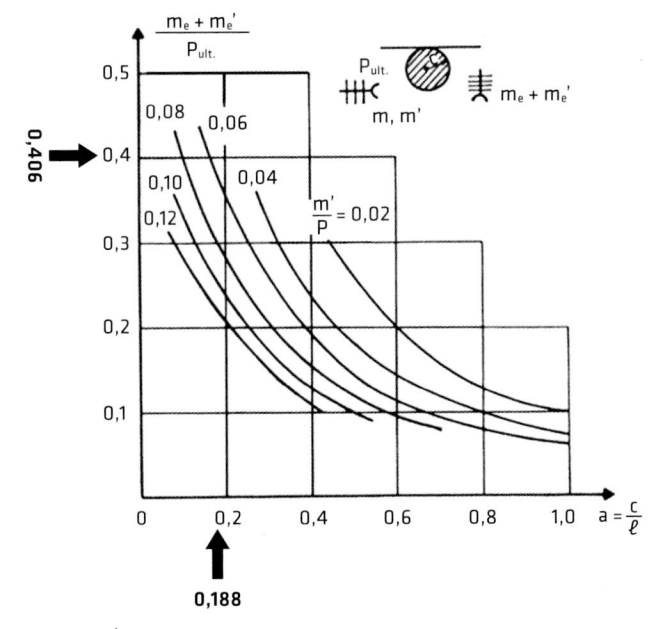

Fig. 8.33 Ábaco para momentos fletores aplicados sob carga na borda da placa

8.2.7 Método de Palmgren-Miner
Capacidade resistente da seção de concreto desprovida de armadura

Recomenda-se determinar os valores de f_{ctm} e f_{ctk} para esse método por meio de Buchers e Rodrigues:

$$f_{ctm} = 0{,}56 \cdot f_{ck}^{(0{,}60)} = 0{,}56 \times (40 \text{ MPa})^{(0{,}60)} = 5{,}12 \text{ MPa}$$

$$f_{ctk} = 1{,}30 \cdot f_{ctm} = 1{,}30 \times (5{,}12 \text{ MPa}) = 6{,}66 \text{ MPa}$$

Considerando que FS = 1,50:

$$\sigma_{adm} = f_{ctk}/FS = 6{,}66 \text{ MPa}/1{,}50 = 4{,}44 \text{ MPa}$$
$$= 4{,}44 \times 10^6 \text{ N/m}^2 = 4{,}44 \times 10^5 \text{ kgf/m}^2$$
$$= 4{,}44 \times 10^2 \text{ tf/m}^2$$

Então:

$$M = \frac{\sigma_{adm}(b \cdot h^2)}{6} = \frac{\left(4{,}44 \times 10^2 \text{ tf/m}^2\right) \times \left[1 \text{ m} \times (0{,}25 \text{ m})^2\right]}{6}$$
$$\Rightarrow M = 4{,}624 \text{ tf} \cdot \text{m}$$

8.2.8 Dimensionamento da placa de concreto a momento fletor

De acordo com os métodos estudados, encontraram-se os valores de momentos fletores a seguir.

Pelo método de Rodrigues e Pitta:
- momento fletor aplicado na borda da placa (M_b) = 4,37 tf · m;
- momento fletor aplicado no interior da placa (M_i) = 2,18 tf · m.

Pelo método de Meyerhof:
- momento fletor para cargas móveis (M) = 1,779 tf · m.

Pelo método de Anders Lösberg:
- momento fletor crítico ($M_{crítico}$) = 4,74 tf · m;
- momento fletor aplicado na borda da placa (M') = 1,05 tf · m.

Pelo método de Palmgren-Miner:
- momento fletor (M) = 4,624 tf · m.

O maior valor obtido para esforço solicitante de momento fletor foi de $M_{máx}$ = 4,74 tf · m. Sendo assim, deve-se utilizá-lo para o dimensionamento do pavimento de concreto à flexão.

Para dimensionar a placa de concreto do pavimento para esse valor máximo de momento fletor, considera-se o seguinte momento fletor de cálculo:

$$M_d = \gamma \cdot M_{máx} = 1{,}40 \times 4{,}74 \text{ tf} \cdot \text{m} = 6{,}64 \text{ tf} \cdot \text{m}$$

O cálculo do k_{md} é feito por meio de:

$$f_{cd} = f_{ck}/\gamma = 40 \text{ MPa}/1{,}40 = 28{,}57 \text{ MPa} = 28{,}57 \times 10^6 \text{ N/m}^2$$
$$= 28{,}57 \times 10^5 \text{ kgf/m}^2 = 2.857 \text{ tf/m}^2$$

$$k_{md} = \frac{M_{d,sol}}{b_w \cdot d^2 \cdot f_{cd}} = \frac{6{,}64 \text{ tf} \cdot \text{m}}{(1 \text{ m}) \times (0{,}20 \text{ m})^2 \times (2.857 \text{ tf/m}^2)}$$
$$\Rightarrow k_{md} = 0{,}058$$

O k_{md} do aço CA-50 adotado é de 0,318. Como o valor do k_{md} = 0,058 encontrado é inferior ao k_{md} = 0,318 do aço CA-50, o concreto não rompe por ruptura frágil.

O valor do k_X é obtido da seguinte maneira:

$$0,272 \cdot k_X^2 - 0,68 \cdot k_X + 0,058 = 0$$

$$\Delta = b^2 - 4 \cdot a \cdot c = \left(-0,68^2\right) - \left(4 \times 0,272 \times 0,058\right) = 0,399$$

$$x = \frac{\left(-b \pm \sqrt{\Delta}\right)}{(2 \cdot a)} = \frac{\left[-(-0,68) \pm \sqrt{0,399}\right]}{(2 \times 0,272)} \Rightarrow$$

$$x' = 2,411; \ x'' = 0,089$$

$$x'_{LN} = x' \cdot h = 2,411 \times 25 \text{ m} = 60,28 \text{ cm}$$

$$x''_{LN} = x'' \cdot h = 0,089 \times 25 \text{ cm} = 2,23 \text{ cm}$$

Utiliza-se $x'' = 0,089$ pelo fato de o valor final de 2,23 cm permanecer dentro da seção transversal do pavimento.

Calcula-se o valor do k_Z por meio de:

$$k_Z = 1 - (0,4 \cdot k_X) = 1 - (0,4 \times 0,089) = 0,964$$

A armadura é determinada do seguinte modo:

$$A_S = \frac{M_{d,sol}}{k_z \cdot d \cdot f_{yd}} = \frac{6,64 \text{ tf} \cdot \text{m}}{(0,964) \times (0,20 \text{ m}) \times (4,35 \text{ tf/cm}^2)} \Rightarrow$$

$$A_S = 7,92 \text{ cm}^2$$

$A_{s,unitária}$ para barra de aço com diâmetro de 10 mm

$$= \left(\pi \cdot D^2\right)/4 = \left[\pi \cdot (10 \text{ mm})^2\right]/4 = 0,79 \text{ cm}^2$$

$$n = A_{s,total}/A_{s,unitária} = \left(7,92 \text{ cm}^2\right)/\left(0,79 \text{ cm}^2\right)$$
$$= 10,03 \text{ barras/m}$$

$$S = A_{s,unitária}/A_{s,total} = \left(0,79 \text{ cm}^2\right)/\left(7,92 \text{ cm}^2\right)$$
$$= 0,0998 \text{ m} = 9,98 \text{ cm} \cong 10 \text{ cm}$$

Adota-se uma barra de aço com diâmetro de 10 mm a cada 10 cm (1 φ 10 c/10). Ou seja, para um valor de momento fletor máximo de 4,74 tf · m, é necessário introduzir uma barra de 10 mm de diâmetro disposta a cada 10 cm, nas duas direções e nas duas camadas, superior e inferior, da placa.

Para cargas aplicadas por veículos, recomenda-se sempre empregar camadas duplas de armadura nas placas, e nunca camada simples. Para essa disposição de armaduras, pode-se adotar a tela Q 785 constituída de 1 φ 10 c/10.

Cabe notar que a tela Q 785 é composta de barras de aço do tipo CA-60. Assim, se o leitor substituir o valor do f_{yd} para o aço CA-60, obterá um espaçamento superior a 9,98 cm, como calculado anteriormente. Isso porque no cálculo, e a favor da segurança, foram consideradas barras CA-50, mas no projeto se especificaram barras CA-60. Desse modo, o cálculo pode ser feito usando barras CA-60 do início ao fim.

Se, mesmo com a adoção de barras de aço CA-60, o engenheiro encontrar um espaçamento inferior a 10 cm e sentir-se desconfortável em forçar um arredondamento, como efetuado no exemplo de 9,98 cm para 10 cm, ele pode retornar ao início do cálculo e utilizar uma das seguintes ferramentas de cálculo do concreto armado:

- Aumentar a altura do pavimento de 25 cm para 26 cm, 27 cm ou 28 cm, pois não é necessário empregar valores de altura múltiplos de 5 cm.
- Aumentar o f_{ck}. Porém, já está sendo utilizado um f_{ck} elevado, de 40 MPa, o que é um desafio para as equipes de obra no que se refere ao controle de fissuras por retração, em função das grandes dimensões de placas usadas, de cerca de 8 m × 10 m, conforme permitido pelo cálculo.
- Reduzir a altura de cobrimento da armação de 5 cm para 4 cm, o que eleva a altura de cálculo de 25 cm para 26 cm. Mas será que é uma boa ideia abrir mão do cobrimento numa área industrial em que há o derramamento de produtos químicos diversos sobre o pavimento?
- Aumentar o diâmetro da armação. Mas, como se trabalha com telas comerciais de aço CA-60, elas possuem diâmetro máximo comercial de 10 mm e já estão sendo utilizadas no limite.
- Ou, por fim, adotar uma tela de 10 mm de diâmetro unida com outra tela de mesma dimensão por meio de amarrações com o uso de arame 18, caso em que se aumenta a armação da camada.

8.2.9 Verificação da placa de concreto a esforço solicitante de punção

O valor da reação da patola será descarregado integralmente sobre o pavimento de 25 cm de espessura.

Perímetros críticos

Em função da largura da patola de 80 cm, faz-se:

$$\text{Largura espraiada} = (25 \text{ cm}/2) + 80 \text{ cm}$$
$$+ (25 \text{ cm}/2) = 105 \text{ cm}$$

Tem-se então:

$$\mu_C = \mu_0 = 2 \cdot \pi \cdot R = 2 \cdot \pi \cdot (105 \text{ cm}/2) = 329,70 \text{ cm}$$

Estudo do contorno C para punção

Considerando que $\gamma = 1,40$ e a reação vertical total da patola $(V_{sol}) = 198,52 \text{ tf} \cong 200 \text{ tf}$ (ver seção 8.2.3):

$$V_{d,sol} = \gamma \cdot V_{sol} = 1,40 \times (200 \text{ tf}) = 280 \text{ tf}$$

$$\alpha_v = \left(1 - (f_{ck}/250)\right) = \left(1 - (40 \text{ MPa}/250)\right) = 0,84$$

$$f_{cd} = f_{ck}/\gamma = (40 \text{ MPa})/1,40 = 28,57 \text{ MPa}$$

$$\lambda_{rd2} = 0,27 \cdot \alpha_v \cdot f_{cd} = 0,27 \times 0,84 \times (28,57 \text{ MPa})$$
$$= 6,48 \text{ MPa} = 6,48 \times 10^6 \text{ N/m}^2 = 6,48 \times 10^5 \text{ kgf/m}^2$$
$$= 6,48 \times 10^2 \text{ tf/m}^2 = 648 \text{ tf/m}^2$$

Levando em conta que a altura de cálculo do pavimento $d = 20$ cm:

$$\lambda_{rd2} = F_{sd}/(\mu \cdot d) \Rightarrow (648 \text{ tf/m}^2) = F_{sd}/(329,70 \text{ cm} \times 20 \text{ cm}) \Rightarrow$$
$$F_{sd} = 427,29 \text{ tf}$$

Como $F_{sd} = 427,29$ tf $> V_{d,sol} = 280$ tf, a verificação do esforço de punção ao longo do contorno C satisfaz.

8.3 Fotos da obra

As Figs. 8.34 e 8.35 trazem vistas de placas já executadas, curadas e liberadas para uso ao longo de algumas áreas de pátio desse empreendimento. Notem-se as cargas estáticas representadas por diversos contêineres espalhados pelos pátios. Na Fig. 8.35A, o empreendimento localizado à esquerda funcionará como um anteparo para o pavimento e, portanto, J.E. devem ser projetadas para a interface do limite da edificação com o limite do pavimento.

Na Fig. 8.36A é mostrada uma via imensa de acesso aos pátios com várias cargas estáticas locadas sobre a superfície do concreto. Já na Fig. 8.36B é exibida a parte dianteira de um guindaste hidráulico pneumático e uma grade do tipo Selmec entre o pátio e a longa via, sendo possível observar

também alguns guindastes de esteira operando ao fundo, em outra parte do porto, cujo projeto será trazido no Cap. 10.

A Fig. 8.37 apresenta o empenho e a dedicação dos operários no trabalho de locação de espaçadores verticais para o recebimento das telas soldadas da camada superior do pavimento. Observam-se também nessa figura alguns espaçadores sobre uma placa de concreto já executada, a qual faz parte de uma longa faixa constituída de diversas placas. Paralelamente a essa faixa, será executada outra, que é justamente aquela na qual os operários estão trabalhando na montagem das armações.

Recomenda-se que o engenheiro responsável pelo projeto visite a obra, no mínimo para verificar as armações que estão sendo utilizadas, antes que o serviço de concretagem seja executado.

A Fig. 8.38A traz o detalhe de divisa entre dois pátios, um com sua camada de sub-base executada e outro com sua camada de concreto construída. Entre eles deve haver a presença de fueiros para proteger instalações importantes do contato de veículos. Vale notar a diferença de nível

Fig. 8.36 (A) Via de acesso aos pátios e (B) guindaste hidráulico e grade Selmec ao longo dela

Fig. 8.34 Placas de concreto executadas e cargas distribuidas de contêineres

Fig. 8.35 Pátios executados

Fig. 8.37 Operários montando os espaçadores para as telas soldadas

entre o topo da camada de sub-base, à esquerda, e o topo do pavimento já executado, à direita, igual a 20 cm, conforme requisitado no projeto.

A parte de concreto executada é mostrada na Fig. 8.38B, com os geradores espalhados pelo pátio a fim de auxiliar na iluminação da área a ser concretada durante os serviços noturnos.

A Fig. 8.39 exibe detalhes das barras de transferência executadas ao longo de uma J.C. contínua, que separará duas faixas de concretagem realizadas em momentos distintos.

Fig. 8.38 (A) Camada de sub-base de CCR e camada de revestimento de concreto separadas por fueiros e (B) geradores com holofotes para iluminar serviços noturnos de concretagem da área

Fig. 8.39 Detalhes das barras de transferência executadas em placas, ao longo de uma J.C.

As telas soldadas em aço CA-60 são empilhadas sobre uma placa de concreto conforme indicado na Fig. 8.40A. Para a estocagem de telas soldadas, recomenda-se que elas não sejam apoiadas diretamente sobre a superfície do pavimento, e sim que se garanta um espaçamento vertical entre o topo da superfície e as telas, a fim de evitar o contato da água de empoçamento com as armações, que promove o processo de corrosão.

Atenção especial deve ser dada à situação da Fig. 8.40B, com uma escavadeira trabalhando paralelamente a uma J.C. com suas barras de transferência já executadas, pois o mínimo descuido do operador da escavadeira pode empenar diversas barras de transferência. Empenamentos devidos a descuidos ocorreram no projeto de urbanização relatado no Cap. 8.

Fig. 8.40 (A) Telas soldadas empilhadas e armazenadas sobre uma placa de concreto finalizada e (B) retroescavadora rente às barras de transferência já executadas

PROJETO E CUIDADOS CONSTRUTIVOS

9

Nos Caps. 7 e 8 e no e-book *Cinco projetos de pavimentos rígidos* (disponível na página do livro na internet – www.lojaofitexto.com.br/pavimentos-industriais-concreto/p), foram analisados diversos projetos de pavimentos aplicados a variadas situações, e de cada projeto foram tirados aprendizados diante dos desafios enfrentados.

Agora serão trazidos todos os casos técnicos mais importantes e as metodologias adotadas como soluções, além de estudos de anomalias já registradas em pavimentos devidas a falhas diversas, tanto por parte de projeto como por parte de execução, e estudos de casos já vivenciados pelo autor em seus projetos.

Assim, a ideia é que este capítulo sirva de base para os futuros projetos do projetista e do engenheiro, visando não recair nas mesmas falhas, bem como buscar, pesquisar e desenvolver soluções mais seguras, duradouras e econômicas, de modo a atender ao tripé da engenharia: resistência × durabilidade × funcionalidade.

9.1 Trabalho de investigação e *checklist*

Ainda na fase de anteprojeto, que antecede as fases de projetos básico e executivo, o engenheiro deve perfazer uma visita ao local onde se propõe construir o pavimento, a fim de levantar todos os dados que estiverem a seu alcance.

Nessa fase de levantamento de dados não há uma equação geral. O que existe é o profissional, sua criatividade, seus sentidos aguçados e seu instinto investigativo, que lhe permitirão recolher o maior número de dados possível, de forma que quase nada fuja de seu olhar do ponto de vista profissional.

Assim, primeiramente, recomenda-se que o profissional tente fazer a visita técnica num dia ensolarado para tirar o máximo proveito da qualidade das fotos a serem tiradas e que esteja munido dos seguintes equipamentos:

- prancheta, papel e lapiseira;
- trena metálica com comprimento máximo de 10 m para medições específicas;
- trena com comprimento de 20 m, a ser esticada com seu projetista no local e reduzindo ao máximo a catenária no ato da medição;
- máquina fotográfica com boa qualidade de resolução, ampla capacidade de *zoom* (pelo menos 30x) e *flash* para locais escuros; deve-se evitar máquinas a pilha, pois podem deixá-lo na mão no momento de uma medição.

No dia anterior à visita, recomenda-se fazer um exercício consigo mesmo de modo a levantar todos os possíveis questionamentos a serem feitos ao cliente e aos usuários do empreendimento. Isso porque o universo de dúvidas tende a variar muito dependendo de sua natureza – se um empreendimento novo a ser executado do zero, a substituição de um pavimento ou mesmo o uso do pavimento existente como base para um novo pavimento. Uma vez montado um bom *checklist*, ele deve ser guardado para os próximos empreendimentos para que, a partir deles, se busque o contínuo aprimoramento e aprofundamento técnico a fim de melhorar *checklists* futuros.

Quando se tratar de um galpão novo, a ser construído, recomenda-se anotar no *checklist* as seguintes questões:

1. Quais tipos de veículos (cargas dinâmicas) serão utilizados sobre o pavimento? Aqui se deve investigar a marca e o modelo de cada veículo e, posteriormente, obter seu catálogo técnico (ficheiro) junto à fabricante ou através de pesquisa na internet.
2. Quais tipos de estantes serão utilizados? Normalmente o cliente adota um tipo de estante padrão, devendo ser anotadas suas dimensões (largura, comprimento e altura), o número de prateleiras, a capacidade de carga de cada prateleira e as dimensões da chapa de base do pilar da estante.
3. Quais tipos de equipamentos serão armazenados sobre o pavimento? Deve-se anotar a área de base de cada equipamento e sua massa e perguntar se ele será armazenado sobre *skids*, diretamente sobre o pavimento ou sobre placas de aço.
4. Qual é a previsão do cliente no que diz respeito à mudança de veículos, estanterias e equipamentos para os próximos anos? O cliente pode, por exemplo, adotar hoje empilhadeiras com capacidade de 2,50 tf e amanhã modificar a logística do galpão para o uso de empilhadeiras com capacidade de 5 tf ou até mesmo 10 tf, ou então especificar o emprego de estantes com capacidade total de 10 tf e posteriormente modificá-las para resistirem a 20 tf. Essa é uma questão-chave para qualquer projeto, que deve ser muito bem dialogada, a fim de orientar o cliente sobre a necessidade de reforçar o piso em um momento futuro ou de já garantir o projeto de um pavimento que atenda aos cenários atual e futuro de cargas solicitantes, pois toda obra que envolve movimentação de terra sempre é muito onerosa.
5. Haverá rampas no galpão? Deve-se verificar a inclinação máxima permitida para cada tipo de veículo em operação, em sua ficha técnica, para dimensionar a altura e o comprimento da rampa adequadamente.
6. Haverá baias? Há casos de galpões com o piso executado ao nível elevado da carroceria do caminhão ou da carreta, cujos recortes no piso, para a carga e a descarga dos caminhões, denominam-se baias.
7. Que tipo de acabamento superficial o cliente pretende adotar em seu novo pavimento – liso, camurçado ou vassourado? Este item deve ser muito bem definido, pois o uso de acabamento vassourado, por exemplo, apesar de promover maior aderência aos pneus, promove desgaste mais acelerado de rodas pneumáticas (de borracha) de empilhadeiras, que precisam executar muitas manobras curtas no dia a dia. O piso liso é tido como a solução mais duradoura atualmente.
8. Que tipo de material será usado para as rodas das empilhadeiras? Existem empilhadeiras com rodas pneumáticas e metálicas. Estas últimas, além de gerarem maior ruído, podem exigir a aplicação de produto antiabrasivo sobre a superfície do pavimento de concreto a fim de reduzir o desgaste superficial.

E, quando se tratar de um galpão existente, recomenda-se tomar como base para a lista as questões vistas anteriormente acrescidas das que seguem:

9. O cliente pretende elevar o nível do pavimento existente? Se sim, deve-se verificar no entorno do galpão a existência de portões, portas, tomadas, estantes já montadas e luminárias, pois, se ocorrer uma modificação do nível do piso do galpão, esses elementos e outros mais poderão perder suas respectivas funções. Por exemplo, ao elevar o nível do pavimento em um local com a existência de um portão e optar por sua não reconstrução, seu vão livre vertical será reduzido, o que poderá impedir a entrada de empilhadeiras e carretas. Ou, se houver edificações construídas no galpão, como prédios administrativos, os níveis das soleiras das portas, que antes estavam acima do nível do piso existente, poderão ficar nivelados ou até abaixo do novo nível de piso a ser projetado, o que permitirá a entrada de fluidos advindos de lavagens do pavimento ou até mesmo alagamentos, dependendo da situação dos sistemas de drenagem existentes ou se ocorrer uma falha no projeto de drenagem.
10. O pavimento existente atende ao requisito técnico de resistência das cargas dinâmicas, montantes e estáticas? Se a resposta for sim, apenas um projeto de reparo e revitalização do pavimento será suficiente, a depender da situação. Por outro lado, se a resposta for negativa, esse pavimento deverá ser demolido e, em seu lugar, executado um novo pavimento. Ainda nessa segunda questão, o engenheiro deve analisar se o sistema de sub-base existente sob o pavimento a ser demolido se encontra com

adequada resistência à compressão, o que permite seu reaproveitamento sem a necessidade de perfazer uma nova camada de sub-base. E, por fim, ainda nessa última questão, o profissional deve verificar a possibilidade de utilizar o pavimento que não atende ao critério de resistência como camada de sub-base para o novo pavimento a ser executado – aqui, o maior problema reside na mudança de nível do topo do novo pavimento, que pode interferir em todos os demais elementos do empreendimento.

Todas essas questões citadas, e muitas outras que o engenheiro vier a exercitar, devem ser apresentadas ao cliente, com os prós e os contras de cada situação, para ajudá-lo a tomar a melhor decisão para esse grande investimento que é um pavimento rígido de concreto armado. Esse é o papel do engenheiro, o de ajudar e orientar o cliente na tomada de decisões, e não simplesmente persuadi-lo ou dissuadi-lo em prol de seus interesses próprios ou procurar soluções que facilitem seu projeto ou que lhe deem menos trabalho. Haverá casos em que a melhor solução para o cliente exigirá grandes desafios do engenheiro de projetos para facilitar o trabalho do engenheiro e das equipes de obra.

Não se deve ater apenas a essas questões, uma vez que o pavimento está inserido no universo da Mecânica dos Solos. E, por essa razão, uma gama enorme de outros elementos também deve ser analisada, como a necessidade de muro de contenção para viabilizar um trecho de via do pavimento e a necessidade de caixas e envelopes enterrados para proteger e encaminhar as diversas tubulações.

9.2 Geometrias das placas

Todo projeto está relacionado a geometrias diversas. Para um edifício, por exemplo, as geometrias das vigas são elementos fundamentais para vencer um dado vão, e, para um muro de contenção, as geometrias de sua base, altura e elementos enterrados são essenciais para resistir aos empuxos ativos. Em um sistema de placas para um pavimento não é diferente, e suas geometrias refletidas pelo comprimento e pela largura de cada placa são de fundamental importância para o sucesso do pavimento como um todo.

Nesse quesito, recomenda-se que as placas possuam razão comprimento/largura dentro do intervalo $1,20 \leq X \leq 1,80$ e, além disso, que seu comprimento máximo esteja limitado a um valor equivalente a $8 \cdot \ell$ (raio de rigidez relativa).

Deve-se estabelecer esses limites num projeto por meio da localização das juntas serradas (J.S.), de construção (J.C.) e de encontro (J.E.), que delimita as bordas das placas, ou seus limites geométricos, para as equipes de obra. Caso não se estabelecessem esses limites, as placas poderiam apresentar razões comprimento/largura discrepantes ou comprimentos muito exagerados, o que contribuiria para o aumento da retração hidráulica e do esforço solicitante advindo do fenômeno de tensão (solicitante).

A Fig. 9.1 ilustra as informações básicas a serem trazidas num projeto de formas de um pavimento, que são as indicações de cotas de largura e comprimento. Note-se também a chamada do detalhe típico da junta a fim de mostrar sua espessura e profundidade, bem como a altura da placa. Todos esses elementos geométricos são representados em centímetros.

9.3 Armações das placas

Na planta de armação vista na Fig. 9.2, têm-se as armaduras principais, normalmente constituídas por telas soldadas de barras de aço CA-60, dispostas em cada placa. O uso de telas agiliza sobremaneira sua montagem e, assim, a execução da obra.

Em todo pavimento sujeito a cargas solicitantes de empilhadeiras, ônibus, caminhões, carretas e guindastes, o

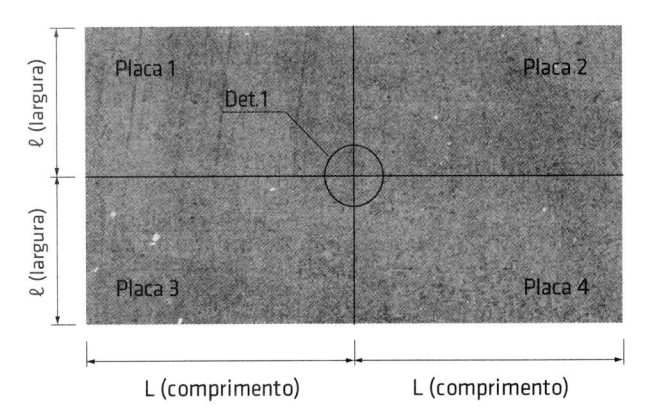

Fig. 9.1 Indicação das placas do pavimento

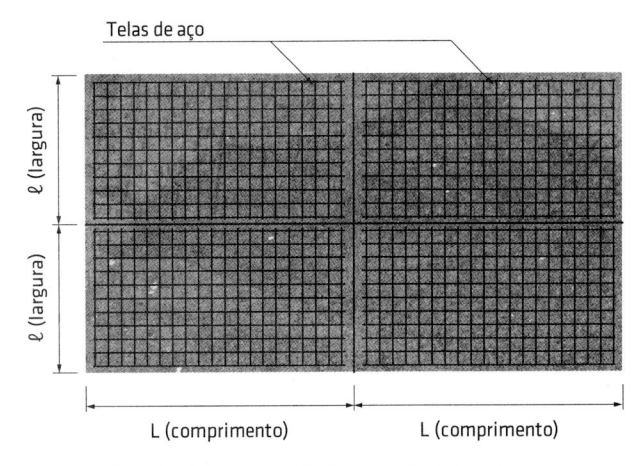

Fig. 9.2 Indicação das telas soldadas constituintes das placas do pavimento

autor recomenda sempre a adoção de telas duplas. Ou seja, de uma camada de tela localizada na parte superior (indicada na Fig. 9.3 por linhas tracejadas), para resistir aos momentos fletores negativos, e de uma camada localizada na parte inferior (indicada na mesma figura por linhas cheias), para resistir aos momentos fletores positivos.

Quanto à chamada de cada tela soldada, deve-se sempre indicar a nomenclatura da barra, aqui referenciada por N1, N2, N3 e N4, seguida de sua quantidade (1), diâmetro (10 mm) e espaçamento (c/10 cm, em que "c/" significa "a cada"). Em projetos nacionais antigos, o espaçamento era comumente indicado pelo símbolo "@", e, em projetos internacionais em inglês, é indicado pelo símbolo "@" ou pela terminologia "at", que também significam "a cada".

Além das telas soldadas, devem ser utilizadas obrigatoriamente barras de transferência, constituídas de aço CA-25, entre as placas, ficando metade de cada barra inserida numa placa e a outra metade na outra adjacente. Metade dessas barras deve ser pintada e engraxada, de modo a deixar uma metade livre e a outra, engastada.

Como o próprio nome sugere, essas barras devem resistir à passagem (transferência) de carga de uma placa para a outra. Caso elas não existissem, poderiam ocorrer diversos afundamentos de bordas de placas, causando desnivelamentos entre as superfícies de cada placa, que propiciariam o desgaste das bordas pela passagem dos pneus.

A Fig. 9.4 elucida como as barras de transferência devem ser dispostas, sempre ao longo de todas as juntas, sendo que, no cruzamento de juntas, um conjunto de barras é interrompido para que não promova interferência com o conjunto disposto na outra direção. Normalmente se dá preferência para a continuidade ininterrupta das barras de transferência dispostas ao longo das J.S., localizadas no sentido transversal do pavimento e, portanto, sujeitas à passagem contínua de cargas. O conjunto de barras ao longo das J.C. é o preterido, uma vez que essas juntas se localizam no sentido longitudinal da via e estão, assim, sujeitas a muito menos passagem de cargas de uma placa para a outra.

Na Fig. 9.5 é mostrado um detalhe típico de projeto de armação envolvendo barras de transferência dispostas a cada 30 cm e com comprimento de 50 cm. Dessa maneira, o único elemento que varia na chamada de cada conjunto de barras é sua quantidade aplicada para cada segmento de junta.

Quanto à chamada de cada barra de transferência, deve-se sempre indicar sua nomenclatura, que nesse caso é N5, seguida de sua quantidade (1), diâmetro (25 mm), espaçamento (c/30 cm) e comprimento (50 cm).

Com relação às plantas de armação, cabe observar quatro casos correntes nos projetos executados na praça:

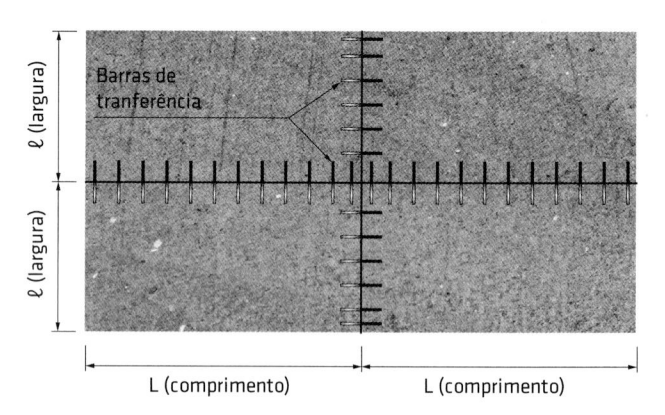

Fig. 9.4 Indicação das barras de transferência

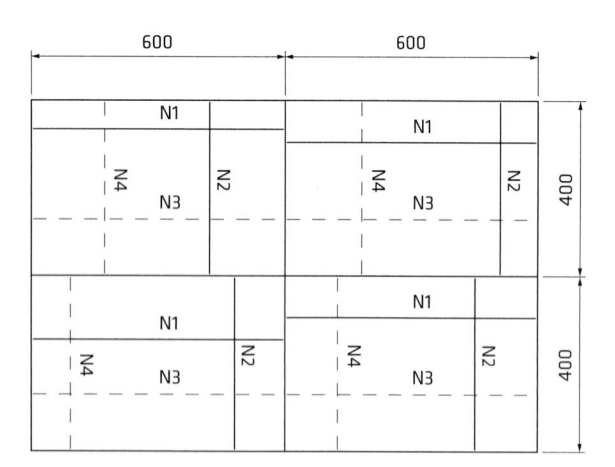

Planta de armação: armaduras principais
N1 e N2 – 1φ 10 c/10 (armaduras positivas)
N3 e N4 – 1φ 10 c/10 (armaduras negativas)

Fig. 9.3 Projeto executivo de armações mostrando as telas soldadas

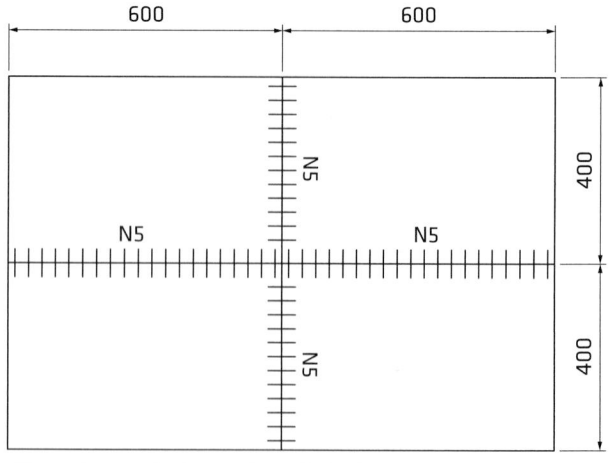

Planta de armação: barras de tranferência
N5 – 1φ25 c/30-50

Fig. 9.5 Projeto executivo de armações mostrando as barras de transferência

- *Caso 1 – placas sem armação (Fig. 9.6A)*: esse caso não deve ser utilizado em hipótese alguma, pois o concreto não resiste tão bem quanto o aço a esforços de tração. Se for empregado, surgirão fissuras que evoluirão para trincas e, por fim, para a desagregação do concreto.
- *Caso 2 – placas com armadura disposta apenas na camada superior (Fig. 9.6B)*: esse caso não é recomendado, pois, quando são solicitadas por cargas verticais, essas armaduras localizadas apenas na camada superior combatem somente os esforços solicitantes advindos do solo, ficando também a placa suscetível a anomalias. Deve ser utilizado apenas em calçadas, com uma armação superior em tela de aço com diâmetro de 6 mm e cobrimento de 4 cm a 5 cm.
- *Caso 3 – placas com armaduras principal e secundária dispostas nas duas camadas (Fig. 9.6C)*: é comum encontrar projetos com armadura principal (mais grossa) localizada na camada inferior, para combater os esforços aplicados sobre a placa, e armadura secundária (mais fina, "de pele") na camada superior, apenas para combater os esforços de retração, ficando desprezada a parcela de carregamentos solicitantes advindos do maciço de solo. Esse caso não deve ser utilizado para a situação de cargas pesadas a ultrapesadas. É preciso certificar-se bem quanto às cargas solicitantes junto ao cliente.
- *Caso 4 – placas com armaduras principais dispostas nas duas camadas (Fig. 9.6D)*: é o único caso adequado e obrigatório para aplicações de cargas pesadas a ultrapesadas, pois, nessa situação, a armadura principal da camada superior combaterá os esforços solicitantes derivados de cargas advindas do solo e a armadura principal da camada inferior se encarregará dos esforços solicitantes aplicados sobre a placa.

9.4 Tipos de juntas

As juntas em um pavimento podem ser definidas como detalhes construtivos que permitem movimentações de retração e dilatação do concreto, além de assegurarem a transferência de carga entre as placas de concreto vizinhas, de modo a mantê-las planas, impedindo descontinuidades entre suas superfícies, o que pode alterar o critério da funcionalidade (conforto, segurança etc.).

Como visto na seção 6.4, em que foi abordado o dimensionamento de juntas, é importante sempre manter uma espessura de junta com valor máximo de 6 mm. Isso porque juntas utilizadas no passado com espessuras elevadas, de até 2 cm, acabaram sofrendo o efeito de esborcinamento em suas bordas perante a constante passagem de rodas. Essa regra se aplica para todos os casos de juntas, exceto para as de encontro, que não estão sujeitas a trânsito de veículos e podem ter espessuras de 10 mm a 20 mm (1 cm a 2 cm).

Portanto, a espessura máxima da junta deve ser de 6 mm e sua profundidade máxima, de 1/3 a 1/4 da altura do pavimento, sendo inserida uma corda de sisal seguida de preenchimento com selante. Comercialmente falando, há cordas de sisal com espessura mínima de 6 mm para essa função. E, para o selante, é preciso pesquisar e optar por um material resistente às intempéries, para que não resseque e se desintegre sob a ação de raios solares e de chuvas.

Assim, por exemplo, se uma placa de pavimento possuir 20 cm de espessura, deve-se adotar profundidades de juntas entre (20 cm/3) = 6 cm e (20 cm/4) = 5 cm.

A seguir, serão abordados os três tipos de juntas mais usuais. Além delas, há também a junta de dilatação, que deve ser disposta no máximo a cada 30 m, a fim de evitar o surgimento de fissuras e trincas decorrentes de expansões térmicas.

9.4.1 Juntas de encontro (ou expansão) (J.E.)

São juntas que servem de isolamento entre a extremidade da placa de concreto e outras estruturas vizinhas. Esse mecanismo permite que a placa de concreto trabalhe de modo independente de outras estruturas existentes. Essas juntas não devem ser utilizadas entre placas do pavimento por não serem eficazes para essa finalidade.

A Fig. 9.7 traz o detalhe típico de uma J.E. a ser indicada num projeto de pavimento. Cabe observar o detalhe da junta ampliada, com espessura de 10 mm por ser uma junta de divisa, portanto sem o trânsito de veículos sobre ela, e profundidade adotada pelo autor de 5 cm. Nesse caso, com uma placa de 25 cm de espessura, a profundidade da junta deveria estar entre (25 cm/3) = 8 cm e (25 cm/4) = 6 cm.

Quanto ao material compressível, pode ser usado isopor na separação do pavimento com o obstáculo (paramento). Na sequência, é posicionada a corda de sisal, seguida de um material com a função de selagem da junta.

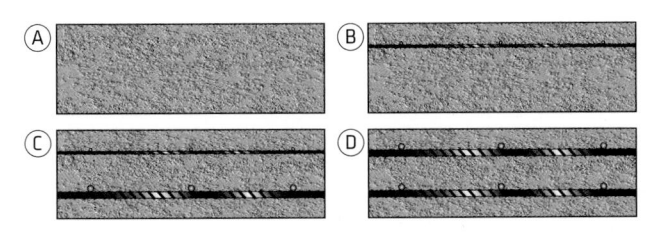

Fig. 9.6 Casos 1 a 4

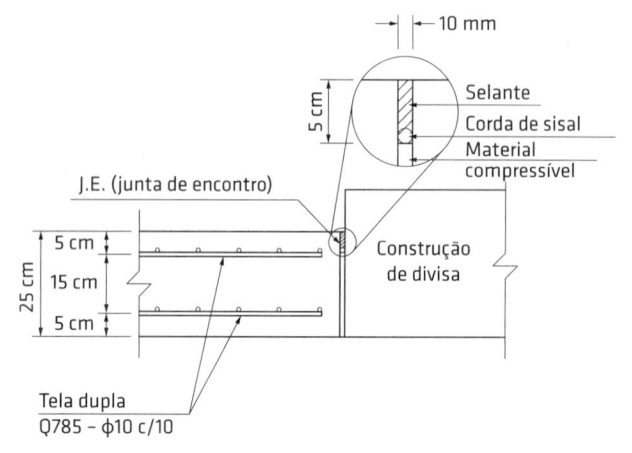

Fig. 9.7 Junta de encontro (J.E.)

Vale notar que não são utilizadas barras de transferência em juntas localizadas nas bordas do pavimento, a menos que o pavimento a executar tenha continuidade com um já executado. Neste último caso, o autor tem procurado especificar furações no pavimento existente a fim de inserir barras de transferência a cada 30 cm.

Desse modo, a J.E. deve sempre ser prevista e projetada nas interfaces do pavimento com um obstáculo. Em outras palavras, sempre que houver uma sarjeta, um meio-fio, uma caixa, uma calçada ou uma edificação na borda do pavimento, deve ser indicada uma J.E. a fim de separar os dois materiais com módulos de elasticidade (E) diferentes.

9.4.2 Juntas de construção (J.C.)

São juntas construtivas de um pavimento cujo espaçamento entre si é dado pelas dimensões das placas e pelas geometrias da área. Essas juntas utilizam barras de transferência, que servem de mecanismo de transferência de carga entre as placas, de forma a garantir a continuidade do pavimento, visto que é nas bordas das placas que ocorrem as maiores taxas de tensões.

Na Fig. 9.8 é mostrado o detalhe típico de uma J.C. usada em projetos de pavimentos e sujeita ao tráfego de veículos, com espessura mínima de 6 mm e profundidade equivalente a 1/3 a 1/4 da espessura total da placa do pavimento (o autor adotou o valor de 5 cm).

Ao contrário da J.E., a J.C. não recebe nenhum material compressível, porque ocorre entre placas constituintes de faixas de concretagem distintas. Assim, há uma separação das placas executadas e a executar, simplesmente em contato, mas não monoliticamente unidas.

Como mencionado anteriormente, atenção deve ser dada à barra de transferência, sendo metade dela especificada como engraxada e a outra metade como não engraxada, de modo a permitir a expansão de sua parte engraxada dentro da placa em face das mudanças de temperatura.

As J.C. são adotadas ao longo do comprimento da via, na separação do pavimento em duas faixas de concretagem, para uma situação normal de duas vias, uma de ida e outra de volta, com cerca de 4 m de largura cada uma. Quando se tratar de áreas portuárias ou industriais, naturalmente esse número de faixas de concretagem deve ser aumentado para três, quatro ou mais, a depender da largura da via. Nestas últimas áreas, além das vias de acesso, ainda há os pátios de manobra, que se procura dividir em várias faixas a serem concretadas por vez, também separadas pelas J.C.

9.4.3 Juntas serradas (J.S.)

São similares às J.C., possuindo barras de transferência, espessura mínima de 6 mm e profundidade equivalente a 1/3 a 1/4 da espessura total do pavimento (o autor adotou o valor de 5 cm). As J.S. são as mais adequadas para o caso de aplicação de cargas pesadas a ultrapesadas, e seu detalhe típico é ilustrado na Fig. 9.9.

No entanto, se por um lado as J.C. são dispostas no sentido longitudinal da via ou do pátio de manobra, na separação das faixas de concretagem, por outro as J.S. são dispostas no sentido transversal das J.C. e, portanto, no sentido transversal da via ou do pátio. No caso de uma via, as J.S. recebem sobre si a maior parcela do tráfego de rodas, com as J.C. recebendo sobre si menos passagem direta de veículos. Porém, ambas as juntas são submeti-

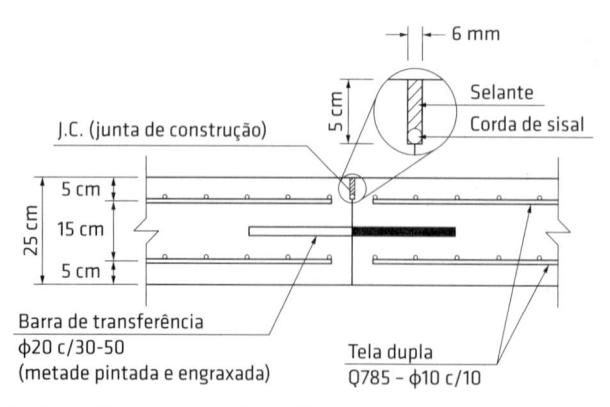

Fig. 9.8 Junta de construção (J.C.)

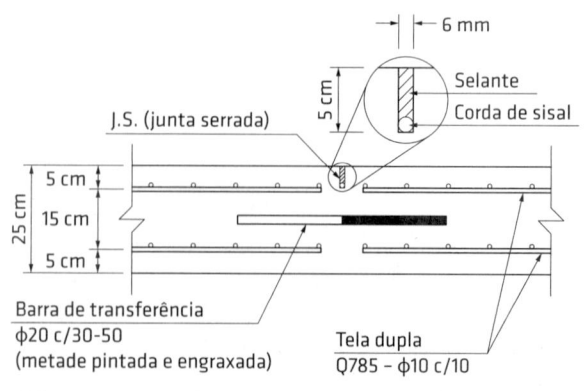

Fig. 9.9 Junta serrada (J.S.)

das à maior parcela de momento fletor por se localizarem nas regiões de borda das placas, motivo pelo qual atenção especial deve ser dada a elas e a suas geometrias, metodologias de execução e barras de transferência.

A maior diferença entre as J.C. e as J.S. reside no fato de que estas últimas são executadas mediante o corte com 6 mm de espessura na zona superior das placas, após a concretagem. Ou seja, nesse caso as placas de concreto permanecem monoliticamente unidas nas regiões abaixo do corte. Em razão de as placas estarem ligadas, uma fissura induzida pode despontar dessa junta, indo em direção ao fundo das placas. Por já ser prevista, essa fissura induzida não acarreta problemas de ordem estrutural para o projeto.

O tempo de corte dessa junta também deve ser tratado com cuidado. Recomenda-se que o corte seja executado dentro de um intervalo entre 14 h e 18 h após o lançamento do concreto. Se esse tempo não for respeitado, ou se houver falhas de alinhamento do corte, problemas poderão ser trazidos para essa região crucial do projeto do pavimento.

9.4.4 Exemplos de casos reais

A Fig. 9.10 traz detalhes de um material selante se soltando por dois motivos: espessura de junta muito larga, com aproximadamente 2 cm, e material inadequado para resistir à ação de intempéries.

Um cruzamento de juntas com espessura elevada, de cerca de 2 cm, de uma época em que se praticavam dimensões dessa ordem, é apresentado na Fig. 9.11. Logo depois, com o advento de mais estudos e pesquisas, notou-se que elas não eram as mais adequadas para juntas de pavimentos.

A Fig. 9.12 evidencia que, mesmo com espessuras de juntas mínimas projetadas com 6 mm, ainda existe o risco de o material selante se destacar, pelo fato de apresentar pouca aderência ou baixa resistência a intempéries, ou mesmo por falha de execução na própria obra, ao não ser seguida a especificação técnica da fabricante corretamente.

Na Fig. 9.13 tem-se o detalhe de uma J.C. na separação de duas faixas de concretagem executadas em momentos distintos, com espessura elevada, de cerca de 2 cm, e material selante resistindo ao tempo e à ação de intempéries.

Ao contrário da foto em questão, tirada num dia chuvoso, recomenda-se que o profissional sempre obtenha os registros fotográficos em dias ensolarados, com o intuito de melhorar a qualidade de seus laudos e de suas respectivas evidências. Isso porque nem sempre é possível retornar ao local ou ter acesso novamente ao detalhe almejado.

Nesse caso, as placas de concreto possuem f_{ck} de 30 MPa e baixo fator água/cimento ($f_{a/c}$), da ordem de 0,45, e, por-

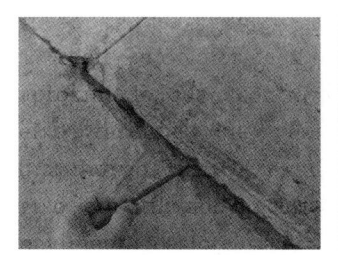

Fig. 9.10 Material selante se destacando da junta

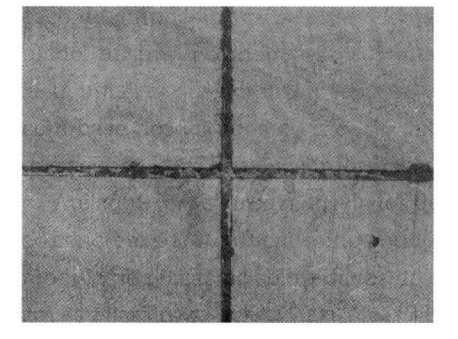

Fig. 9.11 Cruzamento de juntas com espessura elevada, de cerca de 2 cm

Fig. 9.12 Material selante se destacando de uma junta com espessura pequena, de cerca de 6 mm

Fig. 9.13 J.C. no meio de uma via

tanto, menor porosidade, sendo menos suscetíveis à penetração de materiais deletérios carreados pela água. Em dias chuvosos, fluidos diversos existentes na pista tendem a ser transportados para dentro do pavimento, razão pela qual se evitam projetos de concreto com baixo f_{ck} e elevado $f_{a/c}$. Além disso, deve-se sempre especificar um cimento compatível com a situação para a qual o concreto se aplica, assim como elevado valor de cobrimento da armadura, sempre de 4 cm a 5 cm.

Na Fig. 9.14 destacam-se trechos de um pavimento cuja junta possui cerca de 2 cm de espessura e cujo selante perdeu sua função de proteger essa região da entrada de materiais deletérios no corpo do concreto. Essa falha deveu-se a problemas tanto de execução na obra como de especificação de selante inadequado para essa aplicação, pois o material ressecou e encolheu em algumas partes e, em outras, foi arrancado em face da ação de rodas.

Outro detalhe de um cruzamento de juntas com pequenas anomalias presentes em seu entorno é apresentado na Fig. 9.15. Por se tratar de uma região crítica, essas falhas podem ocorrer por diversos fatores, desde erros técnicos de vibração do concreto e ausência de revibração até exsudação, em que os materiais finos ficam na parte superior e o agregado graúdo se deposita mais ao fundo.

Por meio da Fig. 9.16, de um pavimento no Canadá, tem-se uma ideia dos materiais deletérios diversos que podem ser carreados através das juntas e acumulados nelas. Nesse caso, há a presença de sal grosso salpicado sobre a superfície do pavimento de modo a auxiliar no derretimento da neve, e, por esse motivo, sal e neve são carreados para a região das juntas. Pode-se observar também, pelas manchas presentes em suas bordas, que o concreto presente nelas tende a absorver mais fluidos que aquele existente no restante da superfície do pavimento. Isso talvez ocorra por haver um acúmulo maior e mais permanente deles nessas aberturas de juntas. Assim, tem-se uma boa noção das regiões mais afetadas num pavimento e da importância de pesquisar e especificar muito bem o material selante próprio para juntas dessa natureza.

A Fig. 9.17 mostra detalhes de um cruzamento de juntas num pavimento rígido executado na cidade de Windsor, no Canadá, em que se pode observar o gramado, o meio-fio, a sarjeta e o pavimento. Entre a sarjeta e a pista, devem ocorrer J.E. sem barras de transferência, e, entre as placas da pista, em seu sentido transversal, deve haver J.S. No detalhe à esquerda, vê-se uma falha na execução da J.S., que, se não sanada no início, abre espaço para o desgaste (esborcinamento) precoce da junta.

Fig. 9.14 Juntas com selantes extraidos e ressecados

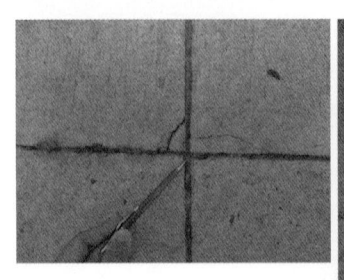

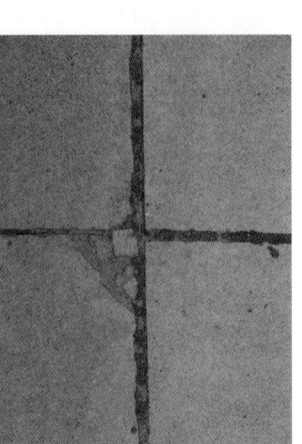

Fig. 9.16 Cruzamento de juntas com presença de neve e sal em suas bordas

Fig. 9.15 Cruzamento de J.C. no meio de uma via

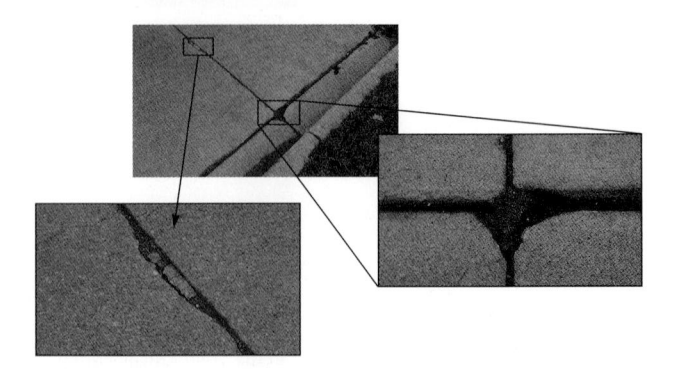

Fig. 9.17 Juntas mal executadas e com espessura elevada, da ordem de 2 cm no mínimo

Do ponto de vista da apresentação de relatórios técnicos, cabe notar nessa figura os dois tipos de chamadas de detalhes utilizados, em forma de seta e em forma de *zoom* (janela).

9.5 Cuidados no projeto geométrico

9.5.1 Execução do pavimento pelo método em xadrez

Há basicamente dois modos de executar as placas: em xadrez ou por faixas. A execução em xadrez, como se vê na Fig. 9.18, acontece à semelhança de um tabuleiro de xadrez, em que primeiro se executam as placas localizadas nas casas pretas e depois as placas localizadas nas casas brancas, ou vice-versa.

Entre as placas executadas pelo método em xadrez, deve haver J.C., e, entre as placas e os paramentos, as divisas ou as construções existentes, deve haver J.E. Não ocorrem J.S., que são mais eficazes do que as J.C. para resistir às cargas, o que já representa um ponto negativo para a metodologia executiva via placas em xadrez. Essa metodologia foi muito utilizada e defendida no início por grandes institutos e empresas, mas logo passou a ser abolida.

9.5.2 Execução do pavimento pelo método de faixas de concretagem

Já a execução das placas por faixas, vista na Fig. 9.19, dá-se construindo primeiro uma faixa ao longo de um determinado comprimento da via e, depois, a outra faixa. Essa metodologia é mais apropriada para vias onde o tráfego não deve ser interrompido, caso em que se executa uma via da pista enquanto a outra fica livre para o tráfego.

Por exemplo, considere-se uma pista em pavimento asfáltico que deve ser substituída por um pavimento rígido de concreto armado. Nessa situação, é possível retirar o pavimento asfáltico de metade da pista, escavar o terreno e retirar as camadas de materiais constituintes de sua base e sub-base, e/ou até de seu reforço de subleito, dependendo da capacidade de suporte delas. Em seguida, procede-se a uma contenção apropriada, reaterrando e recompactando as camadas de reforço de subleito e de sub-base apenas. Então, as armaduras principais e as barras de transferência são montadas, e a concretagem e suas juntas são executadas. Por fim, aplica-se de forma rigorosa o processo de cura mais adequado pelo período mínimo necessário.

Nesse método, deve haver J.S. entre as placas e no sentido transversal da pista, J.C. entre as duas vias da pista (ou entre as faixas de concretagem) e J.E. entre as placas e os paramentos, as divisas ou as construções existentes.

Como já visto na seção anterior, sabe-se que as J.C. e as J.S. também possuem a função de transmitir a carga de uma placa para a outra, pelo uso obrigatório de barras de transferência. Nessa função de transmissão de cargas solicitantes, as J.S. são mais resistentes do que as J.C., tornando o método em questão mais indicado para o caso de cargas pesadas e ultrapesadas.

9.5.3 Cuidados básicos referentes à geometria do pavimento

Tão importante quanto o dimensionamento da seção transversal, o projeto geométrico deve ter alguns cuidados que permitam a execução da obra, garantam a durabilidade do piso, reduzam o custo de manutenção e assegurem a perfeita utilização de acordo com o tipo de equipamento a ser adotado.

Alguns dos cuidados básicos a serem tomados são os seguintes:

- a largura da faixa de concretagem deve ser consistente com os índices de planicidade exigidos para o uso do piso;
- no caso de haver cargas de prateleiras ou estantes, recomenda-se que as juntas longitudinais de construção sejam paralelas com a estanteria e distantes cerca de 15 cm dos montantes;

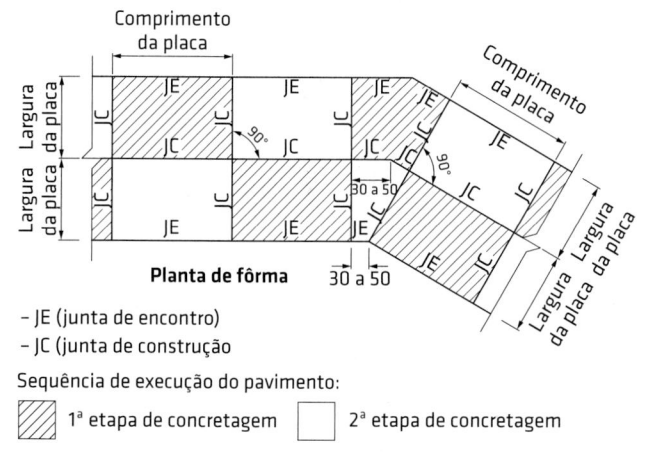

Fig. 9.18 Execução das placas pelo método em xadrez

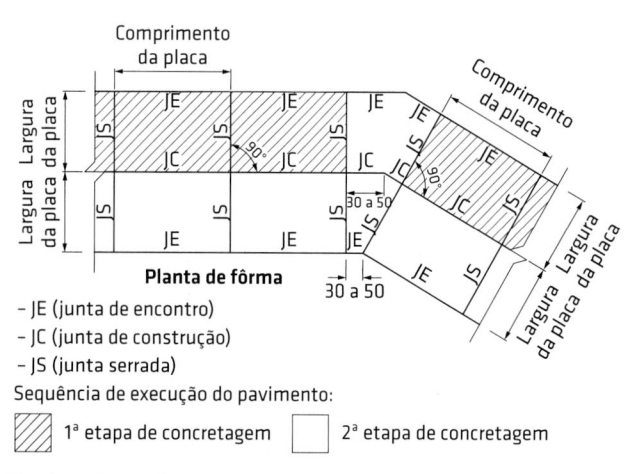

Fig. 9.19 Execução das placas pelo método de faixas contínuas

- o comprimento de uma J.C. ou J.S. deve ser no mínimo igual a 50 cm (ver Fig. 9.19);
- deve-se prever ângulos de encontro entre juntas sempre superiores a 90° (ver Fig. 9.19);
- uma J.C. ou J.S. deve sempre encontrar uma curva em ângulo igual a 90° (ver Fig. 9.19);
- uma J.C. ou J.S. não pode terminar em outra J.C. ou J.S., mas sim em uma J.E. (ver Fig. 9.19);
- deve-se manter o alinhamento entre J.C. e entre J.S. (ver Fig. 9.20).

A Fig. 9.20 traz um caso de juntas desalinhadas entre si que deve ser evitado, pois, em situações como essa, fissuras induzidas podem despontar da junta interrompida (ou desalinhada) e seguir pelo pavimento até certo comprimento ou até sua outra extremidade.

Outro caso de placas com juntas desalinhadas entre si é exibido na Fig. 9.21. As dimensões quadradas das placas não são recomendadas por possuírem razão comprimento/largura de 1,00 e estarem, portanto, fora do intervalo sugerido de 1,20 a 1,80.

Na Fig. 9.22A é mostrado um caso de J.S. interrompida numa J.C., mas que deveria ter continuado até a J.E. localizada na interface do pavimento com a sarjeta. Como isso não ocorreu, uma fissura induzida despontou da junta interrompida abruptamente e seguiu até a J.E. (Fig. 9.22B). Via de regra, até para o caso de lajes, uma fissura ou uma trinca surgem, induzidas ou não, em decorrência de fenômenos de dilatação térmica. Quando a fissura ou a trinca numa laje ou num pavimento são interrompidas no meio do vão ou da placa, respectivamente, o resultado é um problema de ordem estrutural provocado por falha da laje ou do pavimento em resistir ao momento fletor solicitante, por exemplo.

As fotos a seguir trazem um exemplo de juntas numa esquina eivada de obstáculos de uma avenida presente na cidade de Windsor, no Canadá. Essa cidade é muito "agredida" pelo tráfego pois está localizada na divisa do Canadá com os Estados Unidos, apresentando um volume exacerbado e ininterrupto de caminhões e carretas em suas avenidas, o que sobrecarrega muito o pavimento. Talvez por esse motivo, alguns trechos dessa longa avenida que se transforma em rodovia tenham sido executados com pavimento rígido de concreto armado.

Na Fig. 9.23A,B observa-se uma grande esquina da avenida em questão, que abriga quatro faixas, com piso podotátil executado na descida da calçada que vai de encontro ao pavimento rígido. Nota-se também o pavimento rígido cheio de juntas se interceptando por todos os lados.

Detalhes do piso podotátil e da descida da rampa são apresentados na Fig. 9.23C,D. Observa-se que as juntas transversais da pista principal sofrem uma mudança de direção entre o término da faixa do pavimento e a calçada, interceptando a J.E. rente ao meio-fio de modo perpendicular. Caso essas juntas não cheguem de forma perpendicular ao meio-fio, fissuras induzidas surgirão.

A certa distância da esquina, encontra-se uma boca de lobo que recebe água coletada pela sarjeta de concreto,

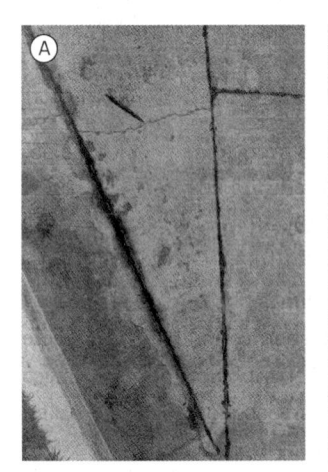

Fig. 9.22 Trincas induzidas despontando a partir de juntas interrompidas

Fig. 9.20 Vista localizada de J.C. desalinhadas entre si

Fig. 9.21 Vista longitudinal de um pavimento dotado de J.C. desalinhadas entre si

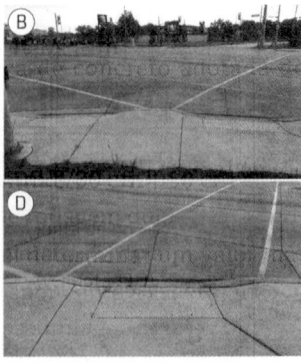

Fig. 9.23 (A, B) Diversas juntas projetadas para uma grande esquina sujeita ao tráfego muito intenso de caminhões e carretas e (C, D) piso podotátil inserido na calçada

como se vê na Fig. 9.24. Nessa figura, têm-se a calçada, o meio-fio, a sarjeta e a faixa do pavimento, nessa sequência. No entorno da caixa da boca de lobo, optou-se por executar uma faixa de concreto bem trabalhada e projetada, com desníveis mais acentuados. Isso porque, na seção transversal da pista, comumente é projetado um desnível da ordem de 2%, e, na faixa da sarjeta, os desníveis devem ser sempre acentuados, da ordem de 6%. Observa-se também que a J.S. da faixa da pista chega de modo perpendicular à tangente da curvatura que circunda a boca de lobo. Esse cuidado, muito bem observado ainda na fase de projeto, evita o surgimento de uma fissura induzida nessa localidade.

9.6 Tipos de acabamento superficial

Os tipos de acabamento que podem ser aplicados em pavimentos de concreto são o vassourado, o camurçado e o polido. Via de regra, o acabamento vassourado era muito defendido no início, mas hoje procura-se priorizar o acabamento polido, uma vez que a superfície vassourada promove desgaste maior dos pneus, além de ser menos consistente diante do impacto dos pneus. Em síntese, têm-se:

- *Acabamento vassourado*: é feito com uma passada leve de vassoura de palhas de aço, logo após o início da pega do concreto, o que proporciona uma superfície rugosa para uso direto. A superfície rugosa pode ser empregada como base preparatória para receber outro tratamento, por exemplo com granitina.
- *Acabamento camurçado*: é executado por meio de acabadora de piso, também conhecida como ventilador ou bambolê, e aplicado por cerca de 3 h sobre o pavimento executado.
- *Acabamento polido*: assemelha-se ao camurçado. A diferença reside no tempo de aplicação da acabadora de piso, que perdura por cerca de 5 h a 6 h, até que a superfície esteja bastante lisa (Fig. 9.25).

Assim que definido o tipo de acabamento a ser aplicado sobre a superfície do pavimento, deve-se agendar a execução do concreto para as primeiras horas da manhã, informando à concreteira qual acabamento será aplicado para que ela defina o melhor traço para cada aplicação, a fim de dosar o concreto com um uso menor de retardador de pega.

Deve-se procurar uma empresa que possua mão de obra treinada e especializada, com comprovação de serviços realizados em portfólio, e informá-la sobre o tipo de acabamento escolhido. Trata-se de um serviço com elevado grau de dificuldade e muito delicado, com tempo de execução muito limitado.

No que diz respeito ao trabalho com superfícies, existe ainda um tipo de serviço denominado *lapidação em concreto*, que serve para recuperar superfícies desgastadas através de um processo químico de endurecimento de superfície seguido por um processo mecânico de polimento, transformando o acabamento do piso antigo em um acabamento vitrificado e de elevado brilho. Esse sistema pode ser útil em pisos já existentes com acabamentos ásperos que o cliente deseja transformar em piso polido.

Conforme visto na Fig. 9.26, deve-se sempre utilizar um objeto como referência para o detalhe que se deseja evidenciar, como uma lapiseira. Nesse caso, além de apontar para a evidência, a lapiseira também serve como referência de medida, de proporção em relação ao detalhe objeto de estudo. Na Fig. 9.27, nota-se que o movimento da vassoura deve ser aplicado de forma ondular, e não linear.

9.7 Revestimento antiabrasivo

Uma forma de proteger o concreto contra a abrasão indesejada pode se dar pelo aumento do f_{ck} para valores iguais ou superiores a 40 MPa e pela redução do $f_{a/c}$ para valores iguais ou inferiores a 0,35, como esforço de aumentar a compacidade do concreto e reduzir os vazios entre os agregados finos e graúdos.

Por outro lado, também se pode adotar um revestimento antiabrasivo sobre a superfície da placa de concreto

Fig. 9.24 Sarjeta protegida por um sistema de J.E. (a seu redor) e J.C.

Fig. 9.25 Pavimento recebendo aplicação de piso polido, com uso de ventilador

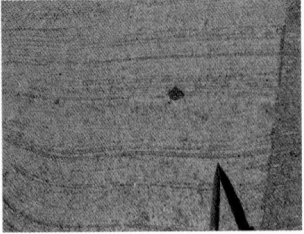

Fig. 9.26 Tipo de acabamento vassourado aplicado na superfície de um pavimento

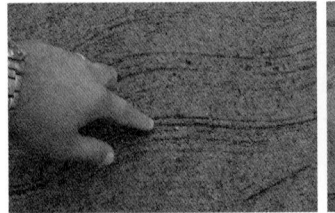

Fig. 9.27 Aspecto da superfície de um pavimento com acabamento vassourado

fixado por meio de chumbadores químicos. Esse revestimento antiabrasivo atua como uma camada de sacrifício, resistindo aos desgastes superficiais promovidos por operações de máquinas. No exemplo da Fig. 9.28, sugere-se o emprego de um revestimento antiabrasivo por meio da aplicação de Mastertop 300 Anvil-Top, com epóxi semiflexível como chumbador químico.

O produto aplicado na superfície do concreto como endurecedor, por troca iônica, penetra nos poros capilares e nos poros da pasta de cimento e reage com o hidróxido de cálcio ($Ca(OH)_2$), formando, no interior dos poros, cristais minúsculos de elevada dureza e quimicamente mais estáveis, o que culmina com o aumento da dureza superficial e da resistência à abrasão. Recomenda-se a adoção de endurecedores constituídos por flúor-silicatos metálicos e agentes umectantes.

O silicato de sódio (Na_2SiO_3) já foi usado no passado, mas age com baixo poder de penetração nos poros da pasta de cimento e reage com o dióxido de carbono (CO_2) presente na atmosfera, formando o carbonato de sódio (Na_2CO_3), um sal instável e solúvel em água.

Os flúor-silicatos formam cristais menores, mais duros, com maior poder de penetração e mais estáveis quimicamente com a pasta de cimento, com o consequente aumento da resistência química (contra óleos, graxas, sais orgânicos etc.).

O componente ativo mais citado pela literatura e de eficácia mais comprovada é o flúor-silicato de magnésio ($MgSiF_6$). Este também reage com o CO_2, porém forma carbonato de cálcio ($CaCO_3$), mais estável em presença de água.

Nenhum revestimento antiabrasivo é permanente e, a depender do tipo de aplicação de carga no pavimento, deve ser reaplicado de tempos em tempos, por exemplo, a cada cinco, seis ou sete anos. Assim, deve ser empreendido um esforço por parte do engenheiro e do projetista de pesquisar junto às fabricantes o produto que melhor atenda à sua necessidade. E, mais do que isso, é preciso requisitar provas de aplicação do produto, de seu tempo de duração e de seu aspecto no decorrer do tempo, pois uma aplicação errada, por falha do produto ou por não terem sido seguidos fidedignamente os procedimentos descritos na ficha técnica da fabricante, pode trazer problemas sérios para o pavimento, de ordem tanto financeira como estrutural.

Na Fig. 9.29A observa-se que o endurecedor à base de silicatos forma um filme na superfície, sem necessariamente penetrar pelos interstícios entre os agregados constituintes do concreto. Por sua vez, na Fig. 9.29B nota-se que o endurecedor à base de flúor-silicatos penetra nos

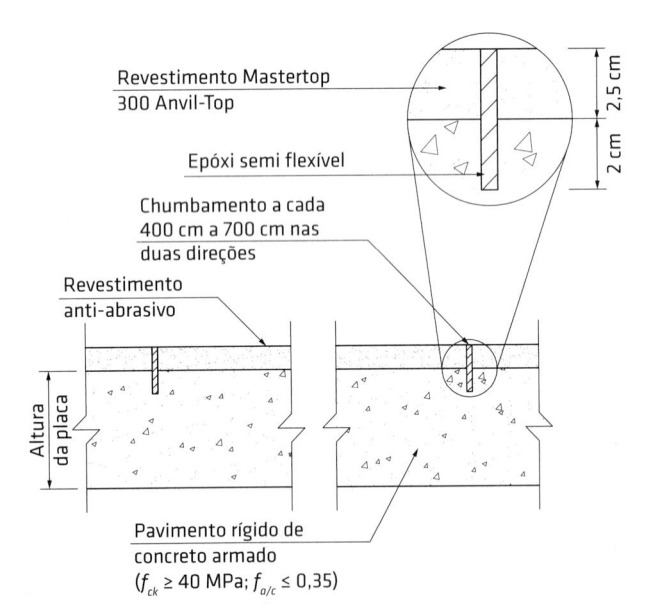

Fig. 9.28 Metodologia executiva do revestimento antiabrasivo

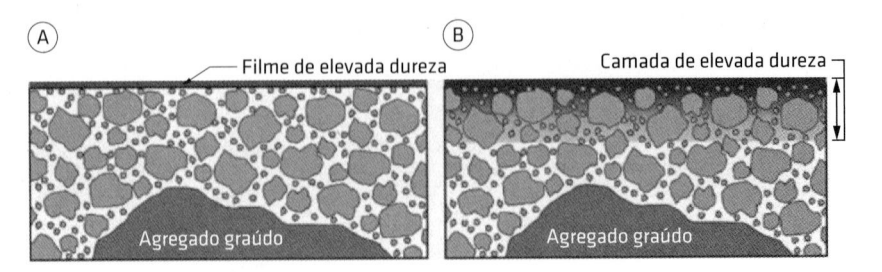

Fig. 9.29 Diferenças entre endurecedores (A) à base de silicatos e (B) à base de flúor-silicatos

interstícios até certa profundidade, de modo a garantir uma maior aderência ao concreto.

As Figs. 9.30 e 9.31 mostram um revestimento antiabrasivo aplicado sobre o pavimento de concreto de um galpão e que trouxe diversos problemas graves para o cliente. Isso porque, logo após as primeiras passagens de empilhadeiras e caminhões, ainda vazios, o revestimento iniciou um processo de fissuração, seguido do surgimento de trincas, até a desagregação total.

Com isso, o revestimento se mostrou incapaz de resistir ao tráfego de veículos para o qual foi projetado, além de apresentar total falta de aderência com o pavimento. Nesse quesito de falta de aderência, a placa do revestimento antiabrasivo ficou totalmente solta da superfície do pavimento, passando a funcionar como uma placa fina independente, daí a desagregação.

A Fig. 9.32 traz vistas de um revestimento antiabrasivo aplicado sobre o pavimento de concreto de uma área portuária e no qual, já nos primeiros dias após sua aplicação, ocorreram diversas fissuras e trincas ao longo de direções aleatórias. O que se constatou foi o uso de um revestimento de tecnologia canadense que se mostrava próprio para regiões de clima frio, e não de clima quente.

Como as fissuras eram muitas e como estava fora de questão extrair esse produto depois de aplicado e endurecido, por exemplo através de fresagem, como feito para o pavimento asfáltico, optou-se por preencher os vazios por meio de injeção de graute em forma de vasos comunicantes de pressão.

Esse aprendizado é exposto para que o leitor fique atento não só à alta qualidade de um produto, mas também às condições de clima em que ele é aplicado.

9.8 Caixas ao longo da via constituída de pavimento rígido

Todo pavimento está imerso num universo constituído de várias disciplinas, em que cada disciplina demanda uma necessidade específica. Em termos de caixas, as disciplinas de elétrica, drenagem, TI e TCOM são as que mais requisitam travessias pelo pavimento a ser projetado. Sendo assim, cabe ao engenheiro estrutural lidar com essas demandas de modo a atender a toda a sua equipe e, ao mesmo tempo, proteger seu pavimento com um bom projeto que aloque bem essas caixas sem interferir no projeto estrutural.

Quando se fala em proteger o pavimento, trata-se de primeiramente alinhar, com todas as equipes, as quantidades, os tipos e os locais onde essas caixas deverão ser posicionadas no projeto e, de posse de tais informações, procurar alocá-las dentro do perímetro das placas, de maneira que as tampas das caixas não interfiram nas juntas nem nas sarjetas.

Considere-se, por exemplo, o detalhe indicado na Fig. 9.33, extraído de uma parte do projeto visto no Cap. 5, com a tampa de caixa, as juntas e as sarjetas coexistindo sem quaisquer interferências.

Outro problema pode ser evitado ao não projetar as caixas de modo separado das placas dos pavimentos, e sim utilizando o próprio pavimento como a tampa da caixa. Quando este autor concebeu essa solução, passou a locar apenas as aberturas de tampas nos pavimentos, sem ter mais a caixa como interferência. Isso porque, se a caixa

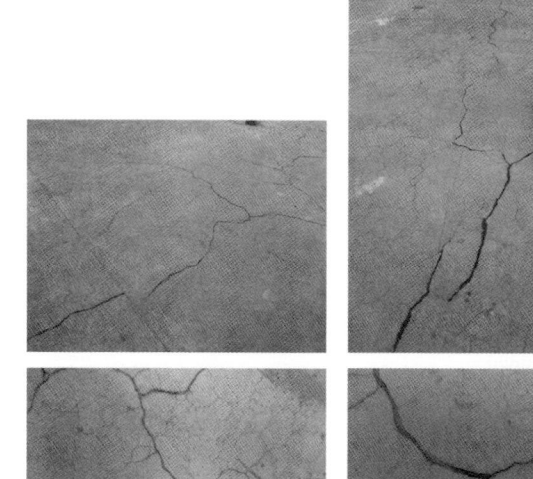

Fig. 9.30 Revestimento antiabrasivo deteriorado

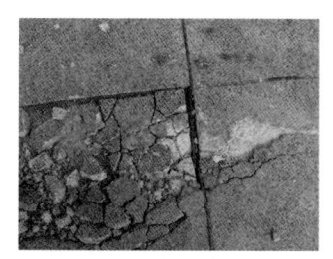

Fig. 9.31 Revestimento antiabrasivo sem aderência com o pavimento

Fig. 9.32 Fissuras e trincas ocorridas num revestimento antiabrasivo

vier a ser locada separadamente do pavimento, como um objeto inteiro e isolado, necessariamente o projetista deverá prever J.E. na interface de encontro das paredes da caixa com o próprio pavimento. E, ao ter dois materiais de geometrias e índices distintos de deformações verticais, fatalmente ocorrerão desníveis entre as paredes da caixa e o pavimento, em decorrência de as cargas dinâmicas passarem sobre esses elementos a todo momento.

Se, numa estrutura estática, já é difícil conciliar uma fundação em sapata com uma fundação do tipo radier (em placa), por exemplo, com cargas estáticas aplicadas, imaginem-se dois elementos parecidos sob o tráfego de cargas dinâmicas.

Assim, a solução que o autor propõe é esquematizada na Fig. 9.34, com as paredes e o fundo da caixa executados sob o pavimento, e o pavimento propriamente dito funcionando como uma tampa para a caixa. Dessa forma, o pavimento recebe as cargas e as transfere para o maciço de solo por ele mesmo, funcionando com uma única placa.

Outro cuidado a ser tomado é obrigatoriamente reforçar os entornos das aberturas das tampas das caixas. Como visto nas Figs. 9.35 e 9.36, uma tampa de geometria circular, normalmente de ferro fundido, a ser instalada no pavimento deve receber armações N2 e N3. A barra N1 mostrada é apenas a armação constituinte das barras de transferência.

As armações N2 devem ser projetadas em duplas, com uma barra localizada na parte superior e outra na parte inferior, na altura da projeção da tampa, e não nas partes superior e inferior do pavimento propriamente dito. Também se pode adotar armações N2 de quatro em quatro, com duas armações na parte superior de cada lado da abertura e outras duas na parte inferior alinhada com a projeção inferior da tampa (e não do pavimento).

As armações N3 são posicionadas no entorno do perímetro circular da abertura, de modo a serem mantidas a cerca de 4 cm de distância dela, o que constitui um bom valor para o cobrimento de concreto lateral.

Caso as armações N2 e N3 não sejam projetadas, haverá o problema de fissuras induzidas surgirem a partir da quina da caixa, ou simplesmente de uma de suas faces, e se propagarem ao longo do pavimento. Essas anomalias não comprometem o pavimento, mas repercutem no fa-

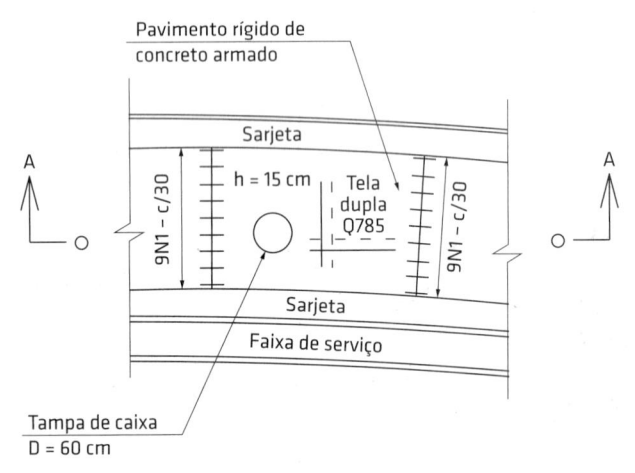

Fig. 9.33 Planta baixa de forma e armação – trecho de via com uma tampa de caixa localizada no interior do pavimento rígido de concreto armado

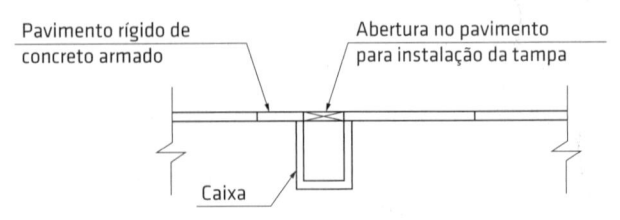

Fig. 9.34 Corte A-A – pavimento, caixa e abertura do pavimento para a instalação da tampa

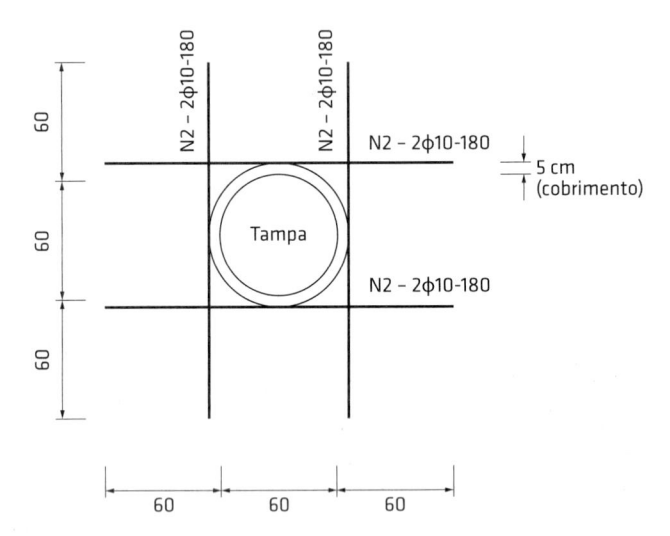

Fig. 9.35 Detalhe de armação de reforço de bordas da abertura do pavimento para a instalação da tampa

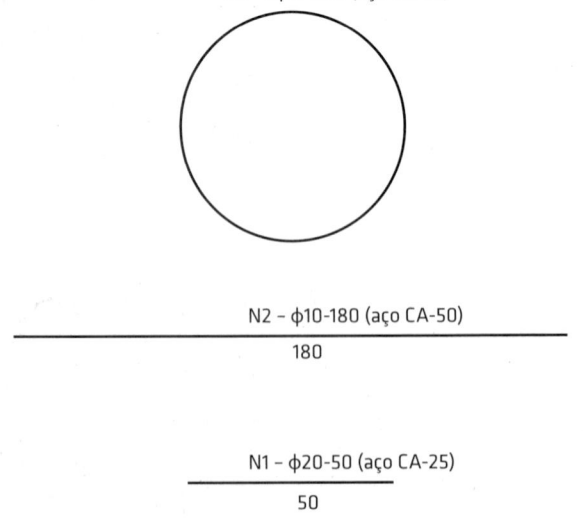

Fig. 9.36 Detalhe das armações N1, N2 e N3

tor estético e permitem a entrada de elementos deletérios para seu interior. Se não tratada, uma fissura evolui para uma trinca, que, por sua vez, evolui para uma desagregação da placa.

Nas Figs. 9.37 e 9.38 observa-se que, mesmo em se tratando de um pavimento asfáltico bem executado e com espessura elevada e bem dimensionada para o tráfego, haverá o surgimento de fissuras e trincas a partir da abertura feita no pavimento. Nessa situação, são duas avenidas distintas e com o mesmo problema de trinca atravessando a seção transversal do pavimento, passando justamente pela abertura para a instalação de boca de lobo.

No caso das J.S., o corte é executado na superfície superior do pavimento, e, se houver uma retração por mudança de temperatura, a fissura ou a trinca ocorrerão abaixo do corte da junta. O mesmo vale para aberturas em pavimentos para a instalação de tampas, em que a trinca sempre surge a partir da abertura de forma induzida.

Dessa maneira, no caso de pavimentos rígidos, sempre que houver uma abertura no pavimento para a execução de uma tampa ou caixa, deverão ser projetadas armações em seu entorno para combater as fissuras ou as trincas induzidas.

Fig. 9.37 Caixa isolada existente num pavimento e fissuras surgidas a partir de suas extremidades e meio de vão

Fig. 9.38 Trincas em avenidas

9.9 Canaletas de concreto e grelhas Selmec

Além das caixas, outro grande obstáculo a ser resolvido pelo engenheiro se refere às canaletas, a serem projetadas no entorno do pavimento de um pátio de manobra ou mesmo atravessando a pista. Como a canaleta é aberta para recolher águas pluviais e de lavagem de veículos e máquinas, entre outros fluidos, deve-se especificar uma grade capaz de resistir aos esforços dinâmicos solicitantes.

Este autor sempre adotou as grades da fabricante Selmec, que têm resistido muito bem às cargas advindas de empilhadeiras e guindastes em todas as obras projetadas, sem deformações verticais excessivas. Assim, essas grades são deixadas como referência para o leitor, que deve encontrar o tipo de grade adequado para cada vão e carga.

Na Fig. 9.39 é apresentada uma canaleta de drenagem com suas armações de piso e paredes, com o detalhe do dente a receber a grade Selmec, para o qual se recomendam alguns cuidados especiais, conforme indicado na Fig. 9.40.

Primeiramente, deve-se garantir que o perfil L, especificado nesse exemplo como do tipo L2" × 2" × 6,99 kg/m, possua altura compatível com a da grade Selmec, de modo que a grade se apoie sobre o perfil L e, ao final, a diferença de desnível entre o perfil e a grade seja de quase zero. Para a especificação de perfis laminados, basta descrever a altura do perfil em polegada seguida de sua massa em kg/m, sem a necessidade de mostrar sua espessura.

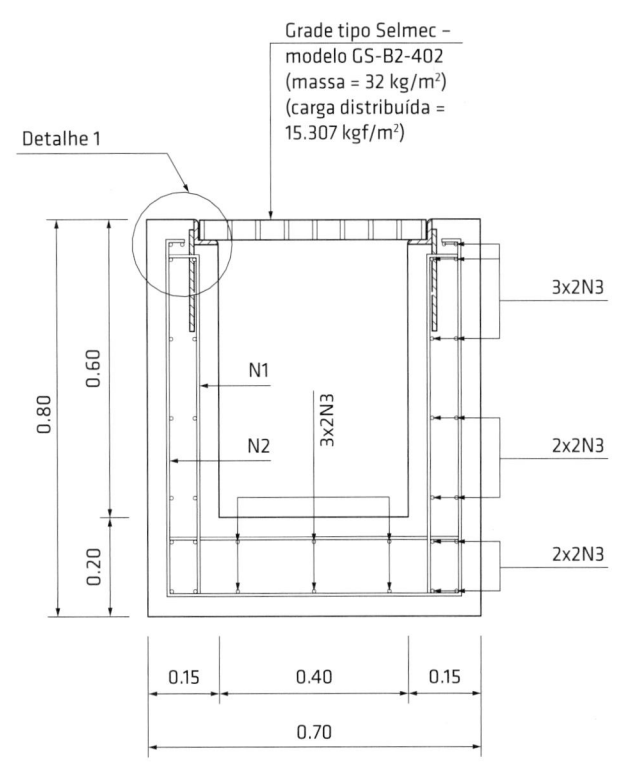

Fig. 9.39 Seção transversal – forma e armação da canaleta

Um segundo cuidado é o da ancoragem. Normalmente este autor projeta uma chapa, como a CH. #3/8" × 40 mm mostrada, soldada ao perfil L e com uma distância de cerca de 2 cm a partir da superfície de topo da canaleta, de maneira a protegê-la da corrosão. Devido ao limite estabelecido pela altura do perfil L, não há como prover um cobrimento de concreto maior para a chapa de ancoragem.

E, por fim, como deve existir uma folga horizontal entre a parede interna do perfil L e a grade Selmec, recomenda-se deixar uma folga total de 1 cm (5 mm para cada lado) para permitir o encaixe da grade no vão entre perfis L.

Quanto ao tipo de solda, este autor sempre adota solda de entalhe na parte inferior da ligação do perfil L com a chapa de ancoragem e solda de filete em suas laterais. Informações adicionais relativas a solda e perfis metálicos são apresentadas em Xerez Neto e Cunha (2020).

Na Fig. 9.41 são mostrados mais detalhes das armações utilizadas para a canaleta de concreto armado.

9.10 Tampas e grelhas de ferro fundido

Para tampas de caixas e grelhas para bueiros (Figs. 9.42 e 9.43), o material mais comumente usado é o ferro fundido, para o qual se recomenda seguir a NBR 10160 (ABNT, 2005).

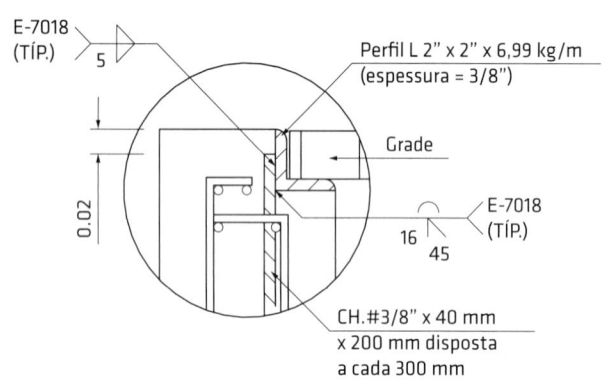

Fig. 9.40 Detalhe 1

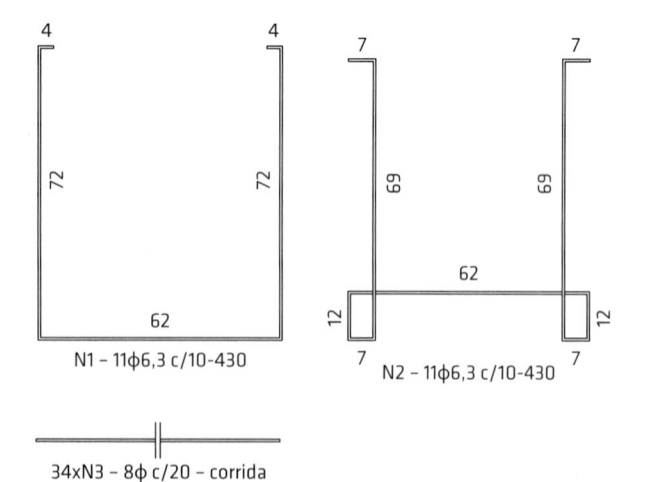

Fig. 9.41 Detalhes das barras de aço N1, N2 e N3

Contudo, mesmo com essa norma, ainda se encontram no mercado tampões que não resistem às cargas especificadas no catálogo. Isso é muito sério em se tratando de áreas portuárias e industriais sob a ação contínua de guindastes.

Assim, com base na experiência vivida pelo autor, recomenda-se que o engenheiro sempre requisite um ensaio de resistência das tampas e das grelhas de ferro fundido a serem especificadas no projeto.

No mais, essas tampas e grelhas devem ser articuladas através de rótula única, tendo seu perímetro externo engastado no pavimento de concreto, com a tampa articulada para abertura e inspeção.

9.11 Evidências de sinistros em placas de concreto

9.11.1 Uso de concreto simples

Como já descrito neste capítulo, não se deve, em hipótese alguma, especificar pavimento rígido constituído de

Fig. 9.42 (A) Tampa e (B) grelha para bueiro

Fig. 9.43 Grelha projetada num pavimento de área portuária, com grade Selmec à direita

concreto simples, ou seja, sem armação. A Fig. 9.44 evidencia o comportamento de um pavimento com essa característica, com diversas anomalias, desde trincas até desagregações.

Qualquer peça de concreto, independentemente de sua finalidade, não deve permanecer com cobrimento superior a 5 cm ou 6 cm desprovido de armação. Do contrário, o concreto por si só não resiste aos esforços de tração provenientes de aplicações de cargas solicitantes, gerando fissuras e trincas e culminando com sua desagregação. Isso porque uma fissura, se não tratada, tende a evoluir de tamanho, espessura e profundidade, a depender da circunstância de carregamento.

No caso do pavimento em questão, ainda há o agravante de o concreto ter baixo f_{ck} e alto $f_{a/c}$, o que propicia ainda mais a entrada de elementos deletérios, que degradam a pasta de cimento que une os agregados miúdos e graúdos.

9.11.2 Armação, f_{ck} e espessura insuficientes

Na Fig. 9.45 são apresentadas anomalias presentes em pavimentos de um concreto armado classificado como efêmero, por possuir baixo f_{ck}, de 20 MPa, mostrando-se assim poroso à entrada de agentes agressivos. Nesse caso, por um conjunto de fatores, como armadura insuficiente, f_{ck} baixo e inadequado e espessura pequena em face dos esforços solicitantes, as placas ficam suscetíveis ao aparecimento de anomalias diante da passagem de guindastes pesados, que vão desde o surgimento de fissuras e trincas até a formação de blocos seguida de desagregações e trituramentos.

9.11.3 Rasgos efetuados no pavimento endurecido

Comumente surge a necessidade de projetar um envelope de concreto de modo a cortar o pavimento no sentido transversal ou diagonal, para permitir a passagem de cabos através de um trecho. Na Fig. 9.46 são mostrados rasgos efetuados com esse propósito, que são inevitáveis e sempre trazem problemas para o pavimento, seja ele flexível ou rígido.

A partir do momento em que um determinado pavimento de concreto, já endurecido, sofre algum tipo de intervenção mecânica, fica difícil recuperar sua homogeneidade através de enchimentos de concreto, grauteamento e consertos. Além disso, passa-se a ter dois elementos diferentes, no caso a placa do pavimento e o envelope, trabalhando em conjunto e com módulos de reação diferenciados, o que acaba por propiciar o afundamento de suas bordas e o consequente surgimento de desníveis entre suas superfícies.

Uma forma proposta pelo autor em seus projetos para atenuar esse problema consiste em projetar envelopes de concreto constituídos de diversas tubulações vazias de reserva, a certos intervalos estratégicos ao longo do pavimento, que permanecem em espera para a passagem

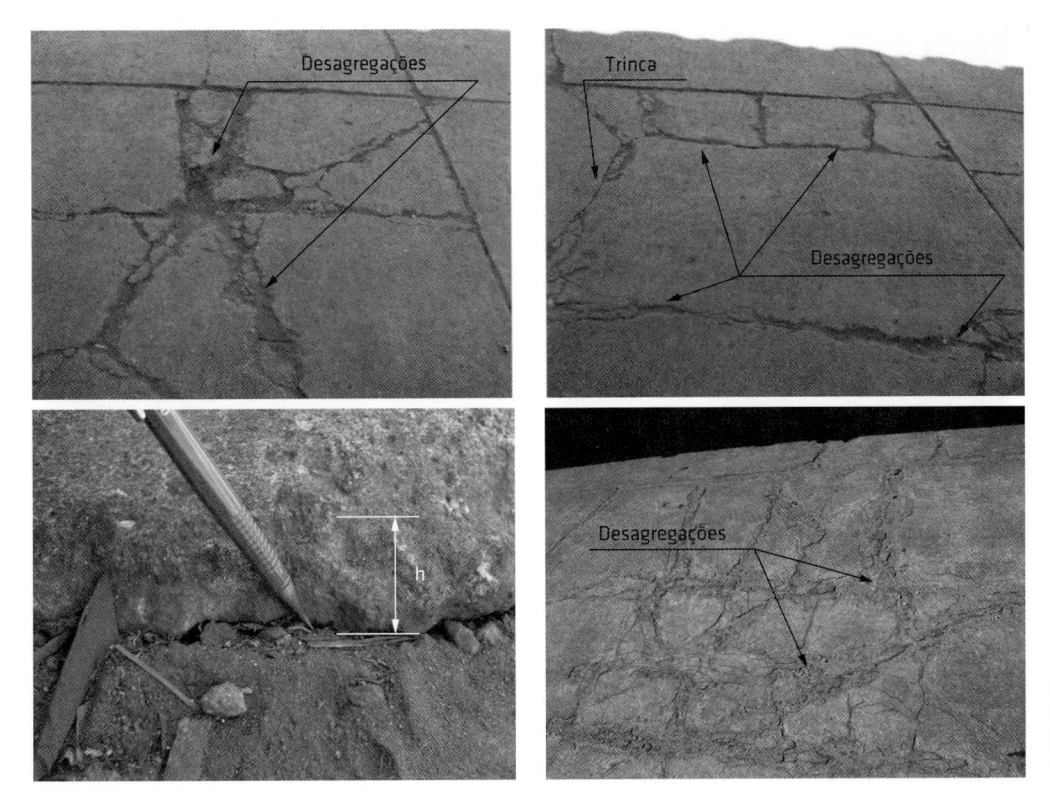

Fig. 9.44 Trincas e desagregações presentes em pavimento de concreto simples

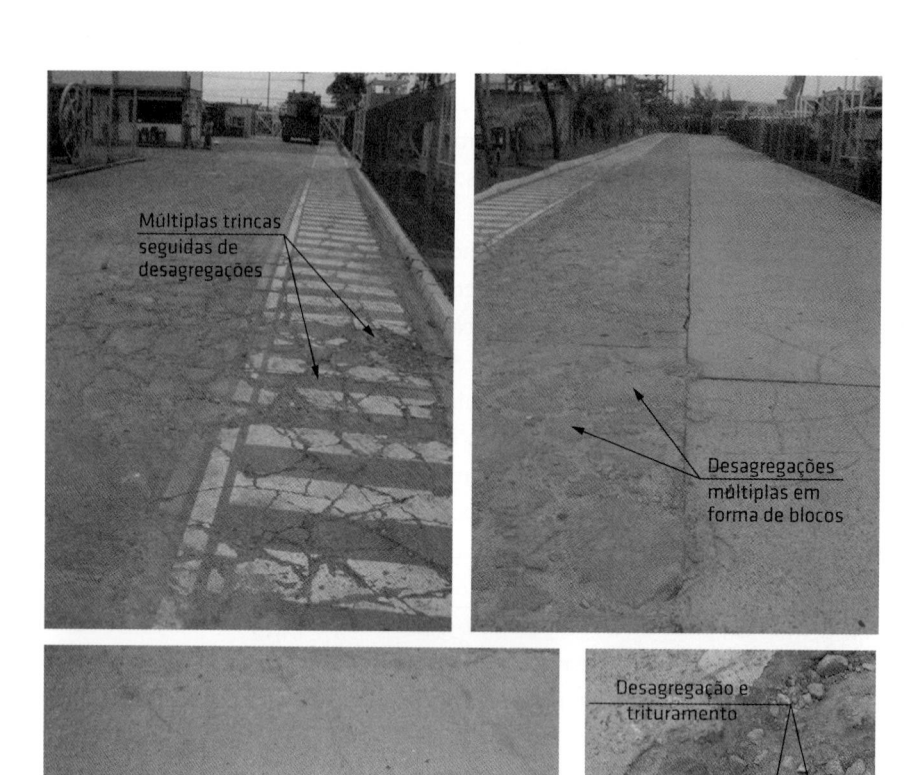

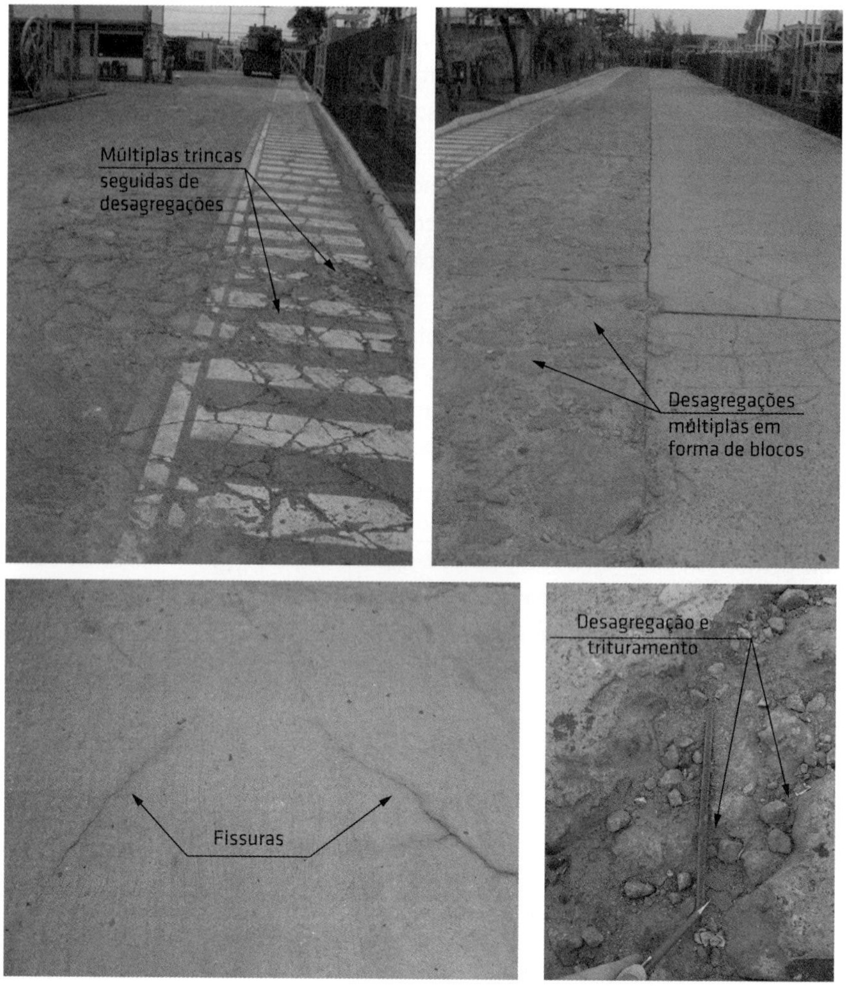

Fig. 9.45 Fissuras e desagregações presentes em pavimentos de concreto armado. Na última foto, observa-se uma armação exposta

Fig. 9.46 Rasgos efetuados em pavimentos de concreto armado

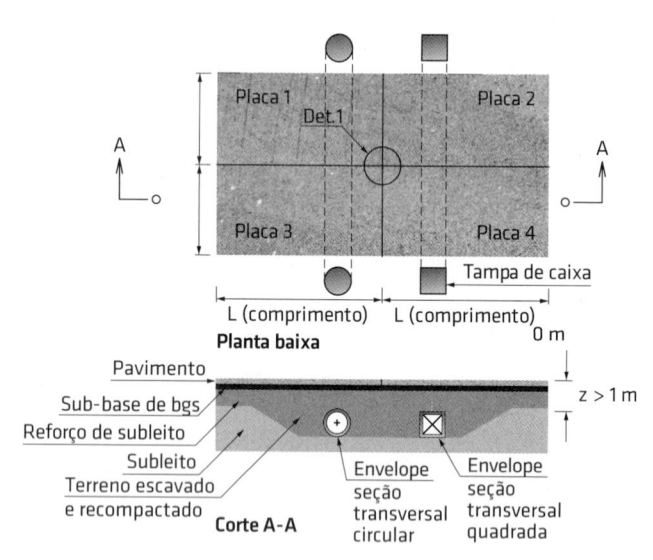

Fig. 9.47 Vista esquemática de um pavimento em planta e de envelopes de concreto de reserva projetados para demandas futuras

mesmo já receber tubulações de diâmetros generosos para os futuros cabos.

futura de cabos (Fig. 9.47). Dessa maneira, evita-se o transtorno de realizar rasgos posteriormente. Esses envelopes podem permanecer vazios, à semelhança de galerias, ou

9.11.4 Desgaste superficial

Na Fig. 9.48 verifica-se a ação abrasiva provocada pela parte metálica de um equipamento em um pavimento de concreto armado. Para situações como essa, a única solução viável reside na aplicação de uma camada antiabrasiva composta de um produto capaz de resistir a tais esforços mecânicos por determinado período, com sua consequente reaplicação de tempos em tempos, a serem definidos pela fabricante. E, juntamente com essa camada antiabrasiva, deve-se projetar um pavimento com elevado f_{ck} e baixo $f_{a/c}$.

9.11.5 Interrupção de juntas e ângulo incorreto entre junta e paramento

Um caso de falta de informação no projeto a respeito da chegada da J.C. em um pavimento é visto na Fig. 9.49A. O detalhe de sua chegada ideal é mostrado na Fig. 9.49B, com a junta formando um ângulo de 90° com o paramento. Esse tipo de correção evita a formação de uma futura junta induzida na placa de concreto a partir do paramento, como ocorrido na Fig. 9.50A, em que a J.C. não chega ao paramento. Na Fig. 9.50B nota-se que, entre as placas, não houve uma continuidade da J.C., que deveria ter ocorrido no sentido da seta branca. Nesse caso, a placa também fica suscetível ao surgimento de uma fissura induzida.

Na Fig. 9.49B, o correto seria falar de uma J.C. chegando ao meio-fio ao longo do sentido longitudinal do pavimento e de uma J.S. chegando ao meio-fio de modo transversal. Porém, como esse pavimento em específico foi projetado

Fig. 9.48 Ação abrasiva provocada na superfície de um pavimento de concreto armado

Fig. 9.49 (A) Junta não perpendicular ao meio-fio e (B) sua chegada ideal, formando um ângulo de 90°

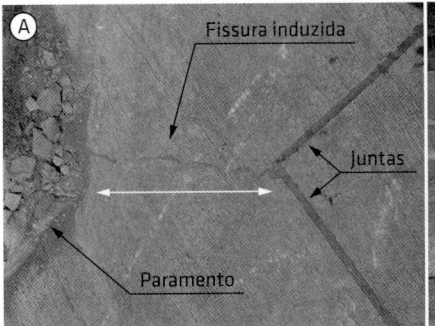

Fig. 9.50 (A) Encontro de juntas antes de chegar ao paramento e (B) J.C. sendo interrompida numa J.S.

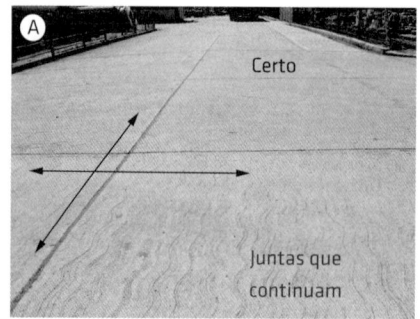

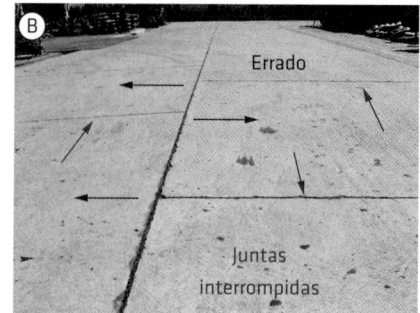

Fig. 9.51 (A) J.C. no sentido longitudinal e J.S. no sentido transversal, ambas alinhadas, e (B) J.C. no sentido longitudinal com diversas outras J.S. transversais desalinhadas entre si

com a execução das placas pelo método em xadrez, então não existem J.S., somente J.C.

Duas situações são ilustradas na Fig. 9.51: uma certa e outra errada. Na situação certa, as J.C. e as J.S. de diversas placas se encontram alinhadas entre si. Já na errada, constata-se a descontinuidade entre as J.C. e as J.S., em que podem ocorrer fissuras dando prosseguimento a essas juntas.

9.11.6 Espaçamento elevado entre juntas

Juntas com espessuras elevadas podem sofrer maiores ações de esborcinamento e desagregação de suas bordas, bem como desgaste do selante nelas inserido. Na Fig. 9.52 são evidenciadas J.C. com espessuras muito elevadas, da ordem de 2 cm a 3 cm, de determinadas placas de um pavimento executado pelo método em xadrez. O ideal é que as espessuras de J.C. e J.S. respeitem o valor máximo recomendado de 6 mm. Para as J.E., devem ser especificadas espessuras de cerca de 1 cm a 2 cm no máximo.

9.11.7 Encontro entre placas novas e existentes

Placas novas concretadas ao lado de outras já existentes são observadas na Fig. 9.53. Pelo fato de não haver barras de transferência entre elas, não existem mecanismos que promovam a transferência da carga solicitante, quando da passagem de veículos, de uma placa para a outra. Com isso, as juntas ficam fragilizadas, podendo sofrer anomalias como desagregação (Fig. 9.53A-C), trinca (Fig. 9.53D), fissura, esborcinamento de suas bordas (Fig. 9.53C) etc.

Há como garantir a presença de barras de transferência numa situação como essa. Apesar de não ser nada fácil, pode-se perfazer furos na seção transversal da placa existente, inserir as barras de transferência com a injeção de graute e depois proceder à execução das placas novas. Desse modo, existiriam barras de transferência ao longo da J.C. longitudinal que divide as duas vias, com a garantia de transferência de cargas de uma placa para a outra, protegendo o pavimento das anomalias abordadas.

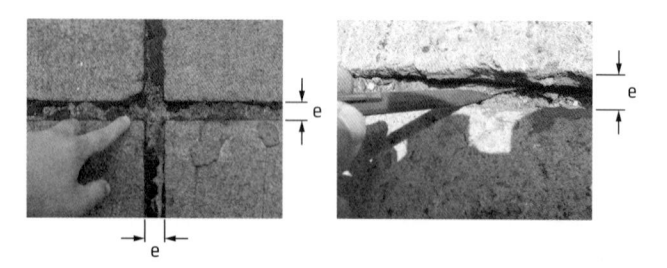

Fig. 9.52 Juntas com espessuras de cerca de 2 cm a 3 cm

Fig. 9.53 Placas de novo pavimento adjacentes a placas de pavimento antigo

Fig. 9.54 Seção transversal de um pavimento com as armações de telas soldadas positivas (localizadas na parte inferior) à mostra

9.11.8 Detalhe de armação deixada para fora da peça concretada

Na Fig. 9.54 evidencia-se a presença de armaduras constituídas de telas soldadas em aço CA-60 expostas, deixadas ao tempo. Esse descuido pode dar início ao processo de corrosão, contaminando parte das armaduras internas já executadas, e o custo de reparo deixado para o futuro cresce exponencialmente.

Uma solução apropriada visando remediar essa situação seria aplicar um tratamento na região da barra depois de cortada, com o uso de Sikagard 62, Sikadur 32 ou outro equivalente. Esses produtos são próprios para elementos inseridos no concreto, mas que possuem uma parte exposta ao tempo, como ocorre no caso de ganchos metálicos utilizados para conduzir cabos de para-raios ao longo da fachada de um edifício, por exemplo, ou de partes metálicas de um refletor fixadas na superfície de concreto da fachada de uma edificação.

9.12 Estudos de casos

Nesta seção serão trazidos alguns estudos de casos vivenciados e solucionados pelo autor, que podem vir a servir de base para a jornada profissional do engenheiro e do projetista.

9.12.1 Substituição de pavimento flexível por pavimento rígido sem interrupção do tráfego

Neste primeiro estudo de caso, tem-se um cenário de projeto em que foi necessário substituir um pavimento asfáltico constituído de duas vias, uma de ida e outra de retorno, por um pavimento rígido de concreto armado. Porém, por se tratar de uma via vital de abastecimento para uma área portuária e uma base industrial, essa substituição tinha de ocorrer sem a interrupção do tráfego intenso e constante durante todos os horários diurnos e noturnos, feito por caminhões, carretas e guindastes. Para esse problema, foi adotada a solução de demolir metade do pavimento asfáltico enquanto a outra metade continuava funcionando (Fig. 9.55).

Por ser um pavimento asfáltico, a camada imediatamente abaixo dele é a de base, que deve ser seguida por sub-base, reforço de subleito e subleito. Caso fosse um pavimento rígido, a camada seguinte já seria a de sub-base, pois o pavimento também funcionaria como camada de base.

Como essa camada de base era constituída de um solo inadequado para a via, procedeu-se à sua escavação e retirada, com a colocação de brita graduada simples (BGS) para servir de sub-base para o pavimento rígido que seria executado na sequência.

9.12.2 Inclinações acentuadas em pavimentos

Sempre que houver um desnível acentuado entre dois pavimentos adjacentes, é recomendável projetar uma rampa cuja inclinação seja compatível com a empilhadeira, para não ocorrer impacto frequente e constante de seu garfo com o pavimento, que pode provocar desgaste abrasivo do concreto (Fig. 9.56).

Além disso, quando se tem uma rampa como a mostrada na Fig. 9.57A, a constante passagem de ônibus, caminhões e carretas, por si só, já é capaz de transferir esforços dinâmicos de impacto para o pavimento de forma mais ou menos acentuada a depender da inclinação projetada.

Fig. 9.55 Via em pavimento flexível de asfalto em funcionamento, à esquerda, e outra com a camada de asfalto já retirada, à direita, com a escavadeira trabalhando na camada de base constituída de um tipo de solo

Ainda se referindo às empilhadeiras, o devido cuidado deve ser tomado quando do projeto de rampas de entrada em galpões. Na Fig. 9.57B é ilustrado um galpão em que se procedeu à substituição do pavimento de bloco intertravado por pavimento rígido de concreto armado. Nesse caso, é preciso ter o cuidado de manter inalterado o nível do piso acabado anterior, porque modificar o nível do piso interno pode trazer problemas para o nível e a altura da rampa de entrada do galpão. Quando há mudança de nível e altura de rampas num empreendimento existente, corre-se o risco de reduzir o vão de entrada a ponto de impedir a passagem de veículos ou contribuir para o choque mecânico deles com as estruturas da edificação.

Assim, dois pontos merecem destaque: a inclinação das rampas, que deve ser mantida suave e compatível com todos os veículos que por elas vierem a trafegar, principalmente empilhadeiras e guindastes; e a não redução do vão de entrada de galpões existentes em situações de projeto que requisitem a substituição do pavimento por outro mais adequado e resistente.

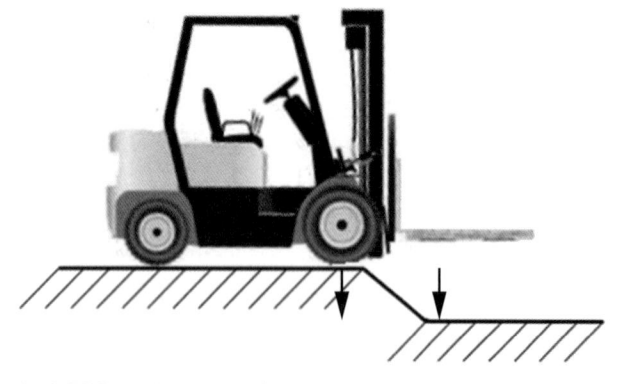

Fig. 9.56 Desenho esquemático de uma empilhadeira diante de um desnível acentuado de piso

Fig. 9.57 (A) Ônibus passando por uma rampa e (B) empilhadeira prestes a entrar num galpão pela rampa de entrada

Fig. 9.58 Rampa para passagem de pedestres em frente a uma faculdade

Na Fig. 9.58 é mostrada uma rampa para a passagem de pedestres na entrada de uma faculdade muito movimentada. Nota-se que as juntas foram executadas de modo cruzado e que as placas de concreto constituintes da rampa possuem forma geométrica quadrada – o que não é aconselhável, uma vez que as placas quadradas recebem mais esforços de momento fletor do que as retangulares. Por essa rampa passa um volume intenso de ônibus diariamente, razão pela qual foi executada em concreto. À sua direita observa-se o pavimento asfáltico e, entre o pavimento e a rampa, uma J.E. preenchida com material flexível.

Pelo fato de a região entre o início da rampa e o pavimento asfáltico ser a mais crítica do ponto de vista de transição e aplicação diária de carga, este autor recomenda a execução de uma placa de concreto adentrando até certo limite no pavimento asfáltico, a fim de perfazer a J.E. entre o pavimento rígido e o asfalto numa posição mais afastada dessa região de elevado estresse e impacto diário. Busca-se prover essa região de transição com armaduras inclinadas devidamente projetadas, como visto no Cap. 2 do e-book *Cinco projetos de pavimentos rígidos*.

9.12.3 Sistemas de proteção contra colisão

Em galpões de grandes dimensões, é comum ter pilares intermediários em seu interior e também um certo número de colisões de empilhadeiras contra eles. Nesse caso, é sempre importante prever proteção para as bases desses pilares, por exemplo, com o uso de bases de concreto armado cuja área de seção transversal seja maior do que a do pilar a proteger, com altura de cerca de 1 m, e com a aplicação de pintura de listras amarelas, respectivamente para proteger e orientar o operador de empilhadeira durante o serviço.

Fueiros também podem ser utilizados no entorno de pilares, a fim de delimitar uma área de proteção que não deve ser transpassada. Como já descrito no Cap. 6, fueiros são pequenas barras de proteção instaladas sobre bases de concreto e dimensionadas não para absorver todo o impacto de uma empilhadeira, mas sim para servir como obstáculo de alerta ao serem tocadas por ela. Particularmente, este autor dimensiona o fueiro para absorver o impacto de uma empilhadeira com capacidade máxima de carga e em trânsito à velocidade moderada especificada no catálogo.

9.12.4 Baias para carga e descarga de caminhões

Em projetos de edificações e galpões para supermercados e indústrias em geral, não é difícil se deparar com a situação de um pavimento projetado a certa altura em relação ao nível do pavimento externo. Nesse caso, deve-se projetá-lo no nível da carreta a fim de adequar a logística de carga e descarga de forma mais eficiente. Esses acessos localizados em um nível superior recebem o nome de *baias*. O engenheiro deve estar atento em mostrar essa possível solução para o cliente quando da elaboração de um novo empreendimento.

Contêineres de caminhões estacionados em baias de supermercado e de fábrica são apresentados na Fig. 9.59. Por se situar no nível da carreta ou do contêiner do caminhão, a baia agiliza o procedimento de carga e descarga, por eliminar a necessidade de ter uma empilhadeira transportando materiais de um nível para o outro.

Os fueiros observados na Fig. 9.59A visam proteger a escada metálica do impacto de veículos. Na mesma figura, nota-se também que o pavimento é constituído de asfalto, mas que apenas na região de carga e descarga foram executadas placas rígidas de concreto armado, por ser uma área de maior impacto e estresse. Isso porque há maior geração de estresse e de impacto de carga nessas regiões de parada ou freada de caminhões do que nas outras regiões de tráfego contínuo, assim como ocorre nos corredores de ônibus, por exemplo, em que se opta pela execução de placas de concreto nos locais de parada ou freada justamente pelo mesmo motivo.

9.12.5 Obstáculos existentes no local do pavimento a ser projetado

Em projetos nos quais se propõe a substituição do pavimento existente por um novo pavimento, muitos problemas graves podem ocorrer pela simples não observância do nível existente e de sua manutenção no projeto e na obra.

No caso da Fig. 9.60, tem-se um galpão com piso constituído de bloco intertravado que já apresentava desníveis em decorrência do trânsito e da carga dinâmica de empilhadeiras e que teve de ser substituído por um pavimento rígido de concreto armado. Nesse galpão havia pilares sobre camadas de graute, a fim de proteger as estruturas metálicas do contato com fluidos advindos da lavagem de veículos (Fig. 9.60A), e vãos de portas de acesso aos escritórios no interior do galpão (Fig. 9.60B).

A camada de base do pavimento intertravado teve de ser substituída por uma camada de sub-base para o futuro pavimento rígido de concreto armado, executado em maior espessura. Após a conclusão dos serviços, houve um aumento do nível do novo pavimento, fazendo com que os pilares per-

Fig. 9.59 Contêiner de caminhão estacionado em baia de carga e descarga de (A) supermercado e (B) fábrica

dessem o desnível em relação ao piso (Fig. 9.61). Como consequência, eles passaram a ficar com suas bases e conectores imersos em uma camada de graute utilizada para tamponar os buracos que foram criados em virtude do aumento do nível do pavimento à sua volta.

9.12.6 Espaço para manobras

Como abordado no Cap. 6, as estanterias, que pertencem ao grupo das cargas montantes, exigem atenção especial quanto a seu projeto de locação e de arranjo. Uma estante com uma posição mal projetada pode tanto causar interferência com um pilar existente quanto bloquear um acesso de passagem de empilhadeira.

A largura dos corredores de acesso entre as estantes deve permitir o trânsito com certa folga do modelo de empilhadeira a ser utilizado no galpão (Fig. 9.62). Isso porque um corredor de largura não adequada ou insuficiente para tal pode levar à redução da produção e dificultar o trabalho diário do operador. Deve-se considerar também que a empilhadeira é conduzida por um ser humano e, em casos de corredores muito estreitos, falhas humanas podem acarretar o choque mecânico do veículo com a estante.

Dessa forma, vale mais a pena suprimir uma linha de estantes e conseguir uma redistribuição desse espaço para as larguras de corredores restantes, em vez de tentar forçar a instalação de uma linha de estantes a mais.

9.12.7 Divisas entre pavimentos de materiais distintos

Uma questão muito desprezada no projeto, ou sem uma solução eficiente, é a borda de divisa entre dois pavimentos

Fig. 9.60 (A) Pilar existente e pavimento intertravado à sua volta e (B) vão de porta de um escritório dentro do galpão

Fig. 9.61 (A) Galpão com pavimento rígido de concreto recém-curado, com diversos pilares à direita, e (B) base de pilar executada rente ao pavimento

Fig. 9.62 Sistemas de estanterias em galpões distintos

constituídos de materiais diferentes (Fig. 9.63), que obrigatoriamente apresentam módulos de elasticidade e propriedades mecânicas distintas. Uma junta nessa região de divisa deve ser compatível com ambos os pavimentos.

O caso mais comum reside em indicar um meio-fio constituído de concreto simples na região de separação dos dois pavimentos (Fig. 9.64). Outra possibilidade é simplesmente deixá-los em contato, sem nenhum elemento entre eles.

Com cada material possuindo um valor diferente para o coeficiente de dilatação, uma solução usual reside em projetar uma J.E. com cerca de 1 cm de largura, por exemplo, de modo a permitir que ambos os pavimentos se dilatem e comprimam sem causar fissuras ou trincas nessa região. Na Fig. 9.64A ilustra-se uma fissura induzida no meio-fio advinda do encontro de duas juntas do pavimento de concreto, que teria sido evitada pela presença de uma J.E. passando pelo ponto de interseção delas.

O detalhe mais importante aqui é projetar um elemento que resista à passagem de tráfego de um pavimento para o outro sem provocar desnível nessa região crítica e que seja rente a uma J.E. para possibilitar a dilatação de ambos os pavimentos.

Seguindo esse raciocínio é que o autor procura adotar uma viga de concreto armado assentada no terreno compactado e interligada com o pavimento de concreto em uma face, possuindo uma junta de dilatação na face oposta, contígua ao outro pavimento existente. Apesar de existirem outros mecanismos mais modernos adotados para essas regiões de transição, a solução mencionada é a mais segura e viável para atender aos critérios de dilatação e resistência ao recalque diferencial que o autor concebeu em seus projetos até hoje.

Na Fig. 9.65 nota-se o desgaste na borda do pavimento asfáltico, com o pavimento rígido intacto. Isso ocorre por existir um meio-fio de concreto na região de transição entre os dois pavimentos que protege a borda do pavimento rígido. Pelo fato de o pavimento asfáltico servir de entrada para um hotel, e por haver um elevado tráfego justamente nessa região, seria prudente executar uma parte de pavimento rígido pelo menos nessa região de transição que acarreta tanto estresse para o asfalto.

9.12.8 Abertura de janelas de inspeção no pavimento

Diante da ideia de um novo projeto em um local que já possui pavimento, a primeira dúvida que surge é se o pavimento existente resiste às cargas dinâmicas, montantes e estáticas do novo projeto requisitado pelo cliente. A forma mais fácil de resolver essa questão é procurar por plantas do empreendimento, a fim de verificar se a altura

Fig. 9.63 Empilhadeira passando de um pavimento de concreto para outro de paralelepípedo

Fig. 9.64 Meio-fio servindo de transição de um pavimento de concreto para outro de paralelepípedo

Fig. 9.65 Transição de um pavimento asfáltico para outro de concreto

do pavimento, suas armações, o f_{ck} do concreto e as dimensões de suas placas são compatíveis com os novos esforços solicitantes.

Porém, em se tratando de edificações existentes e antigas, pode ser difícil localizar essas plantas. Sendo assim, a solução é perfazer um ensaio não destrutivo ou destrutivo. O ensaio não destrutivo consiste em passar um *scanner* numa região do pavimento a fim de descobrir sua altura e as armações existentes, enquanto o ensaio destrutivo se baseia na destruição parcial do pavimento, que deve ser reconstituído após a investigação.

No caso do ensaio destrutivo, o mais comum, sem o uso de tecnologia extra, o engenheiro requisita que um operário quebre uma determinada região do pavimento por meio de maquita ou mesmo de ponteira e marreta pesada. Essa região deve ter largura e comprimento de cerca de 40 cm × 40 cm, pois o espaçamento máximo entre barras de aço pela norma brasileira equivale a duas vezes a altura de cálculo (d) do pavimento, o que resulta em aproximadamente 20 cm a 30 cm para casos usuais. Assim, num espaço de 40 cm × 40 cm, toda e qualquer armação que vier a existir nesse pavimento será identificada após a realização dessa abertura, denominada janela de inspeção.

Na Fig. 9.66 tem-se uma abertura de cerca de 40 cm × 40 cm. Nota-se que há armaduras duplas nesse pavimento e que, ao longo de uma direção, as barras estão espaçadas de aproximadamente 20 cm, enquanto na outra direção não é possível identificar a distância entre as barras. Trata-se de um caso atípico em que uma janela de cerca de 40 cm × 40 cm não foi capaz de mostrar o espaçamento das armações localizadas ao longo da direção oposta (ou perpendicular) à mostrada na foto.

Desse modo, após a abertura da janela de inspeção, deve-se medir o diâmetro das barras de aço, o espaçamento entre elas nas duas direções e a espessura da placa de concreto (profundidade), bem como verificar se as armações estão dispostas em camadas duplas ou simples. Na Fig. 9.66 constata-se que não se trata de tela soldada, então é possível considerar o tipo de aço CA-50 em vez de aço CA-60 para o cálculo das armações.

No caso da profundidade, é preciso ter cuidado ao observar, pela coloração das camadas, onde exatamente o pavimento de concreto termina e onde sua camada de sub-base se inicia, a fim de não tomar uma medida falsa para a espessura do pavimento levando em conta parte da camada de sub-base.

Na Fig. 9.67A nota-se que, após a abertura de uma janela de inspeção de cerca de 20 cm × 30 cm, não foi possível identificar nenhuma armação, levando à conclusão de se tratar de um pavimento de concreto simples (sem armação). Por sua vez, na Fig. 9.67B tem-se uma janela de aproximadamente 25 cm × 45 cm, com a identificação de armações apenas na camada inferior do pavimento. Ou seja, as barras de aço não estão dispostas em camadas duplas, e sim em camadas simples.

Quanto ao f_{ck} do concreto, deve-se requisitar uma extração de amostra do pavimento para que seja ensaiada em laboratório.

A medição com trena deve englobar apenas a camada de pavimento de concreto, desconsiderando a camada de sub-base, como se observa na Fig. 9.68. A depender do tipo de material utilizado para a camada de sub-base, a visualização e a identificação podem ser facilitadas ou não.

No que diz respeito à região para perfazer a abertura da janela de inspeção, recomenda-se sempre evitar a parte central do pavimento, em que há esforços de momentos fletores positivos elevados. Assim, deve-se priorizar uma área próxima a uma J.E., onde não ocorre tráfego de veículos. Após o recolhimento dos dados desejados, o engenheiro passa a ter condições de efetuar o cálculo e o dimensionamento do pavimento para atestar sua real resistência e concluir se ele precisa ser substituído por outro ou não.

Quando há a liberdade de fazer um novo projeto, sem restrições para a mudança de nível, ou mesmo quando é da preferência do cliente até que exista uma elevação do pavimento em virtude do constante alagamento ocorrido no interior do galpão, seja por enchentes causadas por falhas decorrentes dos sistemas de drenagem da região, seja por outro motivo, recomenda-se utilizar o pavimento exis-

Fig. 9.66 Abertura executada em um pavimento e armações (não de telas soldadas) existentes

Fig. 9.67 (A) Pavimento sem armação e (B) abertura na qual se evidenciam armações

Fig. 9.68 Medida da profundidade de um pavimento tomada com fita métrica metálica, em que é possível notar as armações do pavimento (não de tela soldada)

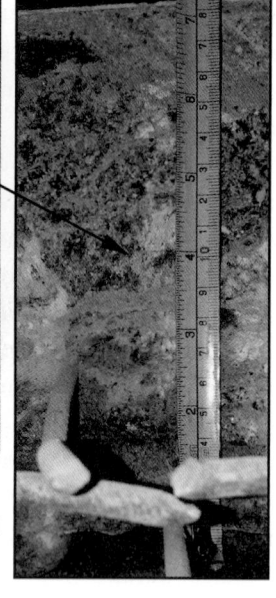

tente como camada de sub-base para o novo pavimento de concreto a ser executado.

Por fim, para recompor o buraco aberto, deve-se requisitar o seguinte procedimento:

1. remover as incrustações de óxido de ferro das armaduras e de partículas soltas com o uso de escova de cerdas de aço (Fig. 9.69A);
2. remover a poeira por meio de jato de ar;
3. tratar da ferragem na região superficial da armadura e nas adjacências em concreto com o emprego de inibidor de corrosão com proteção catódica à base de zinco Emaco P22, resina epóxi ou equivalente;
4. não é necessário o trabalho com formas nesse caso;
5. aplicar ponte de aderência constituída por Sikadur 32 ou equivalente em toda a superfície do concreto existente imediatamente antes de despejar a argamassa estrutural;
6. recompor a abertura feita no pavimento com o uso de argamassa estrutural autonivelante para grauteamento Masterflow 320 ou equivalente (Fig. 9.69B);
7. aplicar cura adequada da argamassa, por sete dias.

9.12.9 Extração de testemunho

A Fig. 9.70 mostra uma região do pavimento rígido onde se efetuou a extração de uma amostra de concreto para testes de qualidade e resistência e que depois foi devidamente preenchida. Sempre que se perfaz um furo ou uma abertura, é difícil realizar o reparo com 100% de qualidade, pois o material para preenchimento do furo é constituído de outro tipo de concreto, e sempre haverá diferentes propriedades mecânicas entre ambos, como o módulo de elasticidade. Para essas situações, recomenda-se o preenchimento com uma mistura de graute com pedrisco (brita 0) numa proporção de 50% de cada material.

Vale notar que a extração da amostra ocorreu na região do pavimento fora da faixa de rodagem dos pneus dos veículos, aliviando a aplicação de carga nessa região que sofreu interferência mecânica.

9.12.10 Outra abordagem para projetos de urbanização

Na Fig. 9.71A notam-se, da esquerda para a direita, o pavimento rígido de concreto com quatro faixas, a sarjeta de concreto que recebe suas águas e as conduz para bocas de lobo, o meio-fio, a calçada e o gramado.

Enquanto no Brasil o gramado pertence ao proprietário, no Canadá essa faixa de gramado de cerca de 1 m a 2 m dependendo do local pertence à Prefeitura, sendo dentro dela instalados os cabeamentos e as tubulações de hidráulica, TCOM, elétrica, TI etc. Ou seja, ao ter uma faixa de gramado para a instalação de serviços diversos, protege-se a calçada para o pedestre e a via para o tráfego.

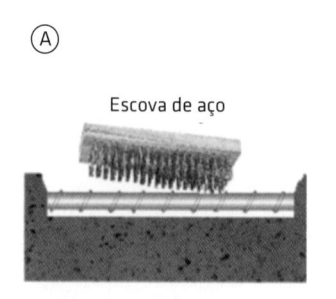

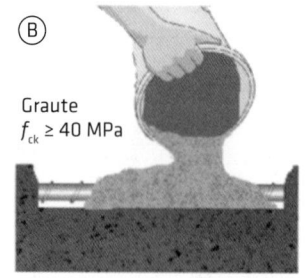

Fig. 9.69 Desenhos elucidativos de (A) escovação das barras de aço e (B) grauteamento

Nota: para as ferragens que apresentarem elevado grau de corrosão, com esfoliação parcial ou total de suas camadas, exibindo perda de mais de 5% de sua seção e esfarelamento ou escamação, o ideal é promover sua substituição por barras de mesmo diâmetro.

Fig. 9.70 Buraco executado e preenchido no pavimento rígido

Fig. 9.71 (A) Avenida de pavimento rígido e (B) tampa de ferro fundido em calçada no Canadá

Inevitavelmente, como na Fig. 9.71B, acontecem situações raras de instalação de tampa de ferro fundido na calçada, que, no entanto, é sempre livre de obstáculos como árvores e postes. Menciona-se que a calçada é executada pela Prefeitura local, cujo modelo-padrão é composto de placas de concreto, e, ao menor sinal de desgaste delas, é acionada sua recuperação. Ao instalar a tampa na calçada, evita-se o transtorno de submetê-la ao tráfego intenso. Porém, mesmo nessa situação sem carga elevada, se o pavimento não for provido com armaduras de reforço no entorno da tampa, surgirão fissuras induzidas a partir da abertura executada para ela.

Assim, fica a ideia de aplicação no Brasil, dentro das possibilidades de nossos espaços urbanos existentes e para os novos projetos de urbanização.

9.12.11 Desníveis numa obra de terraplenagem

Numa obra de terraplenagem, deve-se manter o devido cuidado com todas as instalações existentes à sua volta e com a manutenção da integridade delas.

Em obras de escavações, é comum ter situações de rompimento de tubulações de água ou de elétrica enterradas em razão do impacto promovido pela caçamba (ou concha) de uma escavadeira, por exemplo. Tendo em vista essas situações, procura-se revestir a caçamba com material emborrachado, a fim de evitar a transmissão de energia de um cabo de elétrica rompido para o operador do equipamento. Mesmo que se tenha um levantamento das instalações existentes no local, incidentes desse tipo ainda são passíveis de ocorrência.

Outro problema que às vezes pode passar despercebido reside nos níveis de elementos existentes na obra, que devem ser mantidos. Há situações que requisitam até o aumento de altura de um pescoço de caixa existente, por uma questão de correção do desnível de drenagem, em que o problema passa a ser ainda maior se não previsto no projeto.

Assim, caso o engenheiro projete um novo pavimento com outro nível e não se atente para os topos de bueiros que devem permanecer alinhados com a superfície acabada do novo pavimento rígido de concreto armado (Fig. 9.72), desníveis permanentes serão criados e buracos passarão a existir ao longo do pavimento. Portanto, todos esses elementos devem ser listados na fase de levantamento de dados de campo e de processo investigativo, além de precisar haver comunicação constante com as equipes das outras disciplinas, principalmente de drenagem, elétrica e TCOM.

9.12.12 Desníveis criados em pavimentos

Em todos os pavimentos, sejam eles flexíveis ou rígidos, sempre haverá desníveis. Sua finalidade é escoar a água de uma região do pavimento para uma boca de lobo, um bueiro ou uma caixa de drenagem, reduzindo a presença de água em situações de chuva intensa e, consequentemente, evitando alagamentos indesejáveis para qualquer cliente ou transeunte.

Assim, os caimentos definidos no projeto de drenagem devem ser obedecidos no projeto de pavimentos, com a garantia de um caimento mínimo de 0,5%. Essas regiões de caimento, com a existência de caixas, tendem a ser mais críticas do ponto de vista de carregamento e de estresse.

Na Fig. 9.73A é mostrado um pavimento flexível asfáltico eivado de reparos de fissuras e trincas diversas ao longo de sua superfície. Trata-se da metodologia de reparo mais barata para pavimentos se feita a tempo. No centro dessa área de pátio, tem-se uma caixa de concreto com tampa de ferro fundido. Já na Fig. 9.73B há apenas um bueiro executado na região do piso que recebe desnível de todas as direções, com diversas fissuras e trincas em seu entorno.

Portanto, observa-se que essas regiões são críticas, e cuidado especial deve ser tomado para evitar o surgimento de anomalias nessas localidades do pavimento.

Fig. 9.72 (A) Obra de terraplenagem com escavação e (B) detalhe do sistema de bueiro

Fig. 9.73 Situações de desníveis em pavimentos

DOCUMENTOS DE CONTRATAÇÃO: ESTUDO PRELIMINAR E ESPECIFICAÇÃO DE SERVIÇO

10

Neste capítulo são trazidos dois modelos de documentos essenciais para o dia a dia do escritório. Um trata do estudo preliminar que deve ser elaborado para orientar uma empresa contratada, através de boas práticas, quanto à concepção de projetos. Nesse caso, seu escritório não faz o projeto e, com isso, você deve resguardar os interesses de seu cliente orientando a empresa contratada a seguir as premissas básicas de qualidade e segurança para a obra não apresentar anomalias que podem ser evitadas durante a elaboração dos projetos pela contratada.

O outro documento, chamado de especificação de serviço, tem a finalidade de trazer toda a metodologia executiva necessária para que seu projeto seja bem concretizado no canteiro de obras. Assim, toda e qualquer informação crucial que não possa ser indicada ou representada em plantas deve ser redigida nesse documento, de modo a guiar a empresa responsável pela execução da obra a aplicar as melhores práticas.

Dessa maneira, esses documentos constituem mecanismos de defesa do projeto e do escritório contra vícios construtivos que causam efeitos deletérios na construção do empreendimento. Não é fácil elaborá-los, pois, além de exigir muito conhecimento técnico e capacitação profissional, o engenheiro deve abordar todas as situações possíveis que podem provocar um dano ou até o fracasso do empreendimento depois de executado.

Ao longo de minha vida profissional, graças a inúmeras exigências, correções, aprimoramentos e busca pela qualidade enfaticamente requisitada por meus antigos líderes – Coordenador e Arquiteto Alexandre Tanaka, Coordenador e Engenheiro Hidráulico Luigy Tiellet e Coordenador e Engenheiro Civil Wendell Dias Pinto –, sempre procurei aprimorar os documentos dessa natureza, a fim de chegar ao limite possível de cerceamento de todas as necessidades e exigências para defender o projeto e a obra de potenciais vícios da construção civil.

Assim, se trago meus melhores modelos de estudo preliminar e especificação de serviço (Boxes 10.1 e 10.2), é devido a personagens como esses que acreditam em nós e nos fazem ir além, por meio de suas cobranças saudáveis e sempre bem-vindas, em busca das melhores práticas possíveis. Esses documentos fazem parte de um contrato, e falhas não devem ser toleradas. Espero que esses modelos ajudem você em sua carreira profissional.

Boxe 10.1 Modelo de estudo preliminar

1 Introdução

Este documento tem por objetivo definir premissas básicas para a elaboração de projetos de estruturas referentes ao empreendimento de Adequação do AL-02 para Atividades de Consolidação de Cargas e Transporte Terrestre, localizado na Base de Parque de Tubos de Imboassica – Macaé/RJ, de acordo com a legislação e as normas técnicas vigentes e o padrão de execução da Petrobras.

2 Descrição do projeto

Os seguintes tópicos compõem o projeto de estruturas:

Pavimento para pátios e estacionamentos

Para o sistema de pavimentos propõe-se o uso de pavimento rígido de concreto armado, sendo este constituído de placas separadas entre si por sistemas de juntas. Para o sistema de armação de cada placa, seriam utilizadas malhas duplas soldadas constituídas de aço CA-60 nas camadas superior e inferior, e, entre as placas, seriam utilizadas barras de aço CA-25 para transferência de esforços solicitantes (Fig. 10.1).

Para o concreto constituinte das placas, seria especificada uma resistência característica do concreto à compressão (f_{ck}) mínima de 40 MPa, o que lhe confere garantia de resistência e durabilidade em face do ambiente marinho agressivo presente na região, sendo classificado como de classe de agressividade ambiental IV pela norma NBR 6118.

As placas constituintes do pavimento seriam assentadas sobre lona plástica, camada de sub-base constituída de concreto compactado a rolo (CCR) ou brita graduada simples (BGS) e camada de reforço de subleito abrangendo uma espessura de cerca de 40 cm de escavação seguida de compactação com ou sem substituição de material do solo (Fig. 10.2). Ambas as camadas, de sub-base e de reforço de subleito, seriam executadas sob o controle tecnológico de compactação.

Essa técnica já foi utilizada para os pavimentos das áreas dos prédios 405 e 406, que resistem há mais de sete anos ao tráfego ultrapesado de empilhadeiras, carretas e guindastes com operações diárias de patolamento, sem apresentar qualquer tipo de anomalia, como: fissuras, trincas, fendas, rachaduras ou depressões, tendo sido aprovados pelos próprios operadores de empilhadeiras e de guindastes entrevistados no local.

Quanto ao seu acabamento superficial, propõe-se a utilização de superfície vassourada, como mostrada na Fig. 10.3, dada a sua maior aderência ao pneu do veículo e segurança para o operador.

Junta serrada

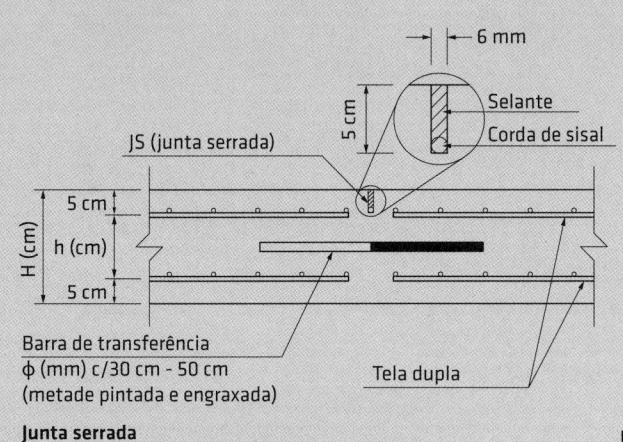

Fig. 10.1 Detalhe da junta serrada

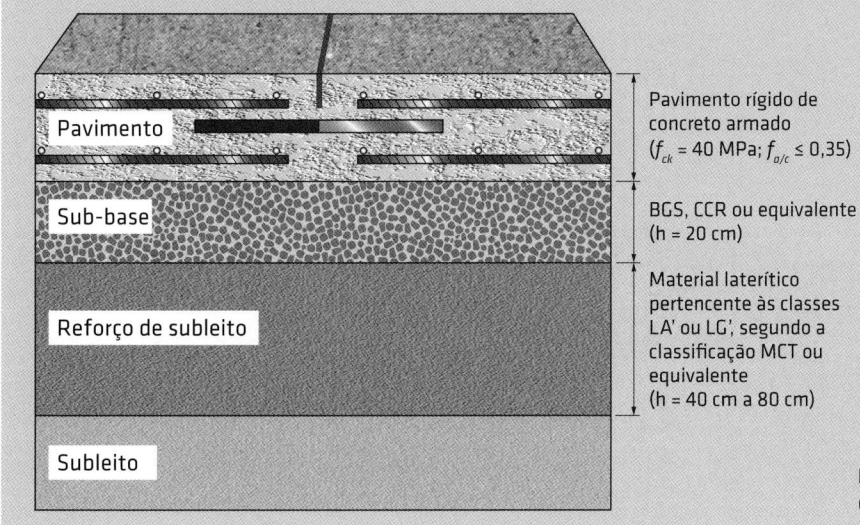

Fig. 10.2 Detalhes das camadas constituintes do pavimento rígido proposto

Quanto às cargas dinâmicas solicitantes, os pavimentos deverão ser dimensionados para tráfego de carretas, empilhadeiras com capacidade para 10 tf e guindastes do tipo LTM-1250 (sem ação de patolamento, apenas de trânsito) (Figs. 10.4 e 10.5). Para as cargas estáticas, será aplicada uma carga de 5 tf/m².

Sistemas de caixas e envelopes
Para os sistemas de caixas e envelopes de modo a atender às disciplinas de instalações elétricas e de TCOM quanto à passagem de cabos, para os sistemas de caixas para atendimento da disciplina de instalações hidrossanitárias, e para sistemas de canaletas de modo a atender à disciplina de drenagem, estes seriam executados em concreto armado convencional, seguidos de cortes de fôrmas e armações, com o uso de concreto usinado.

Impermeabilização
O projeto deverá contemplar detalhes típicos de impermeabilização para todas as situações específicas em que se fizer necessária, desde a impermeabilização de cintas e primeiras fiadas de blocos/tijolos de todas as alvenarias, bem como pavimentações internas, até as coberturas e seus sistemas de calhas.

Superestrutura do prédio da guarita
A superestrutura constituinte desta edificação seria constituída de elementos estruturais de lajes, vigas e colunas de concreto armado. Para o concreto, seria especificada uma resistência característica do concreto (f_{ck}) mínima de 30 MPa e cobrimento de armaduras de 4 cm, o que lhe confere resistência e durabilidade para um ambiente marítimo (próximo ao mar). Já para as suas armações, seriam utilizados aços CA-50.

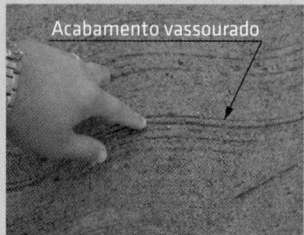

Fig. 10.3 Detalhes do tipo de acabamento vassourado

Fig. 10.4 Empilhadeira de modelo CPCD 100 – capacidade para 10 tf

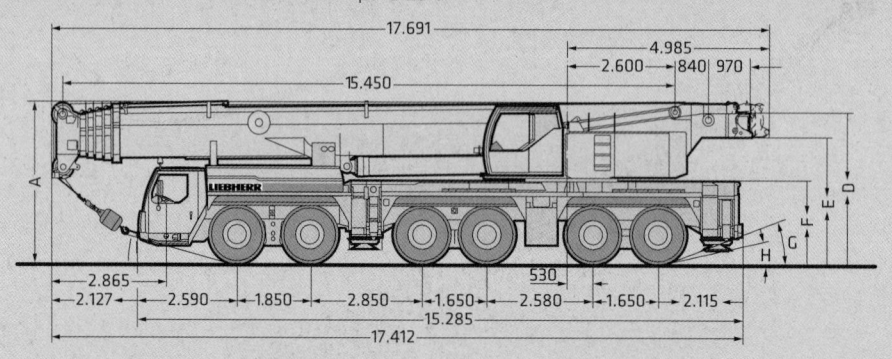

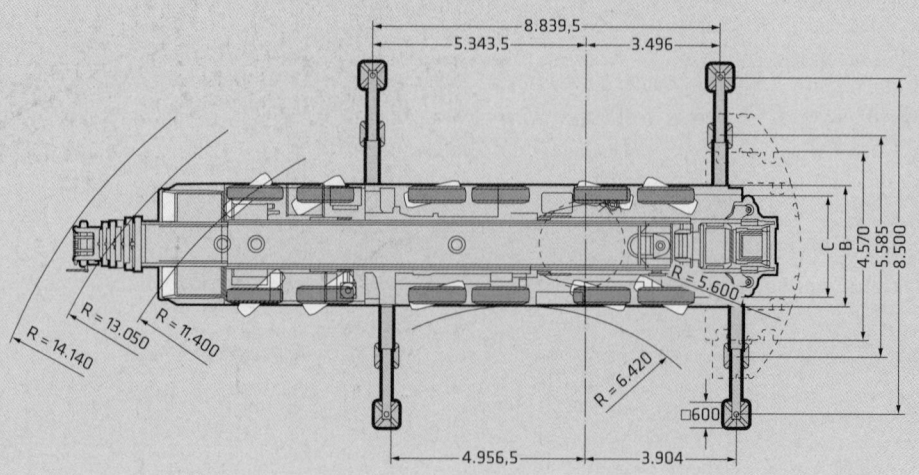

Fig. 10.5 Guindaste de modelo LTM-1250 – carga por roda de 20 tf

Infraestrutura das edificações
O sistema de infraestrutura deverá ser definido mediante estudo dos relatórios de sondagem existentes e deverá ser capaz de resistir aos esforços solicitantes derivados de cada tipo de edificação que vier a ser construída.

Calçadas
As calçadas serão constituídas de concreto armado e deverão ser assentadas sobre camada de concreto magro com a aplicação prévia de lona plástica preta e solo compactado.

Guarda-corpos, grades de fechamento, cercas e portões
Os guarda-corpos, as grades de fechamento e os portões deverão ser constituídos de estrutura de aço com recebimento de sistema de tratamento contra corrosão, constituído de galvanização e pintura.

Bases para postes, guarda-corpos, grades de fechamento, cercas e portões
Para as bases de postes, cercas e portões propõe-se a execução de blocos de concreto constituídos de concreto com f_{ck} = 30 MPa e dimensões suficientes para resistirem a esforços solicitantes de tombamento e de escorregamento.

3 Projeto de estruturas

Projetos de concreto armado
Os projetos de estruturas de concreto armado deverão ser constituídos de plantas de fôrmas e armações, sendo cada uma destas compostas por listagens de materiais. As listas de materiais referentes às barras de aço deverão englobar: numeração, tipo de aço, diâmetro, quantidade, comprimento unitário e comprimento total seguidos de um quadro-resumo total que indica, para cada classe de diâmetro de barra, a somatória total de comprimento e de massa, com o respectivo acréscimo de 10% devido a perdas.

Cada planta também deverá contemplar as seguintes premissas intrínsecas às propriedades químicas do concreto: tipo de cimento; fator água/cimento; diâmetro máximo do agregado; resistência característica do concreto à compressão; descrições obrigatórias dos processos e do tempo de cura do concreto.

As listas de materiais referentes ao concreto deverão ser compostas de: área de fôrma (m²), volume de concreto estrutural (m³), volume de concreto magro (m³), área de lona plástica (m²), onde a estas também deverá ser acrescida uma taxa de 10% devido a perdas.

Os desenhos de execução, com formatos devidamente normalizados (N-381; N-1710), deverão apresentar, de forma clara e precisa, as dimensões e posições dos elementos de concreto armado, assim como as armaduras, insertos, furos, saliências e aberturas projetadas.

Classe de agressividade ambiental e cobrimento do concreto: quanto à classe de agressividade ambiental, deverá ser adotado o nível IV.

O detalhamento das armaduras deverá considerar a atuação de todos os esforços obtidos nas análises estruturais consideradas, devidos a esforços solicitantes de momento fletor e de punção sobre a placa do pavimento.

Os projetos de detalhamento de armadura deverão prever:
- espaçamentos mínimos entre barras nos diversos elementos estruturais;
- observância das taxas mínimas e máximas de armadura;
- verificação de armaduras horizontais em pilares-paredes;
- detalhamento das armaduras de punção, obrigatórias nos casos em que as lajes colaboram com a estabilidade global da estrutura (item 19.5.3.5 da ABNT NBR 6118:2003);
- dimensionamento adequado das emendas de barras.

Método de cálculo: para a memória de cálculo de estruturas de concreto armado deverá ser adotado o método dos estados-limites últimos.

Projetos de pavimentação
Os projetos de pavimentação a serem elaborados devem mostrar as seções transversais dos pavimentos com indicações de: espessura da camada de concreto armado; camadas duplas de armações (superior e inferior) em tela soldada; barras de transferência; tipos de juntas (de construção, serrada, de encontro); espessura e profundidade do corte na junta levando-se em conta o efeito de esborcinamento de suas bordas; dimensões das placas; tipo de acabamento superficial vassourado; e os valores máximos de cargas estáticas, dinâmicas e de punção que podem ser aplicadas no pavimento.

O memorial descritivo de pavimentação deve abordar no mínimo: o tempo de corte das juntas serradas; o *slump* (recomenda-se *slump* de 10 ± 2 para pavimentos); o tempo e o tipo de processo de cura a ser utilizado; o tempo de liberação para o tráfego; e todas as características intrínsecas ao material concreto.

Projetos de impermeabilização
Deverá ser apresentada, numa planta baixa ou no próprio memorial descritivo, a locação de todos os detalhes típicos, em que para cada um destes deverão ser contempladas: a sequência de aplicação de todas as camadas constituintes da metodologia empregada; a espessura de cada camada; a especificação técnica do material constituinte de cada camada.

Projetos de estruturas de aço
O projeto executivo de estruturas metálicas deverá contemplar os seguintes documentos:
- planta de locação dos elementos;
- planta de cortes longitudinais e transversais;

- planta de montagem – nesta deverão ser indicados todos os detalhes típicos de montagem com suas respectivas ampliações; os cortes e/ou rebatimentos de vistas de modo a obedecerem ao diedro brasileiro; os eixos, os níveis e as cotas compatíveis com a Arquitetura; os detalhes de ligações; as especificações dos materiais utilizados com suas respectivas tensões admissíveis e últimas; os detalhes de solda de campo devem ser evitados; indicações de números de furos em milímetro;
- planta de fabricação – nesta deverão ser indicados os detalhes de cada elemento estrutural em separado, com seus respectivos comprimentos, indicações de detalhes e chanfros; os cortes e/ou rebatimentos de vistas de modo a obedecerem ao diedro brasileiro; as indicações de diâmetros de furos em milímetro, seguidas de números de conectores em polegada com seus respectivos comprimentos e especificações; os detalhes das soldas; os detalhes de conectores e/ou solda para a união entre as peças;
- memorial descritivo – este deverá apresentar um sistema de proteção contra corrosão constituído de galvanização e um sistema de pintura constituído de espessura total mínima de 275 μm e todos os procedimentos técnicos de projeto;
- memória de cálculo – o cálculo justificativo da solução desenvolvida no projeto deverá obrigatoriamente conter todas as indicações necessárias para a compreensão e o acompanhamento da sequência das operações de cálculo; deve ser adotado o método dos estados-limites últimos para o dimensionamento dos elementos estruturais constituídos de chapas grossas (espessura ≥ 4,76 mm); deve ser adotado o método das tensões admissíveis para o dimensionamento dos elementos estruturais constituídos de chapas finas (espessura < 4,76 mm), levando-se em consideração as larguras efetivas destas, e não suas larguras totais, com atenção voltada aos seus limites de deformações, que tendem a ocorrer antes de os limites de resistência elástica serem atingidos. Para cada detalhe de ligação via soldas e/ou conectores, deverá igualmente ser apresentada a sua respectiva memória de cálculo e, para o caso específico de ligações soldadas, o cálculo de compatibilidade entre o metal-base e o metal da solda.

Boxe 10.2 Modelo de especificação de serviço

1 Introdução

Esta especificação de serviço tem por objetivo definir critérios para o desenvolvimento dos serviços de pavimentação das vias XXX, localizadas na base de XXX, de acordo com a legislação e as normas técnicas vigentes.

2 Descrição do projeto

O projeto consiste de pavimentos rígidos de concreto armado concebidos para as áreas das vias que distam da área do AL-02 ao acesso da portaria 2, além de bases de postes, caixas e envelopes.

As placas de pavimentos rígidos de concreto armado foram concebidas para este trecho com dimensões médias de 6 m × 8 m, com espessura total de 25 cm, cobrimento de 4 cm, armadura dupla constituída de telas soldadas CA-60 com barras de aço com diâmetro de 10 mm e espaçadas a cada 10 cm dispostas nas camadas superior e inferior, barras de transferência com diâmetro de 32 mm a serem dispostas a cada 30 cm entre todas as placas, resistência característica do concreto à compressão (f_{ck}) de 40 MPa e fator água/cimento ($f_{a/c}$) ≤ 0,35.

As camadas de concreto armado devem ser executadas sobre: lonas plásticas pretas com 0,5 mm de espessura, camada de sub-base constituída de brita graduada simples (BGS) com 20 cm de espessura ou concreto compactado com rolo (CCR) com 20 cm de espessura, camada de reforço de subleito com 60 cm a 80 cm de escavação e recompactação constituída de solo laterítico (ou material com propriedades equivalentes) com baixa expansibilidade.

Entre as placas do pavimento devem ser executadas juntas serradas, e entre as placas e outras construções existentes devem ser executadas juntas de encontro.

As placas devem ser executadas em faixas longitudinais e não em xadrez, sendo estas primeiras mais apropriadas para tráfego pesado. Entre as faixas longitudinais devem ser executadas juntas de construção.

Estes pavimentos foram dimensionados para resistirem aos equipamentos mais pesados de suas categorias, como:
- caminhões e carretas (com capacidade máxima de 17 tf por eixo simples de rodagem simples);
- empilhadeiras (capacidade máxima = 10 tf);
- guindaste hidráulico QY-70K (capacidade máxima = 70 tf);
- guindaste hidráulico Terex AC 80 (capacidade máxima = 80 tf);
- guindaste hidráulico Liebherr LTM-1090 (capacidade máxima = 90 tf);
- guindaste hidráulico Liebherr LTM-1250 (capacidade máxima = 250 tf).

As caixas e os envelopes destinados às disciplinas de instalações foram projetados com concreto de f_{ck} = 30 MPa e $f_{a/c}$ ≤ 0,45 e uso de armações mínimas capazes de absorverem os esforços solicitantes aplicados no terreno pelos veículos que vierem a trafegar sobre as placas de pavimento rígido de concreto armado.

A galeria a céu aberto foi dimensionada apenas para empuxo de terra e água, enquanto o trecho do canal que atravessa a via foi dimensionado com tampa de concreto capaz de resistir ao tráfego pesado.

As bases de postes foram dimensionadas para resistirem a cargas solicitantes de ventos aplicadas nos respectivos postes.

3 Normas

ABNT – Associação Brasileira de Normas Técnicas
- NBR NM 33 – Concreto – Amostragem de concreto fresco
- NBR NM 137 – Agregado para concreto – Especificação
- NBR NM 248 – Agregados – Determinação da composição granulométrica
- NBR 5735 – Cimento Portland de alto-forno
- NBR 5736 – Cimento Portland pozolânico
- NBR 5738 – Concreto – Procedimento para moldagem e cura de corpos de prova

- NBR 5739 – Concreto – Ensaio de compressão de corpos de prova cilíndricos
- NBR 5750 – Amostragem de concreto fresco produzido por betoneiras estacionárias
- NBR 6118 – Projeto de estruturas de concreto – Procedimentos
- NBR 6120 – Cargas para o cálculo de estruturas de edificações
- NBR 6123 – Forças devidas ao vento em edificações
- NBR 7182 – Solo – Ensaio de compactação
- NBR 7211 – Agregado para concreto – Especificação
- NBR 7212 – Execução de concreto dosado em central – Procedimento
- NBR 7223 – Concreto – Determinação da consistência pelo abatimento do tronco de cone
- NBR 7809 – Agregado graúdo – Determinação do índice de forma pelo método do paquímetro – Método de ensaio
- NBR 8681 – Ações e segurança nas estruturas – Procedimentos
- NBR 8400 - Cálculo de equipamentos para elevação e movimentação de carga
- NBR 8953 – Concreto para fins estruturais – Classificação por grupos de resistência
- NBR 9575 – Elaboração de projetos de impermeabilização
- NBR 9938 – Agregados – Determinação da resistência ao esmagamento de agregados graúdos – Método de ensaio
- NBR 11578 – Cimento Portland composto
- NBR 12655 – Concreto de cimento Portland – Preparo, controle e recebimento – Procedimento
- NBR 14931 – Execução de estruturas de concreto – Procedimento

ASTM – American Society for Testing and Materials
- ASTM C1252 Standard Test Methods for Uncompacted Void Content of Fine Aggregate (as Influenced by Particle Shape, Surface Texture, and Grading)
- ASTM D4791 – 05e1 Standard Test Method for Flat Particles, Elongated Particles, or Flat and Elongated Particles in Coarse Aggregate
- ASTM C128 – 07a Standard Test Method for Density, Relative Density (Specific Gravity), and Absorption of Fine Aggregate

DNER – Departamento Nacional de Estradas de Rodagem
- DNER – ME 035/98 – Agregado – Determinação da abrasão Los Angeles
- DNER – EM 036 – Cimento Portland – Recebimento e aceitação
- DNER – ME 054/97 – Equivalente de areia
- DNER – ME 081/98 – Agregados – Determinação da absorção e da densidade de agregado graúdo
- DNER – ME 089/94 – Agregados – Avaliação da durabilidade pelo emprego de soluções de sulfato de sódio ou de magnésio
- DNER – ME 096/98 – Agregado graúdo – Avaliação da resistência mecânica pelo método dos 10% de finos
- DNER – ME 197/97 – Agregados – Determinação da resistência ao esmagamento de agregados graúdos
- DNER – ES299/97 – Pavimentação – Regularização do subleito
- DNER – ES 300/97 – Pavimentação – Reforço de subleito
- DNER – ES 303/97 – Pavimentação – Base estabilizada granulometricamente
- DNER – ME 397/99 – Agregados – Determinação do índice de degradação Washington – ID_W
- DNER – ME 398/99 – Agregados – Índice de degradação após compactação Proctor – IDP
- DNER – ME 401 – Agregados – Determinação do índice de degradação de rochas após compactação Marshall, com ligante – IDML e sem ligante – IDM [Atenção à compactação Marshall, que tende a produzir corpos de prova com agregados graúdos quebradiços]

4 Pavimento rígido
Este item aborda de maneira detalhada as normas, os materiais e os acabamentos que irão definir os serviços de pavimentação rígida.

4.1 Materiais das camadas
Aborda-se a seguir a descrição de cada uma das camadas que deverá compor o pavimento rígido de concreto armado (Fig. 10.6).

Pavimento rígido de concreto armado (f_{ck} = 40 MPa; $f_{a/c}$ ≤ 0,35) (h = 25 cm)

BGS, CCR ou equivalente (h = 20 cm)

Material laterítico pertencente às classes LA' ou LG', segundo a classificação MCT ou equivalente (h = 60 cm a 80 cm)

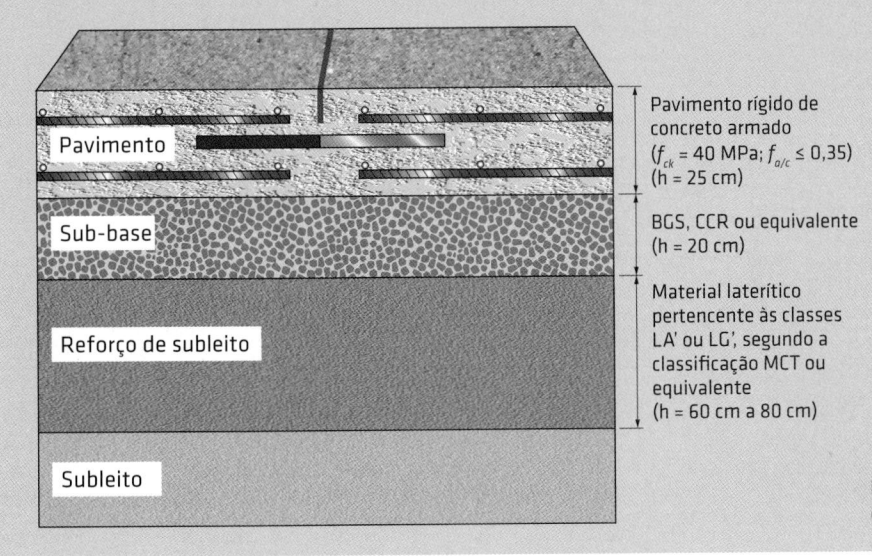

Fig. 10.6 Detalhes das camadas constituintes do pavimento

a) Camada de reforço de subleito – constituída de solo laterítico ou equivalente
Esta camada deve ser constituída de material pertencente às classes de comportamento laterítico LA' ou LG', segundo a classificação MCT, uma vez que os lateríticos exibem propriedades peculiares, como elevada resistência, baixa expansibilidade, apesar de serem plásticos, e baixa deformabilidade.
Após escavar a camada de reforço do subleito na profundidade de 60 cm a 80 cm, esta deverá ser subdividida em camadas parciais. A espessura de cada camada parcial já compactada deverá obedecer aos seguintes limites: espessura mínima de 10 cm e máxima de 20 cm.
Os materiais constituintes do subleito deverão apresentar ISC ≥ 20% e, ainda, expansão ≤ 0,50%. O subleito deverá ser regularizado e compactado com compactação de 100% do Proctor Modificado, com variação de umidade de –1,5% a +1,5% em relação à umidade ótima; todos os serviços deverão seguir a especificação DNER – ES 299/97 – Regularização do subleito.

b) Sub-base – constituída de brita graduada simples (BGS), concreto rolado ou material equivalente
A brita graduada simples (BGS) consiste em um material com distribuição granulométrica bem graduada, cujo diâmetro máximo dos agregados não deve exceder a 38 mm, e finos constituintes que devem permanecer dentro de uma faixa de 3% e 9% (passante na peneira nº 200), o que deve conferir um bom intertravamento do esqueleto sólido e uma boa resistência. Este material apresenta ISC (Índice de Suporte Califórnia) normalmente elevado, da ordem de 60% a maior que 100%, e, para este projeto, deve apresentar um ISC = 60%.
Os agregados constituintes devem ser derivados de rochas britadas e devem tipicamente atender aos seguintes requisitos: sanidade dos agregados graúdos ≤ 15% e dos miúdos, ≤ 18%; abrasão Los Angeles LA ≤ 30% e equivalente de areia EA > 55% (material passante na peneira nº 4); lamelaridade ≤ 20%.
A curva granulométrica da pedra britada da BGS deve se enquadrar na Faixa C do DNIT.
A compactação deve ser dada a 100% do Proctor Modificado, com variação de umidade de –0,5% a +0,5% em relação à umidade ótima, comprovada com ensaios de densidade, com nivelamento final.

c) Pavimento rígido – constituído de concreto armado
O concreto constituinte do pavimento rígido deve possuir as seguintes características:
- tipo de cimento = CP V-RS ARI;
- fator água/cimento ($f_{a/c}$) ≤ 0,35;
- diâmetro máximo da brita = 19 mm;
- resistência característica do concreto à compressão (f_{ck}) = 40 MPa;
- desvio padrão (S_d) = 4 (cimento e agregados medidos em massa, água em volume com dispositivo dosador e corrigida em função da umidade dos agregados; aplicável para concretos C10 a C80).

A cura deve ser iniciada logo após o início da pega do concreto e ser aplicada por um dos processos citados a seguir, por um período mínimo de 10 dias:
- molhagem contínua logo após o endurecimento (três vezes por dia);
- manter uma lâmina d'água sobre a superfície concretada, sendo este método limitado a lajes, pisos ou pavimentos;
- proteção com tecidos ou folhas de papel mantidos úmidos;
- cobertura com lona plástica;
- utilizar membranas de cura, que são produtos químicos aplicados na superfície do concreto e que evitam a evaporação precoce da água;
- aplicação de emulsão, que forma películas impermeáveis;
- substituir água por gelo em escamas;
- deixar o concreto nas fôrmas, mantendo-as molhadas;
- colchão de areia;
- cura com manta;
- cura química.

Nota 1: caso seja utilizado concreto usinado, tais especificações podem ser alteradas, desde que aprovadas pela *fiscalização*, com exceção do f_{ck} e do $f_{a/c}$ definidos. *O processo de cura é obrigatório e deve ser aplicado por 10 dias.*
Nota 2: não deve ser utilizado cimento aluminoso em hipótese alguma.
Nota 3: poderão ser eliminados todos os problemas de retração plástica com a revibração do concreto, desde que feita antes do início da pega. Com a revibração há um implemento de pelo menos 20% de resistência. Tanto a vibração quanto a revibração devem ser efetuadas por meio de vibradores, não devendo ser aceito o processo precário de socamento com uso de vergalhões para este serviço.
Nota 4: a evaporação prematura da água pode provocar fissuras na superfície do concreto e ainda reduzir em até 30% sua resistência. Pode-se então afirmar que, quanto mais perfeita e demorada for a cura do concreto, tanto melhores serão suas características finais. A cura é a operação para evitar a retração hidráulica nas primeiras idades, quando ainda não se desenvolveu resistência suficiente para evitar a formação de fissuras.
Nota 5: minimamente, os seguintes ensaios devem ser realizados:
- ensaio de granulometria da areia e da brita;
- *speedy test*;
- *slump test*.

4.2 Projeto do pavimento rígido
Os projetos de estruturas de concreto armado são constituídos de plantas de fôrmas e armações, sendo cada uma destas compostas por listagens de materiais. As listas de materiais referentes às barras de aço englobam: numeração, tipo de aço, diâmetro, quantidade, comprimento unitário e comprimento total seguidos de um quadro-resumo total que indica, para cada classe de diâmetro de barra, a somatória total de comprimento e de massa, com o respectivo acréscimo de 10% devido a perdas.

Cada planta também contempla as seguintes premissas intrínsecas às propriedades químicas do concreto: tipo de cimento; fator água/cimento; diâmetro máximo do agregado; resistência característica do concreto à compressão; descrições obrigatórias dos processos e do tempo de cura do concreto.

As listas de materiais referentes ao concreto são compostas de: área de fôrma (m²), volume de concreto estrutural (m³), volume de concreto magro (m³), área de lona plástica (m²).

Os desenhos de execução, com formatos devidamente normalizados (N-381; N-1710), apresentam, de forma clara e precisa, as dimensões e posições dos elementos de concreto armado, assim como as armaduras, insertos, furos, saliências e aberturas projetadas.

Classe de agressividade ambiental e cobrimento do concreto: quanto à classe de agressividade ambiental, é adotado o nível IV.

O detalhamento das armaduras considerou todos os esforços obtidos nas análises estruturais consideradas, devidos a esforços solicitantes de momento fletor e de punção sobre a placa do pavimento.

Foram detalhadas juntas serradas e de construção a constituir o pavimento projetado.

Projeto executivo de armação: os projetos de detalhamento de armadura previram:
- espaçamentos mínimos entre barras nos diversos elementos estruturais;
- observância das taxas mínimas e máximas de armadura;
- detalhamento das armaduras de punção, obrigatórias nos casos em que as lajes colaboram com a estabilidade global da estrutura (item 19.5.3.5 da ABNT NBR 6118:2003);
- dimensionamento adequado das emendas de barras.

Método de cálculo: para a memória de cálculo de estruturas de concreto armado foi adotado o método dos estados-limites últimos.

a) Fôrmas

O projeto previu a concretagem em faixas limitadas em sua largura pelas juntas longitudinais de construção (J.C.) (entre as placas de concreto ao longo do sentido longitudinal). O projeto prevê que, logo após o processo de acabamento do concreto ao longo da faixa longitudinal, deva ser iniciado o corte das juntas serradas (ou juntas transversais de retração), a cada distância definida no projeto, no sentido transversal da faixa longitudinal.

O projeto considerou a concretagem em faixas longitudinais, conforme esquema elucidativo mostrado na Fig. 10.7.

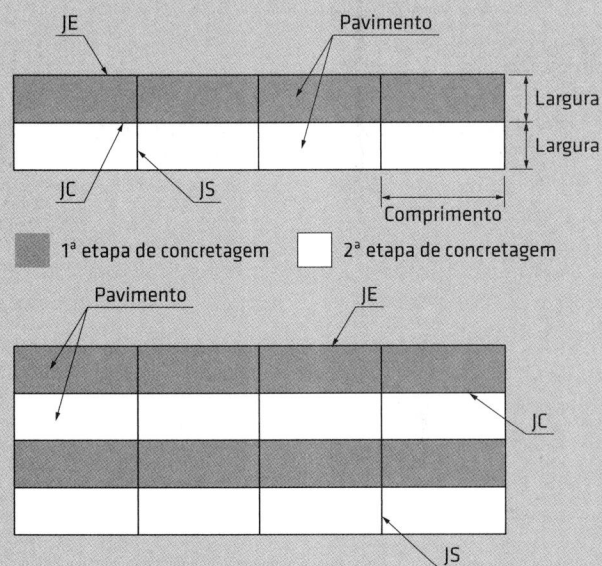

Fig. 10.7 Metodologia construtiva das placas do pavimento rígido

Nota: para os detalhes de fôrma e armação indicados nas páginas seguintes, não são mostrados os desenhos de caixas e envelopes. Porém, as caixas e os envelopes devem ser interligados ao pavimento rígido de concreto armado.

b) Armações

Medidas de comprimentos e espaçamentos entre barras em centímetro, e de diâmetro de barras em milímetro (Fig. 10.8).

c) Tipos de juntas a empregar

c.1) Junta de construção (J.C.)

Para a execução das juntas de construção (J.C. – Fig. 10.9), utilizar as placas já concretadas como fôrmas para as demais. Antes da segunda etapa de concretagem, isolar uma placa da outra, aplicando uma pintura de cal, ou desmoldante, na lateral da placa já pronta, e engraxar a metade da barra de transferência deixada para fora da placa durante a execução.

As fôrmas de madeira não devem permanecer no piso, pois estas apodrecem e criam vazios, devendo, assim, ser reaproveitadas.

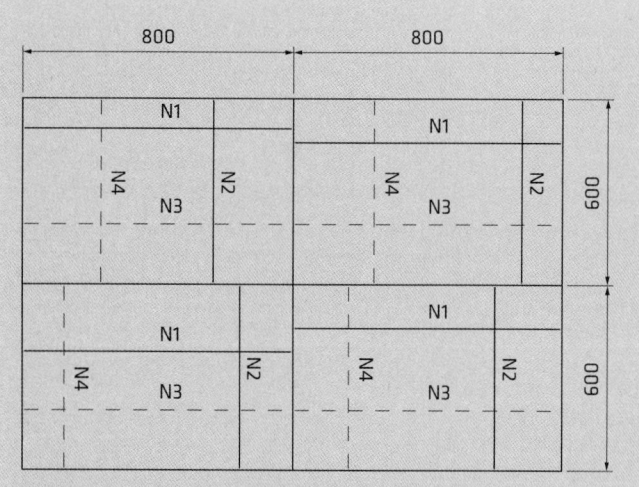

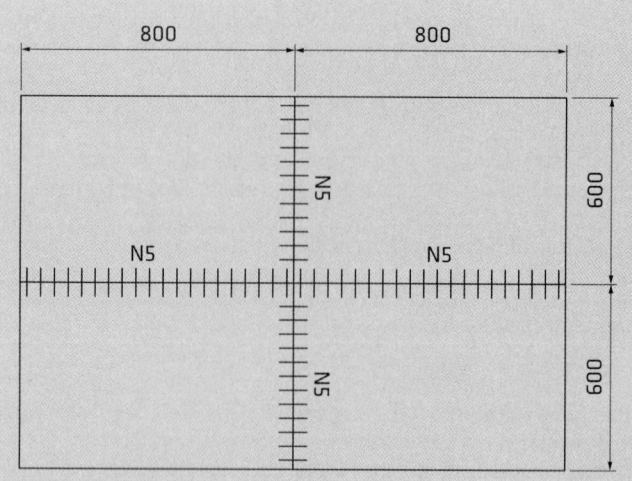

Planta de armação: armaduras principais
N1 e N2 – φ10 c/10 (armaduras positivas)
N3 e N4 – φ10 c/10 (armaduras negativas)

Planta de armação: barras de tranferência
N5 – φ32 c/30-50

Fig. 10.8 Detalhes das plantas de armação das placas do pavimento rígido

As barras de transferência deverão ser posicionadas através dos espaçadores soldados, ou por meio de "caranguejos".

c.2) Junta serrada (J.S.)

As juntas serradas (J.S. – Fig. 10.10) devem ser cortadas assim que o concreto tenha resistência suficiente para tal, sem que haja quebra das bordas. O tempo em que isso ocorre é bastante variável, dependendo do tipo do concreto, da velocidade de hidratação do cimento, do fator água/cimento, da temperatura ambiente e de outros fatores externos, mas normalmente a junta serrada (de retração) deve ser executada entre 10 h e 15 h após o início da pega do concreto.

O corte deve ter profundidade conforme indicado no desenho esquemático.

As barras de transferência deverão ser posicionadas através dos espaçadores soldados, ou por meio de "caranguejos".

c.3) Junta de encontro ou de expansão (J.E.)

As juntas de encontro (J.E. – Fig. 10.11) são fundamentais para isolar o pavimento rígido das outras estruturas, como vigas-baldrames, blocos de concreto, bases de máquinas ou outras. Esta é uma premissa que faz com que o piso trabalhe independente das outras estruturas existentes.

d) Armaduras e cobrimento

Foi adotado no projeto o uso de armadura dupla, disposta nas camadas superior e inferior, com cobrimento de concreto de 5 cm.

e) Espaçador soldado

Deve ser adotado o uso de espaçadores soldados ou "caranguejos" de modo a garantir os posicionamentos das telas soldadas e das barras de transferência.

f) Cuidados no projeto geométrico

O projeto geométrico teve alguns cuidados de modo a permitir que a execução da obra garanta a durabilidade do piso, reduza o custo de manutenção e, ainda, assegure a perfeita utilização de acordo com o tipo de equipamento a ser utilizado.

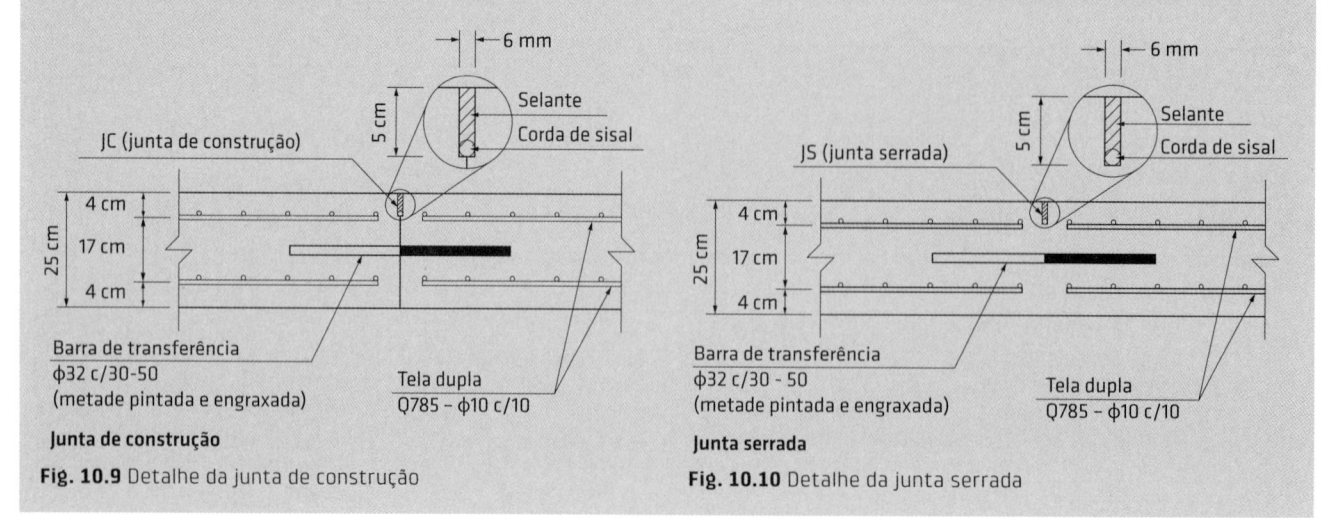

Junta de construção
Fig. 10.9 Detalhe da junta de construção

Junta serrada
Fig. 10.10 Detalhe da junta serrada

Seguem alguns dos cuidados básicos que foram adotados:
- juntas alinhadas aos cantos internos do piso;
- juntas de construção encontrando ângulos de 90°;
- juntas de construção terminando em juntas de encontro (ou de expansão).

Os detalhes típicos de encontros de juntas são descritos na Fig. 10.12.

g) Selantes

A preferência é dada aos moldados *in loco*, geralmente constituídos por poliuretano ou asfalto modificado, mono ou bicomponentes, havendo também a família dos silicones. Entretanto, quando é previsto o tráfego de veículos de rodas rígidas, notadamente as de pequeno diâmetro, os únicos selantes capazes de apresentar adequado suporte às tensões geradas nas bordas da junta são o polissulfeto, o uretano e o epóxi bicomponente. A dureza desses materiais deve ser de no mínimo 80 (Shore A) e eles devem ter teor de sólidos de 100%.

Para isso, deve ser aplicado selante do tipo Sikaflex T 68 à base de alcatrão e poliuretano.

h) Controle da qualidade – recebimento das juntas

As juntas do piso deverão obedecer, no mínimo, aos seguintes requisitos:
- as barras de transferência devem ser posicionadas de modo que o desvio máximo com relação ao espaçamento de projeto seja inferior a 25 mm;
- o alinhamento das juntas de construção não deve variar mais do que 10 mm ao longo de 3 m;
- nas juntas serradas, a profundidade do corte não deve variar mais do que 5 mm com relação à profundidade definida no projeto.

4.3 Entrega do pavimento rígido

A entrega do trânsito ocorrerá após o término do período de cura exigido para o concreto, que deve ser de 10 dias.

4.4 Cuidados com o pavimento rígido (projeto e execução)

a) Desnível acentuado entre pavimentos

Evitar no projeto o uso de desníveis acentuados entre os pavimentos (Fig. 10.13).

Este tipo de impacto, gerado pelo pneu sobre o pavimento em função de desníveis, causa desgaste na placa, podendo provocar desagregação ou até colapso da placa de concreto, precedido de trincas severas.

b) Acabamento superficial vassourado

O acabamento deve ser do tipo vassourado (Fig. 10.14).

Nas fotos apresentadas, observa-se em detalhe o tipo de acabamento vassourado promovido sobre a superfície do concreto, com a função de criar maior atrito no pavimento quando da passagem de veículos.

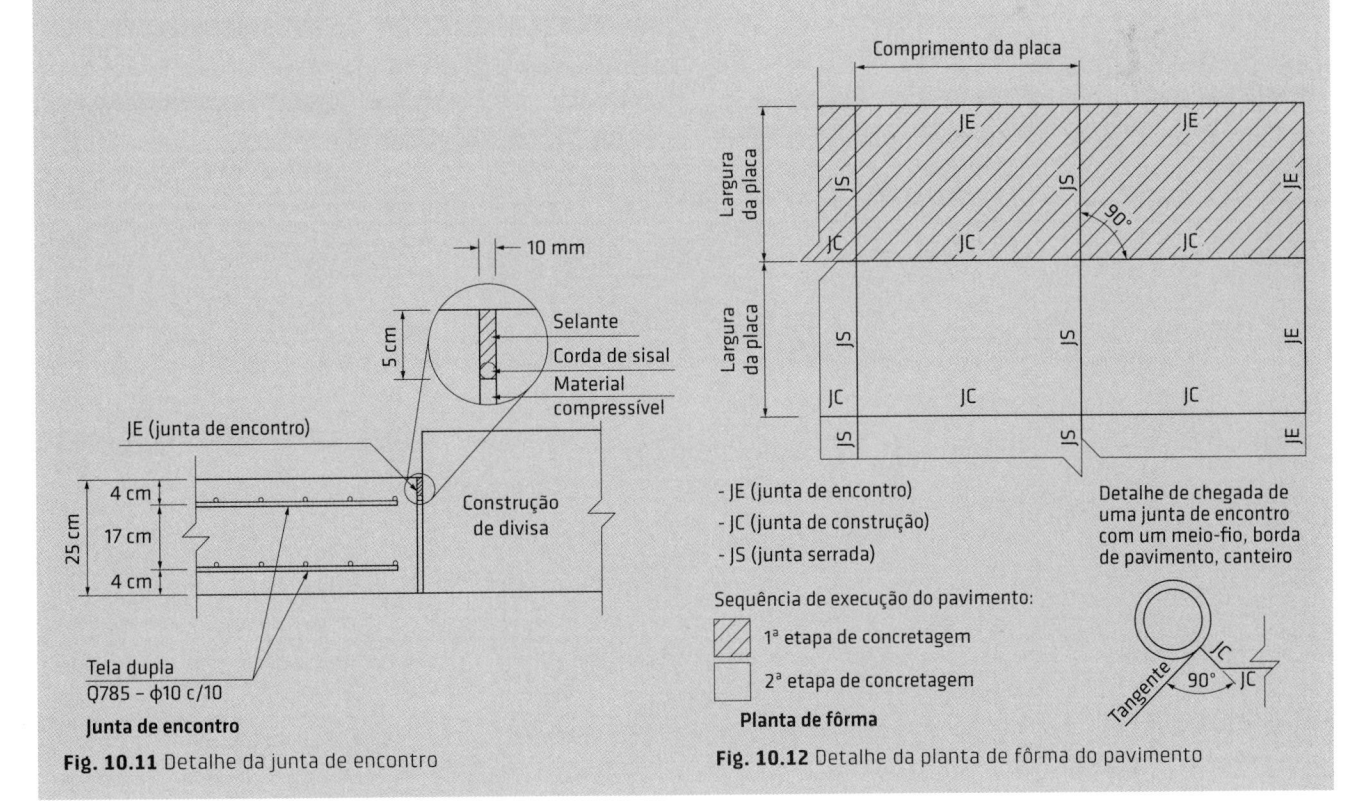

Fig. 10.11 Detalhe da junta de encontro

Fig. 10.12 Detalhe da planta de fôrma do pavimento

c) Interrupção de juntas e ângulo incorreto entre junta e construção existente

Na Fig. 10.15A vê-se um caso de falta de informação no projeto a respeito da chegada da junta de construção em um pavimento. O detalhe ideal de chegada desta junta é mostrado na Fig. 10.16, em que a junta de construção deve formar um ângulo de 90° com o paramento. Este tipo de correção evita a formação de uma futura junta induzida na placa de concreto a partir do paramento, como ocorrido na Fig. 10.15C, onde a junta de construção não chega ao paramento.

Na Fig. 10.15B vê-se que, entre as placas, não houve uma continuidade da junta de construção, que deveria ter ocorrido no sentido da seta branca. Neste caso, a placa também fica suscetível ao surgimento de uma fissura induzida.

Nas Figs. 10.15D e 10.15E mostram-se duas situações: uma certa e uma errada. Na situação certa as juntas de construção de diversas placas se encontram alinhadas entre si. Já no caso da Fig. 10.15E, constata-se a descontinuidade entre as juntas de construção, onde fissuras podem ocorrer dando continuidade a estas juntas.

d) Rasgos efetuados no pavimento endurecido

Uma forma de evitar a abertura do pavimento, através de rasgos efetuados com maquinários, para propiciar a passagem de tubulações, por exemplo, faz-se com o advento de execuções prévias de envelopes de concreto com o uso de caixas de passagem, a cada X metros ao longo do pavimento, antes mesmo da fase de se executar o pavimento (Figs. 10.17 e 10.18). Pois, a partir do momento em que se precisar transpor alguma tubulação por debaixo do pavimento, não haverá mais a necessidade de rasgá-lo.

A partir do momento em que um determinado pavimento de concreto, já endurecido, sofre algum tipo de intervenção mecânica, fica difícil recuperar a sua homogeneidade através de enchimentos de concretos e consertos.

e) Espaçamento elevado entre juntas

Neste caso se mostra uma situação de juntas de construção de determinadas placas com espessuras muito elevadas, da ordem de 2 cm a 3 cm. O ideal é que as espessuras de juntas de construção e de juntas serradas sejam executadas, cada uma, com 6 mm no máximo. E, para juntas de expansão (ou de divisa), o ideal é que sejam especificadas espessuras com cerca de 1 cm no máximo.

Juntas com espessuras elevadas podem sofrer maiores ações de esborcinamento e desagregações de suas bordas, desgaste do selante inserido nas juntas, como se observa da passagem da Fig. 10.19A para a Fig. 10.19B, etc.

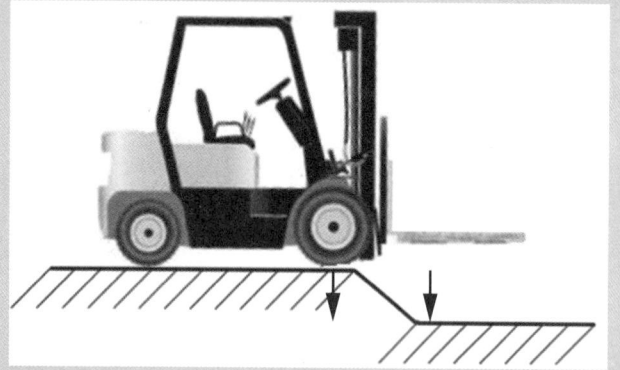

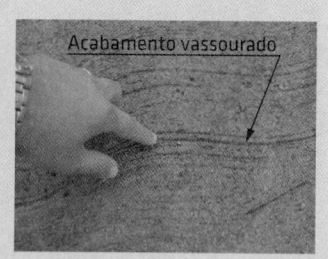

Fig. 10.13 Desnível em pavimentos

Fig. 10.14 Tipo de acabamento vassourado

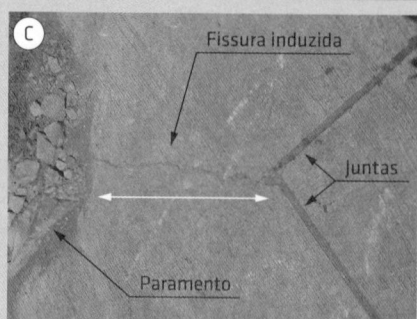

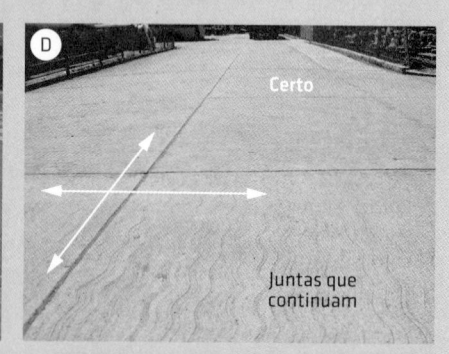

Fig. 10.15 Alinhamento das juntas das placas

Fig. 10.16 Chegada da junta a 90° em meios-fios

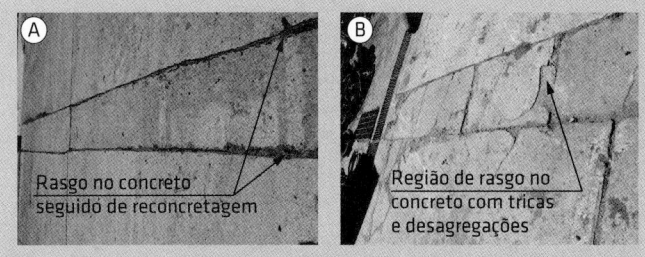

Fig. 10.17 Rasgos nos pavimentos

A — Rasgo no concreto seguido de reconcretagem
B — Região de rasgo no concreto com tricas e desagregações

f) Cuidados na execução das faixas de concretagem – barras de transferência
Durante os serviços de escavação e compactação das faixas de pavimento a construir, cuidados com relação ao tráfego de máquinas pesadas devem ser tomados, para que as barras de transferência não venham a ser danificadas, prejudicando ou anulando, assim, a sua funcionalidade (Fig. 10.20).

g) Cura
O processo de cura deve ser aplicado com muito rigor, imediatamente após a pega começar, e principalmente nos primeiros 7 dias, pois as anomalias ocorridas aqui, por alguma falha que seja, serão permanentes, e deve se prolongar até o 10º dia (Fig. 10.21).

Para ajudar a combater as fissuras de retração plástica, deverão ser usadas fibras de polipropileno na mistura do concreto, com um consumo de 0,50 kg de fibras/m³ de concreto; não adotar mais do que 2 kg de fibras/m³ de concreto, pois, do contrário, a trabalhabilidade do concreto ficará reduzida.

h) Existência de caixas ao longo da via de pavimento rígido de concreto armado
Caso haja inserção de caixas ao longo do pavimento, elas deverão ser executadas sob o pavimento. As tampas de ferro fundido deverão ser executadas na região do pavimento em que vierem a existir as caixas, devendo permanecer o próprio pavimento como suporte para a tampa (Figs. 10.22 e 10.23).

E, no entorno de cada tampa de ferro fundido, deverão ser posicionadas as barras N2 e N3, conforme elucidada na Fig. 10.24.
Nota: as barras N2 (Fig. 10.25) devem ser posicionadas uma sobre a outra, estando uma na camada superior e outra na camada inferior, respeitando-se o cobrimento do concreto.

4.5 Canaletas de drenagem

As canaletas de drenagem foram projetadas em concreto armado (com f_{ck} = 30 MPa e $f_{a/c}$ ≤ 0,45), com um sistema de grelhas removíveis apoiadas sobre cantoneiras ancoradas em berços criados no próprio concreto. O sistema de grelhas e canaletas, por sua vez, foi projetado para resistir às cargas solicitantes dinâmicas aplicadas pelos veículos indicados neste relatório.

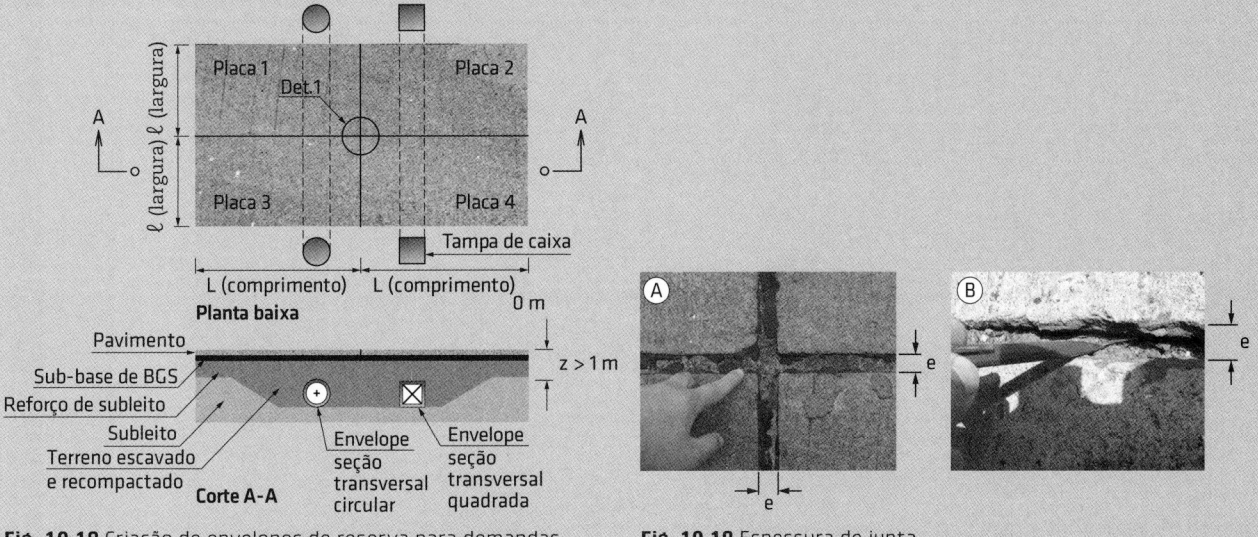

Fig. 10.18 Criação de envelopes de reserva para demandas futuras

Fig. 10.19 Espessura de junta

As canaletas devem ser assentadas sobre lonas plásticas pretas com espessura de 0,50 mm, uma camada de sub-base de material específico, como indicado nos respectivos projetos de estruturas, e solo bem compactado.

Fig. 10.20 Flexão das barras de transferência causada pela passagem de maquinários pesados durante o serviço de escavação e recompactação de uma faixa de pavimento

Fig. 10.21 Fissuras permanentes causadas pelo fenômeno da retração plástica, por falhas no processo de cura

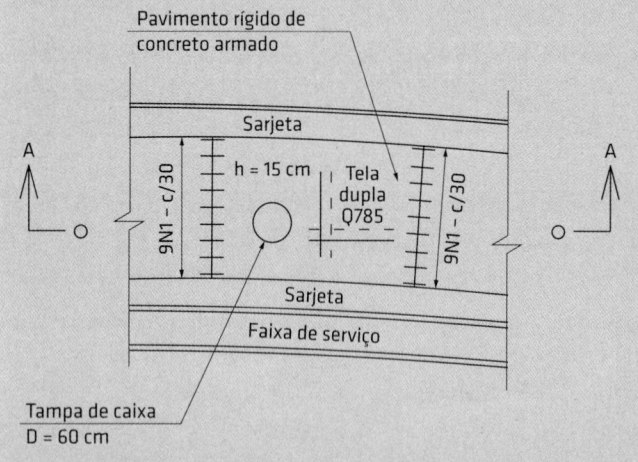

Fig. 10.22 Planta baixa de fôrma e armação – trecho de uma via com uma tampa de caixa localizada no interior do pavimento rígido de concreto armado

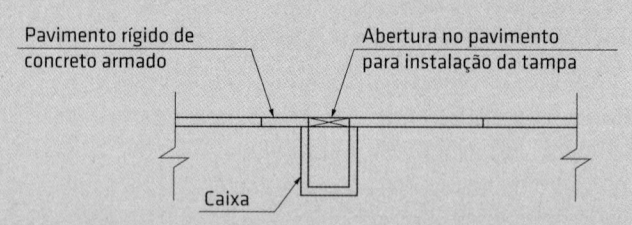

Fig. 10.23 Corte A-A – pavimento, caixa e abertura do pavimento para instalação da tampa

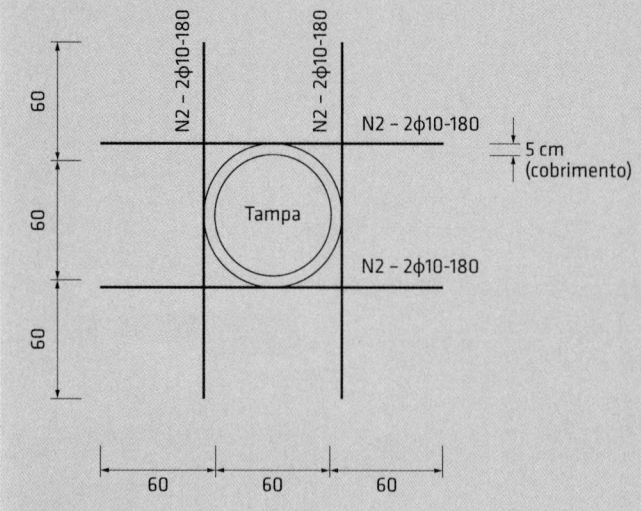

Fig. 10.24 Detalhe de armação de reforço de bordos da abertura do pavimento para a instalação da tampa

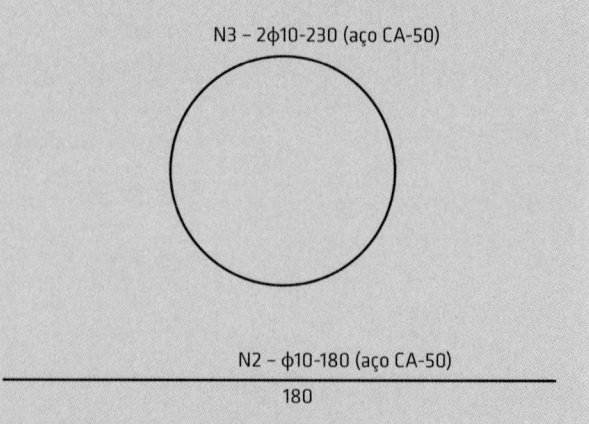

Fig. 10.25 Detalhe das armações N2 e N3

4.6 Caixas para abrigo de aparelhos hidrossanitários
As caixas foram projetadas em concreto armado (com f_{ck} = 30 MPa e $f_{a/c}$ ≤ 0,45).

Estas caixas devem ser assentadas sobre lonas plásticas pretas com espessura de 0,50 mm, uma camada de sub-base de material específico, como indicado nos respectivos projetos de estruturas, e solo bem compactado.

5 Identificação de caixas ao longo da via
As caixas de concreto armado destinadas ao atendimento das disciplinas de instalações elétricas, hidrossanitárias e TCOM que vierem a ser construídas ao longo dos pavimentos deverão ter suas tampas pintadas nas cores preta e amarela, de modo alternado e inclinado a 45°.

Esta pintura servirá para identificar onde haverá caixas localizadas ao longo da via, pois, sobre as suas respectivas tampas, não deverá haver operações com guindastes.

6 Elevação de caixas existentes
Para as caixas existentes ao longo da área a ser pavimentada que não vierem a ser demolidas, e sim ainda utilizadas, deverá ser executado um pescoço de concreto até o fundo da placa do pavimento rígido de concreto armado e executada uma tampa de ferro fundido nesta região da placa para garantir o acesso à caixa específica.

7 Bases para postes
O concreto constituinte dos blocos deverá ter resistência característica do concreto à compressão de 30 MPa e fator água/cimento ≤ 0,45, devendo este ser assentado sobre camada de sub-base conforme indicado no projeto executivo, antecedida de solo devidamente compactado.

8 Obstáculos existentes × escavações
Durante os serviços de escavação, deverá se ter o devido cuidado com relação a tubulações enterradas existentes, a fim de evitar danos para estas e para os operadores de máquinas (casos de cabos energizados).

9 Topografia
O nivelamento topográfico deverá ser efetuado com o uso de instrumentação a *laser*, a fim de garantir as inclinações das placas para atendimento da disciplina de drenagem, bem como eliminar desníveis entre as placas constituintes do pavimento rígido de concreto armado.

10 Placa/pista de teste
Antes de aplicar o concreto com o uso de cimento CP-V ARI RS em definitivo ao longo de várias faixas do pavimento a executar, deverá ser executada uma primeira placa de teste com o intuito de alinhar a equipe especialista que será responsável pela execução, cura e liberação do concreto.

11 Desforma de placas
As fôrmas laterais das placas do pavimento rígido de concreto armado deverão ser desformadas a partir de um tempo mínimo de três dias.

APÊNDICE
TELAS SOLDADAS NERVURADAS DA GERDAU

Série	Designação	Espaçamento longitudinal (cm)	Espaçamento transversal (cm)	Diâmetro longitudinal (mm)	Diâmetro transversal (mm)	Seção longitudinal (cm/m)	Seção transversal (cm/m)	Apresentação	Largura (m)	Comprimento (m)	kg/m²	kg/peça
61	Q 61	15	15	3,4	3,4	0,61	0,61	Rolo	2,45	120,00	0,97	285,2
75	Q 75	15	15	3,8	3,8	0,75	0,75	Rolo	2,45	120,00	1,21	355,7
92	Q 92	15	15	4,2	4,2	0,92	0,92	Rolo	2,45	60,00	1,48	217,6
92	Q 92	15	15	4,2	4,2	0,92	0,92	Painel	2,45	6,00	1,48	21,8
92	T 92	30	15	4,2	4,2	0,46	0,92	Rolo	2,45	120,00	1,12	329,3
113	Q 113	10	10	3,8	3,8	1,13	1,13	Rolo	2,45	60,00	1,80	264,6
113	L 113	10	30	3,8	3,8	1,13	0,38	Rolo	2,45	60,00	1,21	177,9
138	Q 138	10	10	4,2	4,2	1,38	1,38	Rolo	2,45	60,00	2,20	323,4
138	Q 138	10	10	4,2	4,2	1,38	1,38	Painel	2,45	6,00	2,20	32,3
138	R 138	10	15	4,2	4,2	1,38	0,92	Painel	2,45	6,00	1,83	26,9
138	M 138	10	20	4,2	4,2	1,38	0,69	Painel	2,45	6,00	1,65	24,3
138	L 138	10	30	4,2	4,2	1,38	0,46	Rolo	2,45	60,00	1,47	216,1
138	T 138	30	10	4,2	4,2	0,46	1,38	Rolo	2,45	60,00	1,49	219,0
159	Q 159	10	10	4,5	4,5	1,59	1,59	Painel	2,45	6,00	2,52	37,0
159	R 159	10	15	4,5	4,5	1,59	1,06	Painel	2,45	6,00	2,11	31,0
159	M 159	10	20	4,5	4,5	1,59	0,79	Painel	2,45	6,00	1,90	27,9
159	L 159	10	30	4,5	4,5	1,59	0,53	Painel	2,45	6,00	1,69	24,8
196	Q 196	10	10	5,0	5,0	1,96	1,96	Painel	2,45	6,00	3,11	45,7
196	R 196	10	15	5,0	5,0	1,96	1,30	Painel	2,45	6,00	2,60	38,2
196	M 196	10	20	5,0	5,0	1,96	0,98	Painel	2,45	6,00	2,34	34,4

Série	Designação	Espaçamento longitudinal (cm)	Espaçamento transversal (cm)	Diâmetro longitudinal (mm)	Diâmetro transversal (mm)	Seção longitudinal (cm/m)	Seção transversal (cm/m)	Apresentação	Largura (m)	Comprimento (m)	kg/m²	kg/peça
196	L 196	10	30	5,0	5,0	1,96	0,65	Painel	2,45	6,00	2,09	30,7
196	T 196	30	10	5,0	5,0	0,65	1,96	Painel	2,45	6,00	2,11	31,0
246	Q 246	10	10	5,6	5,6	2,46	2,46	Painel	2,45	6,00	3,91	57,5
246	R 246	10	15	5,6	5,6	2,46	1,64	Painel	2,45	6,00	3,26	47,9
246	M 246	10	20	5,6	5,6	2,46	1,23	Painel	2,45	6,00	2,94	43,2
246	L 246	10	30	5,6	5,6	2,46	0,82	Painel	2,45	6,00	2,62	38,5
246	T 246	30	10	5,6	5,6	0,82	2,46	Painel	2,45	6,00	2,64	38,8
283	Q 283	10	10	6,0	6,0	2,83	2,83	Painel	2,45	6,00	4,48	65,9
283	R 283	10	15	6,0	6,0	2,83	1,88	Painel	2,45	6,00	3,74	55,0
283	M 283	10	20	6,0	6,0	2,83	1,41	Painel	2,45	6,00	3,37	49,5
283	L 283	10	30	6,0	6,0	2,83	0,94	Painel	2,45	6,00	3,00	44,1
335	Q 335	15	15	8,0	8,0	3,35	3,35	Painel	2,45	6,00	5,37	78,9
335	L 335	15	30	8,0	6,0	3,35	0,94	Painel	2,45	6,00	3,48	51,2
335	T 335	30	15	6,0	8,0	0,94	3,35	Painel	2,45	6,00	3,45	50,7
396	Q 396	10	10	7,1	7,1	3,96	3,96	Painel	2,45	6,00	6,28	92,3
396	L 396	10	30	7,1	6,0	3,96	0,94	Painel	2,45	6,00	3,91	57,5
503	Q 503	10	10	8,0	8,0	5,03	5,03	Painel	2,45	6,00	7,97	117,2
503	L 503	10	30	8,0	6,0	5,03	0,94	Painel	2,45	6,00	4,77	70,1
503	T 503	30	10	6,0	8,0	0,94	5,03	Painel	2,45	6,00	4,76	70,0
636	Q 636	10	10	9,0	9,0	6,36	6,36	Painel	2,45	6,00	10,09	148,3
636	L 636	10	30	9,0	6,0	6,36	0,94	Painel	2,45	6,00	5,84	85,8
785	Q 785	10	10	10,0	10,0	7,85	7,85	Painel	2,45	6,00	12,46	183,2
785	L 785	10	30	10,0	6,0	7,85	0,94	Painel	2,45	6,00	7,03	103,3
1227	LA 1227	10	30	12,5	7,1	12,27	1,32	Painel	2,45	6,00	10,87	159,8
98	EQ 98	5	5	2,5	2,5	0,98	0,98	Rolo	1,20	60,00	1,54	110,9

REFERÊNCIAS BIBLIOGRÁFICAS

AASHTO – AMERICAN ASSOCIATION OF STATE HIGHWAY AND TRANSPORTATION OFFICIALS. *AASHTO M 146-70*: Standard Specification for Terms Relating to Subgrade, Soil-Aggregate, and Fill Materials. 1986.

AASHTO – AMERICAN ASSOCIATION OF STATE HIGHWAY AND TRANSPORTATION OFFICIALS. *AASHTO HB-17*: Standard Specifications for Highways Bridges. 17th ed. 2002.

ABNT – ASSOCIAÇÃO BRASILEIRA DE NORMAS TÉCNICAS. *NBR 5738*: concreto – procedimento para moldagem e cura de corpos de prova. Rio de Janeiro, 2015a.

ABNT – ASSOCIAÇÃO BRASILEIRA DE NORMAS TÉCNICAS. *NBR 6118*: projeto de estruturas de concreto – procedimento. Rio de Janeiro, 2014.

ABNT – ASSOCIAÇÃO BRASILEIRA DE NORMAS TÉCNICAS. *NBR 6467*: agregados – determinação do inchamento de agregado miúdo – método de ensaio. Rio de Janeiro, 2006.

ABNT – ASSOCIAÇÃO BRASILEIRA DE NORMAS TÉCNICAS. *NBR 6954*: lastro-padrão – determinação da forma do material. Rio de Janeiro, 1989.

ABNT – ASSOCIAÇÃO BRASILEIRA DE NORMAS TÉCNICAS. *NBR 7211*: agregados para concreto – especificação. Rio de Janeiro, 2009a.

ABNT – ASSOCIAÇÃO BRASILEIRA DE NORMAS TÉCNICAS. *NBR 7218*: agregados – determinação do teor de argila em torrões e materiais friáveis. Rio de Janeiro, 2010.

ABNT – ASSOCIAÇÃO BRASILEIRA DE NORMAS TÉCNICAS. *NBR 7223*: concreto – determinação da consistência pelo abatimento do tronco de cone. Rio de Janeiro, 1992.

ABNT – ASSOCIAÇÃO BRASILEIRA DE NORMAS TÉCNICAS. *NBR 7389*: agregados – análise petrográfica de agregado para concreto. Rio de Janeiro, 2009b.

ABNT – ASSOCIAÇÃO BRASILEIRA DE NORMAS TÉCNICAS. *NBR 7680*: concreto – extração, preparo, ensaio e análise de testemunhos de estruturas de concreto. Rio de Janeiro, 2007.

ABNT – ASSOCIAÇÃO BRASILEIRA DE NORMAS TÉCNICAS. *NBR 7809*: agregado graúdo – determinação do índice de forma pelo método do paquímetro – método de ensaio. Rio de Janeiro, 2019.

ABNT – ASSOCIAÇÃO BRASILEIRA DE NORMAS TÉCNICAS. *NBR 8953*: concreto para fins estruturais – classificação pela massa específica, por grupos de resistência e consistência. Rio de Janeiro, 2015b.

ABNT – ASSOCIAÇÃO BRASILEIRA DE NORMAS TÉCNICAS. *NBR 9773*: agregado – reatividade potencial de álcalis em combinações cimento-agregado – método de ensaio. Rio de Janeiro, 1987a.

ABNT – ASSOCIAÇÃO BRASILEIRA DE NORMAS TÉCNICAS. *NBR 9774*: agregado – verificação da reatividade potencial pelo método químico – método de ensaio. Rio de Janeiro, 1987b.

ABNT – ASSOCIAÇÃO BRASILEIRA DE NORMAS TÉCNICAS. *NBR 9831*: cimento Portland para poços petrolíferos – requisitos e métodos de ensaio. Rio de Janeiro, 2020.

ABNT – ASSOCIAÇÃO BRASILEIRA DE NORMAS TÉCNICAS. *NBR 9833*: concreto fresco – determinação da massa específica, do rendimento e do teor de ar pelo método gravimétrico. Rio de Janeiro, 2008.

ABNT – ASSOCIAÇÃO BRASILEIRA DE NORMAS TÉCNICAS. NBR 10160: tampões e grelhas de ferro fundido dúctil – requisitos e métodos de ensaios. Rio de Janeiro, 2005.

ABNT – ASSOCIAÇÃO BRASILEIRA DE NORMAS TÉCNICAS. NBR 12655: concreto de cimento Portland – preparo, controle, recebimento e aceitação – procedimento. Rio de Janeiro, 2015c.

ABNT – ASSOCIAÇÃO BRASILEIRA DE NORMAS TÉCNICAS. NBR 15115: agregados reciclados de resíduos sólidos da construção civil – execução de camadas de pavimentação – procedimentos. Rio de Janeiro, 2004.

ABNT – ASSOCIAÇÃO BRASILEIRA DE NORMAS TÉCNICAS. NBR 16697: cimento Portland – requisitos. Rio de Janeiro, 2018.

ABNT – ASSOCIAÇÃO BRASILEIRA DE NORMAS TÉCNICAS. NBR NM 2: cimento, concreto e agregados – terminologia – lista de termos. Rio de Janeiro, 2000.

ACI – AMERICAN CONCRETE INSTITUTE. ACI 318: Building Code Requirements for Structural Concrete and Commentary. Farmington Hills, MI, 2019.

ACI – AMERICAN CONCRETE INSTITUTE. ACI 325.12R-02: Guide for Design of Jointed Concrete Pavements for Streets and Local Roads. Farmington Hills, MI, 2002.

ASTM INTERNATIONAL. ASTM C123: Standard Test Method for Lightweight Particles in Aggregate. West Conshohocken, 2014.

ASTM INTERNATIONAL. ASTM C277: Specification for Magnesium Sulfate, Technical Grade. West Conshohocken, 1953.

ASTM INTERNATIONAL. ASTM C289: Standard Test Method for Potential Alkali-Silica Reactivity of Aggregates (Chemical Method). West Conshohocken, 2007.

ASTM INTERNATIONAL. ASTM C295: Standard Guide for Petrographic Examination of Aggregates for Concrete. West Conshohocken, 2019a.

ASTM INTERNATIONAL. ASTM C876: Standard Test Method for Corrosion Potentials of Uncoated Reinforcing Steel in Concrete. West Conshohocken, 2015.

ASTM INTERNATIONAL. ASTM C1202: Standard Test Method for Electrical Indication of Concrete's Ability to Resist Chloride Ion Penetration. West Conshohocken, 2019b.

BERNUCCI, L. B.; MOTTA, L. M. G.; CERATTI, J. A. P.; SOARES, J. B. Pavimentação asfáltica: formação básica para engenheiros. Rio de Janeiro: Petrobras; Abeda, 2008.

BOUSSINESQ, M. J. Application des potentiels à l'étude de l'équilibre et du mouvement des solides élastiques, principalement au calcul des déformations et des pressions que produisent, dans les solides, des efforts quelquonques exercés sur une petite partie de leur surface ou de leur intérieur: mémoire suivi de notes étendues sur divers points de physique mathématique et d'analyse. Paris: Gauthier Villars, 1885.

BRADBURY, R. D. Reinforced Concrete Pavement. Washington, D.C.: Wire Reinforced Institute, 1938.

BUCHER, H. R. E.; RODRIGUES, P. P. F. Correlações entre as resistências mecânicas de concreto. In: SEMINÁRIO SOBRE CONTROLE DA RESISTÊNCIA DO CONCRETO, Ibracon, São Paulo, 1983.

CARVALHO, M. D.; PITTA, M. R. Pisos industriais de concreto – parte I: dimensionamento de pavimentos de concreto simples. Especificação Técnica n. 52. São Paulo: Associação Brasileira de Cimento Portland, 1989.

CEN – EUROPEAN COMMITTEE FOR STANDARDIZATION. EN 13000: Cranes – Mobile Cranes. Brussels, 2010.

DER-SP – DEPARTAMENTO DE ESTRADAS DE RODAGEM DO ESTADO DE SÃO PAULO. DER/SP M 191: ensaio de compactação de solos em equipamento miniatura. São Paulo, 1988.

DNER – DEPARTAMENTO NACIONAL DE ESTRADAS DE RODAGEM. DNER-ES 303/97: pavimentação – base estabilizada granulometricamente. Rio de Janeiro, 1997a.

DNER – DEPARTAMENTO NACIONAL DE ESTRADAS DE RODAGEM. DNER-ES 316/97: pavimentação – base de macadame hidráulico. Rio de Janeiro, 1997b.

DNER – DEPARTAMENTO NACIONAL DE ESTRADAS DE RODAGEM. DNER-ME 133/94: misturas betuminosas – determinação do módulo de resiliência. Rio de Janeiro, 1994a.

DNER – DEPARTAMENTO NACIONAL DE ESTRADAS DE RODAGEM. DNER-PRO 269/94: projeto de restauração de pavimentos flexíveis – TECNAPAV. Rio de Janeiro, 1994b.

FADUM, R. E. Influence Values for Estimating Stresses in Elastic Foundations. Proceedings of the Sec. Intern. Conf. on Soil Mech. and Found. Engr., v. 3, p. 77-84, 1948.

HELENE, P. R. L. Contribuição ao estudo da corrosão em armaduras de concreto armado. 248 f. Tese (Livre-Docência) – Universidade de São Paulo, São Paulo, 1993.

IBGE – INSTITUTO BRASILEIRO DE GEOGRAFIA E ESTATÍSTICA. Resolução PR nº 22, de 21 de julho de 1983. Rio de Janeiro, 1983.

LÖSBERG, A. Design Methods for Structurally Reinforced Concrete Pavements. Chalmers Tekniska Högskolas Handlingar, Gothenburg, 1961.

MEYERHOF, G. G. Load-Carrying Capacity of Concrete Pavements. Journal of the Soil Mechanics and Foundations Division, v. 88, n. 3, p. 89-116, 1962.

MINER, M. A. Cumulative Damage in Fatigue. J. Appl. Mech., v. 12, p. A159-A164, 1945.

NEWMARK, N. M. Influence Charts for Computation of Stresses in Elastic Foundations. Illinois: Eng. Exp. Sta., Univ. of Illinois, 1942. Bull. n. 338.

NOGAMI, J. S.; VILLIBOR, D. F. Pavimentação de baixo custo com solos lateríticos. [S.l: s.n.], 1995.

PACKARD, R. Slab Thickness Design for Industrial Concrete Floors on Grade. Skokie, USA: Portland Cement Association (PCA), 1976.

PALMGREN, A. Durability of Ball Bearings. Zeitschrift des Vereines Deutscher Ingenieure, v. 68, p. 339-341, 1924.

PETERSONS, N. Should Standard Cube Test Specimens Be Replaced by Test Specimens Taken from Structures? Materials and Structures, v. 1, n. 5, p. 425-435, Sept./Oct. 1968.

PICKETT, G.; RAY, G. K. Influence Charts for Concrete Pavements. Transactions, ASCE, v. 116, p. 49-73, 1951.

POULOS, H. G.; DAVIS, E. H. Elastic Solutions for Soil and Rock Mechanics. New York: John Wiley & Sons, 1974.

RODRIGUES, P. P. F.; PITTA, M. R. Pavimento de concreto estruturalmente armado. Revista Ibracon, São Paulo, n. 19, 1997.

TRICHÊS, G. Reunião Anual de Pavimentação. Belo Horizonte: Associação Brasileira de Pavimentação (ABPv), 1994.

WESTERGAARD, H. M. Stresses in Concrete Pavements Computed by Theoretical Analysis. Public Roads, v. 7, p. 25-35, 1926.

XEREZ NETO, J.; CUNHA, A. S. Estruturas metálicas: manual prático para projetos, dimensionamento e laudos técnicos. São Paulo: Oficina de Textos, 2020.